Principles of Solar Cells, LEDs and Diodes

The role of the PN junction

태양전지 및 발광 다이오드 개론

저자 | ADRIAN KITAI

편저자 | 김준동, 이재형, 정연호, 최원석

도서출판 그린

Principles of Solar Cells, LEDs and Diodes : the role of the PN junction

ADRIAN KITAI

ISBN : 9781455730100

Translated Edition ISBN : 9781444318340

Publication Date in Korea : 2017.

Translated by Green Publishing Co.

Printed in Korea

머리말

현대 사회는 반도체기술의 발전과 반도체관련 산업의 확산으로 하루가 다르게 변화하고 있다. 그동안 반도체 산업의 핵심인 메모리와 로직분야 이외에도 최근엔 태양전지(Solar Cell)와 LED(Light Emitting Diode) 산업이 각광을 받고 있다.

태양전지와 LED는 모두 PN 접합 다이오드로 구성된 소자이며 기능의 차이에 따라 소자가 다르다. 즉 빛을 전기에너지로 바꿔주는 소자인 태양전지와 전기를 사용하여 빛을 방출하는 소자가 바로 LED이다.

본 교재는 이들 태양전지와 LED만을 핵심적으로 다룬 책으로 이들 두 소자의 이해를 위해 먼저 기본적인 반도체 이론을 설명하고 다음으로 PN 접합이론과 반도체 소자의 광학이론을 설명하고 있다. 또한 최근의 유기(Organic) 태양전지와 OLED(Organic Light Emitting Diode) 소자도 별도의 단원으로 설명하고 있다.

태양전지와 LED 분야는 차세대 반도체 산업의 핵심 분야이며 본 교재가 이들 분야에 관심을 갖는 후학들에게 많은 도움이 되길 바란다.

이 책이 출판될 수 있도록 많은 도움을 주신 성균관대학교 태양광인력양성센터와 그린출판사 관계자 분들께 진심으로 감사드린다.

2016년 11월

역자 일동

차 례

제1장 반도체 물성

제2장 PN 접합 다이오드

제5장 발광 다이오드

제6장 유기 반도체 및 유기 발광다이오드, 유기 태양전지

제 1 장

반도체 물성

1. 반도체 대역 이론(band theory)과 이와 관련된 반도체 소자를 이해한다.
2. 반도체 물질과 대역은 어떤 관계가 있는지 이해한다.
3. 페르미 에너지(Fermi energy)의 개념을 소개한다.
4. 반도체 내 이동 정공(mobile hole)의 개념을 소개한다.
5. 반도체 대역내의 이동 전자(mobile electrons)와 정공의 개수를 계산한다.
6. 전자와 정공의 농도(concentrations)와 이동도(mobilities)를 바탕으로 반도체 물질의 전도도(conductivity)에 관한 관계식을 구한다.
7. 도핑된 반도체의 개념과 전기적 특성을 소개한다.
8. 조명 또는 외부 전원에 의한 전류의 흐름으로 생성된 과잉(excess), 비평형 캐리어(non-equilibrium carriers)의 개념을 이해한다.
9. 캐리어의 생성(generation)과 재결합(recombination), 포획(trap)에 대한 물리적 현상을 소개한다.
10. 직접 갭(direct gap)과 간접 갭(indirect gap) 반도체의 차이와 화합물(alloy) 반도체를 소개한다.

1.1 개요

결정질 고체(crystalline solids) 내부에 존재하는 전자의 움직임에 대한 기본적인 이해는 고체의 대역 이론(band theory)을 통해 가능하다.

이 이론은 고체 내부에 존재하는 전자의 다음과 같은 몇 가지 기본 속성을 설명하여 준다.

(i) 반도체의 전하 캐리어(charge carrier) 농도

(ii) 금속과 반도체의 전기 전도도(electrical conductivity)

(iii) 흡수와 광루미네선스(photoluminescence) 같은 광학적 특성들

(iv) 반도체와 금속의 접합(junctions)과 표면(surfaces)과 관련된 특성들

이 장의 주요 목적은 대역 모델(band model)의 이론을 소개하고 그것을 이용하여 반도체의 중요한 전기적 특성을 설명하는 것이다. 이것은 태양전지(solar cells 또는 PV cells)와 발광 다이오드(light-emitting diode; LED) 소자 모두에 기본이 되는 p-n 접합의 적절한 이해를 위해 필수적이다.

1.2 고체의 대역 이론(Band Theory)

결정질 고체의 에너지 대역의 존재를 설명하는 방법은 여러 가지가 있다. 가장 간단한 그림은 하나의 원자를 구성하는 전자들에 대한 불연속 에너지 준위(discrete energy levels)를 고려하는 것이다. 전자들은 전자의 에너지 준위, 궤도(orbital), 스핀 상태(spin state)에 해당하는 n, l, m과 s와 같은 양자수(quantum number)로 구성된 양자 상태(quantum states)를 차지한다. N개의 동일한 원자들이 결정(crystal)을 구성하며 매우 인접하게 된다면 외곽 전자 궤도들의 공간적인 중첩이 어느 정도 발생하게 된다. 이것은 이들 인접한 원자들의 외곽 전자들의 위치가 바뀔 수 있음을 의미한다. 그러나 파울리 배타 원리(Pauli exclusion principle)에 따르면 각각의 전자는 고유 에너지 상태를 채운다.

전자들이 위치를 바꿔 새롭게 공간적으로 확장된(*spatially extended*) 에너지 상태를 효과적으로 채우기 때문에 파울리 배타 원리를 만족하는 것은 문제가 있다. 위치를 바꾼 두 개의 전자는 분명히 공간적으로 확장된 같은 에너지 상태를 채운다.

사실 인접한 원자들의 외곽 전자들은 위치를 바꿀 수 있기 때문에, 모든 원자들로부터의 외곽 전자들은 서로 효과적으로 위치를 바꿀 수 있고 따라서 N 원자들의 최외곽 전자들의 세트는 전체 결정을 통해 펼쳐진 공간적으로 확장된 에너지 상태를 공유하는 것으로 보인다. 이 전자들이 분명히 구분되는 공간적으로 확장된 에너지 상태의 세트를 채우는 경우를 만족하는 경우에만 파울리 배타 원리가 만족될 수 있다. 이는 모두 같은 원자 궤도에서 유래된 전자에 대해 조금 다른 에너지 준위의 세트에 이르게 한다. 우리는 원자 궤도가 가깝게 간격을 둔 에너지 준위 세트를 가진 전자 상태의 세트를 포함한 에너지 대역(energy band)으로 분리되었다고 말한다. 만약 낮은 원자 궤도에서 원자 전자들이 어느 정도 공간적 중첩이 있다면 추가적인 에너지 대역이 존재한다. 이것은 결정의 에너지 대역 세트를 야기시킨다. 결정에서 가장 낮은 원자 궤도의 전자들은 공간적 중첩이 없기 때문에 변경되지 않은 상태로 유지된다.

우리가 제시한 그림은 개념적으로 매우 유용하고 결정내에서 공간적으로 펼쳐진 전자 상태의 형성으로 인해 전기 전도도가 발생할 수 있음을 보여준다. 그러나 이를 통해 직접적으로 이들 전자의 작용에 대한 중요한 세부사항에 대한 이해와 정량화를 할 수 없다.

우리는 고체 내부에서 이동하는 전자의 작용을 이해할 필요가 있다. 이러한 이동 전하 캐리어는 소자의 전기적 특성에서 매우 중요하다. 무한히 큰 진공 반응기(vacuum chamber) 내부의 전자는 자유전자(free electron)이지만 고체내 이동 전자는 매우 다르게 동작한다.

우리는 다음과 같이 보다 상세한 모델을 구할 수 있다. 결정질 반도체의 이동 전자는 물질내부의 전위(electric potential)의 영향을 받는다. 이 전위는 결절 구조에 의한 원자 규모의 공간 주기성을 갖는다. 예를 들면, 양으로 대전된 원자 사이트는 이동 전자에 전위 골짜기(potential valleys)를 제공하고 음으로 대전된 원자 사이트는 전위 봉우리(potential peaks) 또는 장벽(barriers)을 제공한다. 또한, 반도체는 공간적으로 유한하기에 반도체 물질의 경계 부분에는 추가적인 전위 장벽 또는 전위 전하가 있을 것이다.

이러한 공간적 분포뿐만 아니라 그들의 에너지와 운동량(momentum)을 포함한 공간적 분포 전자의 정량적 설명을 위해 파동함수의 사용이 필요하다. 이러한 파동함수는 쉬뢰딩거 방정식(Schrödinger's equation)에 의해 얻을 수 있다. 다음 절에서는 결정질 고체의 매우 유용한 대역 이론과 결과를 제시한다.

1.3 크로니히-페니 모델(Kronig-Penney Model)

크로니히-페니 모델을 사용하여 대역 이론의 필수적인 특징을 설명할 수 있다.

먼저 1차원 공간에 주기를 가지는 전위 $V(x)$ 내에서 움직이는 전자를 고려하자. 그림 1.1과 같이, 높이 V_0의 전위 에너지 장벽으로 구분되는 $a+b$ 주기를 가지는 간단한 주기전위(periodic potential)가 있다. 주기 $a+b$는 결정의 격자상수(lattice constant)와 관계 있다. 실제 결정의 전위는 이런 이상적인 형태의 주기전위가 아님에 유의하라. 그러나 어떤 경우라도 결과는 판명되며, 쉬뢰딩거 방정식은 그림 1.1의 전위를 사용해 계산하는 것이 훨씬 쉽다.

결정질 고체 내부의 전자에 관한 전자의 파동함수(wavefunctions)를 구하기 위해, $V(x)$는 쉬뢰딩거 방정식의 시간-독립(time-independent) 형태로 치환된다:

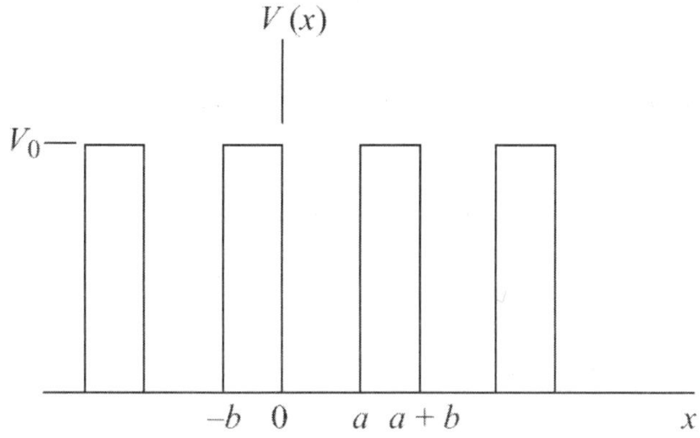

그림 1.1 크로니히-페니 모델을 사용하여 정리한 간단한 1차원 전위 V(x)

$$-\frac{\hbar^2}{2m}\frac{d^2\psi(x)}{dx^2}+V(x)=E\psi(x) \tag{1.1}$$

여기에서 $V(x)$는 전위(potential energy)이고 E는 총 에너지(total energy) 이다. $0 \le x \le a$에서 V=0이고, 식 1.1의 일반해는 다음과 같다:

$$\psi(x)=Ae^{iKx}+Be^{-iKx} \tag{1.2a}$$

여기에서

$$E = \frac{\hbar^2 K^2}{2m} \tag{1.2b}$$

$-b \le x \le 0$에서 $V = V_0$이고

$$\psi(x) = Ce^{Qx} + De^{-Qx} \tag{1.3a}$$

여기에서

$$V_0 - E = \frac{\hbar^2 Q^2}{2m} \tag{1.3b}$$

연속 함수(continuous functions)인 $\psi(x)$와 $\frac{d\psi(x)}{dx}$은 경계조건(boundary conditions)을 만족해야 한다. $x = 0$에서 식 (1.2a)와 (1.3a)는 $\psi(x)$에서

$$A + B = C + D \tag{1.4a}$$

이고 $x = 0$에서 식 (1.2a)와 (1.3a)는 $\frac{d\psi(x)}{dx}$에서

$$iK(A - B) = Q(C - D) \tag{1.4b}$$

처럼 정리된다.

필요한 파동함수에 대한 추가적으로 중요한 제약은 격자의 주기성에 기인한다. 임의의 주기전위에 대한 식 1.1의 해답도 블로호 함수(Bloch function)의 형태를 가져야 한다:

$$\psi(x) = u_k(x)e^{ikx} \tag{1.5}$$

여기에서 k는 평면파(plane wave)의 파수(wavenumber)이다. 이 파수에 제한은 없지만, $u_k(x)$는 격자의 주기성(periodicity)과 같은 주기함수이어야 한다.

하나의 격자상수(lattice constant)로 분리된 두 개의 x값을 (즉, $x = -b$와 $x = a$) 고려하라. 식 1.5는 $\psi(x+a+b) = \psi(x)e^{ik(a+b)}$로 정리될 수 있다. $x = -b$에서 이식은 다음과 같이 정리된다:

$$\psi(a) = \psi(-b)e^{ik(a+b)} \tag{1.6}$$

식 1.2a와 식 1.3a을 $\psi(x)$의 경계조건을 사용하여 식 1.6에 대입하면

$$Ae^{iKa} + Be^{-iKa} = (Ce^{-Qb} + De^{Qb})e^{ik(a+b)} \tag{1.7a}$$

$\frac{d\psi(x)}{dx}$을 사용하여 정리하면

$$iK(Ae^{iKa} - Be^{-iKa}) = Q(Ce^{-Qb} - De^{Qb})e^{ik(a+b)} \tag{1.7b}$$

식 1.4a, 1.4b, 1.7a, 1.7b의 4개의 방정식은 A, B, C, D의 4개의 미지수를 가진다. 방정식의 해는 A, B, C, D계수의 행렬식이 제로(0)인 경우에만 존재한다. (크라메르의 법칙(Cramer's rule)) 이를 통해

$$\frac{Q^2 - K^2}{2QK}\sinh QB \sin Ka + \cosh Qb \cos Ka = \cos k(a+b) \tag{1.7c}$$

bV_0가 상수인 극한(limit) $b \to 0$과 $V_0 \to \infty$을 취한다면 이것은 단순화될 수 있다. (연습문제 1.1 참조) 이제 다음과 같은 정의를 한다.

$$P = \frac{Q^2 ba}{2}$$

$Q \gg K$이고 $Qb \ll 1$ 이기 때문에

$$\cos ka = P\frac{\sin Ka}{Ka} + \cos Ka \tag{1.8}$$

로 정리되고, 여기에서 k는 그것의 운동량 $p = \hbar k$를 설명하는 전자의 파수벡터(wavevector)이며

$$K = \frac{1}{\hbar} + \sqrt{2mE} \tag{1.9}$$

K는 전자의 에너지와 관련된 용어다.

이제 식 1.8의 우변 Ka의 가능한 값이 제한돼 −1과 +1사이의 값이면 식 1.8은 해를 가진다. 우변을 Ka의 함수로 그림 1.2에 정리하였다.

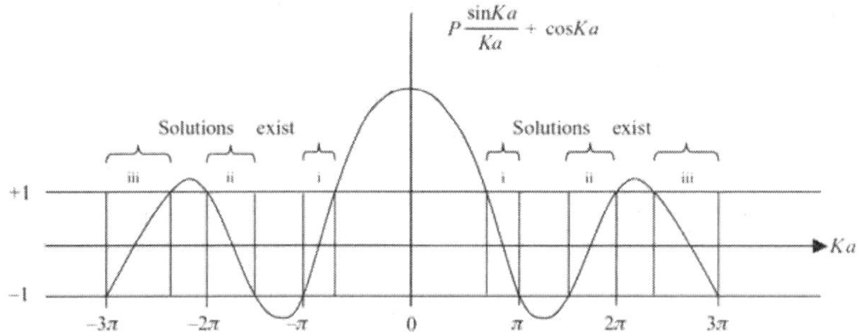

그림 1.2 P=2 일 때 P의 함수에 따른 식 1.8 우변의 그래프

K와 E는 식 1.9와 관계되기에 가능한 Ka 범위인 에너지 대역(energy bands: E의 가능 범위)은 에너지 갭(energy gaps: E의 금지 범위)에 의해 분리된다. 식 1.9에서와 같이 에너지와 Ka의 제곱근 관계에 따라 Ka를 에너지 축에 다시 작성 가능하다. E를 변수 K 값에 따르는 수직축으로 표시하면 보기에 편리하다. 에너지 대역의 가장자리에서 정수 n에 대한 $k = \frac{n\pi}{a}$에 의해 식 1.8의 좌변이 ±1임에 유의하라. k의 이러한 중요한 값은 브릴루인 영역(Brillouin zones)이라 불리는 경계에서 일어난다. k에 따른 E의 그래프인 그림 1.3은 에너지 대역과 에너지 갭(energy gap)을 분명하게 보여준다.

$k-E$에 대한 자유전자의 그래프를 작성해 보자. V=0인 자유전자에 대한 식 1.1의 해는 앞서 살펴본 것처럼 다음과 같다.

$$\psi(x) = Ae^{iKx} + Be^{-iKx}$$

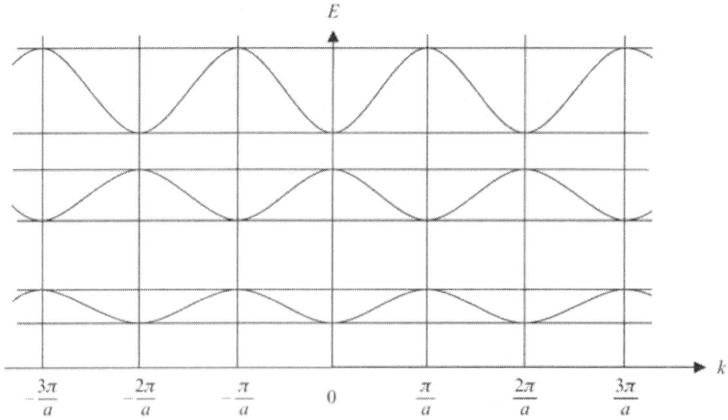

그림 1.3 에너지 대역에서 k 값이 어떻게 변화하는 지와 에너지 대역과 에너지 갭의 존재를 보여주는 $k-E$ 그래프. $k = \frac{n\pi}{a}$에서의 수직선이 브릴루인 영역 경계에 해당함

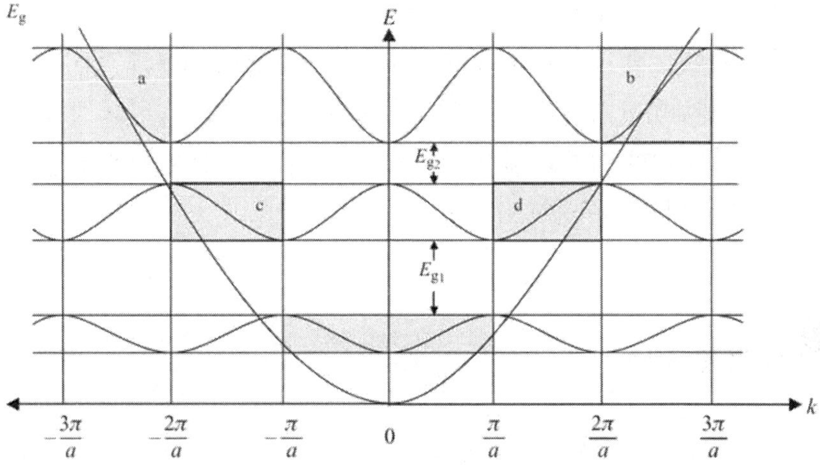

그림 1.4 크로니히-페니 모델과 자유전자의 포물선 결과의 비교에 대한 $k-E$ 그래프

여기에서

$$E = \frac{\hbar^2 k^2}{2m} \tag{1.10}$$

이러한 k와 E의 포물선 관계는 그림 1.3의 곡선에 중첩하여 작성하여 그림 1.4에 정리하였다.

P→0의 극한을 취하고 식 1.8과 1.9를 결합하여 다음 결과를 얻을 수 있다:

$$E = \frac{\hbar^2 k^2}{2m}$$

이는 식 1.10과 동일하다. 이것은 그림 1.4의 k에 대한 E의 의존성은 주기전위(periodic potential)의 진폭이 0으로 떨어질 것으로 예상되면 포물선에 접근하는 것을 의미한다. 사실, 그림 1.4의 음영 처리된 영역 내의 식 1.4의 해를 보고 에너지 갭에 의해 분할되고 왜곡된 포물선의 일부로서 그것들을 생각하면 포물선과 크로니히-페니 모델의 관계는 분명하다. 약한 주기전위 (작은 P)에 대한 식 1.4의 해는 좀더 포물선 모양을 닮을 것이다. 우리는 식 1.10을 분산 관계(*dispersion relation*)라 부른다. 분산 관계는 입자의 파수에 대한 에너지와 관계이다.

이 시점에서, 우리는 다음과 같은 결과를 바탕으로 몇 가지 매우 유익한 결론을 도출할 수 있다: 결정질 고체에서 주기전위의 진폭이 증가 함에 따라 에너지 갭의 크기가 커진다. 원자핵의 점 전하를 가리는 원자 속박 전자가 소수인 작은 원자를 가지는 결정질 반도체에 대한 주기전위의 진폭이 크다. 또한 결정 결합의 이온성(ionic character)이 증가하는 화합물 반도체(compound semiconductors)에 대해 주기전위의 진폭이 증가한다. 이와 관련하여 1.10절에서 몇 가지 실제의 반도체로 설명될 것이다.

에너지 대역에 대한 이해를 넓히기 위해, 이제 우리는 결정 내에서 전자의 움직임에 대한 다른 설명으로 이동하자.

1.4 브래그 모델

전자는 파동처럼 행동하기 때문에, 반사를 거친 파동의 거동을 나타낸다. 격자상수 a를 가지는 결정 내에서 브릴루인 영역의 경계는 다음 경우 발생한다.

$$k = \frac{n\pi}{a} = \frac{2\pi}{\lambda}$$

이것을 정리하면

$$2a = n\lambda$$

잘 알려진 브래그 조건(Bragg condition)에 따르면 파동은 격자상수가 a인 결정에서 다음 관계를 가질 때 강한 반사를 한다.

$$2a\sin\theta = n\lambda$$

만약 파동처럼 취급되는 전자가 $\theta = 90^\circ$ 로 입사한다면

$$2a = n\lambda$$

이는 정확하게 브릴루인 영역의 경계에 있는 경우이다. 따라서 우리는 다음과 같은 관찰을 수행한다: 전자의 파장이 브래그 조건을 따르며 결정격자(crystal lattice) 면으로부터 강한 반사를 위한 조건을 충족할 때에 브릴루인 영역 경계가 생긴다. 그림 1.4의 자유전자 포물선은 브릴루인 영역 경계에서 멀리 떨어진 음역 지역의 크로니히-페니 모델과 유사하다. 그러나 브릴루인 영역 경계에 접근하면 강한 편차가 발생하고 에너지 갭이 관찰된다.

따라서 브래그 조건과 에너지 갭의 형성 사이에는 근본적인 연관성이 있다. 반사가

x축의 양방향으로 이동하는 전자들에 대해 동등하게 발생하기 때문에 정상파(standing wave)는 이동하지 않기 때문에 브래그 조건을 만족하는 전자들은 실제 정상파로 존재한다. 공급된 전자가 브래그 조건에 가깝지 않은 파장을 가지면 결정격자와 비교적 약하게 상호작용을 하고 자유 전자에 더 가깝게 동작한다.

바로 위와 아래의 특정 에너지 갭의 *k-E* 의존성은 그림 1.4의 네 개의 음영 지역에 포함되어 있다. 예를 들어 그림 1.4에 E_{g2}에 관련된 음영 지역들이 a, b, c, d로 표시되어있다. 이들 네 영역들을 수정하여 그림 1.5에 정리하였다. 에너지 갭 E_{g2}는 $k = \pm 2\pi/a$에서 발생한다. 이것은 전자의 속도와 전자의 운동량(momentum) p = ħk 모두가 제로(0)인 정상파 조건이기 때문에 그림 1.5에 $k = 0$에서의 E_{g2}를 정리하였다. 우리는 상대 에너지(relative energy)에만 관심이 있기 때문에, 에너지 축의 원점은 편의대로 옮기고 임의로 에너지 축의 원점을 새로 정할 수 있다. 그림 1.5는 축소 영역 형식(reduced zone scheme)으로 알려져 있다.

1.5 유효질량

전자의 행동을 수량화(quantify)하기 위해 유효질량(effective mass) m^*의 개념을 소개한다. 유효질량은 이상하게도 브릴루인 영역 경계 근처에서 변화하며 일반적으로 자유전자의 질량 m과 같지 않다. 인가된 전계(electric field)에 의해 결정 내 전자의 유효 가속은 결정 면(crystal plane)에 대한 전자파 반사의 성질에 강력하게 의존한다. 각 전자에 대한 특정 반사를 따로 계산하기 보다는 인가된 힘에 의한 가속화 정도를 계산하기 위해 전자의 질량을 수정한다.

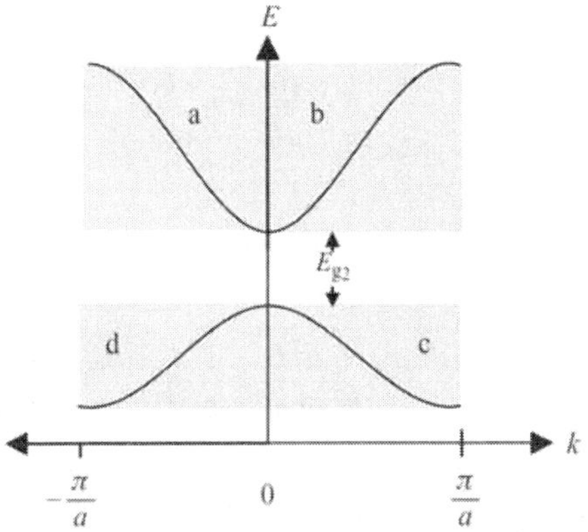

그림 1.5 그림 1.4의 a, b, c, d 영역으로부터 유도된 축소된 영역에 대한 $k-E$ 그래프

m^*를 계산하기 위해, 자유 전자의 관계로부터 시작한다.

$$E = \frac{1}{2}mv_g^2$$

여기에서 v_g는 전자의 단체 속도(group velocity)이다. k에 대하여 미분하면

$$\frac{dE}{dk} = mv_g\frac{dv_g}{dk} \tag{1.11}$$

$p = \hbar k = mv_g$이므로 다음과 같이 정리된다.

$$\frac{v_g}{k} = \frac{dv_g}{dk} = \frac{\hbar}{m} \tag{1.12}$$

식 1.11과 1.12를 합치면

$$\frac{dE}{dk} = v_g\hbar$$

또는

$$v_g = \frac{1}{\hbar}\frac{dE}{dk} \tag{1.13}$$

$k-E$ 그래프의 기울기가 영인 브릴루인 영역 경계에서 단체 속도가 영으로 떨어짐에 유의하라. 이는 정상파의 경우와 일치한다.

뉴턴의 법칙을 사용하면

$$F = \frac{dp}{dt} = \hbar\frac{dk}{dt} \tag{1.14}$$

식 1.13과 1.14로부터 다음과 같이 정리된다.

$$\frac{dv_g}{dt} = \frac{1}{\hbar}\frac{d^2E}{dkdt} = \frac{1}{\hbar}\frac{d^2E}{dk^2}\frac{dk}{dt} = \frac{F}{\hbar^2}\frac{d^2E}{dk^2} \tag{1.15}$$

유효질량 m^*를 사용하여 뉴턴의 법칙을 정리하면

$$\frac{dv_g}{dt} = \frac{F}{m^*}$$

실험 식 1.15를 바탕으로 실제의 뉴턴의 법칙을 정리하면

$$m^* = \frac{\hbar^2}{\frac{dE^2}{dk^2}} \tag{1.16}$$

$\frac{d^2E}{dk^2}$는 그림 1.5의 곡률이기 때문에, 특정 k 값에 대해 m^*이 음수를 가질 수 있음이 흥미롭다. 이것은 물리적으로 다음과 같이 이해될 수 있다: 만약 브래그 조건에 가까운 전자가 인가된 힘에 의해 약간 가속된다면 브래그 조건에 좀 더 가까이 이동하게 되어 격자면(lattice planes)에 더 강하게 반사되고 인가된 힘의 반대 방향으로 효과적으로 가속될 것이다.

식 1.16을 $E = \frac{\hbar^2 k^2}{2m}$인 자유전자의 경우 활용할 수 있고 예상대로 $m^* = m$임을 즉시 확인할 수 있다. 또한 그림 1.5에 표기된 에너지 대역의 아래 또는 위쪽에서, 작은 k 값에 대해 대역의 형태가 대략 포물선이며 따라서 작은 k 값에 대한 전자의 동작을 설명하기에 일정한 유효질량이 가끔은 충분하다. 이것은 하나의 에너지 대역내의 전자의 개수를 개산할 때 유용하다.

1.6 대역의 상태수

그림 1.15의 곡선을 보면 실제 결정내 전자의 상태가 이산적(discrete)이고 각 에너지 대역 내에 유한개의 상태만이 존재한다고 오해할 수 있다. 즉 곡선은 양자 상태(quantum states)를 나타내는 매우 근접한 점들로 구성된다는 것을 의미한다. 길이 L의 반도체 결정을 고려하고 우물(well) 내부의 전위가 제로인 길이 L의 무한벽 전위상자(infinite-walled potential box)로 결정을 모델링 함으로써 대역 내의 상태수(number of states)를 결정할 수 있다. 예제 1.1을 보라.

예제 1.1

하나의 전자가 무한 벽과 상자 내부 전위가 제로로 구성된 길이 L의 전위 상자 내부에 있다. 상자의 형태는 다음과 같다.

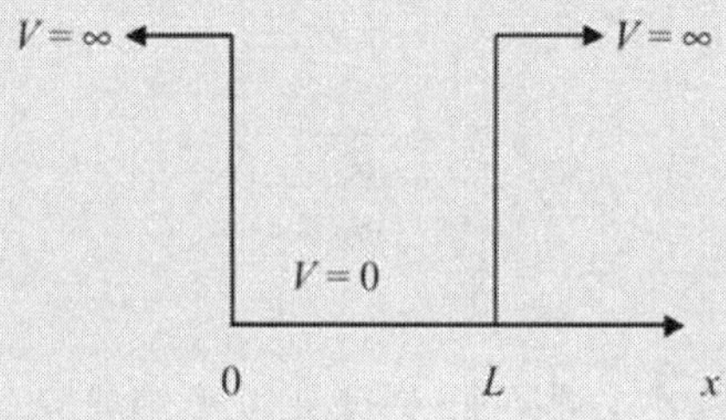

(a) 상자내에 허용된 에너지 준위를 찾으시오.
(b) 이 전자들의 파동함수를 찾으시오.

풀이

(a) 상자 내부에서 V(x) = 0이므로 쉬뢰딩거 방정식은 다음과 같이 정리된다.

$$-\frac{\hbar^2}{2m}\frac{d^2\psi(x)}{dx^2}=E\psi(x)$$

이방정식의 해의 형태는

$$\psi(x)=A\exp\frac{i\sqrt{2mE}}{\hbar}x+B\exp\frac{-i\sqrt{2mE}}{\hbar}x$$

V = ∞인 지역에서 파동함수는 제로이다. 파동함수는 x = 0과 x = L 그리고 ψ(0) = 0과 ψ(L) = 0에서 경계조건을 만족해야 한다. 이들 경계조건은 사용하여 다음과 같이 정리된다.

$$0=A+B \ \ or \ \ B=-A$$

그리고

$$0=A\exp\frac{i\sqrt{2mE}}{\hbar}L+B\exp\frac{-i\sqrt{2mE}}{\hbar}L=A\left(\exp\frac{i\sqrt{2mE}}{\hbar}L-\exp\frac{-i\sqrt{2mE}}{\hbar}L\right)$$
$$=C\sin\frac{\sqrt{2mE}}{\hbar}L$$

여기에서 C는 상수이다. sinθ는 정수 n인 θ = nπ에서 제로이므로

$$\frac{\sqrt{2mE}}{\hbar}L = n\pi$$

허용된 에너지 값의 이산화 값은 E를 풀어 얻을 수 있다.

$$E_n = \frac{n^2\pi^2\hbar^2}{2mL^2}$$

(b) 해당하는 파동함수는 쉬뢰딩거 방정식에 허용된 에너지 값을 대입하여 구할 수 있다:

$$-\frac{\hbar^2}{2m}\frac{d^2\psi(x)}{dx^2} = \frac{n^2\pi^2\hbar^2}{2mL^2}\psi(x)$$

정리하면

$$\frac{d^2\psi(x)}{dx^2} = -\frac{n^2\pi^2}{L^2}\psi(x)$$

이며 따라서

$$\psi_n(x) = A\sin\left(\frac{n\pi}{L}x\right)$$

예제 1.1로부터 우리는 다음의 파동함수를 구하였다.

$$\psi_n(x) = A\sin\frac{n\pi}{L}x \tag{1.17}$$

여기에서 n은 양자수(quantum number)이다.

$$k = \frac{n\pi}{L},\ \ n = 1, 2, 3 \ldots$$

n이 증가함에 따라 필연적으로 대역 모델(band model)의 브릴루인 영역에 해당하는 k 값에 도달하게 된다.

$$k = \frac{\pi}{a}$$

이는 다음 조건에서 발생한다.

$$\frac{n\pi}{L} = \frac{\pi}{a}$$

그러므로 $n = \frac{L}{a}$ 이다. 가능한 n의 최대값은 N이라는 결정내 단위셀(unit cell)의 개수인 단위셀 크기로 구분된 반도체 결정의 거시적인 길이가 된다. 전자들은 1/2 또는 −1/2인 추가적인 양자수 s (스핀 양자수)를 가지기 때문에 하나의 에너지 대역을 차지하는 전자의 최대 개수는 다음과 같다.

$$n = 2N$$

비록 1차원 모델을 고려하고 있지만, 결과는 바로 2차 또는 3차원 모델에 적용가능하며 같은 결과를 얻는다. 연습문제 1.3을 참조하라.

이제 대역 내의 전자의 실제 개수를 결정하고자 하며 이것은 반도체 물질의 전기 도전성을 이해하는데 도움이 될 것이다.

1.7 대역 채움

대역 내 $2N$ 개의 전자 상태의 존재는 대역 내 실제 전자의 개수를 결정하지 않는다. 낮은 온도에서, 전자는 허용된 가장 낮은 에너지 준위를 점유하고, 원자당 14개의 전자를 가지는 실리콘(silicon) 같은 반도체도 여러 낮은(low-lying) 에너지 대역이 채워진다. 또한 점유된 최고 에너지 대역이 가득 채워지고 다음 에너지 대역이 비어있게 된다. 실리콘은 단위셀 당 가전자(valence electrons)가 짝수이고 N개의 단위셀은 점유된 가장 높은 에너지 대역의 $2N$ 상태를 채우는 정확한 전자의 개수가 있으므로 이것이 발생한다. 비록 다이아몬드는 큰 에너지 갭을 가지는 물질로 절연체이지만 비슷한 논의는 게르마늄(germanium) 뿐만 아니라 탄소(다이아몬드)에서도 발생한다.

CdS와 기타 II−VI족 반도체뿐만 아니라 GaAs와 기타 III−V족 반도체와 같은 화합물 반도체도 같은 결과를 나타낸다: 단위셀 당 총 전자의 개수는 짝수이고, 반도체가 매우 낮은 온도에 있을 때 점유된 최고 에너지 대역은 채워지고 다음으로 높은 대역은 비어있다.

다른 많은 결정성 고체에 대해 이것은 사실이 아니다. 예를 들어 Al, Ga, In 같은 III족 원소들은 단위셀 당 전자의 개수가 홀수이고 이 대역의 2N 상태를 채울 수 있는 전자가 N개 뿐이기에 점유된 최고 에너지 대역은 반만 채워진다. 이들은 금속이다.

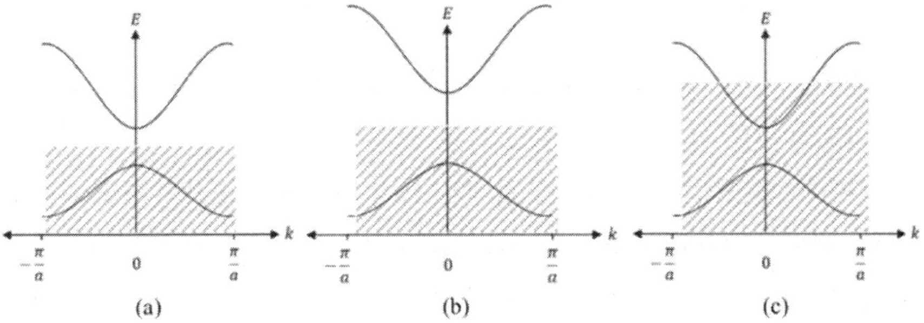

그림 1.6 0 K 온도 근처에서 (a) 반도체, (b) 절연체, (c) 금속의 에너지 대역 채움 정도. 가능한 상태인 빗금 쳐진 영역은 전자로 채워져 있고 높은 에너지 상태는 비워있다.

반도체, 절연체, 금속에서 전자가 채워진 형태를 보여주는 그림 1.6은 앞서 기술한 경우를 보여준다.

그림 1.6a의 채워진 가장 높은 대역은 비워진 가장 낮은 대역과 에너지 갭(energy gap) E_g 만큼 떨어져 있다. 일반적으로 반도체의 에너지 갭은 1 eV미만부터 3과 4 eV 사이의 범위이다. 각 전자는 양의 운동량 $p = \hbar k$와 음의 운동량 $p = -\hbar k$를 가져 결과적으로 총 전자의 운동량은 없고 전자의 흐름은 발생하지 않기 때문에 전계(electric field)가 물질에 인가 되더라도 완전히 채워진 에너지 대역은 전기 전도도를 갖지 못한다.

전자는 열 에너지 또는 빛 에너지와 같은 외부 에너지의 도움으로 에너지 갭 E_g을 지나 올라갈 수 있다. 이 경우 채워진 대역은 더 이상 가득하지 않고 비워진 대역은 더 이상 완전히 비워있지 않아 전기 전도성이 발생한다.

그림 1.6b에 해당하는 절연체의 에너지 갭 E_g은 일반적으로 4 eV으로부터 6 eV 이상의 범위이다. 이러한 물질은 전자가 에너지 갭을 지나 올라가기 어렵다.

그림 1.6c의 금속은 점유된 가장 높은 대역이 부분적으로 채워진 에너지 대역을 보여준다. 이 부분적으로 채워진 대역 내의 점유되고 비워진 전자 상태가 중요하지만 에너지 갭은 전기적 특성에 거의 영향을 미치지 못한다: 비워진 상태가 점유된 가장 높은 대역에 존재하기 때문에 전자의 강한 전도는 금속에서 발생한다. 그리고 전자는 이 대역 내에서 매우 쉽게 높은 에너지 상태로 올라갈 수 있다. 매우 약한 전계를 인가해도 전자를 높은 에너지 상태로 올리기에 충분하며 이로 인해 대역 내의 전자의 운동량이 발생하고 결과적으로 전자의 흐름이 생겨 금속은 높은 전기 전도도를 가진다.

1.8 페르미 에너지와 정공

반도체에서는 상온(room tmperature) 같은 보통의 온도에서 부분적으로 채워진 두 에너지 대역에 대한 특별한 관심이 있다. 이들 두 대역의 높은 부분은 대부분 비어있지만 대역 하단 근처에 다수의 전자가 존재한다. 이 대역에서 전자의 흐름이 발생하기 때문에 이 대역을 전도대(conduction band)라고 부른다. 낮은 대역은 대부분 가득하지만 이 대역의 상단 근처에 비워진 상태가 존재하여 이 또한 전도를 나타내고 가전자대(valence band)라고 부른다. 실리콘과 같은 반도체에서 공유결합을 형성하는 가전자가 그 대역을 점유하는 전자이다. 그림 1.7은 열평형(thermal equilibrium)인 반도체의 상온에서의 그림이다. 페르미 에너지(Fermi energy)라고 불리는 에너지 E_f에서의 가상의 수평선 보다 높은 에너지에서 전자가 채워질 확률이 50% 이하이며 페르미 에너지 보다 낮은 에너지에서 전자가 채워질 확률은 50% 이상이다. 가전자대의 비워진 상태를 정공(hole)이라 부른다. 가전자대의 정공과 전도대의 전자 모두 전기전도에 기여한다.

공유 결합된 실리콘 원자의 간소화한 2차원 모습을 보여주는 그림 1.8을 사용하여 반도체의 가전자대를 분명히 볼 수 있다. 각 공유결합은 2개의 전자가 필요하다. 각 결합에서의 전자들은 지정된 결합 고유의 것이 아니고 결정내의 모든 공유 결합 사이에서 공유된다. 이것은 크로니히-페니 모델에서 설명한 바와 같이 전자의 파동함수가 결정 도처에 공간적으로 펼쳐짐을 의미한다. 가전자는 열 또는 광학적으로 여기(excited) 되어 결합을 벗어나 전자정공쌍(electron hole pair; EHP)을 형성할 수 있다. 이를 위해 필요한 에너지가 반도체의 밴드갭(bandgap) 에너지이다. 하나의 전자가 공유 결합을 벗어나면 하나의 정공이 발생한다. 가전자는 공유되기 때문에 정공도 마찬가지로 결합 사이에 공유되고 결정을 통해 이동할 수 있다. 동시에 여기된 전자는 전도대로 진입하고 결정을 통해 이동할 수 있기에 결과적으로 두 개의 독립적인 전하 캐리어가 발생한다.

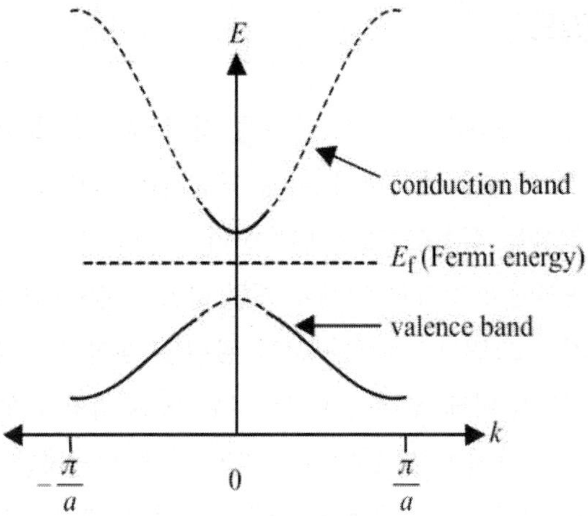

그림 1.7 전도대가 부분적으로 채워지고 가전자대가 부분적으로 비워진 상온의 반도체. 에너지 갭을 올라간 전자로 인해 가전자대 정공이 형성된다. 페르미 에너지는 대역 사이에 존재한다. 실선은 전자로 채워진 에너지 상태를 말한다.

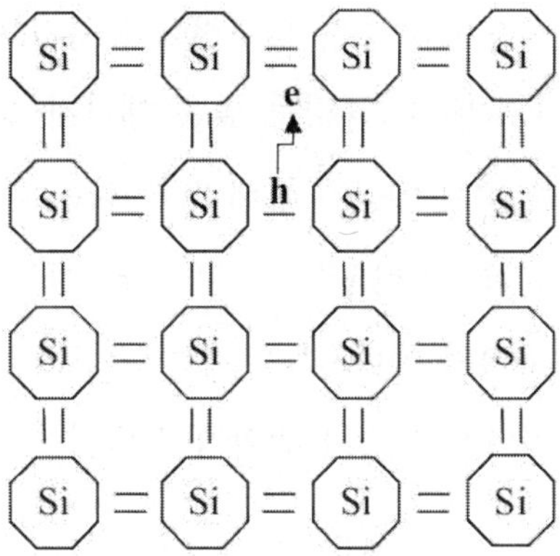

그림 1.8 네 개의 공유결합을 가진 실리콘 원자. 실리콘은 사면체 결합이지만 간단히 이차원으로 표기하였음. 각 결합은 2개의 전자가 필요하고 하나의 전자가 여기 되어 에너지 갭을 올라가면 가전자대에 하나의 정공이 발생하고 전도대에 하나의 전자가 발생하며 이들은 서로 독립적으로 자유롭게 이동한다.

특정 에너지 대역에서 발생한 전도성을 계산하기 위하여, 에너지 갭 E_g을 넘어 여기된 전자로 인해 발생한 반도체의 단위 부피당 전자의 개수 n와 반도체의 단위 부피당 정공의 개수 p를 알 필요가 있다. 특별한 예인 진성(intrinsic) 반도체라는 순수한 반도체는 캐리어 밀도를 n_i와 p_i로 표기하며 이 경우 $n_i = p_i$이다.

1.9 캐리어 밀도

n 및 p의 확인은 전도대의 상태가 전자에 의해 채워질 확률과 가전자대의 상태가 정공에 의해 채워질 확률을 조사하기 위해 필요하며, 각각의 상태에 대해 적절한 가중치를 부여하여 점유될 확률을 결정해야 한다.

주어진 에너지 대역에서 전자와 정공에 대한 유효 질량이 각각 일정하다고 가정한다. 실제의 반도체 물질은 그림 1.7에서와 같이 관련된 대역의 상태가 가전자대의 꼭대기 근처이거나 전도대의 맨 아래 부분이다. 두 경우 모두 대역의 형태는 대략 포물선 형태이기에 일정한 곡률을 가지며 식 1.16에 표기된 것처럼 일정한 유효 질량을 가진다.

유효질량과는 대조적으로, 각 에너지 상태가 전자로 채워질 확률은 에너지에 강하게 의존하기에 고정된 값으로 가정할 수 없다. 다음과 같이 볼츠만 통계(Boltzmann statistics)로부터 유도될 수 있는 페르미-디락 분포함수(Fermi-Dirac distribution function)를 사용하다. 결정 내 전자에 에너지를 공급하는 격자진동(lattice vibration) 즉 포논(phonons)을 가지는 결정격자를 고려한다. 이 전자들은 격자로 에너지를 다시 보낼 수 있는 양자 상태를 차지하며, 열평형이 확립된다.

E_1^e라는 낮은 에너지 상태와 E_2^e라는 높은 에너지 상태를 각각 결정내에서 차지하고 있는 전자와 E_1^p라는 낮은 에너지 상태와 E_2^p라는 높은 에너지 상태를 차지하는 격자 포논(lattice phonon)을 고려하자. 포논이 E_2^p에서 E_1^p으로 전이(transition)하는 동안의 격자 포논으로부터의 에너지를 흡수하여 E_1^e의 에너지로부터 E_2^e으로 전이하는 전자를 고려하자. 에너지 보존의 법칙에 따라서

$$E_2^e - E_1^e = E_2^p - E_1^p \tag{1.18}$$

이런 전이 발생의 확률을 이제 분석할 수 있다. 전자가 E^e의 에너지를 가지는 상태를 채울 확률을 $p(E^e)$라 하자. 포논이 E^p의 에너지를 가지는 상태를 채울 확률을 $p(E^p)$라 하자. 열평형 상태의 시스템에 대해 E_1^e에서 E_2^e로 전자가 전이할 확률은 E_2^e에서 E_1^e으로 전이할 확률이 같다. 따라서, 다음과 같이 정리되며 이는

$$p(E_2^p)p(E_1^e)(1 - p(E_2^e)) = p(E_1^p)p(E_2^e)(1 - p(E_1^e)) \tag{1.19}$$

E_1^e에서 E_2^e로 전자가 전이할 확률은 E_2^p에 포논이 있고 E_1^e에 전자가 있는 좌변에

비례하기 때문이다. 또한 포논과 달리 전자는 양자상태 당 하나의 전자만을 허락하는 파울리에 배타원리를 따라야 하기 때문에 E_2^e에서 전자의 상태는 비워 있어야 한다. 비슷하게 전자가 E_2^e에서 E_1^e으로 전이할 확률은 우변에 비례한다.

포논 또는 격자진동에 관한 볼츠만 통계에 따르면 (부록 3 참조) 볼츠만 분포 함수를 사용 가능하다:

$$p(E) \propto \exp\left(-\frac{E}{kT}\right) \tag{1.20}$$

식 1.19와 1.20을 합치면

$$\exp\left(-\frac{E_2^p}{kT}\right)p(E_1^e)(1-p(E_2^e)) = \exp\left(-\frac{E_1^p}{kT}\right)p(E_2^e)(1-p(E_1^e))$$

다시 쓰면

$$p(E_1^e)(1-p(E_2^e)) = \exp\left(\frac{E_2^p - E_1^p}{kT}\right)p(E_2^e)(1-p(E_1^e))$$

식 1.18을 사용하면 이것은 완전히 전자의 에너지 준위에 관한 항으로 쓸 수 있으며

$$p(E_1^e)(1-p(E_2^e)) = \exp\left(\frac{E_2^e - E_1^e}{kT}\right)p(E_2^e)(1-p(E_1^e))$$

정리하면

$$\frac{p(E_1^e)}{1-p(E_1^e)}\exp\left(\frac{E_1^e}{kT}\right) = \frac{p(E_2^e)}{1-p(E_2^e)}\exp\left(\frac{E_2^e}{kT}\right) \tag{1.21}$$

이 식의 좌변은 초기 단계의 전자 에너지 준위 만의 함수이고 우변은 최종 단계의 전자 에너지 준위 만의 함수이다. 방정식은 항상 해가 있어야 하고 초기 및 최종 에너지가 임의로 선택될 수 있기 때문에 식의 양변이 남은 변수 T만의 함수인 것이 가능한 에너지 독립적인(energy-independent) 양과 동등하다는 결론을 내야 한다. 이 양을 $f(T)$라 하자. 좌변 또는 우변의 식을 사용하여 다음과 같이 쓸 수 있다.

$$\frac{p(E)}{1-p(E)}\exp\left(\frac{E}{kT}\right) = f(T)$$

여기에서 E는 전자의 에너지 준위에 해당한다.

$p(E)$에 대해 방정식을 풀면

$$p(E) = \frac{1}{1 + \frac{1}{f(T)} \exp\left(\frac{E}{kT}\right)} \tag{1.22}$$

일반적으로 $p(E) = \frac{1}{2}$인 에너지 준위를 페르미 에너지 E_f로 정의한다. 따라서

$$\frac{1}{f(T)} \exp\left(\frac{E_f}{kT}\right) = 1$$

또는

$$\frac{1}{f(T)} = \exp\left(\frac{-E_f}{kT}\right)$$

이것을 식 1.22에 대입하면 다음과 같은 평형상태에서 에너지 E를 가지는 전자의 상태에 대해 상온 T에서 차지할 확률의 마지막 형태를 얻을 수 있다.

$$F(E) = \frac{1}{1 + \exp\left(\frac{E - E_f}{kT}\right)} \tag{1.23}$$

여기에서 F(E)는 이것이 페르미-디락 분포 함수임을 나타내기 위해 p(E) 자리에 사용된다. 그림 1.9에 정리하였다.

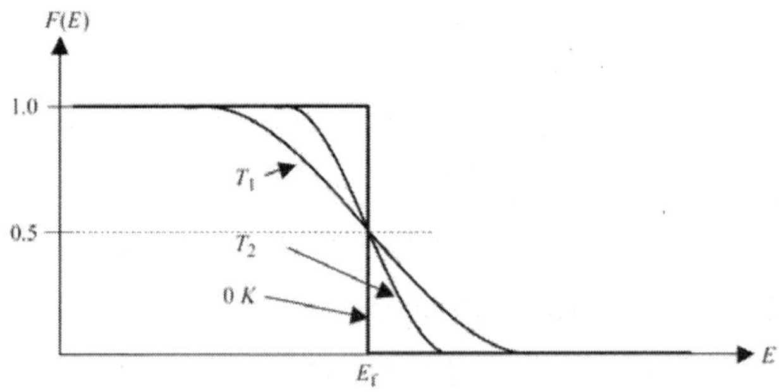

그림 1.9 페르미-디락 분포 함수 F(E) 그래프. 이를 통해 에너지 E를 가지는 에너지 상태가 전자로 채워질 확률을 알 수 있다. 그래프는 0 K 뿐만 아니라 $T_1 > T_2$의 온도에 대해 보여준다. 절대영도에서 계단함수이다.

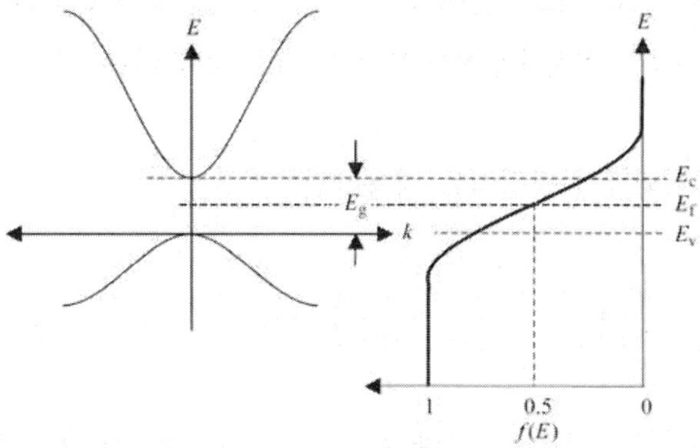

그림 1.10 페르미-디락 분포 함수를 통해 작성된 반도체의 대역도(band diagram). 이 그래프는 가전자대뿐만 아니라 전도대에서 전자의 상태가 채워질 확률을 보여준다. 정공 에너지는 에너지 축의 음의 방향을 따라 증가한다. 가능한 가장 낮은 에너지를 가진 정공은 가전자대의 가장 높은 곳에서 발생한다. 일반적으로 에너지 축은 정공의 에너지가 아닌 전자의 에너지를 나타내기 때문에 이러한 일이 발생한다. 에너지 축의 시작은 편의상 E_v에 놓인다.

T >0 K인 경우 E=E_f에서 F(E)는 0.5이고 낮은 에너지 준위로부터 높은 에너지 준위로의 전자의 열 활성화(thermal activation) 증가로 인해 고온에서 전이는 좀더 서서히 일어난다. 그림 1.10은 수직 방향으로 에너지 축을 가진 반도체의 에너지 대역도 옆에 작성된 F(E) 그래프이다. 전도대의 가장 아래는 E_c로 가전자대의 가장 높은 곳은 E_v로 표기하였다. 에너지 갭에 존재하여 E_f에는 전자의 상태가 없다; 그러나 E_c의 위쪽과 E_v의 아래쪽에서 F(E)는 대역에 전자가 채워질 확률을 나타낸다. 가전자대의 어떤 에너지 준위에서 정공이 존재할 확률은 1-F(E)이다.

에너지 대역에서 가능한 에너지 준위의 분포는 상태 밀도(density of states) 함수 D(E)의 이해를 통해 찾을 수 있다. 상태밀도함수는 에너지 범위의 차이에 대한 단위 부피당 가능한 에너지 상태의 개수를 알려준다. 에너지 대역에서의 캐리어의 개수를 계산하기 위해 그것이 필요하다. 대역에서 상태를 채울 확률을 아는 것만으로 충분하지 못하며 가능한 에너지 준위의 밀도 또한 필요하다. 에너지 대역내의 각 에너지 준위의 모든 전자를 합산하여 대역내 전자의 총개수를 구할 수 있다. 각 에너지 준위가 전자로 채워질 확률은 합계에 반영되어 있다.

상태밀도 함수는 무한 벽 전위 상자에 대한 쉬뢰딩거 방정식의 풀이를 통해 구할 수 있으며 이때 3차원 파동함수를 사용한다. 3차원 쉬뢰딩거 방정식은:

$$-\frac{\hbar^2}{2m}\left(\frac{d^2}{dx^2}+\frac{d^2}{dy^2}+\frac{d^2}{dz^2}\right)\psi(x, y, z)+V(x, y, z)\psi(x, y, z)=E\psi(x, y, z)$$

3차원 공간에서 가로, 세로, 높이가 각각 a, b, c인 상자를 고려하자. 0 < x < a, 0 < y < b, 0 < z < c인 상자내부에서 V = 0이다. 상자 외부는 V = ∞라고 가정하자.

상자내부에서 쉬뢰딩거 방정식을 사용하면:

$$-\frac{\hbar^2}{2m}\left(\frac{d^2}{dx^2}+\frac{d^2}{dy^2}+\frac{d^2}{dz^2}\right)\psi(x,y,z)=E\psi(x,y,z) \tag{1.24}$$

만약 $\Psi(x,y,x)=X(x)Y(y)Z(z)$라 놓고 식 1.24에 대입한 다음 $\Psi(x,y,z)$로 나누면:

$$-\frac{\hbar^2}{2m}\left(\frac{1}{X(x)}\frac{d^2X(x)}{dx^2}+\frac{1}{Y(y)}\frac{d^2Y(y)}{dy^2}+\frac{1}{Z(z)}\frac{d^2Z(z)}{dz^2}\right)=E$$

각 항은 독립변수를 포함하고 있기 때문에, 변수 분리(separation of variables)가 가능하고 각 항은 x, y, z와 독립적인 상수로 취급한다.

이제 우리는 세 개의 방정식을 갖는다.

$$\frac{1}{X(x)}\frac{d^2X(x)}{dx^2}=-C_1 \tag{1.25a}$$

$$\frac{1}{Y(y)}\frac{d^2Y(y)}{dy^2}=-C_2 \tag{1.25b}$$

그리고

$$\frac{1}{Z(z)}\frac{d^2Z(z)}{dz^2}=-C_3 \tag{1.25c}$$

여기에서

$$E=\frac{\hbar^2}{2m}(C_1+C_2+C_3) \tag{1.26}$$

식 1.25a의 일반해는

$$X(x)=A_1\exp(ikx)+A_2\exp(-ikx) \tag{1.27}$$

$x = 0$과 $x = a$에서 $X(x) = 0$인 경계조건을 만족해야 하기에

$$X(x) = A\sin k_x x$$

여기에서

$$k_x = \frac{n_x \pi}{a}$$

n_x는 양의 정수 양자수이고

$$C_1 = \left(\frac{n_x \pi}{a}\right)^2$$

식 1.25b와 1.25c에 대하여 같은 과정을 반복하고 식 1.26을 사용하여 다음의 식을 구할 수 있다.

$$\psi(x, y, z) = X(x)Y(y)Z(z) = ABC\sin(k_x x)\sin(k_y y)\sin(k_z z)$$

그리고

$$E = \frac{\hbar^2\pi^2}{2m}\left(\left(\frac{n_x}{a}\right)^2 + \left(\frac{n_y}{b}\right)^2 + \left(\frac{n_z}{c}\right)^2\right) \tag{1.28}$$

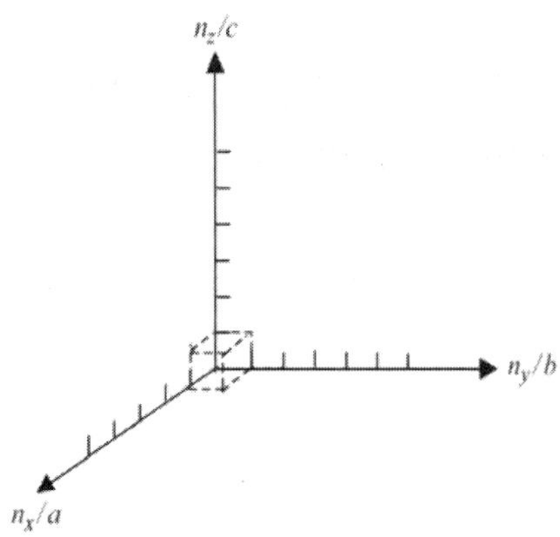

그림 1.11 상호 공간 격자(Reciprocal space lattice). 이 공간에 있는 하나의 격자점과 관련된 부피인 셀이 제시되었다. 셀의 치수는 $\frac{1}{a}, \frac{1}{b}, \frac{1}{c}$이고 부피는 $\frac{1}{abc}$이다. 이 공간은 각 축에 2π의 인수(factor)를 곱하여 k-공간(k-space)로 쉽게 변환된다. 또한 각 축에 h의 인수를 곱하여 p-공간(운동량 공간)으로 쉽게 변환된다.

0 K의 온도에서 한 개 이상의 전자가 박스에 들어가면 가능한 에너지 상태가 가장 낮은 에너지 상태가 먼저 채워진다.

얼마나 많은 전자가 박스에 특정 에너지 범위를 점유할 것인지 결정해야 한다. $\frac{n_x}{a}$, $\frac{n_y}{b}$, $\frac{n_z}{c}$ 축의 3차원 좌표를 사용하면 편리하다. 이 3차원 공간엔 이산 점들(discrete points)이 있으며 이들 좌표는 역 공간격자(reciprocal space lattice)라고 불리는 정수 값 n_x, n_y, n_z로 정의된다. 그림 1.11을 참조하라. 역 공간의 각 축에 2π를 곱하여 k-공간이라는 다른 중요한 개념 공간과 역 공간이 관련되어 있음에 유의하라.

식 1.28으로부터 역 공간에 타원형 껍질은 동일한 에너지 표면을 의미함을 알 수 있다. 왜냐하면 이 방정식의 일반적인 형태가 역 공간의 타원체이기 때문이다. 특정 에너지(specific energy) E에 대응하는 부피를 갖는 타원체의 양의 팔분원(octant) 내에 포함되는 역 격자점(reciprocal lattice points)의 개수는 E 보다 작은 상태의 개수를 가질 것이다. 전자들은 추가적인 스핀에 대한 양자수(quantum number) $s=\pm\frac{1}{2}$를 갖기 때문에 전자의 개수는 실제로 이들 점의 개수의 두 배이다. 타원체의 양의 팔분원을 그림 1.12에 정리하였다.

식 1.28을 다시 정리하면

$$\left(\frac{n_x}{a}\right)^2+\left(\frac{n_y}{b}\right)^2+\left(\frac{n_z}{c}\right)^2=\frac{2mE}{\hbar^2\pi^2} \tag{1.29}$$

타원체 내부의 역 격자점의 개수는 그림 1.11에 보여진 각 격자 점과 관련된 부피로 나뉜 타원체의 부피이다. 탄원체의 부피는

$$V=\frac{4}{3}\pi\text{ (product of semi-axes of ellipsoid).}$$

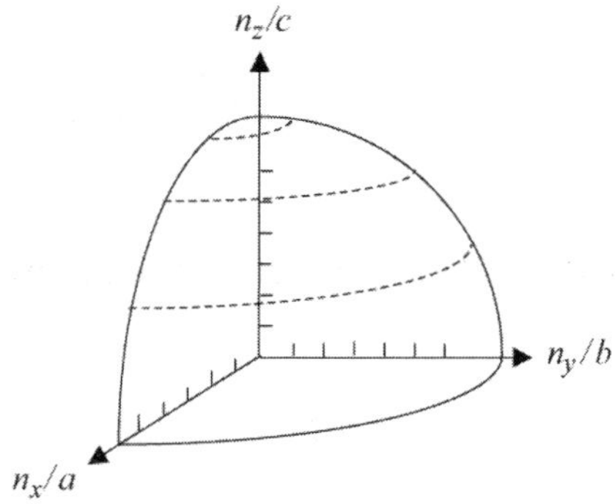

그림 1.12 동일한 에너지 표면에 해당하는 역 공간 내의 회전타원면(ellipsoid of revolution)의 양의 팔분원. 이 에너지 이하 전자 상태의 개수는 타원체의 양의 팔분원 내부에 역 격자점의 개수의 두 배이다.

$\frac{n_x}{a}$ 방향을 따라 길이 L_x의 반축(semi−axis)은 $n_y = n_z = 0$라고 설정하고 식 1.29의 에 대해 풀어서 구할 수 있다.

$$L_x = \sqrt{\frac{2mE}{\hbar^2\pi^2}}$$

각 반축에 대해 이것을 반복하면:

$$V = \frac{4}{3}\pi\left(\frac{2mE}{\hbar^2\pi^2}\right)^{\frac{3}{2}}$$

이제 만약 스핀을 포함하여 타원체의 부피가 하나의 격자점과 관련된 부피보다 훨씬 크다면, E보다 작은 에너지를 가지는 전자의 개수는 하나의 격자점과 관련된 부피로 나뉜 타원체 부피의 1/8(양의 팔분원)의 두 배에 가까워진다.

$$number\ of\ electrons = \frac{2\left(\frac{1}{8}\right)\frac{4}{3}\pi\left(\frac{2mE}{\hbar^2\pi^2}\right)^{\frac{3}{2}}}{\frac{1}{abc}}$$

$n(E)$를 박스의 단위 부피당 전자의 개수로 정의하며

$$n(E) = 2\left(\frac{1}{8}\right)\frac{4}{3}\pi\left(\frac{2mE}{\hbar^2\pi^2}\right)^{\frac{3}{2}}$$

또한 $D(E)$를 상태밀도함수(density of states function)로 정의한다.

$$D(E) = \frac{\mathrm{d}n(E)}{\mathrm{d}(E)}$$

따라서 결국 다음과 같은 식을 얻는다.

$$D(E) = \frac{\pi}{2}\left(\frac{2m}{\hbar^2\pi^2}\right)^{\frac{3}{2}} E^{\frac{1}{2}} \tag{1.30}$$

상태밀도함수의 이러한 형태는 상자 내부가 V = 0인 경우에 해당한다. 그러나 어떤 에너지 대역에서, V는 주기 함수이고 상태밀도함수는 반드시 수정되어야 한다. 전자의 질량이 m인 자유전자에 대한 포물선 $k-E$ 분산관계 (식 1.10) 보다 이것은 쉽게 할 수 있다. 그림 1.7에 나타냈듯이, 적절한 유효질량을 사용하여 k의 작은 값에 대한 포물선으로 근사 될 수 있는 에너지 대역의 맨 아래 또는 꼭대기 근처의 전자에 대한 $k-E$ 관계를 간단히 사용한다. 상태밀도함수는 k-공간 또는 역 공간의 가능한 상태의 밀도에 바탕을 둔다는 것을 기억하는 것은 중요하다. 그리고 k-공간의 k-값의 특정 범위에 대한 에너지 축을 따라 에너지의 해당 범위는 $k-E$ 그래프의 기울기에 의해 결정된다. 포물선 대역의 $k-E$의 기울기는 유효 질량에 의해 결정된다. (1.5절을 참조하라.) 식 1.10을 사용한 적절한 분산 곡선은

$$E = \frac{\hbar^2 k^2}{2m^*}$$

결과로

$$\frac{\mathrm{d}^2E}{\mathrm{d}k^2} = \frac{\hbar^2}{m^*}$$

그리고 필요에 따라 $k-E$ 곡선의 이차 미분 또는 곡률은 일정하다. (상수이다.)

결과적으로 식 1.30으로 제시된 전도대 내의 상태밀도함수는 m 대신에 제공된 유효질량 m^*가 사용된다. E = 0인 지점은 대역의 맨 아래에 해당해야 한다. 따라서

$$D(E) = \frac{\pi}{2}\left(\frac{2m^*}{\hbar^2\pi^2}\right)^{\frac{3}{2}} E^{\frac{1}{2}} \tag{1.31a}$$

편의상 그림 1.10에서 E_v는 0으로 정의했기 때문에 전도대는 $E_c = E_g$에서 시작하고 $D(E-E_g)$로 전도대 내의 에너지의 차이 범위 당 가능한 에너지 상태의 개수를 알 수 있다.

$$D(E - E_g) = \frac{\pi}{2}\left(\frac{2m_e^*}{\hbar^2\pi^2}\right)^{\frac{3}{2}} (E - E_g)^{\frac{1}{2}} \tag{1.31b}$$

대역에서 단위 부피당 전자의 총 개수는

$$n = \int_{E_g}^{E_{max}} D(E - E_g)F(E)\mathrm{d}E \tag{1.32}$$

여기에서 E_{max}는 점유될 확률을 무시할 수 있을 정도로 에너지 준위가 높은 에너지 대역의 가장 높은 에너지 준위이다.

적분은 제공된 무한대로 허용된 상한을 분석적으로 해결할 수 있다. E_{max}이상의 피적분함수 는 제로이기 때문에 이것은 정당하다.

$E \geq E_g$ 이고 $E_g - E_f \geq kT$이기 때문에 식 1.23으로부터, 볼츠만 근사(Boltzmann approximation)를 사용할 수 있다.

$$F(E) \simeq \exp\left[\frac{-(E - E_f)}{kT}\right] \tag{1.33}$$

식 1.31, 1.32, 1.33으로부터

$$n = \frac{\pi}{2}\left(\frac{2m_e^*}{\hbar^2\pi^2}\right)^{\frac{3}{2}} \exp\left[-\frac{E_f}{kT}\right]\int_{E_g}^{E_{max}} (E-E_g)^{\frac{1}{2}} \exp\left[-\frac{E}{kT}\right]dE$$
$$= \frac{\pi}{2}\left(\frac{2m_e^*}{\hbar^2\pi^2}\right)^{\frac{3}{2}} \exp\left[-\frac{E_g-E_f}{kT}\right]\int_{0}^{\infty} (E)^{\frac{1}{2}} \exp\left[-\frac{E}{kT}\right]dE$$

표준 적분 테이블(standard integral tables)과 $E_c = E_g$로부터

$$n_0 = N_c \exp\left(\frac{-(E_c-E_f)}{kT}\right) \tag{1.34a}$$

여기에서

$$N_c = 2\left(\frac{2\pi m_e^* kT}{h^2}\right)^{\frac{3}{2}} \tag{1.34b}$$

이식의 m^*는 전도대의 아래쪽 근처 전자의 유효질량이다. n의 첨자는 평형조건(equilibrium condition)이 적용된 것을 의미한다. 식 1.34로부터 전자 농도의 결정을 위해 중요한 양이 전도대의 끝과 페르미 에너지와의 에너지 차이이기 때문에 식 1.34의 타당성은 에너지 축의 원점의 선택과 무관하다.

가전자대에도 같은 방법을 사용할 수 있다. 이 경우 가전자대의 정공의의 개수 p를 계산할 수 있다. 그림 1.10로부터 에너지 E는 가전자대에서 음수이고 정공 에너지는 에너지 축을 따라 음의 방향으로 증가하기 때문에 상태밀도함수는 $D(-E)$로 표기해야 한다. 식 1.31을 사용하여

$$D(-E) = \frac{\pi}{2}\left(\frac{2m^*}{\hbar^2\pi^2}\right)^{\frac{3}{2}}(-E)^{\frac{1}{2}}$$

정공이 존재할 확률은 $1-F(E)$이고 $E_f - E \gg kT$이면 식 1.23으로부터

$$1-F(E) \cong \exp\left(\frac{E-E_f}{kT}\right)$$

그리고

$$p = \int_0^{-E_{\max}} D(-E)(1 - F(E))\,\mathrm{d}E$$

전도대에서 설명한 것과 유사한 방식으로 다음과 같이 정리된다.

$$p_0 = N_{\mathrm{v}} \exp\left(\frac{-(E_{\mathrm{f}} - E_{\mathrm{v}})}{kT}\right) \tag{1.35a}$$

여기에서

$$N_{\mathrm{v}} = 2\left(\frac{2\pi m_{\mathrm{h}}^{*} kT}{h^2}\right)^{\frac{3}{2}} \tag{1.35b}$$

정공의 유효질량 m_h^*는 양수이다.

식 1.16에서 홀 농도의 계산을 위해 중요한 양이 페르미 에너지와 가전자대의 끝의 에너지 차이임을 식 1.35는 보여준다. 여기에서도 p의 첨자는 평형조건이 적용된 것을 의미한다.

페르미 준위의 위치를 결정하고 또 그림 1.10처럼 편의상 $E_v = 0$으로 놓는다. 진성 반도체에 대해 $n_i = p_i$이기 때문에 식 1.34와 1.35로부터

$$N_{\mathrm{c}} \exp\left(\frac{-(E_{\mathrm{g}} - E_{\mathrm{f}})}{kT}\right) = N_{\mathrm{v}} \exp\left(\frac{-E_{\mathrm{f}}}{kT}\right)$$

또는

$$E_{\mathrm{f}} = \frac{E_{\mathrm{g}}}{2} + \frac{kT}{2} \ln \frac{N_{\mathrm{v}}}{N_{\mathrm{c}}} \tag{1.36}$$

식 1.36 우변의 두 번째 항은 일반적으로 $\frac{E_g}{2}$보다 매우 작기 때문에 페르미 에너지는 거의 에너지 갭의 중간에 위치한다고 결론 내릴 수 있다.

식 1.34와 1.35로부터 다음과 같이 정리된다.

$$np = N_{\mathrm{c}} N_{\mathrm{v}} \exp\left(\frac{-E_{\mathrm{g}}}{kT}\right) \tag{1.37a}$$

그리고 진성반도체는 $n_i = p_i$이며

$$n_{\mathrm{i}} = p_{\mathrm{i}} = \sqrt{N_{\mathrm{c}} N_{\mathrm{v}}} \exp\left(\frac{-E_{\mathrm{g}}}{2kT}\right) \tag{1.37b}$$

이것은 E_f 없이 캐리어 농도를 표현할 때 유용하다.

예제 1.2

(a) 상온에서 실리콘에 대한 $n_i = p_i$를 계산하고 일반적으로 알려진 값과 비교하라.

(b) 상온에서 GaAs(gallium arsenide)에 대한 $n_i = p_i$를 계산하라.

풀이

(a) 부록 2의 $m_e^* = 1.08m$과 $E_g = 1.11eV$를 사용하여

$$N_{\mathrm{c}} = 2\left(\frac{2\pi m_{\mathrm{e}}^* kT}{h^2}\right)^{\frac{3}{2}} = 2\left(\frac{2\pi \times (1.08 \times 9.11 \times 10^{-31}\ \mathrm{kg}) \times (0.026 \times 1.6 \times 10^{-19}\ \mathrm{J})}{(6.625 \times 10^{-34}\ \mathrm{J\ s})^2}\right)^{\frac{3}{2}}$$
$$= 2.84 \times 10^{25}\ \mathrm{m}^{-3} = 2.84 \times 10^{19}\ \mathrm{cm}^{-3}$$

그리고

$$N_{\mathrm{v}} = 2\left(\frac{2\pi m_{\mathrm{h}}^* kT}{h^2}\right)^{\frac{3}{2}} = 2\left(\frac{2\pi \times (0.56 \times 9.11 \times 10^{-31}\ \mathrm{kg}) \times (0.026 \times 1.6 \times 10^{-19}\mathrm{J})}{(6.625 \times 10^{-34}\mathrm{J\ s})^2}\right)^{\frac{3}{2}}$$
$$= 1.06 \times 10^{25}\ \mathrm{m}^{-3} = 1.06 \times 10^{19}\ \mathrm{cm}^{-3}$$

그러므로

$$n_{\mathrm{i}} = p_{\mathrm{i}} = \sqrt{N_{\mathrm{c}} N_{\mathrm{v}}} \exp\left(\frac{-E_{\mathrm{g}}}{2kT}\right) = \sqrt{2.84 \times 10^{19} \times 1.06 \times 10^{19}}$$
$$\times \exp\left(\frac{-1.11\ \mathrm{eV}}{2 \times 0.026\ \mathrm{eV}}\right) = 9.31 \times 10^{9}\mathrm{cm}^{-3}$$

일반적으로 알려진 값은 $n_i = p_i = 1.5 \times 10^{10} cm^{-3}$이다. 두 값의 불일치는 유효질량 값의 3차원 특징과 유효질량이 측정된 방식과 온도에 주로 관계가 있다. 앞으로 다른 언급이 없으면 일반적으로 알려진 값을 사용한다.

(b) 부록 2를 통해 GaAs 값은 $m_e^* = 0.067m$이고 $E_g = 1.43eV$이므로

$$N_{\mathrm{c}} = 2\left(\frac{2\pi m_{\mathrm{e}}^* kT}{h^2}\right)^{\frac{3}{2}} = 2\left(\frac{2\pi \times (0.067 \times 9.11 \times 10^{-31}\ \mathrm{kg}) \times (0.026 \times 1.6 \times 10^{-19}\ \mathrm{J})}{(6.625 \times 10^{-34}\ \mathrm{J\ s})^2}\right)^{\frac{3}{2}}$$
$$= 4.38 \times 10^{23}\ \mathrm{m}^{-3} = 4.38 \times 10^{17}\ \mathrm{cm}^{-3}$$

이고

$$N_v = 2\left(\frac{2\pi m_h^* kT}{h^2}\right)^{\frac{3}{2}} = 2\left(\frac{2\pi \times (0.48 \times 9.11 \times 10^{-31}\ \text{kg}) \times (0.026 \times 1.6 \times 10^{-19}\ \text{J})}{(6.625 \times 10^{-34}\ \text{J s})^2}\right)^{\frac{3}{2}}$$
$$= 8.4 \times 10^{24}\ \text{m}^{-3} = 8.4 \times 10^{18}\ \text{cm}^{-3}$$

이므로

$$n_i = p_i = \sqrt{N_c N_v} \exp\left(\frac{-E_g}{2kT}\right) = \sqrt{4.38 \times 10^{17} \times 8.4 \times 10^{18}} \exp\left(\frac{-1.42\ \text{eV}}{2 \times 0.026\ \text{eV}}\right)$$
$$= 2.65 \times 10^6\ \text{cm}^{-3}$$

1.10 반도체 물질

캐리어의 농도와 E_g과의 관계를 알아보았고 이제 실제 반도체의 예를 살펴보자. 그림 1.13은 많은 주요 반도체가 포함된 주기율표의 일부분과 선택된 반도체와 에너지 갭을 보여준다. 실리콘(Si)과 게르마늄(germanium: Ge)의 IV족 반도체, III족 하나와 V족 하나의 두 개의 원소로 구성된 많은 III-V족 화합물 반도체, II족과 VI족 원소로 구성된 많은 II-VI족 화합물 반도체가 있다.

Group	II	III	IV	V	VI
Element		B	C	N	O
		Al	Si	P	S
	Zn	Ga	Ge	As	Se
	Cd	In	Sn	Sb	Te

Group	IV	IV	IV	IV	III-V	III-V	III-V	III-V	III-V	III-V	II-VI	II-VI
Element(s)	C	Si	Ge	Sn	GaN	AlP	GaP	AlAs	GaAs	InSb	ZnSe	CdTe
Energy gap (eV)	6	1.11	0.67	0	3.4	2.45	2.26	2.16	1.43	0.18	2.7	1.58

그림 1.13 II부터 VI족까지의 원소로 구성된 몇 가지 선택된 반도체가 포함된 주기율표의 일부분

많은 흥미로운 관찰이 있을 수 있다. IV족 결정체는 결합이 완전히 공유결합이다. 탄소(다이아몬드)는 6 eV의 에너지 갭을 갖기 때문에 절연체이다. IV족에서 C, Si, Ge, Sn로 원자의 크기가 커짐에 따라 에너지 갭은 감소한다. 실제로 Sn은 금속처럼 동작한다. 에너지 갭이 매우 작기 때문에 우리가 논의한 1차원 모델이 아닌 결정의 3차원 모델을 고려하였을 때 가전자대와 전도대가 효과적으로 겹쳐있는 것으로 판명됐다. 이것은 온도에 관계없이 전도대의 채워진 상태와 가전자대의 빈 상태를 보장한다. Sn은 준금속(semi-metal)이라 말하는 것이 적절하다. (전도성이 구리와 은과 같은

금속에 비해 상당히 낮다.) 1.3절에서 설명한 전자차폐(electron screening)로 인해 무거운 원소의 주기전위가 가벼운 원소에 비해 약한 이유로 에너지 갭이 감소하는 IV족의 경향을 이해할 수 있다.

IV족 물질과 마찬가지로, III-V족 반도체의 에너지 갭은 AlP, GaP, AlAs, GaAs, InSb의 아래로 갈수록 감소한다. 정리된 ZnSe와 CdTe를 통해서 알 수 있듯 II-VI족 반도체도 마찬가지 동작을 한다. 또한 원소가 무거워질수록 전자차폐는 증가한다.

주기율표의 같은 줄 원소로 구성되었지만 Ge, GaAs, ZnSe와 같은 이온결합(ionic bonding) 반도체들의 에너지 갭을 비교하면 다른 경향은 분명해진다. 이온성(ionic character)의 정도가 강해짐에 따라 에너지 갭이 증가한다. 이온결합작용(ionic bond character)의 정도가 주기전위의 크기에 따라서 에너지 갭을 증가시킨다.

세가지 반도체에 대한 식 1.18에 따라 온도의 함수로의 캐리어 밀도를 그림 1.14에 작성하였다. 주어진 온도에서 에너지 갭이 크면 캐리어 밀도가 작다.

1.11 반도체 대역도

그림 1.10의 반도체는 입방(cubic) 또는 육방구조(hexagonal structure)로 결정을 이룬다. 그림 1.15a는 실리콘, 게르마늄의 다이아몬드 구조를 보여준다. 이것은 입방이다. 그림 1.15b는 III-V족과 II-VI족 반도체들의 섬아연광(zincblende) 구조를 보여준다. 이것도 입방이다. 그림 1.15c는 추가적인 화합물 반도체의 육방 구조를 보여준다.

이 세가지 구조는 공통점을 가지고 있다. 사면체 구조에서 각 원자는 이웃한 4개의 원자를 가진다. 어떤 결정은 이상적인 109.47° 사면체 결합각(bond angle)으로부터 왜곡을 보여준다. 그러나 모든 화합물들은 어느 정도 지향성(directional)을 갖는 공유결합을 하기 때문에 결합각은 큰 변동이 없다. 입방구조의 (111) 면과 c-축에 수직인 육방구조의 (1000) 면 모두는 밀집된 육방 원자배열을 갖는다.

주어진 반도체의 에너지 갭과 유효질량 값만은 광전자 응용을 위한 정보로 충분하지 않다. 실제의 물질에 대한 에너지 대역도를 상세하게 연습하는 것이 필요하다.

크로니히-페니 모델은 몇 가지 근사를 포함한다. 3차원 주기전위 대신 1차원 주기전위가 사용된다. 주기전위가 단순하고 실제 반도체 결정의 원자 전위를 실제로 모사하지 않는다. 예를 들어, 그림 1.15a처럼 실리콘은 실리콘 원자로 다이아몬드 결정 구조를 갖는다. 3차원이 요구될 뿐만 아니라 단위셀 당 하나 이상의 원자가 요구된다.

또한 화합물 반도체의 개별 원자와 관련된 전하는 결합의 이온화의 정도에 따라 달라진다. 이것은 주기전위의 구체적인 형태에 영향을 미칠 것이다. 또한 전자차폐의 효과는 정확하게 모델링되지 않는다. 또한 전자의 스핀과 궤도각 운동량(orbital angular momentum)에 의한 다른 영향이 있으며 이는 실제 결정의 에너지 대역에 영향을 준다.

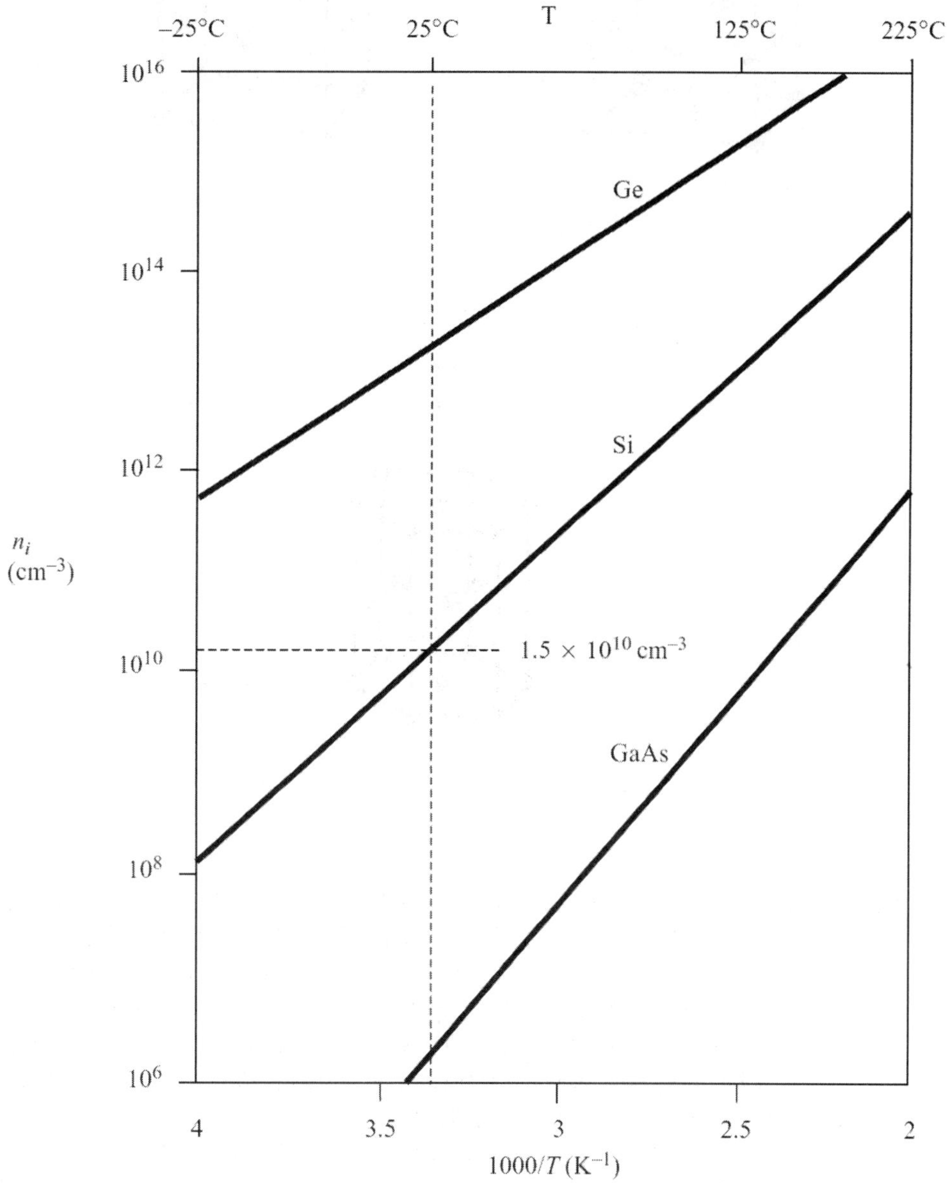

그림 1.14 Ge(E_g =0.67 eV), Si(E_g =1.11 eV), GaAs(E_g =1.43 eV)에 대하여 $\frac{1}{T}$에 따라 작성된 일반적으로 알려진 값 n.

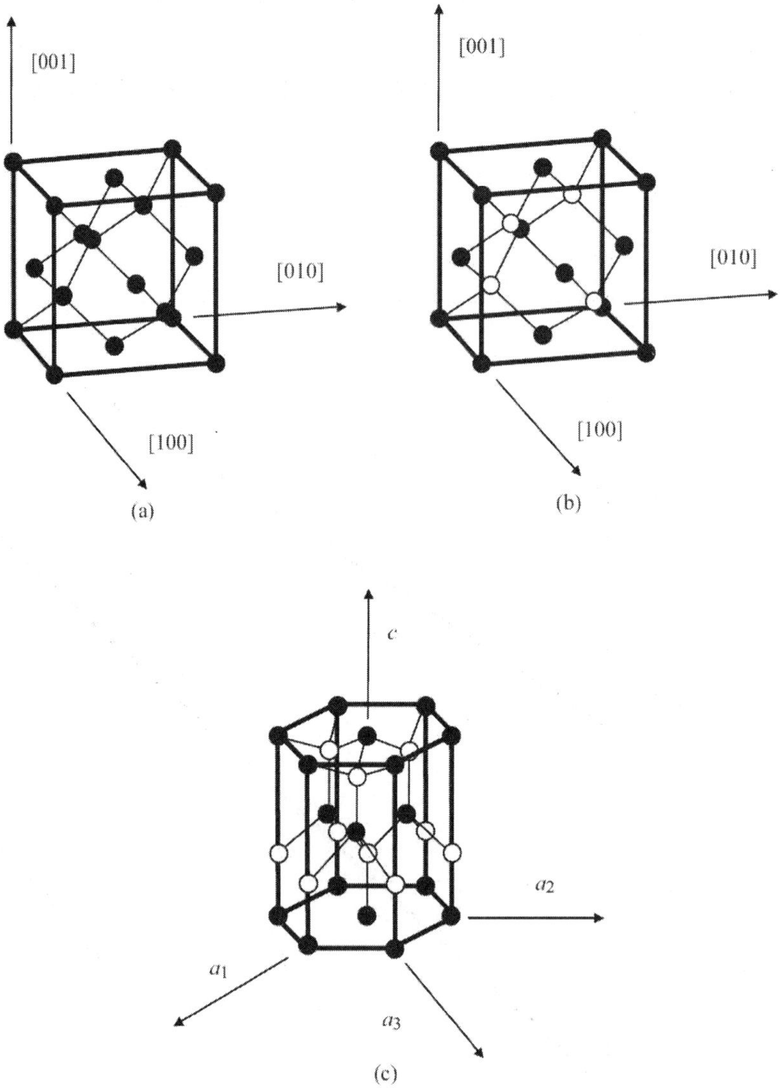

그림 1.15 (a) C, Si, Ge의 결정구조인 다이아몬드 단위셀. 입방 단위셀이 8개의 원자를 포함한다. 사면체 구조에서 각 원자는 이웃한 4개의 원자를 가진다. 각 단위셀 내에 8개의 원자는 정육면체의 모서리와 면심입방구조(face-centred cubic; FCC) 부격자(sublattice)의 면심에 4개의 원자가 있고, 다른 4개의 원자는 단위셀의 몸체 대각선방향 4분(quarter)을 따라 이동하여 상쇄되는 다른 FCC 부격자에 위치한다. (b) GaAs의 섬아연광 단위셀은 4개의 'A'원자 (검정색)와 4개의 'B'원자 (흰색)로 구성된다. 'A'원자들이 FCC 부격자를 구성하고 'B'원자들은 단위셀의 몸체 대각선방향 4분을 따라 이동하여 상쇄되는 다른 FCC 부격자를 구성한다. (c) 섬유아연석(wurtzite)의 육방정계 단위셀은 6개의 'A'원자와 6개의 'B'원자로 구성된다. 'A'원자들은 육방밀집(hexagonal close-packed; HCP) 부격자를 구성하고 'B'원자들은 육박 단위셀의 수직축을 따라 이동하여 상쇄되는 다른 HCP 부격자를 구성한다. 각 원자는 가까운 4개의 원자와 사면체로 결합되어 있다. 단위셀의 수직축을 c-축이라 한다.

1차원 주기전위가 방향에 따라 바뀌기 때문에 반도체 결정내의 여러 방향에 대한 $k-E$ 그래프는 종종 제시된다. 비록 3차원 모델링이 이 교재의 범위를 벗어나지만 실리콘(Si), 게르마늄(Ge), 갈륨비소(gallium arsenide; GaAs), 갈륨인(gallium phosphide; GaP), 질화갈륨(gallium nitride; GaN), 텔루르화카드늄(cadmium telluride; CdTe)의 입방결정체 뿐만 아니라 육방 GaN에 대한 결과를 그림 1.16a-g에 정리하였다. 입방결정체에 대해 이들 그림은 [111] 방향으로 이동하는 전자에 대한 대역의 형태(band shape)를 우측에 [100] 방향으로 이동하는 것은 좌측에 보여준다. 여러 방향으로 이동한 전자가 경험한 주기전위가 변화한다는 것은 분명하다: [100] 방향에 대한 블로호 방정식(식 1.5)을 사용하기 위해 $u_k(x)=u_k(x+a)$를 만족하는 값 a는 결정의 입방 단위셀의 모서리 길이이다. [111] 방향에 대해 a는 단위셀의 몸체 대각선 방향에 수직인 관련 원자 평면 사이의 거리로 수정돼야 한다. 육방 결정에 대한 c-축으로의 [0001] 방향과 a-축으로의 ⟨1100⟩ 방향 두 가지를 보여준다.

하나의 가전자대 보다는 서로 겹쳐지거나 거의 겹쳐진 여러 개의 가전자대가 있음에 유의하라. 이들은 정공에 대한 하위대역(sub-bands)으로 가전자대의 전자에 대한 대역 상태 에너지를 변경하는 스핀 궤도 상호작용(spin-orbit interactions)에 의한 것이다. 하위대역은 최대값 근처에서 대략 포물선 형태이다. 이러한 하위대역의 곡률이 다르기 때문에, 식 1.16에 설명된 것처럼 m^*에 따라 무거운 정공과 가벼운 정공이라 불리는 것들을 발생시킨다. 가전자대 가장자리 아래에 에너지의 최대값을 갖는 분리대역(split-off bands)도 있다.

1.12 직접 갭과 간접 갭 반도체

그림 1.16을 보면 전도대는 일반적으로 하나의 최소치 보다는 두 개의 최소값을 나타낸다. 곡률이 관련 전자의 유효질량을 결정하는 포물선으로 각 부분의 최소값이 근사될 수 있다.

그림 1.16c를 보면, $k-0$에서 가전자대의 최대값과 전도대의 최소값이 일치하며 GaAs의 대역갭이 1.43 eV임을 알 수 있다. 전도대의 전체 최소값과 가전자대의 최대값이 같은 k의 값에 위치하기 때문이며 이런 반도체를 직접 갭 반도체(direct gap semiconductor)라 한다. 그림 1.16에서 GaAs, GaN, CdTe는 직접 갭 반도체이다. GaAs와는 다르게, 그림 1.16a의 실리콘은 가전자대의 최대값과 전도대의 최소값이

다른 k의 값에 위치한다. 이 말은 1.1 eV의 에너지 갭이 $k=0$에서의 차이가 아닌 가전자대의 최대값과 전도대의 최소값의 차이임을 의미한다. 이런 종류의 반도체를 간접 갭 반도체라 한다. 그림 1.16에서 또 다른 간접 갭 반도체는 III-V족 물질 GaP이다.

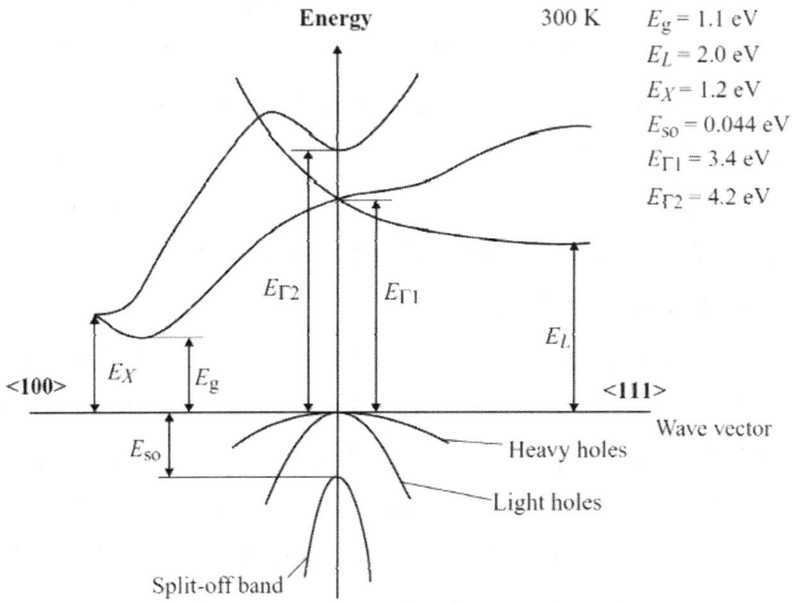

(a) Silicon

그림 1.16 선택된 반도체의 대역 구조. (a) Si, (b) Ge, (c) GaAs, (d) GaP, (e) 입방 GaN, (f) CdTe, (g) 육방 GaN. GaN은 보통 육방체이다. 입방 GaN은 대기압(atmospheric pressure)에서 평형상태(equilibrium phase)가 아니다. 그러나 고압에서는 가능하며 한번 성장이 되면 안정하다. 다양한 대역의 특징을 설명하는데 기호가 사용된다. Γ는 인 $k=0$ 지점을 나타낸다. X와 L은 입방 반도체에서 각각 ⟨100⟩과 ⟨111⟩ 방향의 브릴루인 영역의 경계를 나타낸다. (g)에서 k_x와 k_z는 육방 반도체에서 각각 a와 c 방향을 나타낸다. 그림 1.15c를 참고하라. 두 개의 결정 방향을 표현하기 위해 수평축을 사용하면 추가적인 그림이 필요 없다; 주어진 k-방향에 대한 양과 음의 k-축이 대칭이기 때문에 각 k-방향에 대한 완전한 그림을 보여줘야 한다. 또한 실제의 에너지 갭보다 큰 에너지 갭을 보여준다; 실제의 에너지 갭은 가장 작은 갭이다. 이 대역도들은 측정과 모델링 모두의 결과다. 어떤 경우에는 에너지 갭 값이 부록 2의 값과 조금 차이가 있다. (a–d)는 *Levinstein, M., Rumyantsev, S., and Shur, M., Handbook Series on Semiconductor Parameters vol. 1.* (1996)의 문헌을 참조하여 다시 그렸다. (e, g)는 *Morkoc, H., Handbook of Nitride Semiconductors and Devices, Vol. 1,* (2008) *WILEY-VCH Verlag GmbH & Co.*의 문헌을 참조하여 다시 그렸다. (f)는 *Chadov, S., et al., Tunable multifunctional topological insulators in ternary Heusler compounds, Nature Materials 9, 541–545* (2010)의 문헌을 참조하여 다시 그렸다.

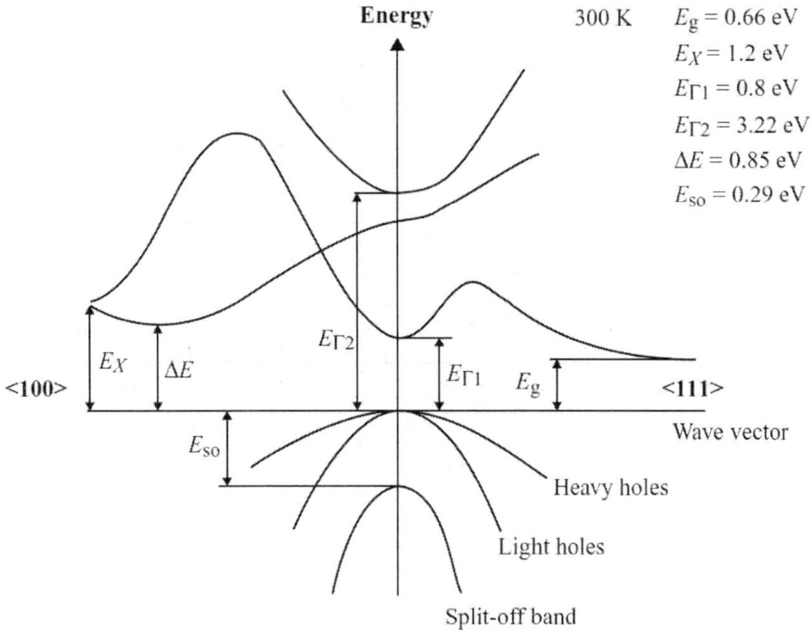

(b) Germanium

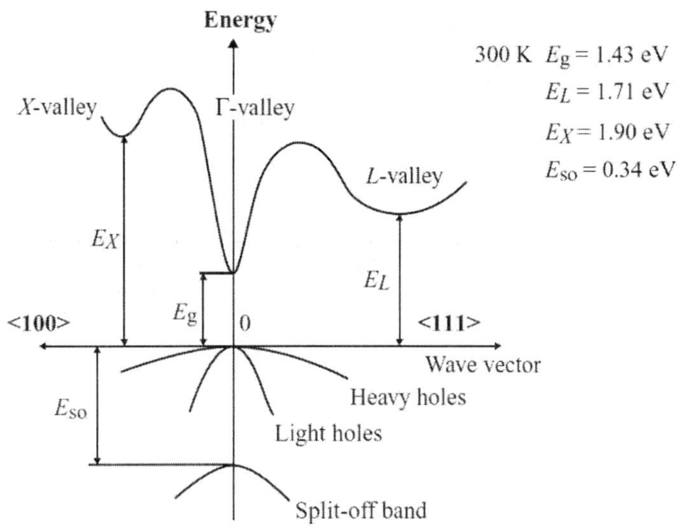

(c) Gallium Arsenide

Figure 1.16 *(Continued)*

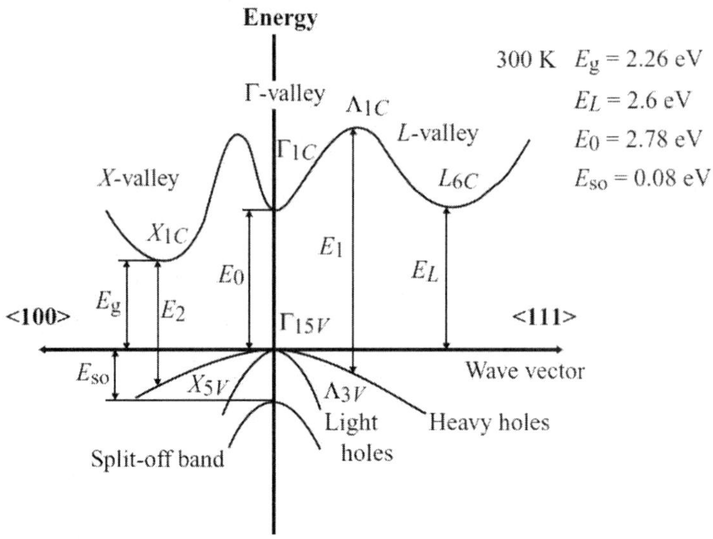

(d) Gallium Phosphide

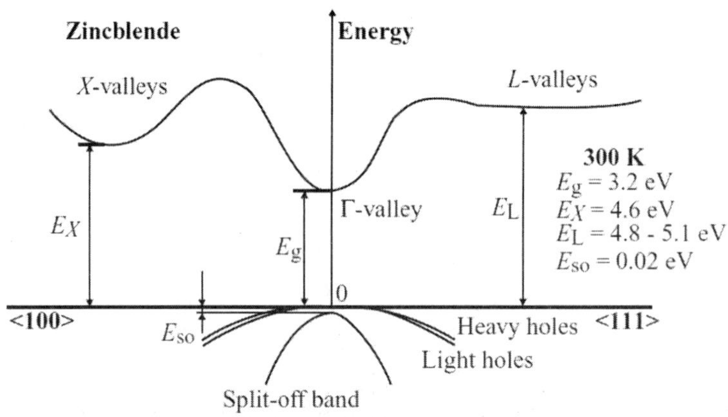

(e) Gallium Nitride (cubic)

Figure 1.16 *(Continued)*

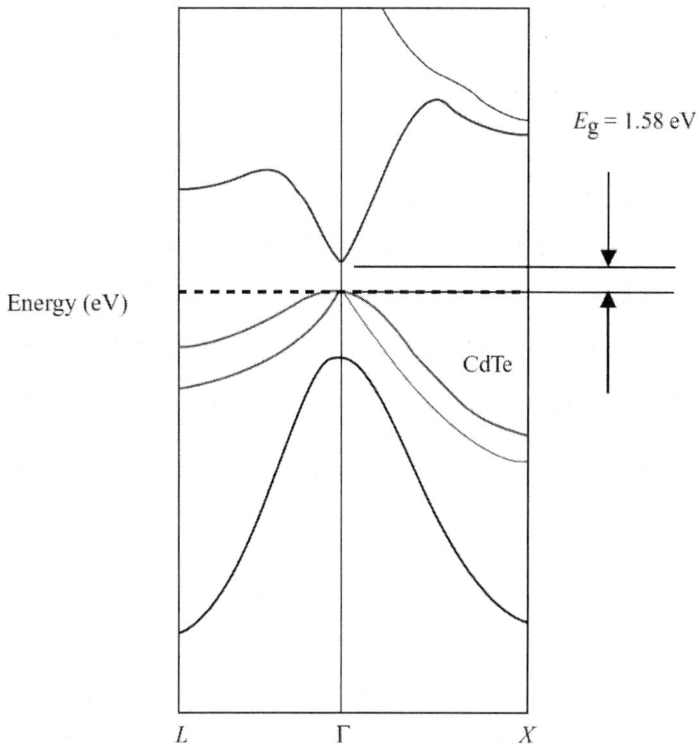

(f) Cadmium Telluride

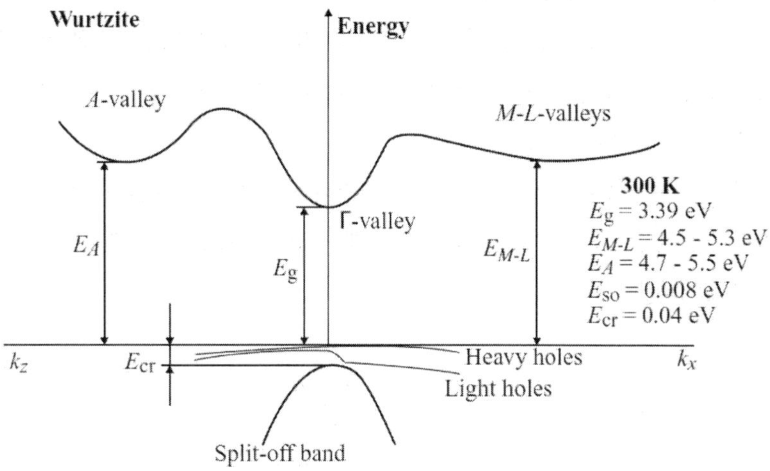

(g) Gallium Nitride (wurtzite)

Figure 1.16 *(Continued)*

직접과 간접 갭 반도체의 차이는 태양전지와 LED에 있어 특히 중요하다. 포톤을 포함하는 프로세스가 두 경우 모두에서 발생하기 때문이며, 그리고 이 두 가지 반도체에서 포톤의 흡수와 생성의 특징이 서로 다르다.

포톤이 반도체에 흡수되면 가전자대의 전자가 전도대로 여기 되어 전자정공쌍(EHP)이 생성된다. 예를 들어 실리콘 반도체의 경우, 포톤 에너지가 1.11 eV의 밴드갭과 같거나 큰 경우에만 포톤이 반도체에 흡수된다. 그러나 실리콘은 간접 갭 반도체이기 때문에, 가전자대의 상단을 떠난 전자는 k축을 따라 이동한 다음 전도대의 바닥을 차지한다. 1.3절에서 $p=\hbar k$이기 때문에 운동량의 변화가 있음을 확인했다. 그림 1.16a에서 처럼 변화는 상당하고, 이는 거의 $k=0$인 브릴루인 영역의 중심으로부터 영역의 경계인 $k=\frac{\pi}{a}$ 까지의 거리에 해당한다. 운동량 변화의 결과는

$$\Delta p \simeq \hbar\frac{\pi}{a} \tag{1.38}$$

EHP의 생성 동안에 에너지와 운동량 모두가 보존되어야 한다. 포톤 에너지 $\hbar\omega$가 $\hbar\omega=E$ 조건을 만족하기 때문에 에너지는 보존된다. 이 내용은 4.2절에서 좀 더 논의된다. 즉, 포논이라는 격자의 진동이 EHP 생성 프로세스에 필요하다. 포논 운동량의 크기는 결정의 넓은 범위를 포함하고 필요한 운동량을 가진 포논은 EHP 프로세스에 사용할 수 없다. 이것이 EHP 생성률을 제한하고 흡수되지 않은 포톤은 실리콘을 통해 계속 전파한다.

전자기 방사선(electromagnetic radiation)이 반도체를 통과하는 경우 지수관계에 의해 방사선의 강도를 결정하는 흡수계수(absorption coefficient) α를 사용하여 흡수를 정량화한다.

$$\frac{I(x)}{I_0}=e^{-\alpha x}$$

여기에서 I_0 는 방사 시작 강도이고 $I(x)$는 거리 x 만큼 반도체를 통과한 후의 강도이다. 일반적으로 효율적인 결정질 실리콘 태양전지는 비교적 낮은 흡수율로 인해 적어도 $\cong 100\mu m$ 두께이다. 그에 반해 GaAs (그림 1.16c)는 직접 갭 반도체이고 훨씬 큰 α값을 갖는다. 햇빛의 흡수에 필요한 GaAs의 두께는 단지 1 μm이다. 햇빛이 흡수되지 않으면 전기를 발전할 수 없기 때문에 태양광 반도체(PV semiconductor)에

서 α값은 중요한 파라미터다. 이러한 어려움에도 불구하고 실리콘은 GaAs 비해 가격적인 장점을 가짐으로 전통적으로 가장 중요한 태양전지 재료이다.

LED는 프로세스가 반대이다. EHP가 재결합하여 방사선으로 방출되는 포톤을 발생시킨다. 이 방사선의 파장 범위는 적외선, 가시광선, 또는 전자기 스펙트럼(electromagnetic spectrum)의 자외선 부분일수 있고 반도체 에너지갭에 의존한다. 포톤을 생성하기 위한 EHP 재결합에 운동량 보존(momentum conservation)을 위해 하나 또는 그 이상의 포논의 참여가 필요하기 때문에 실리콘은 LED로 사용하기에 좋지 못한 재료이다. 이것이 발생하기 위한 확률은 매우 작기 때문에 전자정공쌍 재결합에 대한 경쟁 메커니즘이 중요하다. 이를 비방사 재결합(*non-radiative recombination*)이라 한다. (1.19절 참고) 실리콘과 달리 GaAs는 고효율 LED에 사용할 수 있고 직접 갭을 가지기에 가장 실용적인 LED 소자에 사용된다.

1.13 외인성 반도체

도핑이라 불리는 불순물의 매우 작은 농도의 혼합을 통해 진성반도체와 구별되는 외인성 반도체(extrinsic semiconductors)를 만들 수 있으며, 전자와 정공의 농도를 상당히 제어할 수 있다.

그림 1.17에 대역도와 함께 표시된 것처럼 인(phosphorus; P) 같은 V족 물질을 실리콘 결정에 첨가한 경우를 고려하자. 이는 n-type 반도체(n-type semiconductor)를 생성한다. 도너(donor)라 불리는 인 원자는 실리콘 원자의 자리를 치환하고 도너 준위 E_d라는 공간적으로 국한된 새로운 에너지 준위를 야기한다. 인은 실리콘 보다 전자가 하나 많으며 이 도너 전자는 원자가 결합(valence bonding)에 필요가 없고 단지 인에 약하게 결합되어 있어 전도대로 여기 되기 쉽다. 이를 위한 에너지 요구량 $E_c - E_d$ 를 도너 결합 에너지(donor binding energy)라 한다. 도너 전자가 전도대로 들어가면 더 이상 공간적으로 국한되지 않고 도너는 양으로 대전된 이온이 된다. 잘 알려진 수소 에너지 양자 상태(hydrogen energy quantum states)를 고려하여 도너 결합 에너지는 계산될 수 있다. 수소원자에 대한 이온화 에너지는

$$E_{\text{Rydberg}} = \frac{-mq^4}{8\epsilon_0^2 h^2} = 13.6 \text{ eV} \tag{1.39}$$

보어 반경(Bohr radius)은

$$a_0 = \frac{4\pi\epsilon_0\hbar^2}{mq^2} = 0.529\ \text{Å} \tag{1.40}$$

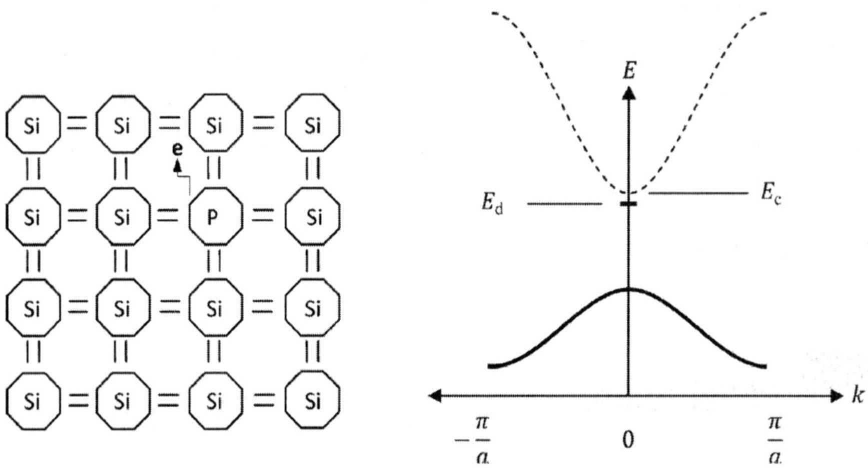

그림 1.17 실리콘에서 인 원자의 치환(도너 원자)을 통해 새로운 에너지 준위 E_d를 차지하며 약하게 결합한 여분의 전자를 발생하며 이 전자는 결정의 공유 결합을 이루는데 필요하지 않다. 전도대로 여기 되기 위해 단지 $E_c - E_d$의 작은 에너지가 필요하며, 결과적으로 양으로 대전된 도너 이온과 전도대의 잉여 전자가 발생한다.

이제 식 1.39와 1.40의 두 변수가 바뀌어야 한다. 진공에서 수소 전자의 움직임에 비해, 도너는 반도체 원자들에 둘러싸였기에 자유공간(free space)의 값 ϵ_0 유전율(dielectric constant)은 적합하지 않기에 실리콘의 경우 실리콘의 비유전율(relative dielectric constant) ϵ_r을 곱한 적합한 값을 사용한다. 또한 자유전자의 질량 m은 유효질량 m_e^*으로 바뀌어야 한다. 이것은 식 1.39에서 수소원자에 비해 작은 결합에너지를 식 1.40에서 보어 반경에 비해 큰 원자 반경을 초래한다. 실리콘에서 n-형 도펀트(dopant)의 결합에너지의 측정치는 리드베르크 상수(Rydberg Constant)가 13.6 eV인 것에 비해 대략 0.05 eV이고, 원자반경은 약 0.5 Å 인 보어반경(Bohr radius)보다 10배 정도 크다. 원자반경이 직경으로 여러 격자상수이기 때문에, 진공상수를 대신하여 벌크(bulk) 실리콘 상수를 사용할 수 있다.

그림 1.18에 도시된 것처럼 실리콘 원자에 대한 알루미늄(aluminum; Al)과 같은 III족 물질을 고려한다. 이는 p-type 반도체(p-type semiconductor)를 생성한다. 억

셉터(acceptor)라 불리는 알루미늄 원자는 억셉터 준위 E_a라는 공간적으로 국한된 새로운 에너지 준위를 야기한다. 알루미늄은 실리콘보다 전자가 하나 적기 때문에 실리콘 내의 다른 원자가 결합으로부터 전자를 취할 수 있고, 이로 인해 가전자대에 정공이 발생한다. 이를 위한 에너지 요구량 $E_a - E_v$를 도너 결합 에너지(donor binding energy)라 한다. 전자를 취하게 되면, 생성된 정공은 더 이상 공간적으로 국한되지 않고 억셉터는 음으로 대전된 이온이 된다. 결합 에너지는 도너 결합 에너지와 유사한 방식으로 추정할 수 있다.

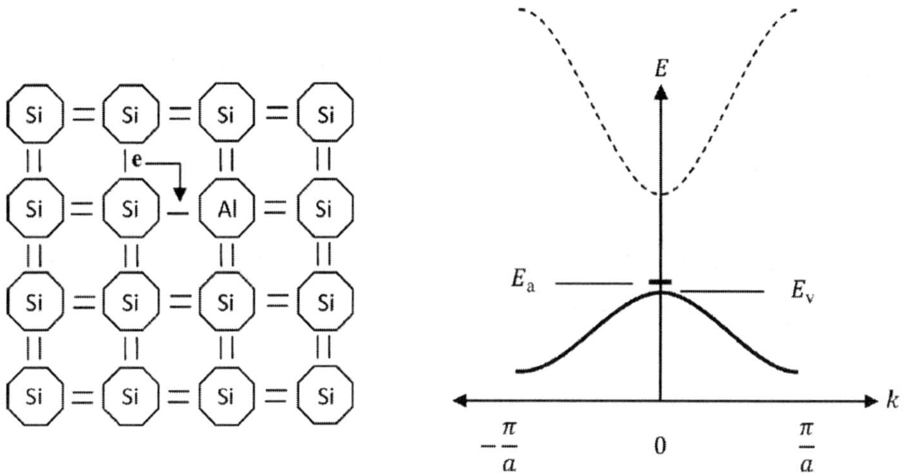

그림 1.18 실리콘에서 알루미늄 원자의 치환(억셉터 원자)으로 알루미늄 원자가 결합의 불완전함이 발생한다. 결정내 다른 공유결합으로부터의 잉여 전자는 이 결합을 채우기 위해 이동될 수 있다. 이제 E_a에서 이 잉여 전자에 의해 채워진 공간적으로 국한된 에너지 준위는 가전자대보다 약간 높은 에너지이다. 이동을 위해 단지 $E_a - E_v$ 의 작은 에너지가 필요하며, 결과적으로 음으로 대전된 억셉터 이온과 가전자대의 정공이 발생한다.

도너 또는 억셉터의 도입은 전하 캐리어의 농도에 영향을 주며, 우리는 이 농도를 계산할 수 있어야 한다. 도판트 원자가 추가되면 페르미 준위의 위치가 바뀌며, 더 이상 $n = p$은 아니다. 그러나 페르미-디락 함수 $F(E)$는 사용 가능하다. 주어진 반도체에서 전자와 정공의 농도의 곱은 매우 유용한 표현이다. 진성 물질에 대해, 우리는 $n_i p_i$를 계산하고 식 1.37a를 구했다. 그러나 식 1.34와 1.35는 여전히 유효하며 다음과 같이 정리할 수 있다.

$$n_0 p_0 = n_i^2 = p_i^2 = N_c N_v \exp\left(\frac{-E_g}{kT}\right) \tag{1.41}$$

이식은 E_f와 독립이며, 그러므로 외인성 반도체에 활용 가능하다. 여기에서 n_0와 p_0는 도핑된 반도체의 평형 캐리어 농도(equilibrium carrier concentrations)를 나타낸다.

우리는 이제 다음을 만족하는 중간 온도 조건을 검토한다:

(a) 주위온도가 모든 도너 또는 억셉터를 충분히 이온화 할 정도로 높다.
(b) 주위온도가 많은 수의 전자정공쌍을 직접적으로 여기 시킬 정도로 높지 않기 때문에 도펀트의 농도는 진성 캐리어 농도보다 훨씬 크다.

이러한 상황에서, 두 가지 경우가 있다. n-type 반도체에서 도너의 도핑에 대해 우리는 다음과 같이 정리할 수 있다.

$$n_0 \simeq N_d \tag{1.42}$$

그리고 식 1.41과 1.42를 합쳐서

$$p_0 = \frac{n_i^2}{N_d} \tag{1.43}$$

여기에서 는 반도체의 단위부피당 도너 원자의 도너 농도이다. p-type 반도체에서 억셉터의 도핑에 대하여

$$p_0 \simeq N_a \tag{1.44}$$

또한

$$n_0 = \frac{n_i^2}{N_a} \tag{1.45}$$

페르미 에너지 준위 도핑에 따라 바뀌며 식 1.34와 1.35로 계산될 수 있다. n-형 실리콘의 경우 페르미 준위는 전도대에 가깝게 위치한다. p-형 실리콘의 경우 페르미 준위는 가전자대에 가깝게 위치한다. (그림 1.19를 참고하라) 예제 1.3을 통해 페르미 에너지 위치의 특수한 값을 계산한다.

상온에서 n-형 실리콘을 고려한다. n-형 실리콘 내의 이동 전자를 다수 캐리어(majority carriers)라 하고 이동 정공을 소수 캐리어(minority carriers)라 한다. p-형에 대해서는 정공이 다수 캐리어, 전자가 소수 캐리어이다.

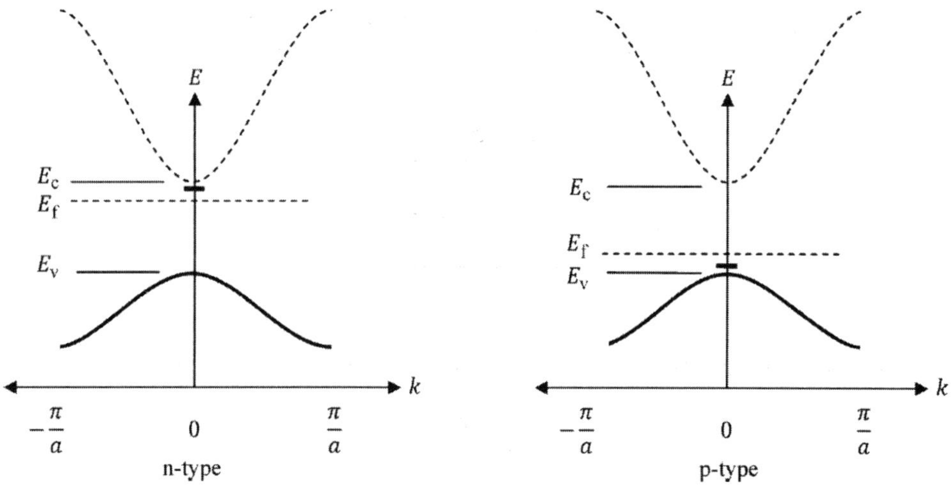

그림 1.19 도너 도핑 농도가 1×10^{17} cm^{-3}인 n-형 실리콘과 억셉터 도핑 농도가 1×10^{17} cm^{-3}인 n-형 실리콘에 대한 대역도. n-형 도핑에 대해 페르미 에너지가 위쪽에 위치하고 p-형 도핑에 대해 페르미 에너지가 아래쪽에 위치함에 유의하라.

예제 1.3

실리콘 샘플에 상온에 있다고 간주한다.

(a) 1×10^{17} cm^{-3}의 인(P) 불순물 농도를 가지는 n-형 실리콘에 대하여 E_c와 E_f의 차이를 계산하라.

(b) 1×10^{17} cm^{-3}의 알루미늄(Al) 불순물 농도를 가지는 p-형 실리콘에 대하여 E_c와 E_f의 차이를 계산하라.

풀이

(a) 중간 온도 근사(intermediate temperature approximation) $n_0 \cong 1\times10^{17}cm^{-3}$ 를

사용한다. 예제 1.2로부터 $n_i \cong 1.5\times10^{10} cm^{-3}$이므로

$$p_0 = \frac{n_i^2}{n_0} = \frac{(1.5\times10^{10}\ \mathrm{cm^{-3}})^2}{1\times10^{17}\ \mathrm{cm^{-3}}} = 2.25\times10^3$$

그리고

$$n_0 = N_c \exp\left(\frac{-(E_c - E_f)}{kT}\right)$$

$E_c - E_f$를 풀면

$$E_c - E_f = kT \ln\frac{N_c}{n_0} = 0.026\ \mathrm{eV}\ \ \ln\left(\frac{2.84\times10^{19}\ \mathrm{cm^{-3}}}{1\times10^{17}\ \mathrm{cm^{-3}}}\right) = 0.15\ \mathrm{eV}$$

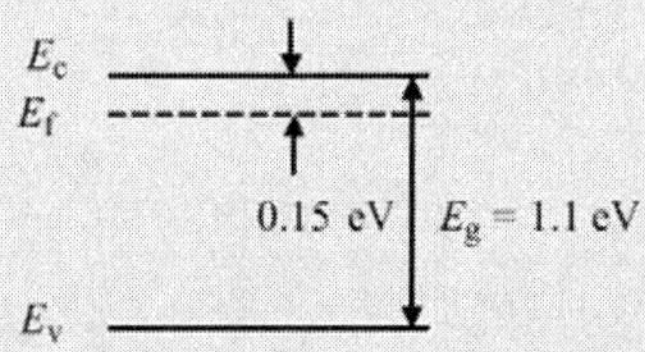

(b) 중간 온도 근사 $p_0 \cong 1\times10^{17} cm^{-3}$를 사용하면

$$n_0 = \frac{n_i^2}{p_0} = \frac{(1.5\times10^{10}\ \mathrm{cm^{-3}})^2}{1\times10^{17}\ \mathrm{cm^{-3}}} = 2.25\times10^3$$

그리고

$$p_0 = N_v \exp\left(\frac{-(E_f - E_v)}{kT}\right)$$

$E_f - E_v$를 풀면

$$E_f - E_v = kT \ln\frac{N_v}{n_0} = 0.026\ \mathrm{eV}\ \ \ln\left(\frac{1.06\times10^{19}\ \mathrm{cm^{-3}}}{1\times10^{17}\ \mathrm{cm^{-3}}}\right) = 0.12\ \mathrm{eV}$$

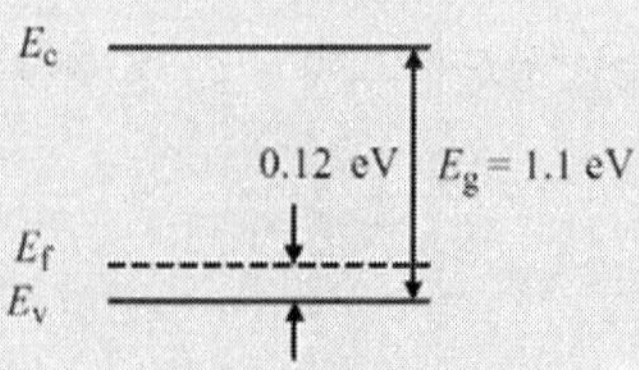

낮은 주변온도에서, 도펀트 원자는 무조건 이온화되지 않는다. 이 경우 중성과 이온화 도펀트 원자의 조합이 존재하게 된다. 높은 주변온도에서, 진성 전자정공쌍 농도는 중요할 수 있고 도핑 농도를 초과할 수 있다. 이 경우 반도체 캐리어 농도는 진성 물질과 유사할 수 있다. 이 경우가 그림 1.20에 정리되어 있다. 캐리어 농도는 온도에 상대적으로 독립적이며, 따라서 캐리어 농도의 심각한 변화 없이 반도체 소자는 넓은 온도 범위에서 동작할 수 있기 때문에 특별히 기술적으로 중요한 것은 중간 온도 영역이다.

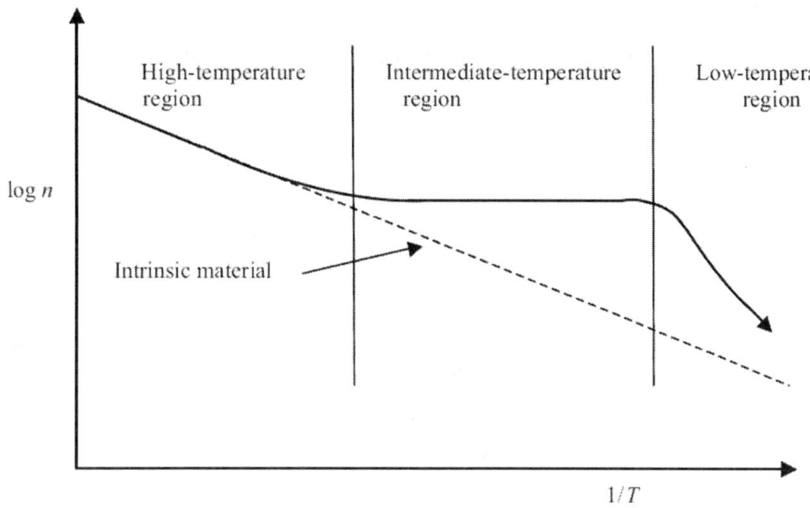

그림 1.20 n-형 외인성 반도체의 온도에 따른 캐리어 농도. 고온 영역(high-temperature region)은 진성처럼 동작한다. 중간 온도 영역(intermediate temperature region)에서 캐리어 농도는 불순물 농도에 의해 제어되어 사실상 모든 도펀트 원자가 이온화된다. 낮은 온도에서 도펀트 원자를 완전히 이온화기에 열 에너지가 충분하지 못하다.

1.14 반도체에서 캐리어의 수송

반도체의 전기전도성은 전계의 영향에 의해 특정 방향으로 전자와 정공이 흐르는 정도뿐만 아니라 전자와 정공의 농도에 의해 조절된다. 캐리어의 흐름은 높은 순간속도(instantaneous velocity)를 가지는 캐리어의 잦은 격자진동(포논) 즉 산란과 결함과 불순물 등에 의해 제한된다. 충돌 즉 산란 사이의 평균시간을 산란 시간(scattering time)이라 하며 τ를 사용한다. 결과적으로 발생한 캐리어 흐름의 순 흐름 속도(net flow velocity) 또는 드리프트 속도(drift velocity)는 순간속도보다 훨씬 작다. 이에 대한 실험적인 증거는 옴의 법칙(Ohm's law)에 의해 정리된다.

$$J = \sigma \varepsilon$$

이는 인가된 전계에 의한 전류의 흐름과 관계된 충돌-한정 흐름 관계식(collision-limited flow equation)이다. 이것을 이해하기 위해, 단면적 A인 고체 원통의 x 방향으로의 캐리어의 흐름을 보여주는 그림 1.21을 살펴보자.

캐리어의 농도가 n이고 각 캐리어가 전하량 q를 dt의 시간 동안 dx만큼 이동시킨다면 dt의 시간 동안 원통의 주어진 평면을 dQ의 전하량이 통과하며 $dQ = nqAdx$이다. 캐리어의 드리프트 속도는 $\bar{v} = \frac{dx}{dt}$로 주어지며, 따라서 우리는 전류를 다음과 같이 정리한다.

$$I = \frac{\mathrm{d}Q}{\mathrm{d}t} = \frac{nqA\mathrm{d}x}{\mathrm{d}t} = nqA\bar{v}$$

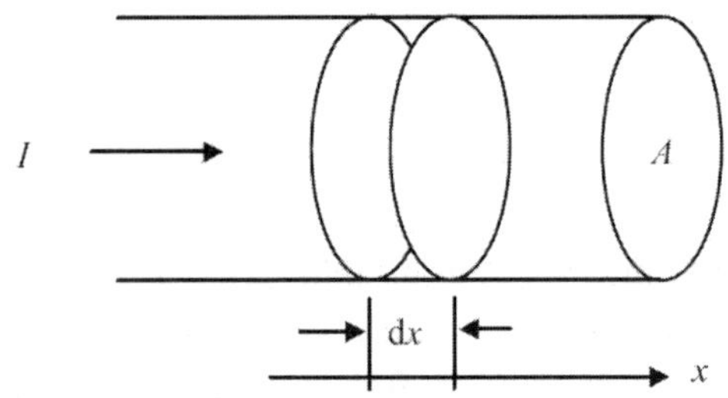

그림 1.21 단면적이 A인 고체 반도체 막대를 따라 흐르는 전류 (I)

전류밀도는 $J = \frac{I}{A}$이기 때문에 옴의 법칙은

$$J = nq\bar{v} = \sigma \varepsilon$$

이것이 드리프트 전류(*drift current*)이고 이 전류는 전계를 필요로 한다.

전계는 에너지 대역도에 활용될 수 있다. 잘 알려진 전계와 전위 사이의 정전 관계(electrostatic relationship)와 에너지는

$$\varepsilon(x) = -\frac{\mathrm{d}V}{\mathrm{d}x} = \frac{1}{q}\frac{\mathrm{d}E}{\mathrm{d}x} \tag{1.46}$$

이식은 전계는 전위 V에서 구배(gradient)를 발생시킴을 말해주며 또한 전계는 전하량 q를 가지는 대전체의 전위 에너지 E에서의 구배를 발생시킨다.

전도대와 가전자대가 에너지갭에 의해 분리된 상황을 도시하여 인가된 전계에서의 전도대와 가전자대를 나타낼 수 있다. 그림 1.7에서 이것은 k=0에서 발생한다. 그림 1.22처럼, 반도체의 x 방향으로의 위치를 보이기 위해 x-축을 사용하여 공간 의존성을 설명한다. 인가된 전계가 없으면 대역은 단순하게 수평선(horizontal lines)이다. 일정한 전계가 있으면 수식 1.46과 같이 일정한 에너지 구배가 발생하기 때문에 에너지 대역은 기울어야 하고 각 대역의 캐리어들은 표시된 방향으로 크기 $q\varepsilon$의 힘 F를 느끼고 그들의 포텐셜 에너지를 낮추기 위해 이동할 것이다. 전계는 열역학적 평형(thermodynamic equilibrium)을 변경시키지 않기 때문에 페르미 에너지는 기울어지지 않는다.

이제 전자의 흐름에 대하여 설명한다. $\bar{v} \propto \varepsilon$이기 때문에 $\bar{v} = \mu\varepsilon$로 쓸 수 있고 여기에서 μ는 캐리어의 이동도(mobility)를 의미하며, 또한 옴의 법칙을 $\sigma = nq\mu$로 정리할 수 있다.

뉴턴의 운동법칙을 전계내의 전자에 대하여 적용하여 옴의 법칙을 정확히 하면

$$\frac{F}{m^*} = -\frac{q\varepsilon}{m^*} = \frac{\mathrm{d}\bar{v}}{\mathrm{d}t}$$

잘 알려진 감쇄 항(*damping term*)인 $\frac{\bar{v}}{\tau}$의 추가가 캐리어 충돌의 처리에 필요하다. 여기에서 τ는 종단 속도(terminal velocity)에서의 산란 시간이다. 이것은 공기 중에 낙하하는 탁구공이 도달한 종단 속도의 예에 따라 그릴 수 있다. 따라서

$$\frac{F}{m^*} = -\frac{q\varepsilon}{m^*} = \frac{\mathrm{d}\bar{v}}{\mathrm{d}t} + \frac{\bar{v}}{\tau} \tag{1.47}$$

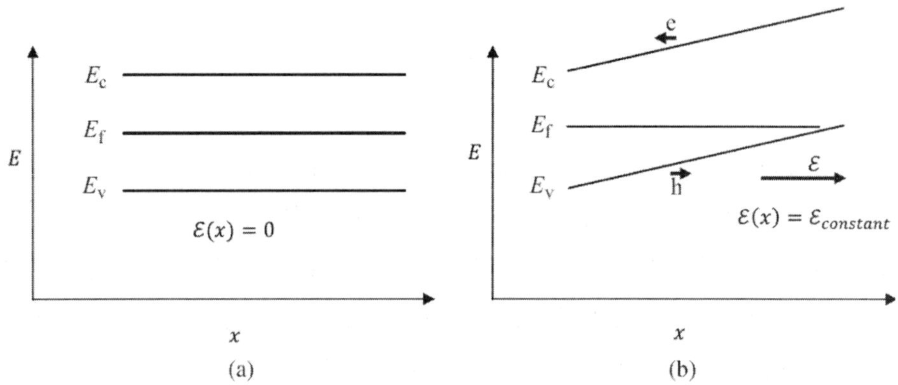

그림 1.22 진성반도체 에너지 대역의 공간 의존성. 전계가 없다면 (a) 대역은 수평이고 전자와 정공 에너지는 반도체 내에서 위치에 독립적이다. 전계 ε 이 반도체 내부에 존재하면 대역은 기울어진다. 오른쪽을 가리키는 전계에 의해 (b) 전도대의 전자는 좌측으로 힘을 받고 이로 인해 포텐셜 에너지가 감소한다. 가전자대의 정공은 오른쪽으로 힘을 느끼고 이로 인해 포텐셜 에너지가 감소한다. 정공 에너지에 대한 반대 방향은 그림 1.10에 설명되어 있다.

$\frac{d\bar{v}}{dt}=0$인 정상상태에서의 식의 타당성을 입증할 수 있다.

$$\bar{v} = \frac{q\tau\varepsilon}{m^*}$$

그리고

$$\mu = \frac{q\tau}{m^*}$$

이것은 옴의 법칙과 동일하다.

또한, $\varepsilon=0$인 경우를 구할 수 있으며 식 1.47로부터

$$\frac{d\bar{v}}{dt} + \frac{\bar{v}}{\tau} = 0$$

이식의 해는 $\bar{v}(t) = \bar{v}(0)\exp(-\frac{t}{\tau})$이다. 캐리어 드리프트 속도는 산란시간 τ와 동일한 특성 시정수에 따라 전계가 제거됨에 따라 감쇄한다.

전자와 정공 모두의 영향을 고려하기 위해, 총 드리프트 전류를 다음과 같이 정리한다.

$$J_{\mathrm{drift}} = J_{\mathrm{n}} + J_{\mathrm{p}} = q(n\mu_n + p\mu_p)\varepsilon \tag{1.48}$$

여기에서

$$\mu_{\mathrm{n}} = \frac{q\tau}{m_{\mathrm{n}}^*}$$

그리고

$$\mu_{\mathrm{p}} = \frac{q\tau}{m_{\mathrm{p}}^*}$$

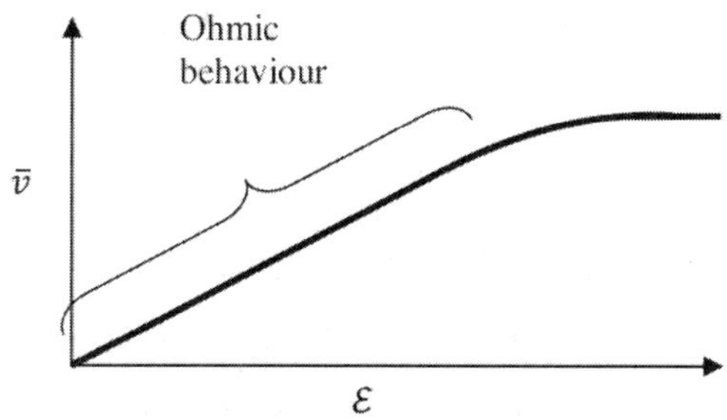

그림 1.23 반도체에서 전계에 따른 드리프트 속도

전자와 정공은 다른 대역에서 흐르고 각각 서로 다른 유효질량 m_n^*와 m_p^*를 갖기 때문에 개별적인 이동도 μ_n과 μ_p가 필요하다. 가전자대는 음의 곡률을 가지기에 식 1.16은 가전자대의 전자가 음의 유효질량을 가지는 것을 보여준다; 그러나 μ_p가 양의 값임을 보장하기 위해 이 음의 유효질량과 같은 크기에 해당하는 홀의 유효질량 m_p^*를 정의한다.

옴의 법칙의 유효성은 한계를 가진다. 그림 1.23에서와 같이 전계가 크면 캐리어의 속도는 일반적으로 포화되고, 더 이상 전계에 비례하여 증가하지 않는다. 이것은 활동적인 전자가 격자진동에 더 많은 에너지를 전달하기 때문에 발생한다. 포화에 도달하게 하는 전계의 크기는 반도체에 따라 다르다.

반도체에 대한 이동도의 크기가 부록 2에 정리되어 있다. 상온에서의 진성 물질에 대해 도표화 되어있다; 그러나 높은 온도뿐만 아니라 결함과 불순물은 산란시간을 감소시키기 때문에 이동도에 상당한 영향을 준다. 의도적으로 주입된 불순문 원자뿐만 아니라 원하지 않는 불순물 모두 산란시간과 이동도를 감소시키는 원인이 된다.

1.15 평형과 비평형 역학

지금까지 우리가 살펴본 캐리어의 농도는 평형 농도(*equilibrium* concentrations)이고, 반도체 재료와 열역학적 평형상태이다. 평형상태에서 EHP의 생성과 EHP의 재결합은 동시에 발생한다; 그러나 총 EHP 농도는 일정하다. 이것을 반응 상수를 사용하여 다음과 같이 정의한다:

$$G_{\mathrm{th}} = \text{thermal EHP generation rate (EHP cm}^{-3}\text{ s}^{-1}\text{)}$$
$$R = \text{EHP recombination rate (EHP cm}^{-3}\text{ s}^{-1}\text{)}$$

평형상태에서 $G_{th} = R$이다.

반도체를 비평형상태로 되게 하는 것은 어렵지 않다. 예를 들면, 반도체의 대역갭을 초과하는 에너지를 가지는 포톤으로 반도체를 분명하게 할 수 있다. 두 개 이상의 전극을 반도체에 부착하고 전압원을 병렬로 연결하여 전류가 반도체를 통해 흐르게 할 수 있다.

이상적인 직접 갭 반도체에서 R의 값은 캐리어 농도에 의해 결정된다. 예를 들면, 전자 농도 n이 두 배가 되면 정공에 도달하는 전자의 확률이 두 배가되기 때문에 R도 두 배가 된다. n과 p 모두가 두 배이면 정공 농도 또한 두 배이기 때문에 R은 4배로 증가할 것이다. 이것은 수학적으로 $R \propto np$이다. 비평형상태에 있을 때 캐리어 농도의 아래첨자를 제거한다.

안정된 광학적 생성률(optical generation rate) G_{op}은 t=0에서 갑자기 빛의 조사에 의한 열 발생율이 추가되면 총 생성률은 $G_{th} + G_{op}$ 로 증가한다. 이것은 EHP 생성률이 재결합율을 초과하게 하고 캐리어 농도가 평형 농도(equilibrium concentrations)를 초과하게 되어 시간 의존적(time dependent)으로 된다. 평형 농도 n_0와 p_0의 시간 의존적 과잉 캐리어 농도를 $\delta n(t)$와 $\delta p(t)$로 표기한다.

$n_0 \gg p_0$인 직접 갭(direct gap) n−type 반도체를 고려하자. 또한 $\delta n(t) \ll n_0$로 규정한다. 이는 평형 다수 캐리어 농도에 비해 과잉 캐리어 농도가 작다는 것을 말한다. 이를 저준위 주입(low−level injection) 조건이라 한다. 본질적으로 빛의 조사와는 독립적인 거의 일정한 상수 값으로 n을 근사할 수 있다. p의 증가율은 정공의 재결합율뿐만 아니라 광 생성률에 의해 결정되기 때문에 $\delta p(t)$에 선형적으로 비례하기에 다음과 같은 간단한 미분방정식을 작성할 수 있다.

$$\frac{\mathrm{d}\delta p(t)}{\mathrm{d}t} = G_{\mathrm{op}} - \frac{\delta p(t)}{\tau_{\mathrm{p}}} \tag{1.49}$$

이 방정식의 해는

$$\delta p(t) = \Delta p\left[1 - \exp\left(\frac{-t}{\tau_{\mathrm{p}}}\right)\right] \tag{1.50}$$

이며, 그림 1.24에 작성되었다.

$t \gg \tau_p$의 시간 뒤에, 과잉 캐리어 농도의 정상상태 값 Δp 이 존재한다. 식 1.50을 식 1.49에 대입하면 다음과 같다.

$$\Delta p = G_{\mathrm{op}}\tau_{\mathrm{p}} \tag{1.51a}$$

이 프로세스에 대한 시정수 τ_p를 재결합 시간(*recombination time*)이라 한다. 재결합 시간은 종종 소수 캐리어 수명(minority carrier lifetime)과 같지만 재결합 시간에 비해 작은 1.14절의 산란시간(scattering time)과 혼돈해서는 안 된다. 식 1.50으로부터 반도체의 광 생성률과 특유의 재결합 시간을 알면 정상상태의 과잉 소수 캐리어 농도를 계산할 수 있다.

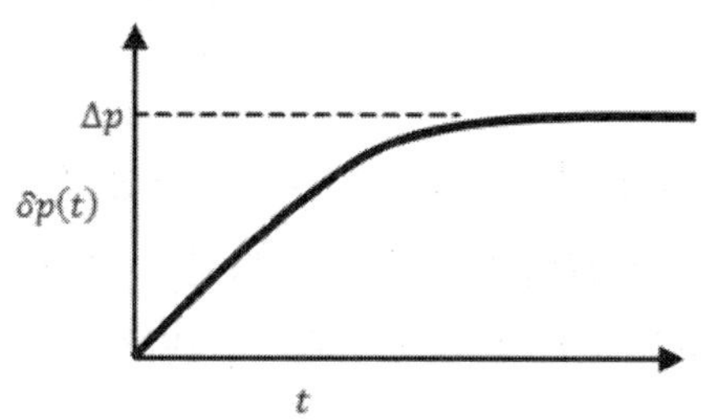

그림 1.24 시간에 따른 과잉 정공 농도. t=0에서 일정한 광 생성률이 시작되고 무기한 계속된다.

$\Delta n = \Delta p$ 이기 때문에 다수 캐리어 농도의 작은 정상상태 변화가 존재한다. 그러나 $\Delta n \ll n_0$인 저준위 주입에서 이것은 무시된다. $\tau_p \propto \frac{1}{n_0}$ 임에 유의하라.

똑 같은 논의를 p-type 반도체에 대하여 할 수 있으며, 소수 캐리어 농도의 증가를 구할 수 있다.

$$\Delta n = G_{op}\tau_n \tag{1.51b}$$

또한, 전자-정공 재결합은 실리콘(Si)과 같은 간접 갭 반도체의 간접 프로세스를 통해서도 발생 가능하다. 1.19절에서 이것에 대한 논의를 한다.

1.16 캐리어 확산과 아인슈타인 관계식

반도체의 공간적으로 국한된 부분에서 생산된 자유 캐리어들은 분산 될 수 있고, 그렇게 함으로써 재료의 다른 부분으로 움직일 수 있다. 캐리어의 확산 과정은 기능상으로 고체의 원자 확산과 비슷하다. 상당히 높은 온도에서 원자 확산이 일어난다. 이러한 내용은 높은 원자 농도구역에서 낮은 원자 농도구역으로의 그물 원자 운동으로 기술된다. 이것은 농도기울기에서 원자의 무작위 움직임에 의해 일어난다. 원자의 무작위 움직임에는 우선되는 방향이 없다. 그러나 원자의 평균 농도가 균일하지 않다면, 무작위 움직임의 결과는 원자의 순 흐름을 위해 더 높은 농도지역에서 더 낮은 농도지역으로 흐른다. 재료 과학 교과서의 서두에 있는 픽스의 1 법칙(Fick's first law)은 원자를 위한 확산 과정에 적용되며, 전자에도 적용된다.

원자의 확산과 마찬가지로, 캐리어 확산에 대한 원동력은 전자 농도의 변화이다. x축의 자유전자 확산성에 대해 픽스의 1법칙은 적용되며, 그것은 다음과 같이 쓰인다.

$$\phi_n(x) = -D_n \frac{dn(x)}{dx} \tag{1.52}$$

ϕ_n는 전자의 농도 변화 때문에 x축을 따라 흐르는 전자의 흐름이다.(전자의 숫자/단일지역과 초). 방정식 1.52의 음의 부호는 확산이 전자의 농도가 감소하는 방향으로 흐른다는 것을 나타낸다. 홀에 대하여, 픽스의 1법칙은 다음과 같이 된다.

$$\phi_p(x) = -D_p \frac{dp(x)}{dx} \tag{1.53}$$

충전된 입자의 흐름은 전류가 되기 때문에, 우리는 정공과 전자에 의한 확산전류를 만들 수 있다. 이것은 전계와 관련되지 않기 때문에 1.14절에 설명된 드리프트 전류와는 완전히 다르다. 방정식 1.52와 1.53은 전류로써 다시 쓸 수 있다:

$$J_n(x)_{diffusion} = qD_n \frac{dn(x)}{dx} \tag{1.54a}$$

$$J_p(x)_{diffusion} = -qD_p \frac{dp(x)}{dx} \tag{1.54b}$$

전자의 경우 픽스의 1법칙의 외부 음의 부호를 없앨 수 있는 음의 전자를 옮기기 때문에 음의 부하가 없는 것에 주목해라.

확산전류와 드리프트 전류가 흐를 때 흥미로운 상황이 일어나다. 전계와 캐리어 농도 변화도가 있다. 방정식 1.48과 1.54에 의한 전체 전류 밀도는 다음과 같다.

$$J_n(x)_{drift+diffusion} = q\mu_n n(x)\varepsilon(x) + qD_n \frac{dn(x)}{dx} \tag{1.55a}$$

$$J_p(x)_{drift+diffusion} = q\mu_p p(x)\varepsilon(x) + qD_p \frac{dp(x)}{dx} \tag{1.55b}$$

반도체 다이오드에서, 이동과 확산이 일어나고 드리프트 전류와 확산전류가 같은 반도체에 공존하는 상황에 익숙해지는 것은 중요하다.

전계를 만들 한가지 방법은 공간적으로 반도체의 도핑 농도를 다르게 함으로써 도핑 레벨의 변화도를 가지는 것이다. 사진 1.25의 예제를 생각해라. 첨가제 농도는 열평형의 반도체 표본에 따라 다르다. 왼쪽에서, 반도체는 도포되어 있지 않고, 억셉터 첨가제의 농도가 왼쪽에서 오른쪽으로 점차적으로 증가한다. 이것은 페르미 준위가 표본의 오른쪽에 있는 가전자 대역에 가까워 질 때까지 에너지 갭에서 낮은 위치를 차지하기 위한 페르미 에너지를 발생시킨다.

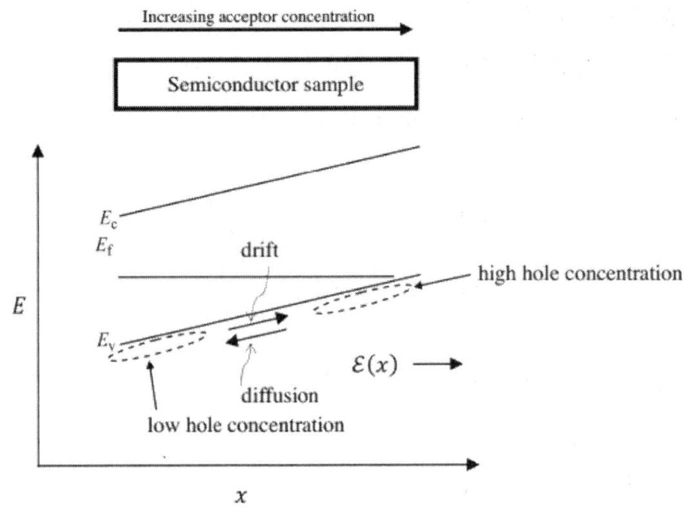

그림 1.25 에너지 대역은 도핑 변화도 때문에 기울여 질것이다. 억셉터의 농도는 반도체 표본의 왼쪽에서 오른쪽으로 갈수록 증가한다. 이것은 내부 전계를 야기시키고, 정공의 농도는 왼쪽에서 오른쪽으로 갈수록 증가한다. 전계는 정공의 이동을 왼쪽에서 오른쪽으로 발생시키고, 정공은 농도의 기울기 때문에 오른쪽에서 왼쪽으로 확산한다.

페르미 에너지는 열역학량이기 때문에 기울여지지 않고, 표본은 평형에 있다; 그러나 가전자 대역과 전도대역은 보는 바와 같이 기울어진다.

앞으로 반도체의 오른쪽의 가전자 대역에 높은 정공 농도가 있고, 이것은 왼쪽에 낮은 정공 농도가 감소한다. 그러므로 음의 x축 방향으로 정공의 확산이 일어난다. 동시에 에너지 대역의 기울기는 전계가 표본에 존재함을 의미한다. 이것은 적용된 전압의 지원에 의해서 보다 반도체 재료 내부 안에서 공간의 농도 변화에 의해 발생되기 때문에 내부 전계로 알려져 있다. 내부 전계는 양의 x축 방향으로 흐르기 위한 정공의 이동 전류를 야기한다. 반도체가 평형이기 때문에, 두 정공 전류는 상쇄 되고 순수한 전류의 흐름은 영(0)이 된다. 비슷한 논리는 전도대역에서 전자를 위해 만들어질 수 있고, 순수한 전자 전류 또한 영(0)이 된다.

열확산성과 이동성 사이의 유용한 관계는 유도될 수 있다. 사진 1.25에서 설명된 평형상태에서의 순수 전류 흐름이 영(0)이 되기 때문에, 우리는 정공전류에 대해서 다음과 같이 쓸 수 있다.

$$J_p(x)_{\mathrm{drift+diffusion}} = q\mu_p p(x)\varepsilon(x) - qD_p\frac{dp(x)}{dx} = 0 \tag{1.56}$$

방정식 1.46과 1.56으로부터 우리는 다음의 식을 만든다.

$$q\mu_p p(x)\frac{1}{q}\frac{dE}{dx}-qD_p\frac{dp(x)}{dx}=0$$

p(x) 를 계산한다. 가전자 대역 에너지 E_v 가 x의 함수이기 때문에, 방정식 1.35를 다음과 같이 다시 쓸 수 있다.

$$p(x)=N_v\exp\left(\frac{-(E_f-E_v(x))}{kT}\right) \tag{1.57}$$

그리고 우리는 얻는다.

$$\mu_p N_v\exp\left(\frac{-(E_f-E_v(x))}{kT}\right)\frac{dE_v(x)}{dx}-qD_p\frac{N_v}{kT}exp\left(\frac{-(E_f-E_v(x))}{kT}\right)\frac{dE_v(x)}{dx}$$

위의 식을 간단히 하면,

$$\frac{D_p}{\mu_p}=\frac{kT}{q} \tag{1.58a}$$

그리고 이러한 비슷한 전계는 전자에서도 적용 될 수 있다.

$$\frac{D_n}{\mu_n}=\frac{kT}{q} \tag{1.58b}$$

방정식 1.58은 아인슈타인 관계식이라고 알려져 있다. 주어진 온도에서 아인슈타인 관계식은 열확산성과 이동성이 어떤 캐리어가 반도체에서 움직이기 용이함의 정도를 나타내기 때문에 예측할 수 없는 일정한 요인에 의해 관련되어있음을 말해 준다.

1.17 유사-페르미 에너지

반도체가 적용된 전류나 투사된 광자에 의해 영향을 받는다면 반도체는 평형상태가 아니다. 이것은 우리가 캐리어의 농도를 결정하는 방정식 1.34와 1.35를 사용할 수 없음을 의미한다. 게다가 페르미 에너지 E_f는 부분 1.8에서 반도체가 평형일 때 정의되므로 더 이상 의미 있는 양이 아니다. 그리고 사진 1.9의 페르미 디락 분포함수 또한 평형상태를 기반으로 함으로 페르미 에너지 E_f는 더 이상 의미 있는 양이 아니다.

편의를 위해, 우리는 전자에 대한 유사-페르미 에너지와 정공에 대한 유사-페르미 에너지로 불리는 F_n 과 F_p의 두 가지 양을 각각 정의한다. 이 양들은 반도체가 평형이 아니라도 사용되고 과잉 캐리어가 있다. F_n 과 F_p는 과잉 캐리어를 갖고 있는 반도체에 대해 다음과 같이 정의된다.

$$n = N_c \exp\left(\frac{-(E_c - F_n)}{kT}\right) \tag{1.59a}$$

그리고

$$p = N_v \exp\left(\frac{-(F_p - E_v)}{kT}\right) \tag{1.59b}$$

방정식 1.59와 방정식 1.34와 1.35와 유사함을 주목해라. 방정식 1.59에서 이들 캐리어 농도는 평형 값에서 필수적이지 않기 때문에 p 와 n 에 대한 내용이 없다. 이것은 만약 반도체가 평형상태라면, 전자와 전공의 유사-페르미 에너지는 서로서로 같아지고 페르미 준위와 같아진다. 사진 1.26을 보면, n-type 반도체에서 전자유사-페르미 준위와 정공 유사-페르미 준위는 과잉 캐리어가 발생하자 마자 매우 다르게 동작한다. 이것은 예제 1.4에서 증명된다.

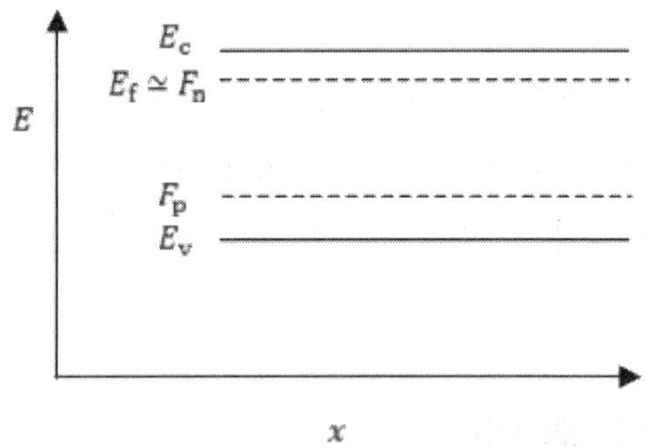

그림 1.26 n-type의 빛에 의한 과잉 캐리어와 함께하는 반도체에서 유사-페르미 준위 F_n 과 F_p이다. 빛에 의한 F_p의 매우 큰 변화에 주목하고 F_n가 빛 발생 전의 E_f의 값과 거의 같음을 주목해라.

예제 1.4

n-type의 실리콘 표본은 1 x 10^{17} cm^{-3} 의 도너 농도를 갖고 있다. 예제 1.3a 에서 우리는 n_0 = 1 X 10^{17} cm^{-3} , p_0 = 2.25 x 10^{-3} cm 그리고 $E_c - E_f$ = 0.15eV. 우리는 이 표본을 밝히고 G_{op} = 5x$10^{20}$$cm^{-3}s^{-1}$의 균일한 전자 정공의 발생비율을 도입한다. 캐리어 수명을 2 x 10^{-6} s로 가정한다.

(a) 전자농도와 전공농도를 계산하라.

(b) 유사-페르미 에너지 준위를 계산하라.

풀이

(a)

$$\Delta p = G_{op}\tau_p = 5\times 10^{20}\,\text{cm}^{-3}\text{s}^{-1}\times 2\times 10^{-6}\,\text{s} = 1\times 10^{15}\,\text{cm}^{-3}$$

그리고

$$\Delta n = G_{op}\tau_n = 5\times 10^{20}\,\text{cm}^{-3}\text{s}^{-1}\times 2\times 10^{-6}\,\text{s} = 1\times 10^{15}\,\text{cm}^{-3}$$

그러므로

$$p = p_0 + \Delta p = 2.25\times 10^{3}\,\text{cm}^{-3} + 1\times 10^{15}\,\text{cm}^{-3} \cong 1\times 10^{15}\,\text{cm}^{-3}$$

그리고

$$n = n_0 + \Delta n = 1\times 10^{17}\,\text{cm}^{-3} + 1\times 10^{15}\,\text{cm}^{-3} = 10.1\times 10^{17}\,\text{cm}^{-3}$$

그러므로 캐리어 농도는 빛에 많은 영향을 받는다. 정공농도는 거의 12 가지의 양에 의해 매우 작은 소수 캐리어 농도에서 과잉 캐리어에 의해 결정되는 더 큰 값으로 증가한다.

그러나 전자 농도는 소수 캐리어이기 때문에 빛에 의해 오직 1%까지만 증가한다. 그러므로 이것은 소수 캐리어 농도가 거의 변하지 않기 때문에 저준위 주입의 예제이다.

(b) 정공을 위한 유사-페르미 준위는 다음과 같다.

$$p = N_v \exp\left(\frac{-(F_p - E_v)}{kT}\right)$$

$F_p - E_v$ 에 대하여 풀어보면 다음을 얻을 수 있다.

$$F_p - E_v = kT\ \ln\left(\frac{N_v}{p}\right) = 0.026\text{eV}\ \ \ln\left(\frac{1.06\times 10^{19}\,\text{cm}^{-3}}{1\times 10^{15}\,\text{cm}^{-3}}\right) = 0.24\text{eV}$$

전자에 대한 유사-페르미 준위는 다음과 같이 구해진다.

$$n = N_v \exp\left(\frac{-(E_c - F_n)}{kT}\right)$$

$E_c - F_n$ 에 대하여 풀어보면,

$$E_p - F_v = kT \ln\left(\frac{N_c}{n}\right) = 0.026\text{eV} \ \ln\left(\frac{2.84\times10^{19}\,\text{cm}^{-3}}{1.01\times10^{15}\,\text{cm}^{-3}}\right) = 0.27\text{eV}$$

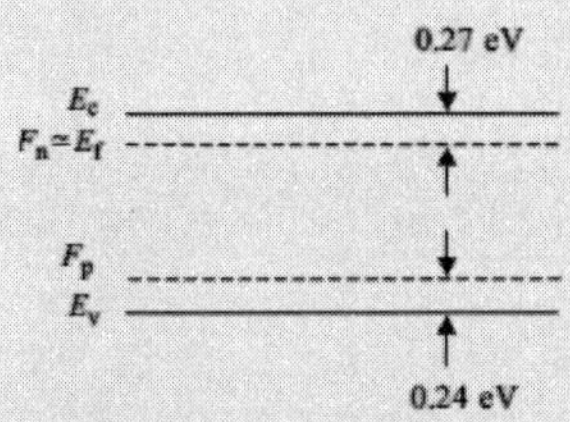

빛의 F_n이 거의 E_f의 처음의 값과 같지만 F_p의 값이 크게 낮아짐에 주목해라. 이것은 평형상태의 정공농도와 비교해서 매우 큰 과잉 캐리어 농도의 결과이다. 비슷한 문제를 p-type의 반도체에서 해결한다면, 빛의 F_n이 크게 증가하고 F_p의 값이 E_f의 처음의 값과 거의 같다.

F_n 과 F_p 사이의 구분은 평형상태의 캐리어 농도의 생산량에 의해 나누어진 과잉 캐리어 농도의 생산량이다. 방정식 1.59와 1.41로부터 우리는 다음을 얻을 수 있다.

$$np = N_c N_v \exp\left(\frac{F_n - F_p - E_g)}{kT}\right) = n_0 p_0 \exp\left(\frac{F_n - F_p}{kT}\right)$$

그러므로

$$F_n - F_p = kT \ln\left(\frac{n_p}{n_0 p_0}\right)$$

1.18 확산방정식

우리는 캐리어 재결합과 캐리어 확산에 대해 각각 설명했다 그러나 반도체 안에서의 캐리어들은 일상적으로 확산과 재결합을 동시에 겪는다.

이것을 설명하기 위해, 사진 1.27과 같이 x = 0에서 과잉 정공이 발생된 긴 반도체 바 또는 막대(bar or rod)를 생각해라. 과잉 정공 농도는 막대의 끝의 평형 농도에 가까워지기 위해 줄어든다. 과잉 정공은 오른쪽에서 확산되며 만약 전계가 있다면 드리프트(drift) 전류 요소 또한 있다. 몇몇의 정공들은 이러한 과정 동안 전자와 재결합한다. 우리는 사진 1.27에서 폭 dx의 조각을 생각 할 수 있다. 정공전류 $I_p(x = a)$는

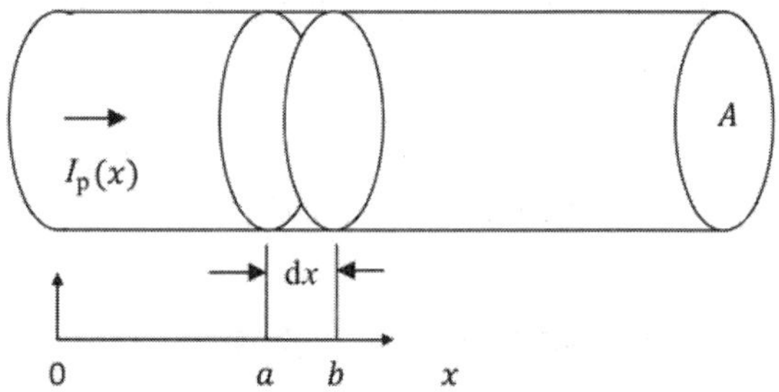

그림 1.27 단면적 A의 고체 반도체 막대는 양의 x축을 따라가는 정공 전류 $I_p(x)$를 가지고 있다. 재결합에 의해 정공 전류는 x에 의해 정의된다. 표면적 $x = a$와 $x = b$에서 $I_p(x)$는 이러한 막대 표면들 사이의 공간 Adx 에서 발생하는 재결합에 의해 변한다.

x = a와 x = b 사이의 간격 Adx에서 정공의 재결합 비율 때문에 정공전류 $I_p(x = b)$보다 크다. 간격 Adx는 Adxδp(x) 과잉 정공을 포함한다. $\frac{\delta p(x)}{\tau}$가 재결합 비율이기 때문에 이것은 다음과 같이 수학적으로 표현된다.

$$l_p(x=a) - l_p(x=b) = qAdx\frac{\delta p(x)}{\tau_p} \tag{1.61}$$

이것을 다시 쓰면,

$$\frac{l_p(x=a) - l_p(x=b)}{dx} = qA\frac{\delta p(x)}{\tau_p}$$

또는,

$$\frac{dI_p(x)}{dx} = -qA\frac{\delta p(x)}{\tau_p}$$

전류 농도에 관하여 우리는 다음을 얻을 수 있다.

$$\frac{dJ_p(x)}{dx} = -q\frac{\delta p(x)}{\tau_p} \tag{1.62a}$$

그리고 전자에 대해서 같은 절차를 진행하면 우리는 다음을 얻는다.

$$\frac{dJ_n(x)}{dx} = -q\frac{\delta n(x)}{\tau_n} \tag{1.62b}$$

캐리어 확산에 의한 전류이면, 우리는 방정식 1.54으로 과잉 캐리어 δp(x)에 의해 확산전류를 다시 쓸 수 있다.

$$J_p(x)_{diffusion} = -qD_p\frac{d\delta p(x)}{dx} \tag{1.63}$$

방정식 1.62a를 대신하여 우리는 다음을 얻을 수 있다.

$$\frac{d^2\delta p(x)}{dx^2} = \frac{\delta p(x)}{D_p\tau_p} \tag{1.64a}$$

이것은 정공에 대한 정상상태 확산방정식으로 알려져 있고, 전자에 대해 해당하는 방정식은 다음과 같다.

$$\frac{d^2\delta n(x)}{dx^2} = \frac{\delta n(x)}{D_n\tau_n} \tag{1.64b}$$

방정식 1.64a로 풀어 보면,

$$\delta p(x) = A\exp\left(\frac{-x}{\sqrt{D_p\tau_p}}\right) + B\exp\left(\frac{x}{\sqrt{D_p\tau_p}}\right) \tag{1.65a}$$

그러나 우리의 경계조건을 생각하면, 함수는 매우 큰 x값과 B = 0에 대해 줄여야 한다.

$$\delta p(x) = \triangle p \exp\left(\frac{-x}{\sqrt{D_p \tau_p}}\right)$$

다시 써보면,

$$\delta p(x) = \triangle p \exp\left(\frac{-x}{L_p}\right) \tag{1.65b}$$

따라서

$$L_p = \sqrt{D_p \tau_p}$$

이것은 확산거리로 알려져 있다. 사진 1.28에서 보는 바와 같이 L은 캐리어 e의 요소에 의해 농도가 감소되는 x좌표의 위치를 결정한다.

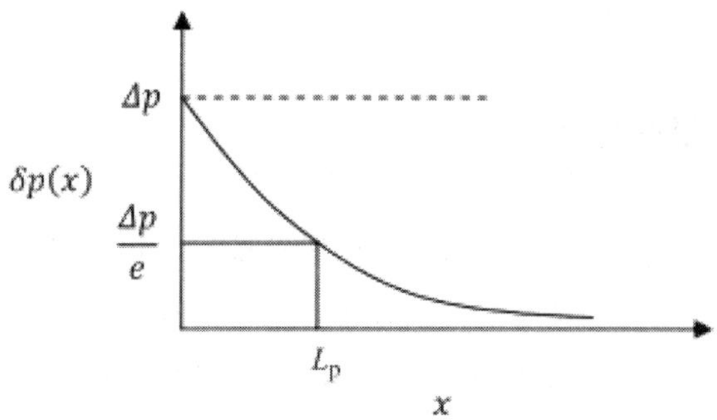

그림 1.28 확산과 재결합이 동시에 일어나는 반도체 바에서 함수 x에 따른 과잉 정공 농도의 그림. 농도의 감소는 확산거리 L_p에 의해 특성화 된다.

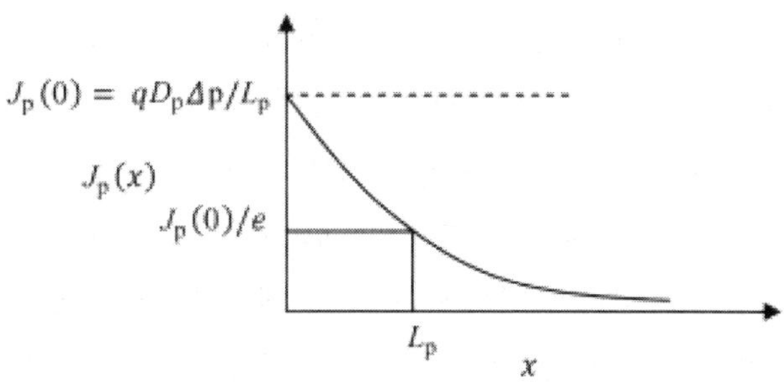

그림 1.29 $x = 0$에서 발생된 과잉 캐리어와 반도체에 대한 x의 함수에 대한 정공전류 농도

어느 x 지점에서의 정공 전류 농도는 방정식 1.63, 1.65b의 관계에 의해 결정되고

우리는 다음을 얻을 수 있다.

$$J_p(x)_{diffusion} = q\frac{D_p}{L_p}\Delta p \exp\left(\frac{-x}{L_p}\right)$$

이것을 다시 쓰면,

$$J_p(x)_{diffusion} = q\frac{D_p}{L_p}\delta p(x)$$

위의 방정식은 전류농도와 정공농도가 같은 지수의 방식을 갖고 있음을 보여준다. 사진 1.29는 함수 x로써 전류 농도 $J_p(x)_{diffusion}$을 그린다. 확산과 재결합은 동시에 일어나는 것은 x가 증가함에 따라 확산전류를 기하 흡수적으로 낮춘다. 재결합을 갖지 않은 많은 정공이 기하흡수적으로 떨어지고 그러므로 L_p 또한 전류 농도 $J_p(x)$가 줄어드는 x축의 위치를 대신하기 때문에 이식은 타당하다.

1.19 포획과 캐리어 수명

직접 에너지 대역 실리콘을 포함한 많은 반도체의 캐리어 수명은 실제로 이상적인 직접 갭 전자-정공 재결합 공정을 포획함으로써 결정된다. 포획은 공공, 어긋나는 것, 결정립계와 같은 불순물 전자 또는 고유한 점 결함이다. 반도체 표면에서 본질적으로 발생하는 결함 때문에 표면 포획이 있다. 그리고 반도체 소자 내의 두 개의 다른 물체 영역 사이의 경계면에서 생성된 계면 포획 또한 있다.

모든 경우에 포획은 전도 대역 전자와(또는) 가전자 대역 정공을 포획할 수 있고, 캐리어 농도, 캐리어 흐름과 재결합 시간에 영향을 미칠 수 있는 물리적 결함이 있다. 이것은 특별한 결함을 포함하기 때문에 일반적인 전자-정공 쌍(EHP) 재결합 과정과는 다르다. 포획 후에, 캐리어는 기존의 대역으로 다시 발산된다. 그 후에 이것은 포획에서 같은 포획으로 끌기 위해 반대편의 캐리어와 재결합한다. 이것은 포획 중심 경유 캐리어 재결합으로 알려져 있으며, 이것은 태양전지와 LED가 사용된 직접과 간접 에너지 대역 반도체의 성능을 제한하는 가장 중요한 현상들 중 하나이다.

사실상 의도적으로 도입된 n형과 p형 도펀트는 포획이며, 그들은 열 에너지를 극복하는 작은 에너지 차이로 전도대역 또는 가전자 대역으로부터 분리되었기 때문에 얕은 포획으로 언급되었다. 포획은 이온화 되기 쉬우며, 반대편의 캐리어를 포획하지 않는다는 것을 의미한다. 예를 들어, 실리콘 내의 인이 n형 도펀트이다. 일단 전도대역으로 전자를 준 후에 양이온이 되면 전도대역 전자를 재 포획하는 유한확률은 작다. 이것이 양이온으로써의 시간을 거의 소비하기 때문에, 필수적으로 양이온이 나간 정공을 포획할 기회가 없다. 그러므로 얕은 포획은 일반적으로 포획 중심 경유 캐리어 재결합을 야기시키지 않는다.

우리가 섬세하게 신경 쓴 포획은 중간 대역 근처에 존재하는 깊은 포획(준위)이다. 이 포획은 촉진하는 전자-정공 쌍 재결합 현상에 매우 효과적이다. 그들의 에너지 준위가 모서리 대역으로부터 분리되기 때문에, 포획된 캐리어는 쉽게 발산되지 않는다. 전도대역 전자를 포획하는 깊은 포획(준위)을 음극이라고 가정하자. 음극 포획이 포획된 전자를 쉽게 발산할 수 없는 상태에서, 양전하를 끌어들이며 효과적인 정공 포획으로써 활동한다. 일단 정공이 포획되면 포획된 전자와 재결합하며 포획은 효과적으로 비어있다. 그리고 이것은 다시 다른 전도대역전자를 포획하기에 이용 가능하다. 이런 식으로, 포획은 전자와 정공을 재결합하기 위한 새로운 전선관이 된다. 만약 깊은 포획(준위) 밀도가 높다면 평균 포획 중심 경유 재결합 비율도 높다.

깊은 포획(준위) 현상의 분석은 우리가 포획이 차있는지 비워져 있는지 확률을 알 것을 요구한다. 이것은 아마도 평형상태에서 포획 에너지 준위를 알고 페르미 준위와 비교함으로써 알 수 있다. 만약 포획 에너지 준위 E_t가 E_f보다 위에 위치한다면, 그 포획은 차있다기 보단 비어있을 가능성이 크다 만약 E_t가 E_f보다 아래에 위치한다면, 이것은 차있을 가능성이 크다. 이 용어 '채움'와 '비움'은 페르미-디락 분포함수가 전자가 특정한 에너지 준위에 채워져 있을 가능성을 묘사하기 때문에 전자와 명백히 관련이 있다. 만약 우리가 정공을 수용하기 위한 포획 확률을 묘사하기를 원한다면, 우리는 1로부터 이 확률을 빼야 한다.

우리는 매우 특별한 상황에 초점을 맞춤으로써 포획을 단순화 할 것이다. 반도체에서 페르미 준위와 중간 대역에서 포획을 고려하자. E_t와 E_f 둘 다 적절한 중간 에너지 대역일 것이다. 포획된 전자나 포획된 정공 중 하나의 포획의 이온 에너지는 적절히 $\frac{E_g}{2}$ 이며, 그림 1.30에 묘사했다. 페르미 에너지에서 포획이 비어있거나 차있을 확률은 50%이다. 그 포획된 전자는 전도 대역에서 재 발산 되며 포획의 정공으로부터 전멸되었다.

페르미 준위와 중간 대역 근처에 존재하는 것 같은 포획을 가정하기 위한 간단한 추론이 있다. 반도체의 표면에서, 일반적으로 형성된 반 결합은 깨지거나 완전하지 않을 것이다. 이것은 그들이 완전결정 내부에 결합된 원자의 오직 절반의 증가만을 초래한다.

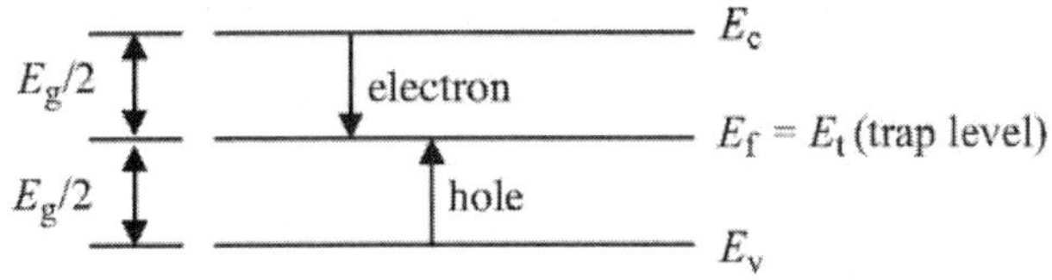

그림 1.30 중간대역 근처의 페르미 준위에서 포획 준위

그림 1.31 p형 반도체의 표면에서 표면 포획은 불안정한 결합으로 형성된 전자로 구성된다. 이 에너지는 전자가 거의 $\frac{E_g}{2}$에서 발산하기 위해 필요하다. 상당수의 불안정한 결합 상태에서, 몇몇은 이 에너지에 붙여진 페르미 에너지의 전자로부터 차지하며 몇몇은 차지하지 못한다.

그러므로 전도 대역에서 그들을 요동치도록 요구된 에너지는 완전결정의 정확한 공유결합으로부터 전자를 제거하도록 요구된 에너지 E_g의 절반보다 많기 때문에 불안정한 결합(dangling bonds)은 거의 중간대역에서 누워있는 것 같은 전자로 구성된다.

반도체 표면에서 상당수의 불안정한 결합을 고려해 보자. 불안정한 결합의 몇몇은 전자를 잃을 것이며, 그들 중 몇몇은 그렇지 않을 것 이다. 페르미 준위가 최고로 가득 찬 상태와 최저로 비어있는 상태 사이에 있기 때문에, 페르미 준위는 포획의 에너지 준위 범위에서 떨어지는 경향이 있다. 이 페르미 에너지는 $\frac{E_g}{2}$ 의 근처에서 포획 에너지를 얻는다. 그림 1.31은 p형 반도체에서 표면 포획 때문에 페르미 준위의 고정을 보여준다. 반도체 표면에서 표면 포획은 도핑 준위보단 페르미 준위의 위치를 결정한다. 반도체에서 전기장은 일반적으로 표면에 형성되며 대역결합은 그림1.31처럼 발생한다.

만약 반도체가 p형 대신에 n형이라면, 같은 이유로 페르미 에너지는 중간 대역에 고정된다. 그러나 대역결합은 반대 방향에서 발생하며, 그림 1.32에서 묘사한 것처럼 반대방향으로 전기장이 전환된다.

포획이 공공, 뒤틀림, 결정립계 또는 두 층 사이의 계면과 같은 불완전 접합을 포함하는 자유 표면 이외의 결함으로부터 종종 형성되기 때문에, 이 단순한 사진은 매우 유용하며, 이 책의 다음 장에서 재결합 과정을 설명하기 위해 p-n 접합의 문맥에 사용될 것이다

반도체의 표면 또는 반도체와 다른 물체의 사이의 계면에서 지나치게 많은 소수 캐리어와 관련된 속도가 있다. P형 반도체인 그림 1.31을 예로 들면, 전도 대역에 많은 전자 $\delta n(x)$가 있다고 가정한다. 전도 대역의 과도한 전자 농도는 표면에서 감소한다.

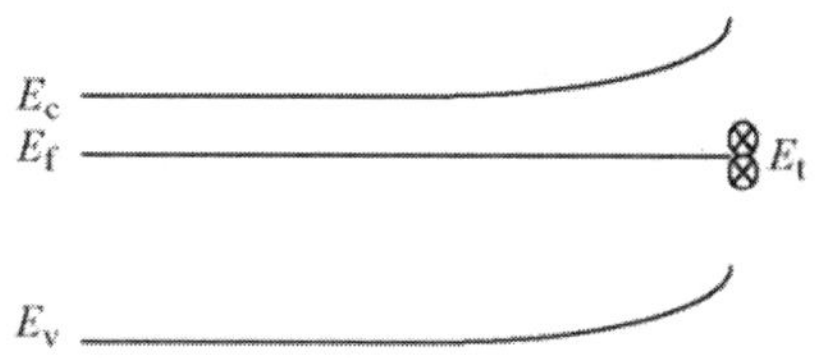

그림 1.32 중간 대역에서 포획된 페르미 준위에서 발생하는 n형 반도체의 계면 포획. 전기장은 반도체에서 형성된 그림 1.28과 정반대의 방향이다.

그들이 재결합하는 표면에서 발산하는 전자가 발생한다. 표면에서의 전자의 발산은 전자 선속으로 표현할 수 있다.

$$\varphi = - D_n \frac{d\delta n}{dx}$$

선속은 단위 면적당 단위 시간당 입자의 단위를 가진다. 우리는 농도와 속도의 결과로써 선속을 명백히 정의할 수 있기 때문에, 우리는 아래와 같이 쓸 수 있다.

$$\varphi = - D_n \frac{d\delta n}{dx} = S_n \delta n \tag{1.66a}$$

여기에서 S_n은 전자의 표면 재결합 속도이고, 우리는 반도체의 표면에서 δn과 $\frac{d\delta n}{dx}$ 평가한다. 만약 S_n이 0이라면, $\frac{d\delta n}{dx}$는 0이라고 할 수 있으며, 대역결합이 없고 표면 상태는 충전층을 형성하지 않는다. 반대로 만약 표면에서 S_n이 ∞이고 δn이 0이라면, 표면에서 캐리어는 매우 급격히 재결합한다. N형 반도체의 표면이나 계면에서 유사한 현상이 존재한다. 정공은 재결한 하며 우리는 아래와 같은 식을 얻을 수 있다.

$$\varphi = - D_P \frac{d\delta n}{dx} = S_P \delta P \tag{1.66b}$$

1.66a와 1.66b 두 개의 식에서 캐리어 농도가 평형 소수 캐리어 농도보다 더 크다는 것을 알 수 있다.

1.20 화합물 반도체

반도체의 구성에서 중요한 변화는 구성을 변경하기 위한 원소의 부분 치환의 사용을 포함한다. 한가지 예로 화합물 반도체로 알려진 요소 $Si_{1-x}Ge_x$의 다양한 새로운 반도체의 결과인 실리콘 게르마늄의 부분치환이 있다. 게르마늄의 원자는 일반적으로 실리콘 원자가 차지하고 있는 격자 공간에 무작위로 차지하며, 실리콘의 결정구조는 유지된다. Si와 Ge는 둘 다 주기율표의 4번 그룹이므로 접합의 종류와 가전자의 개수에서 화학적 유사성을 가진다. 부가적인 도펀트 불순물 없이 제공되는 것은 화합물 반도체로 소개된다는 것과 진성반도체의 특성을 화합물 반도체가 도달할 수 있다는 것을 의미한다. 반도체 소자에 대한 관심은 반도체의 광학적, 전기적 특성을 수정하기 위한 기회이다. 게르마늄은 실리콘보다 작은 대역 간격을 가지고 있기 때문에, 추가 게르마늄은 x가 증가하는 대로 대역 간격은 감소한다. 부가적으로, 게르마늄이 실리콘보다 더 큰 원소이기 때문에 새로운 화합물의 평균 격자상수는 증가할 것이다. 게르마늄과 실리콘 모두 같은 다이아몬드 결정 구조이기 때문에, x의 이용 가능한 범위는 0에서부터 1까지이며, 그러므로 화합물 요소 $Si_{1-x}Ge_x$의 직접 대역 간격은 0에서 1까지 x의 값은 각각 1.11eV와 0.067eV 사이에 측정된다.

태양전지와 발광 다이오드의 p-n접합과 관련해서, 화합물 반도체는 또한 화합물 반도체로부터 형성된다. 예를 들면 $Ga_{1-x}In_x$N은 세계의 원소이다. 섬유아연석 GaN의 갈륨 원소의 부분은 화합물 반도체다. 인듐 원소는 일반적으로 갈륨원소가 차지하는 GaN의 결정질 위치에 무작위로 차지한다. In과 Ga는 둘 다 주기율표의 3번의 요소이며, 치환은 억셉터와 도너 둘 중 하나로써 활동하지 않는다. 직접 대역 간격은 x의 증가에 따라 감소한다. x=0일 때 E_g=3.4eV이고, x=1일 때 E_g=0.77eV이다.

많은 다른 3~5족 원소의 화합물 반도체가 있다. $Ga_{1-x}In_xA_s$화합물 대역 간격은 x가 0에서 1로 갈 때 1.43eV에서부터 2.16eV까지 다양하다. 그러나 이러한 시스템에서, GaAs의 경우 대역 간격은 직접적이지만, AlAs의 경우는 간접적이다. x가 0.38에 가까울 때 직접에서 간접 대역간격으로 전이된다. 그림 1.16c에서 보는 것처럼 GaAs에서두 전도대역 최소를 고려한다면 우리는 이 전이를 이해할 수 있다. 첫 번째 최소한도는 가전자 대역에서 가장 높은 에너지 준위와 직접 에너지 간격을 형성한다. 그러나 두 번째 최소한도는 간접 간격을 형성한다. x가 0.38일 때 이 두 최소한도는 같은 에너지 준위에 있다. X가 0.38보다 작으면 세계적인 전도 대역 최소는 직접 간격을 형성하기 때문에 화합물은 직접 간격을 가진다. X가 0.38보다 크면 세계적인 전도 대역 최소는 간접 간격을 최소로 형성한다.

많은 3~5족 화합물 시스템은 그림 1.33a로 설명된다. 3~5족 질화물 반도체의 부가적인 구성은 그림 1.33b에 그려져 있으며, 2~4족 반도체의 구성은 그림 1.33c에 포함되어 있다.

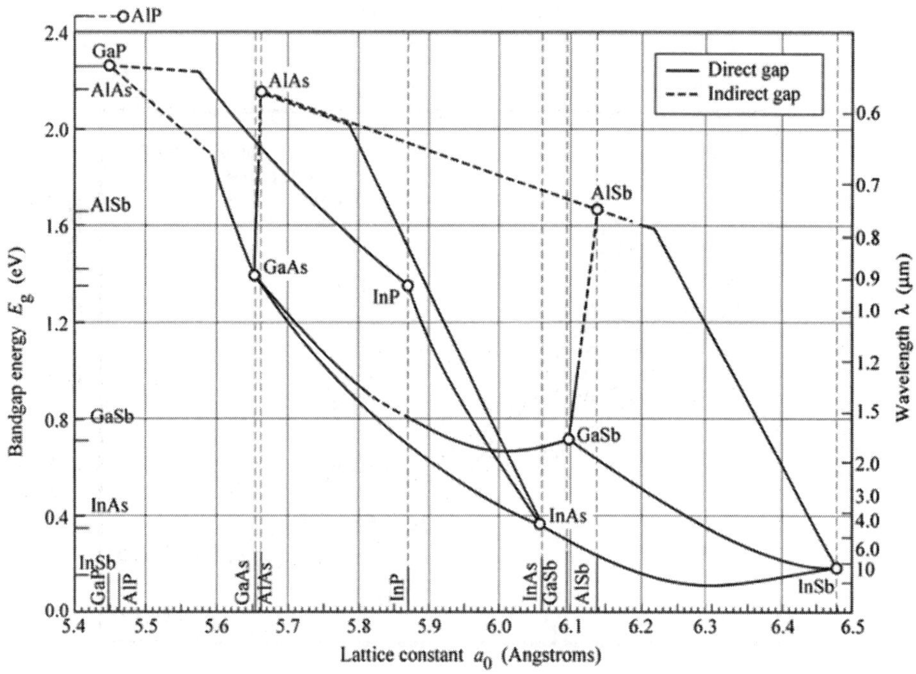

그림 1.33 대역간격 대 격자상수 (a) 인화물, 비소와 안티몬 3~5족 반도체; (b) 질소 그리고 다른 보잉을 무시하는 3~5족 반도체(그림 5.20를 봐라); (c) 황, 셀렌화 그리고 텔루르 2~4족 반도체 그리고 인화물, 셀렌화 그리고 안티몬화 3~5족 반도체. (a–b) E.Fred Schubert의 허락을 받고 다시 그려졌다. Light Emitting Diodes, 2e ISBN 978-0-521-86538-8. Copyright (2006) (c) http://www.tf.uni-kiel.de/matwis/amat/semitech_en/Copyright에서 가져왔다. Prof. Dr. Helmut Foll, Technische Fakultat, Universitat Kiel

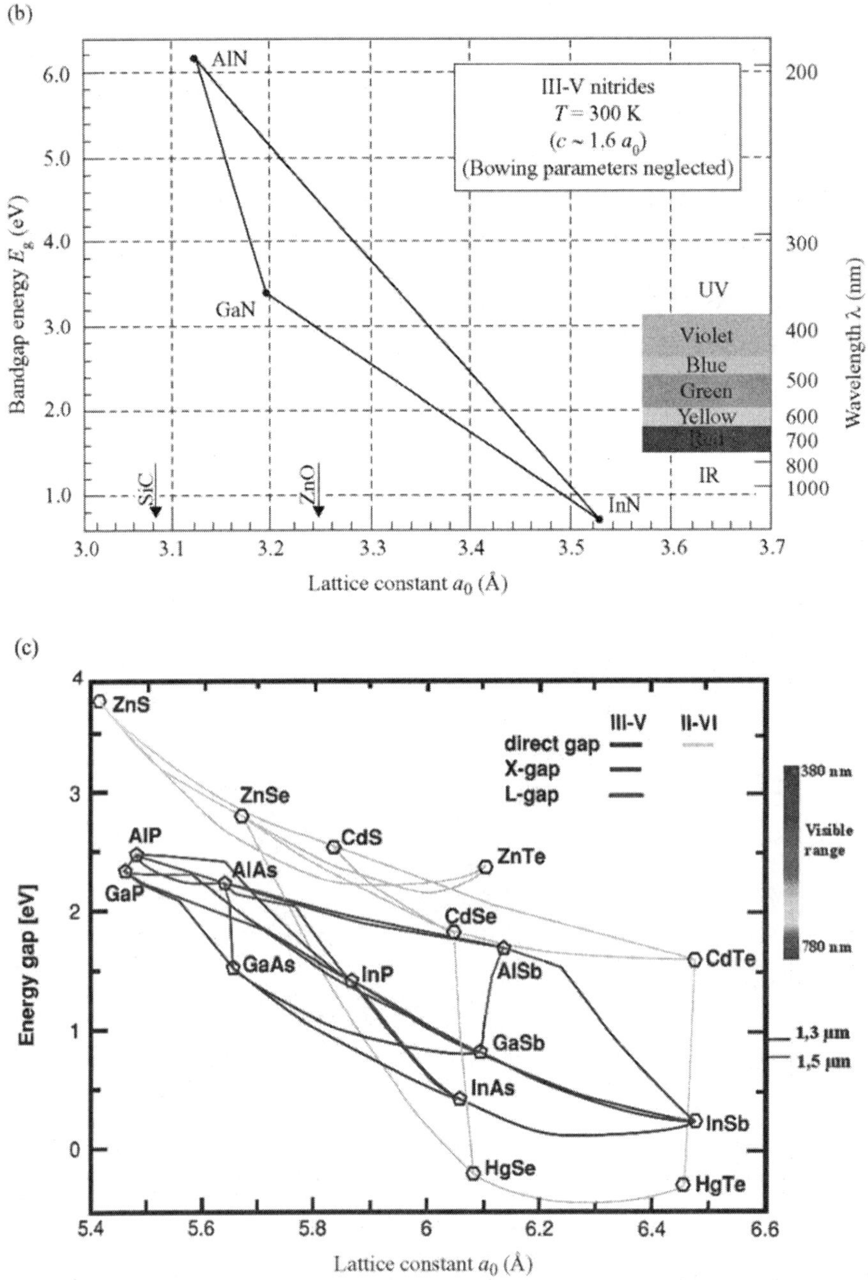

Figure 1.33 *(Continued)*

3~5족 화합물 시스템에서 다양한 구성요소를 포함하기 위해, $(Al_xGa_{1-x})In_{1-y}P$ 와 같은 4원소(*quaternary*) 화합물은 형성되었다. 태양전지와 발광다이오드의 3원소와 4원소 반도체 화합물의 사용은 4장과 5장에서 논의될 것 이다.

요약

1.1 고체의 대역 이론을 통해 금속과 반도체에서의 전기전도, 광흡수 및 빛의 발광, 반도체와 금속의 접합 및 표면특성을 포함한 전기적 광학적 특성을 이해할 수 있다.

1.2 고체의 대역 이론은 공간분포, 전자의 에너지와 운동량을 설명하기 위해 파동함수의 사용이 요구된다. 쉬뢰딩거 방정식을 사용하여 방정식에 적절한 위치 에너지 함수를 사용하여 이러한 파동함수를 구할 수 있다.

1.3 크로니히-페니 모델의 주기 전위는 주기 전위의 전자에 대한 쉬뢰딩거 방정식을 풀어 에너지 대역, 에너지 갭, 브릴루인 영역을 유도한다. 에너지 갭의 크기는 주기 전위의 진폭이 증가함에 따라 증가한다. 반도체에서 결합의 이온 특성이 증가함에 따라 에너지 갭이 증가한다. 원자의 크기가 감소함에 따라 에너지 갭이 증가한다.

1.4 브래그 모델은 강한 반사에 대한 브래그 조건을 만족함으로써 브릴루인 영역 경계를 식별한다. 이 조건은 $2a = n\lambda$이다. 단지 첫 번째 브릴루인 영역을 보여주는 축소된 영역 형식은 에너지 대역과 에너지 갭의 표현을 단순하게 해준다.

1.5 유효질량 m^*는 인가된 힘에 대한 전자의 동작을 정량화하는데 사용된다. 유효질량은 대역의 곡률에 따라 달라진다. 대역의 형상이 포물선으로 근사 시킬 수 있으면 유효질량은 상수값을 가진다.

1.6 대역에서의 상태수 n은 반도체 샘플의 단위셀의 개수 N에 기초하여 결정된다. $n=2N$이라는 결과는 일차원, 이차원 또는 삼차원의 경우에 대하여 얻어진다.

1.7 반도체와 절연체에서 대역의 채움은 낮은 온도에서 가장 높게 채워진 대역이 꽉 차고 가장 낮게 비워진 대역이 비어있는 방식이다. 금속에서 가장 높게 채워진 대역은 단지 부분적으로 채워진다. 반도체(E_g = 0 to 4 eV)는 절연체(E_g > 4 eV)에 비해 작은 밴드갭을 가진다.

1.8 페르미 에너지 E_f는 0 K 이상의 온도에서 전자가 점유할 확률이 50%인 에너지 준위이다. 가전자대의 전자가 전도대로 여기되는 경우 정공이 생성된다. 정공은 전자와 독립적으로 이동할 수 있다.

1.9 에너지 대역에서 캐리어의 농도는 (i) 페르미-디락 분포 함수 F(E)를 사용하여 대역에서 상태의 점유 확률을 찾고, (ii) 에너지 대역에 대한 상태밀도함수

D(E)를 찾아서 결정된다. 그런 다음 D(E)와 F(E)의 곱을 대역의 에너지 범위에 대하여 적분하여 대역내 캐리어의 개수를 결정할 수 있다. 전도대의 평형 전자 농도는 n_0이고 가전자대의 평형 정공농도는 p_0이다. n_0와 p_0의 곱은 페르미 에너지와 독립적인 상수이다.

1.10 반도체 물질의 범위는IV족 반도체, III−V족 반도체, II−VI족 반도체 순으로 이온 특성이 증가한다. 주기율표 아래쪽의 큰 원자는 밴드갭 에너지가 작다.

1.11 가장 중요한 반도체 결정(crystals)은 다이아몬드, 섬아연광(zincblende) 또는 육방밀집(hexagonal) 격자구조이다. 이들 구조는 복잡한 대역도를 갖는다. E에 대한 k 대역도의 모양은 결정방향에 의해 결정된다. 게다가 가전자대에는 고유한 정공 유효질량에 해당하는 부대역(sub−band)이 있다. 밴드갭은 직접 또는 간접적일 수 있다. 전도대는 일반적으로 두 개의 최소값을 갖는데 하나의 최소값은 직접 갭 전이(direct gap transition)에 해당하고 다른 하나는 간접 갭 전이(indirect gap transition)에 해당한다.

1.12 포톤의 운동량은 매우 작고 반도체에서 직접 갭 전이는 포톤의 생성과 흡수에 있어 유리하다. 비직접 갭 전이에서는 격자진동이나 포논(phonon)이 요구된다. 흡수계수 α는 E_g 이상의 포톤 에너지에 대해 직접 갭 반도체에 대해서는 크고 간접 갭 반도체에 대해서는 작다. 햇빛에 대해 Si은 $\cong 100\,\mu m$의 유효 흡수 깊이를 갖는 반면 GaAs는 단지 $\cong 1\,\mu m$이다.

1.13 순수한 반도체는 진성반도체로 알려져 있다. 반도체에 불순물의 낮은 수준 혼합을 통해 불순물의 종류와 농도에 의해 조절되는 전자의 농도 n_0와 정공의 농도 p_0의 외인성(extrinsic) 반도체를 형성한다. 도너 불순물은 n−type 반도체의 가전자대에 전자를 공급하고, 억셉터 불순물은 p−type 반도체의 가전자대에 정공을 공급한다. 도너와 억셉터 준위라 불리는 새로운 얕은 에너지 준위는 에너지 갭 내에 생성된다. 캐리어 농도는 온도에 의존하지만 폭 넓은 중간 온도범위의 캐리어 농도는 온도 함수로서 상대적으로 일정하다. 특정 반도체 영역에서 낮은 농도를 가지는 캐리어를 소수 캐리어(minority carrier)라 부르고, 같은 영역에서 상당히 높은 농도를 가지는 캐리어를 다수 캐리어(majority carrier)라고 부른다.

1.14 캐리어는 전계 ε에 의해 드리프트 속도 $\bar{v}$와 이동도 μ를 갖고 반도체를 통해 이동하는 드리프트 프로세스를 한다. 드리프트 전류 밀도는 J=σε이며, 이는 옴의 법칙의 표현이다. 옴의 법칙의 이해는 불순물, 결함, 그리고 온도의 영향

을 받는 특성 산란 시간 τ를 갖는 산란 현상에 의한 종단 속도의 개념에 기반을 둔다. 높은 전계에서 드리프트 속도는 결국 포화된다.

1.15 평형 준위에서 캐리어 농도는 필요하지 않다. 포톤 또는 인가된 전계는 비평형 과잉 캐리어 농도를 증가시기고 일단 평형조건으로 복원되면 평형농도로 돌아간다. 전자정공쌍(EHP) 생성과 재결합 프로세스 G_{th} 또는 G_{op} 및 R은 생성과 재결합율을 결정한다. 소수 캐리어의 수명 시간상수 τ_n 또는 τ_p는 소수 캐리어의 재결합 시간을 특징짓는다.

1.16 반도체에서 캐리어의 확산은 농도 구배에 의해 발생한다. 확산상수 D_n 및 D_p는 각각 확산 전류 J_n 및 J_p를 결정한다. 순 전류의 흐름은 드리프트 전류와 확산 전류를 모두 포함해야 한다. 평형상태에서 순 전류는 0이다; 그러나 드리프트 및 확산 전류는 0이 아닐 수도 있다. 아인슈타인 관계는 평형상태에 대한 요구로부터 파생되며 D_n 및 D_p는 μ_n와 μ_p로부터 파생된다.

1.17 비평형 상태에서는 페르미 에너지가 정의되지 않는다; 그러나 준-페르미 에너지 F_n과F_p는 과잉 캐리어 생성으로 인한 캐리어 농도의 변화를 특성화하도록 정의될 수 있다.

1.18 캐리어의 재결합 및 캐리어의 확산 개념을 결합한 확산방정식은 확산길이 $L_n = \sqrt{D_n \tau_n}$ 과 의 계산을 가능하게 하고 캐리어 농도는 과잉 캐리어 생성의 영역으로부터의 거리의 함수에 따라 지수적으로 감소하는 것을 보여준다.

1.19 트랩은 캐리어 수명에 큰 영향을 미칠 수 있다. 가장 중요한 트랩은 중간 갭 근처의 깊은 트랩이다. 이것은 표면의 불안정한 결합(dangling bond)과 결함(defect)에 의한 것이다. 페르미 준위의 고정은 불안정한 결합으로 인해 중간 갭 근처에서 발생한다. 표면 재결합 속도는 반도체 표면에서의 재결합 속도의 척도이다.

1.20 밴드갭과 반도체의 직접/간접 특성은 화합물로 변경될 수 있다. 화합물은 또한 격자상수를 바꿀 수 있다. 산업적으로 중용한 화합물 반도체는 IV족 원소, II-V족 원소, 그리고 II-VI족 원소로 구성된다. 3원소와 4원소 화합물 반도체는 태양전지와 LED에 있어서 중요하다.

참고문헌

Ashcroft NW and Mermin ND. *Solid State Physics*. Holt, Rinehart and Winston, 1976.

Kittel C. *Introduction to Solid State Physics*, 8th edn. John Wiley and Sons, 2005.

Eisberg R and Resnick R. *Quantum Physics of Atoms, Molecules, Solids, Nuclei and Particles*, 2nd edn. John Wiley and Sons, 1985.

Neamen DA. *Semiconductor Physics and Devices*, 3rd edn. McGraw Hill, 2003.

Solymar L and Walsh D. *Electrical Properties of Materials*, 7th edn. Oxford University Press, 2004.

연습문제

1.1 크로니히-페니 모델에서의 다음 관계식을 유도하라

(a) 식 1.4a, 1.7a, 1.7b로부터 식 1.7c를 구하시오.

(b) 식 1.7c로부터 식 1.8을 구하시오. bV_0가 상수인 b→0와 V0→∞ 극한을 사용하라.

다음 정의를 사용한다.

$$P = \frac{Q^2ba}{2}$$

1.2 식 1.8의 크로니히-페니 모델을 사용하라.

(a) P=2이고 a=2.5 Å 일 때, 두 개의 가장 낮은 에너지 밴드를 찾고, 그들 사이의 에너지 갭을 구하시오.

(b) P=0.2인 경우 (a)를 반복하라.

(c) 에너지 밴드는 P → 0으로 자유전자 상태를 감소시킬 수 있음을 증명하라.

1.3 1.6절에서 1차원 반도체에 대해 에너지 밴드의 상태 수는 n=2N 임을 보였다. 3차원 반도체의 에너지 밴드의 상태 수도 여전히 n=2N 임을 보여라. 여기에서 N은 3차원 반도체의 단위셀의 개수이다.

힌트: x, y, z 축을 따라 Nx, Ny, Nz 단위셀을 갖는 직사각형 박스 형태의 반도체를 고려한다. 상자 내부의 V=0인 무한 벽으로 둘러싸인 상자를 가정한다. 식 1.28에서 전자의 허용 에너지 값을 사용한다. 스핀을 포함한다.

1.4 2´2´1 mm 크기의 직사각형 반도체 결정이 있다. 단위셀은 입방(cubic)이고 2 Å의 모서리 길이를 갖는다. 이 반도체의 하나의 밴드에서의 상태의 개수를 구하시오.

1.5 길이가 12 cm이고 단면이 1´5 mm인 직사각형 실리콘 반도체 막대가 $N_d = 5 \times 10^{16}$ cm^{-3}의 농도로 균일하게 n형 도핑 되었다.

(a) 모든 도너가 이온화되었다고 가정하고, 막대의 두 끝에 접점이 있고 10 V가 인가되었을 때 상온에서의 전류의 흐름을 계산하라.

(b) (a) 조건하에 막대 양단의 전계를 구하시오.

(c) (a) 조건하에 정공전류 형태로 흐르는 전류의 크기는 전체전류의 얼마인가?

(d) 실리콘의 저항은 얼마인가?

(e) 실리콘 대신 인화갈륨(gallium phosphide)로 대체하고 $N_d = 5 \times 10^{16}\ cm^{-3}$의 농도로 도핑 되었을 때 (a), (b), (c)를 반복하라.

(f) 실리콘 온도를 120°C로 증가시켰을 때 (a), (b), (c)를 반복하라. 단, 캐리어의 이동도와 밴드갭의 크기는 온도의 영향을 받지 않는다고 가정하라.

1.6 균일한 도핑대신에 문제 1.5가 선형적으로 증가하는 도핑 농도를 갖는 경우를 고려한다. 막대의 왼쪽 끝(left end of the bar; LHS)은 $1 \times 10^{16}\ cm^{-3}$의 농도로 도핑 되었고 막대의 오른쪽 끝(right end of the bar; RHS)은 $1 \times 10^{17}\ cm^{-3}$의 농도로 도핑 되었다.

(a) 막대의 세 부분의 도핑 레벨을 구하시오.

(i) LHS로부터 3cm 지점

(ii) 중간 지점

(iii) LHS로부터 9cm 지점

(b) 평형상태(전압이 인가되지 않은 경우)를 고려하여 (i), (ii), (iii) 지점에서의 내부 전위를 구하시오.

(c) (i), (ii), (iii) 지점에 흐르는 전자의 드리프트 전류를 구하시오.

(d) 평형상태의 막대에서 이런 전계와 드리프트 전류가 어떻게 존재할 수 있는지 설명하라.

(e) (i), (ii), (iii) 지점에 각각에서 가전자대의 상단에 대한 페르미 준위를 구하시오.

(f) 막대의 길이에 따라 나타낸 평형상태의 페르미 에너지 위치에 따라 밴드 다이어그램을 작성하라.

1.7 면적이 50 cm^2이고 두께가 0.18mm인 실리콘 반도체 시트(sheet)가 억셉터($N_a = 5 \times 10^{16}\ cm^{-3}$)와 도너($N_d = 2 \times 10^{16}\ cm^{-3}$)로 균일하게 도핑 되었다.

(a) 모든 도너와 억셉터가 이온화되었다고 가정하고 반도체의 양쪽 끝에 전극 접촉을 설치하고 10V의 전압을 인가하였다면 상온에서의 전류 흐름을 계산하라.

(b) 시트의 면적이 50 cm^2대신 100 cm^2이라 가정하고 (a)를 반복하라. 면적에 따라 전류가 바뀌는 가? 왜 그런지 설명하라.

(c) 재결합 시간(τ)는 전류 흐름을 측정하는데 있어 중요한가? 계산에 있어 재결합의 역할을 신중히 설명하라.

1.8 면적이 50 cm^2이고 두께가 0.18mm인 도핑 되지 않은 실리콘 반도체 시트(sheet)가 한쪽 전체 표면에 걸쳐 빛이 조사되어 10^{21} $cm^{-3}s^{-1}$의 전자-정공쌍 생성률이 균일하게 달성되고 있다.

(a) 유사-페르미 준위의 간격을 결정하라. 캐리어 수명은 2×10^{-6}s이다.

(b) 빛이 조사되는 상태에서 반도체 시트의 양쪽 끝에 연결된 폭이 좁은 금속 접촉에 10 V가 인가되었을 때 상온에서의 전류 흐름을 계산하라. 캐리어 수명은 2×10^{-6} s이다.

(c) 어떻게 높은/낮은 재결합 시간이 문제 (b)의 풀이에 영향을 미치는지 설명하라. 어떻게 2×10^{-6} s의 재결합 시간은 실리콘 시트의 한쪽에서 다른 쪽으로 횡단하는 캐리어가 소비하는 캐리어 전송시간과 비교할 수 있는가? 이 실리콘 시트의 전도도는 빛의 세기에 의존하기 때문에 마치 감광장치처럼 작동하고 있다. 전송 시간이 재결합 시간에 비해 작으면 평균적으로 발생하기 전에 하나 이상의 캐리어가 광전도성 시트를 통과할 수 있기 때문에 이득이 생길 수 있다. 100 또는 1000의 이익은 광전도체에서 실제로 얻을 수 있다. 10의 이득을 달성하기 위해 어느 정도의 재결합 시간이 요구되는가?

1.9 n형 실리콘 샘플이 도핑을 통해 상온에서 전도대 가장자리보다 0.3 eV 아래의 E_f를 구했다.

(a) 도핑 레벨을 구하시오.

(b) N형 실리콘 샘플은 상온에서 사각형 단면 바(bar) 형태이고 그것의 길이 방향을 따라 3×10^{-8} A의 전류가 흐른다. 바의 길이가 10 cm이고 끝단에서 끝단까지의 전압차가 100 V인 경우 바의 단면적을 구하시오.

1.10 전자에 대한 유사-페르미 준위 F_n이 정공에 대한 유사-페르미 준위 F_p보다 0.419 eV 크도록 실리콘 샘플이 광학적으로 고르게 여기되었다. 실리콘은 n형이고 도너 농도는 $N_D=1\times10^{14}$ cm^{-3}이다. 광학적 생성률을 구하시오.

1.11 5.0 mm 두께의 n형 실리콘 웨이퍼가 실리콘 표면에 매우 근접한 푸른색 빛으로 표면에 균일하게 빛이 조사되고 있다. 조사된 표면에서 정공의 표면 생성률이 3×10^{18} $cm^{-2}s^{-1}$이고, 과잉 정공은 실리콘 표면에서 생성된다고 가정한다.

(a) 정공의 수명을 2×10^{-6} s로 가정하고 깊이에 따른 정공의 농도를 개산하라. 단, 정공의 수명은 깊이와 독립적인 것으로 가정한다.

(b) 깊이에 따른 정공 확산전류를 계산하라.

(c) 깊이에 따른 정공의 재결합율을 계산하라.

(d) 정공의 표면 생성률과 표면 부근 정공의 재결합률의 차이를 설명하라. 이 두 값은 다른 단위를 사용하므로 설명에는 포함된 단위의 차이를 참고해야 한다.

1.12 다음 이유를 설명하라.

(a) 상온에서 진성 실리콘보다 100배 큰 전기 전도성을 갖기 위해서는 n형 도핑 레벨이 필요하다.

(b) 상온에서 진성 실리콘보다 100배 큰 p형 전도성을 갖기 위해서는 p형 도핑 레벨이 필요하다.

1.13 진성 실리콘의 표면이 10^{14} photons cm^{-2} s^{-1}으로 고르게 조사되고 있다. 실리콘 표면 부근에서 흡수된 각 포톤은 하나의 전자-정공쌍을 생성한다고 가정한다.

(a) 3 μm 깊이에서의 전자의 흐름을 구하시오. 필요한 가정을 확인하고 명시하시오.

(b) 실리콘에 저장된 총 과잉 전자 전하를 구하시오. 단, 실리콘 샘플이 매우 두꺼운 것으로 가정한다.

1.14 만약 300°C에서 n형 실리콘 반도체의 페르미 에너지가 전도대 보다 0.08 eV 아래에 위치하고, 도너 준위가 전도대 보다 0.02 eV 아래에 위치할 때 도너의 이온화 확률을 구하시오.

1.15 실리콘의 전자와 정공의 유효질량이 같고, E_g이 실리콘과 같은 가상의 반도체 물질이 있다. 300 K에서 끝에서 끝까지 측정한 막대기 형태로 제작된(직경 1

mm, 길이 40 mm)이 물질의 전도도가 4 × 10^{12} ohms이다.

(a) 이 물질은 전자의 이동도가 정공의 이동도에 비해 5배 크다면 전자의 이동도를 구하시오. 필요한 가정을 확인하고 명시하시오.

(b) 막대의 끝에서 끝단에 10 V의 전압이 인가되었을 때 막대내에 정공만으로 인해 발생한 전류의 흐름을 구하시오. 필요한 가정을 확인하고 명시하시오.

1.16 상온에서 평면형태의 진성 실리콘 샘플의 표면이 일정한 빛의 흐름에 조사되었다. 이 결과에 의해 실리콘 표면으로부터 100 μm의 깊이에서 전자의 농도가 평형상태의 진성 농도(n_i) 보다 100배 큰 것으로 측정되었다. 저준위 주입 근사를 사용할 수 있다.

(a) 모든 빛이 실리콘 표면 주변에서 모두 흡수되고 모든 입사광이 하나의 EHP를 생성한다 가정하였을 때, 모든 포톤 유동(photon flux)를 구하시오.

(b) 100 μm의 깊이에서 빛의 유동이 없을 때 페르미 준위에 해당하는 유사-페르미 준위를 구하시오.

1.17 캐리어의 드리프트와 확산을 모두 포함한 유명한 실험은 Haynes-Shockley 실험으로 알려져 있다. 이 실험의 자세한 실험 방법과 다음과 같은 결과를 찾으시오.

(a) 실험에 사용된 반도체뿐만 아니라 전극의 배치와 위치를 스케치 하고 요구 전압과 전류를 기재하시오

(b) 출력의 시간 의존성을 스케치 하시오.

(c) 이러한 데이터를 사용하여 아인슈타인 관계식을 어떻게 검증할 수 있는지 설명하시오.

1.18 실리콘 샘플이 정공에 대한 유사-페르미 준위 F_p 보다 전자에 대한 유사-페르미 준위 F_n이 0.419 eV 높게 균일하게 광학적으로 여기되었다. 실리콘은 도너 농도가 $N_d = 1\times10^{17}$ cm^{-3}인 n형이다. 광 생성률을 구하시오.

1.19 t=0인 시간에 5×10^{17} cm^{-3}으로 도핑된 p형 실리콘 샘플의 모든 부분에 균일하게 빛이 조사된다. 생성된 EHP 농도는 2×10^{16} EHP cm^{-3}이다. 제로보다 큰 시간 t에 대한 시간에 따른 전자와 정공의 농도를 구하시오.

1.20 캐리어가 진성 실리콘 표면에 광학적으로 생성되었다. 생성률은 2×10^{19} EHP/cm^2 s이다. 모든 포톤은 실리콘 표면에 매우 근접하여 흡수되는 것으로 가정한다. 표면 바로 아래의 전자의 확산 전류를 구하고 결과를 얻기 위해 사용한 가정을 명확하게 말하시오.

1.21 실리콘 샘플이 6×10^{16} donors cm^{-3}와 N_a acceptors cm^{-3}로 도핑되었다. E_f가 300 K 진성 실리콘 E_f 보다 0.4 eV 아래에 위치할 때 N_a의 값을 구하시오.

1.22 길이가 1 cm이고 직경이 0.3 mm인 실리콘 막대에 전류가 흐르고 있다. 실리콘은 1×10^{17} cm^{-3}로 도핑된 n 형이고 끝에서 끝단까지 10 V의 전압이 인가되었다. 60초동안 얼마나 많은 전자가 막대를 통해 이동하는가?

1.23 10^{15} donors cm^{-3}을 포함하는 평형상태 실리콘 샘플에 빛의 조사가 없을 때 F_n(전자의 유사-페르미 준위)과 E_f의 에너지 차를 구하시오. 상온이라 가정한다. 바는 균일하게 광학적으로 여기되어 10^{18} EHP/cm^3 s이 생성된다.

1.24 (a) 다음과 같은 파라미터를 갖는 p형 실리콘 반도체 표면에서의 전자의 표면 재결합 속도를 구하시오.

$$p_0 = 1\times10^{17}\text{cm}^{-3}$$
$$\delta_n = 1\times10^{16}\text{cm}^{-3} \text{ at the surface.}$$

부록 2의 실리콘 확산 상수를 사용하라. 필요한 가정을 확인하고 명시하시오.
(b) 반도체 표면으로부터 확산거리 x에 따른 밴드 다이어그램을 스케치하라.
(c) 같은 파리미터를 갖는 GaAs 반도체에 대하여 (a), (b)를 반복하시오.

1.25 (a) 다음과 같은 파라미터를 갖는 n형 실리콘 반도체 표면에서의 정공의 표면 재결합 속도를 구하시오.

$$n_0 = 1\times10^{16}\text{cm}^{-3}$$
$$\delta_n = 1\times10^{17}\text{cm}^{-3} \text{ at the surface.}$$

부록 2의 실리콘 확산 상수를 사용하라. 필요한 가정을 확인하고 명시하시오.
(b) 반도체 표면으로부터 확산거리 x에 따른 밴드 다이어그램을 스케치하라.
(c) 같은 파리미터를 갖는 GaAs 반도체에 대하여 (a), (b)를 반복하시오.

제 2 장

PN 접합 다이오드

1. pn 접합 구조의 이해한다.
2. 다이오드 전류의 흐름과 드리프트와 확산의 역할에 대해 이해한다.
3. 밴드 모델을 바탕으로 다이오드 접촉 포텐셜의 정량적 모델을 유도한다.
4. 접합으로부터 확대된 공핍영역의 정량적 모델의 확립한다.
5. 캐리어의 드리프트와 확산 그리고 공핍영역에서의 동적 평형에 바탕을 둔 다이오드 전류의 흐름의 정량적 모델을 유도한다.
6. 다이오드의 역방향 항복에 관련된 현상에 대한 이해와 제너 다이이드의 소개한다.
7. 밴드 모델을 바탕으로한 터널 다이오드와 태양전지 활용에 있어서의 그 중요성에 대해 이해한다.
8. pn 접합 공핍영역에 존재하는 생성과 재결합 전류에 대해 이해한다.
9. 쇼트키 다이오드와 저항성 접촉을 포함한 금속과 반도체의 접촉에서의 물리학에 대해 소개한다.
10. 이종접합과 그것의 밴드구조 그리고 태양전지와 LED 같은 광전자 소자와의 관련성에 대해 소개한다.
11. pn 접합 커패시턴스와 AC와 과도현상과 관련된 소수 전하 저장 효과에 대해 이해한다.

2.1 개요

pn 접합 다이오드를 포함한 반도체 소자가 그림 2.1에 도시되어 있다. 다음과 같은 다이오드의 몇 가지 기본적인 특징이 있다:

(a) 금속 양극 접촉은 금속-반도체 접합을 형성하는 p-type 반도체에 인가;
(b) p-type 반도체;
(c) p-type과 n-type 반도체 사이의 pn 반도체 접합;
(d) n-type 반도체;
(e) 금속 음극 접촉은 다른 금속-반도체 접합을 형성하는 n-type 반도체에 인가

이 장의 목적은 pn 접합 다이오드의 원리를 이해하는 것이다 원래 반도체 다이오드는 전류를 한 방향으로 흐르게 하고 다른 방향으로의 흐름을 차단하기 위해 사용된다. 이는 클램핑 소자(clamping device)와 논리 가산기와 같은 초기 논리회로에 광범위하게 활용되었다. 그것은 파워 서플라이의 정류기와 라디오 회로의 탐지기로 널리 사용된다. 이들 회로 활용의 두 가지 예가 그림 2.1에 도시되었다. 활용에 있어서 이 책에서의 특별한 관심은 발광(LEDs)과 태양광 발전(태양전지)를 위해 널리 사용되는 반도체 다이오드 소자에 대한 것이다.

이 장에서 일반적인 다이오드 동작원리에 대하여 학습한다.

태양전지와 LED는 무기 및 유기 반도체 다이오드 물질 모두로부터 제조될 수 있다. 4, 5, 6장에서 소자의 설계와 특별한 제조 방법을 포함하고 무기뿐만 아니라 유리 반도체에 바탕을 둔 특별한 태양전지와 LED에 대한 발전된 주제에 대한 논의가 이루어진다. 다이오드에 바탕을 둔 모든 반도체 소자들의 충분한 이해를 위해서는 다이오드에 형성된 전기 접촉을 포함한 pn 접합 다이오드의 기본적인 이해가 요구된다.

n-type 물질로부터 p-type 물질로의 전이(transition)가 급격히 발생하는 가파른 접합(abrupt junction) 반도체 pn 다이오드로 시작할 것이다. 이것은 반도체 접합의 양쪽에 도핑 종류의 단계적 변화에 의해 달성된다. 실제로, 반도체 결정의 단지 하나의 원자 층의 거리에 대하여 그런 전이가 가능하다. 가파른 접합 다이오드는 모델링하고 이해하기에 가장 쉽지만; 그러나 개념은 도핑 전이가 가파른 것보다는 점진적인 다이오드로 확대될 수 있다.

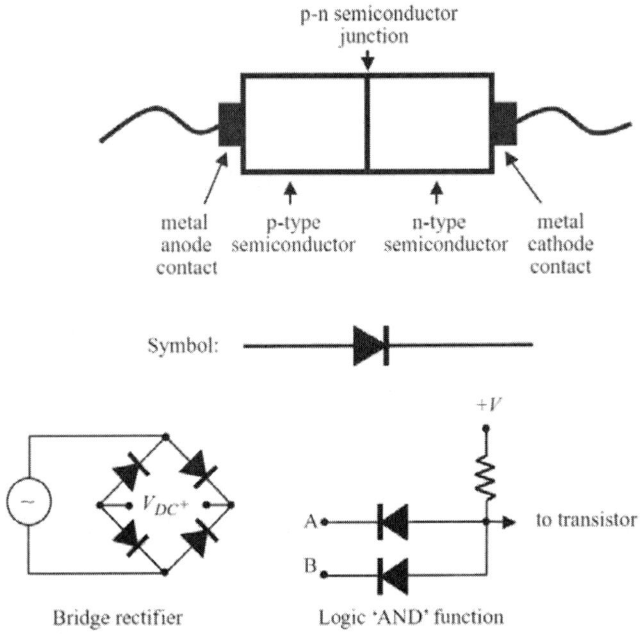

그림 2.1 p-type과 n-type 반도체에 각각 금속 양극과 음극이 접촉된 것을 보여주는 pn 접합 다이오드. pn 반도체 접합 이외에 두 가지 금속-반도체 접합이 있다. 다이오드 기호와 회로 설계에 사용된 다이오드 활용의 두 가지 예를 보여준다. 다이오드 논리 게이트는 1960년대 유행한 초기 다이오드-트랜지스터 논리 고체 상태 컴퓨터에서 사용되었으나 저전력으로 빠르게 동작하는 트랜지스터 기반의 디자인으로 대체되었다.

밴드 모델은 pn 접합에 대한 전자와 정공의 거동을 설명하기 위해 사용되며 그림 2.2는 평형 조건인 밴드 모델을 보여준다. n-type과 p-type 반도체 영역이 서로 평형 상태에 있기 때문에, 페르미 에너지는 일정하다. 접합 양쪽 면의 가전자대(valence band)와 전도대(conduction band)의 위치의 차이가 있음에 유의하라. 접합의 p측으로부터 n측으로 연속적인 전도대와 연속적인 가전자대를 유지하기 위해 에너지 밴드가 경사진 전이 영역(*transition region*)이 있다. 전이 영역은 pn 접합이 가파른 경우에도 존재한다.

밴드의 기울기는 내부 전계(built-in electric field)라 불리는 반도체 내의 전계에 의한 영향이라고 1.14절에서 살펴보았다. 이 전이 영역의 근원과 전계와 관련된 내용은 2.3절에서 더 논의된다. 전계의 방향은 밴드 경사 방향과 일치하도록 그림 2.2에 도시되어 있다.(1.14절을 참조하라.)

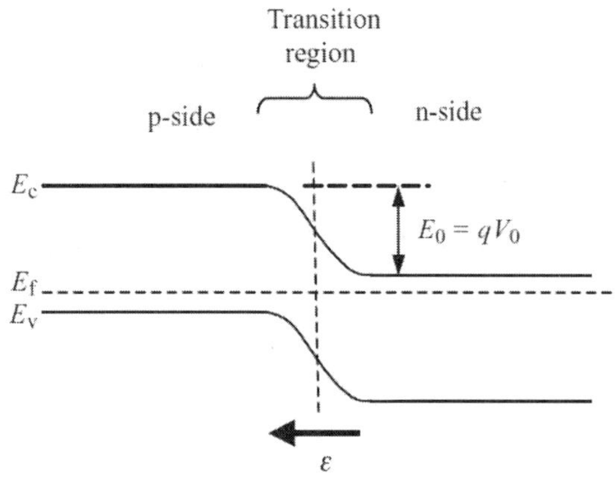

그림 2.2 일정한 페르미 에너지와 가전자대와 전도대가 연속이기 위한 전이 영역을 보여주는 평형상태 pn 접합의 밴드 모델

내부 전계는 접합에 걸쳐 전자와 정공의 드리프트 전류를 발생시킨다. pn 접합에 걸쳐진 에너지의 변화 E_0는 평형 조건을 제공하고 에너지 장벽이라 불린다. 전하에 의해 얻거나 손실된 에너지는 전하에 의한 전위의 변화를 곱하여 구할 수 있기 때문에 다음과 같이 쓸 수 있다.

$$E_0 = qV_0 \tag{2.1}$$

여기에서 V_0는 pn 접합의 접촉 전위(*contact potential*)이다.

2.2 다이오드 전류

평형으로 흐를 때 전류를 살펴볼 수 있다. 내부 전계 ε는 드리프트를 위한 전위 영역에서 캐리어를 발생한다. 게다가 접합 사이의 상당한 캐리어 농도 기울기가 있다. 전자에서 n형 쪽의 전자(다수 캐리어) 농도가 높고, p형 쪽은 전자(소수 캐리어) 농도가 낮다. 유사한 정공 농도 기울기에 더하여 전자 농도 기울기는 접합 사이에 확산전류를 이끈다.

네 가지 전류를 고려해 보자.

$I_{n\,drift}$ 전이 영역에 들어간 p형 쪽의 전자(소수 캐리어)는 n형 쪽을 향하여 오른쪽으로 갈 것이다. 이 전류는 내부전계에 의해서 형성된다.

$I_{p\,drift}$ 전이 영역에 들어간 n형 쪽의 정공(소수 캐리어)은 p형 쪽을 향하여 왼쪽으로 갈 것이다. 이 전류는 내부전계에 의해서 형성된다.

$I_{n\,diffusion}$ n형 쪽의 전자(다수 캐리어)는 왼쪽으로 확산될 것이다. 이 전류는 전자 농도 기울기에 의해서 형성된다.

$I_{p\,diffusion}$ p형 쪽의 정공은 왼쪽으로 확산될 것이다. 이 전류는 정공 농도 기울기에 의해서 형성된다.

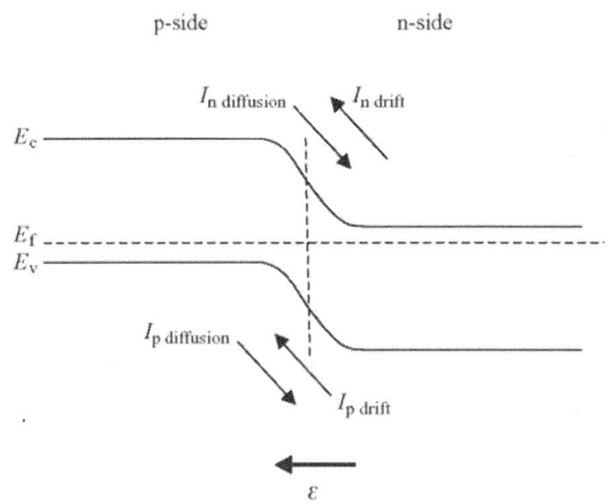

그림 2.3 4개의 pn 접합 전류의 유동 방향. 두 개의 확산 전류는 접합 사이의 전자 또는 정공의 농도 기울기에 의해서 형성되고, 두 개의 드리프트 전류는 전기장으로부터 형성된다. 전자전류는 전자의 흐름 또는 선속과 반대 방향으로 흐른다. 전자 확산 선속은 왼쪽으로 향하며, 전자 드리프트 선속은 오른쪽을 향한다.

이 네 가지 전류는 그림 2.3에서 개략적으로 나타내었다. 이 전자 전류는 전자가 음전하는 들고 있기 때문에 전자의 흐름의 방향이 반전된다.

만약 pn 접합이 평형상태라면, 아래의 식이 성립된다.

$$I_{n\,drift} + I_{n\,diffusion} = 0 \quad (2.2a)$$

$$I_{p\,drift} + I_{p\,diffusion} = 0 \quad (2.2b)$$

2.5장에서 확산과 드리프트 전류가 매우 크다는 것을 볼 수 있다; 그러나 순 전류는 관찰된 다이오드 전류이다. 만약 우리가 pn 접합에 외부 전압원을 연결시킴으로써 다이오드에 전압을 가한다면, 그 전류는 더 이상 상쇄되지 않을 것이며, 다이오드는

더 이상 평형상태가 아닐 것이다. 그림 2.4는 이것을 설명한다. 이 외부전압은 바이어스 전압이라 불린다.

p형 방향은 전압원의 양의 출력방향과, n형 방향은 음의 출력방향과 연결되어 있고 V>0일 때 순방향 바이어스의 응용을 고려하자. 인가 전압 V은 pn 접합의 전이영역에서 떨어질 것이고, 그림 2.5에서처럼 전기장에 더하여 에너지 장벽의 높이를 감소시킬 것이다. 장벽 높이의 감소는 반대방향의 드리프트 전류가 확산전류를 더 이상 상쇄시키기에 충분하지 않기 때문에 순 전류를 초래할 것이다. 순수 다수 캐리어 확산 전류의 결과로 순 전류가 흐른다.

$$I = I_{p\,diffusion} + I_{n\,diffusion} - I_{p\,drift} - I_{n\,drift} > 0 \quad (2.3)$$

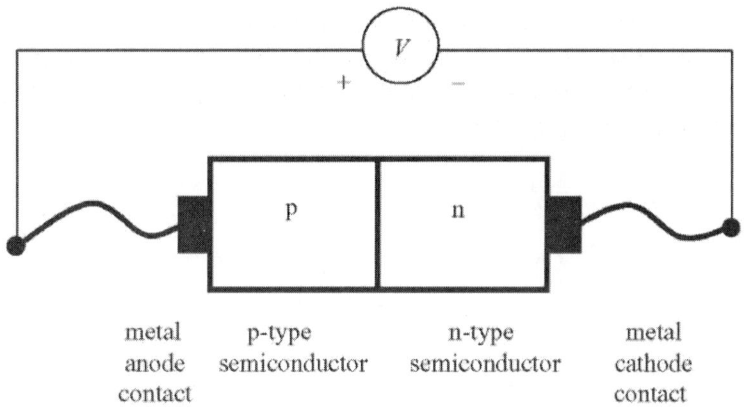

그림 2.4 외부 전압원과 연결된 pn 접합 다이오드. 외부 바이어스 전압은 전기장을 변경시킬 것이다.

그림 2.3에서 전자와 정공의 확산 전류는 같은 방향으로 흐름으로, 총 다이오드 전류를 얻기 위해 식 2.3에서 모두를 더했다. 반면, 전자와 정공의 확산 흐름(*fluxes*)은 반대방향으로 흐르지만, 그들은 반대의 전하 극성을 이끈다. 전자와 정공 드리프트 전류는 수식 2.3에서에서처럼 둘 다 같은 음의 방향으로 흐른다.

만약 pn 접합의 전이영역 사이에서 인가전압 V<0일 때 역방향 바이어스의 응용을 고려하면, 그림 2.6에서처럼 전위 장벽과 ε의 규모는 증가할 것이다. 에너지 장벽의 증가는 확산 전류와 반대방향으로 드리프트 전류를 야기시킬 것이다.

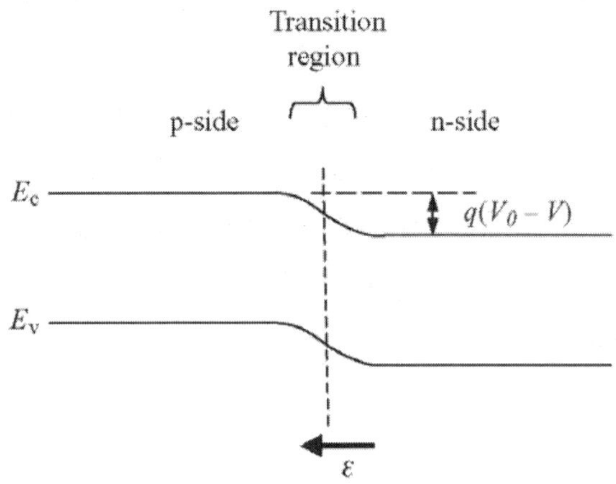

그림 2.5 순방향 바이어스의 응용에서 다이오드 대역의 모형. 전이 영역 사이의 에너지 장벽은 확산 전류로부터 지배당한 높은 전류의 작은 결과이다. 공핍 영역 ε은 더 작을 것이며, 드리프트 전류는 더 이상 확산전류와 비교하지 않을 것이다. 인가전압 V는 에너지(줄)를 얻기 위해 전자전하(쿨롱)를 곱해야 한다.

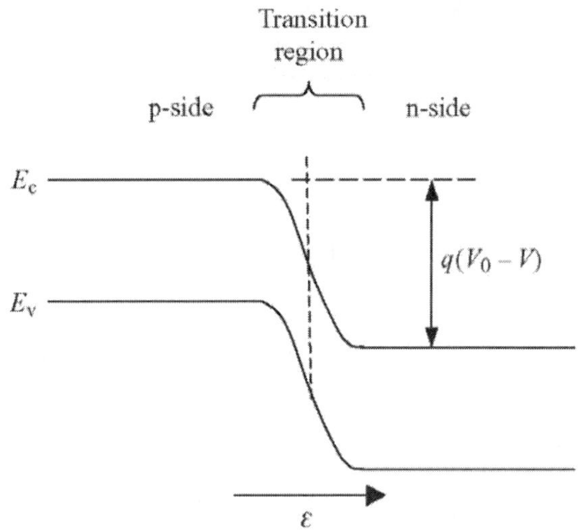

그림 2.6 역방향 바이어스의 응용에서 다이오드 대역의 모형. 인가전압이 음이기 때문에, 전기장 ε의 전위 장벽은 사실상 확산전류를 제거하는 전위대역 사이에서 더 커진다.

그러나 이것은 열로써 형성된 소수 캐리어 때문에 전류를 유지한다. 이것은 작은 순 소수 캐리어 드리프트 전류가 되고, 전기장에 의해 도움을 받는다. 이 순 전류 흐름은 열로써 형성된 소수 캐리어 드리프트 전류를 지배한다. 수식 2.2로부터 우리는 아래의 수식을 얻을 수 있다.

$$I = I_{p\,diffusion} + I_{n\,diffusion} - I_{p\,drift} - I_{n\,drift} < 0$$

총 전류 I는 작고, I는 열로써 형성된 소수 캐리어의 공급으로부터 제어되기 때문에 사실상 인가전압 V에 의존하며, ε의 크기는 중요하지 않다. 이것은 강의 폭포의 높이의 다양성과 유사하다. - 폭포에서 아래로 떨어지는 물의 양은 폭포에 접근하는 이용가능한 물의 흐름에 의존하며, 폭포의 높이에는 영향을 주지 않을 것이다. 이 전류의 크기는 역방향 포화 전류 I_0로써 알 수 있으며, 이러한 이유로 I_0는 소수 캐리어로부터 제공된 순수한 열로써 형성된 드리프트 전류이다.

그림 2.7처럼 이 다이오드 전류는 인가전압의 기능처럼 구성된다. 우리는 2.5장에서 다이오드 전류를 양적으로 다룰 것이다.

2.3 접촉 전위

에너지 대역에 대해 이해하여 접촉 전위 V_0를 계산할 수 있다. 식 1.35으로부터

$$P_0 = N_\nu \exp\left(\frac{-(E_f - E_\nu)}{\mathrm{kT}}\right)$$

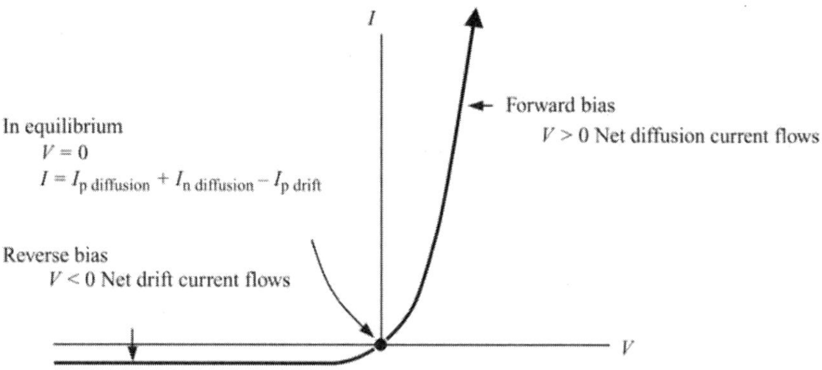

그림 2.7 인가되는 전압의 함수의 다이오드 전류. 작은 값으로 역방향 드리프트 전류 포화와 역방향 포화전류라고 한다. V=0일 경우 드리프트 전류와 확산전류 크기가 동일하고 순 전류가 0이다.

n측과 p측 접합부 모두에 식 1.35를 적용 할 수 있다.

$$(E_f - E_v)_{p-side} = kT\ln\left(\frac{N_v}{P_0}\right) = kT\ln\left(\frac{N_v}{P_p}\right) \tag{2.4a}$$

p_p는 p측에 평행 상태 정공 농도가 있다. n측에서는,

$$(E_f - E_v)_{n-side} = kT\ln\left(\frac{N_v}{P_0}\right) = kT\ln\left(\frac{N_v}{P_n}\right) \tag{2.4b}$$

은 n측에 평행 상태 정공 농도가 있다. 식 2.4b에서 식 2.4a를 빼면 얻을 수 있다.

$$E_0 = (E_v)_{p-side} - (E_v)_{n-side} = kT\ln\left(\frac{P_p}{P_n}\right) \tag{2.5}$$

이는 그림 2.8에 설명된다. 이제, 식 2.5는 식 2.1을 사용하여 접촉전위 V_0의 관점에서 표현할 수 있다. 따라서,

$$V_0 = \frac{kT}{q}\ln\frac{P_p}{P_n} \tag{2.6}$$

접합부의 양쪽에 도핑레벨의 관해서 이를 표현할 수 있다. 식 1.43, 1.44, 2.6으로부터

$$V_0 = \frac{kT}{q}\ln\left(\frac{N_a N_d}{n^2_i}\right) \tag{2.7}$$

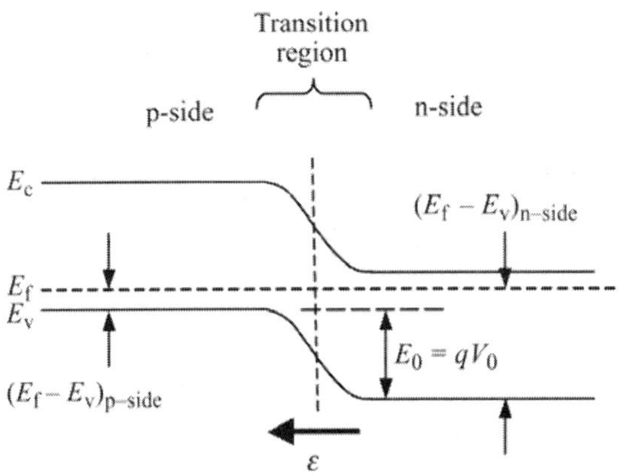

그림 2.8 식 2.5에 평형 pn 접합 에너지 장벽 높이 E_0는 $(E_f - E_v)_{n-side} - (E_f - E_v)_{p-side}$을 통해 얻을 수 있다.

접촉전위는 전자농도를 사용하여 얻을 수 있다. 또한, $N_aN_d \cong P_n n_n$, $N_p = \left(\frac{n_i^2}{p_p}\right)$, $P_p = \left(\frac{n_i^2}{n_n}\right)$ 쓸 수 있기 때문에

$$V_0 = \frac{kT}{q}\ln\left(\frac{n_n}{n_p}\right) = \frac{kT}{q}\ln\left(\frac{p_p}{p_n}\right) \tag{2.8}$$

특정 내부전위 V_0는 p형과 n형 영역의 도핑 레벨을 제어함으로써 pn 접합을 설계하는 것이 가능하다.

예제 2.1

실리콘 pn 접합 다이오드는 P측에 $N_a = 1\times10^{17}\mathrm{cm}^{-3}$, N측에 $N_d = 1\times10^{17}\mathrm{cm}^{-3}$ 도핑된다. 실온에서 평형상태의 대역도(band diagram)를 작성하고 내부전위를 찾아라. 페르미 준위를 포함하라.

풀이

$$V_0 = \frac{kT}{q}\ln\left(\frac{N_aN_d}{n^2_i}\right) = (0.026V)\ln\left(\frac{10^{17}cm^{-3}\times10^{17}cm^{-3}}{(1.5\times10^{10}cm^{-3})^2}\right) = 0.817V$$

예제 1.2에서 P측은,

$N_v = 1.06\times10^{19}\mathrm{cm}^{-3}$

여기서,

$$(E_f - E_v)_{p\text{-}side} = kT\ln\left(\frac{N_v}{p_p}\right) = (0.026eV)\ln\left(\frac{1.06\times10^{19}cm^{-3}}{(10^{17}cm^{-3})}\right) = 0.12eV$$

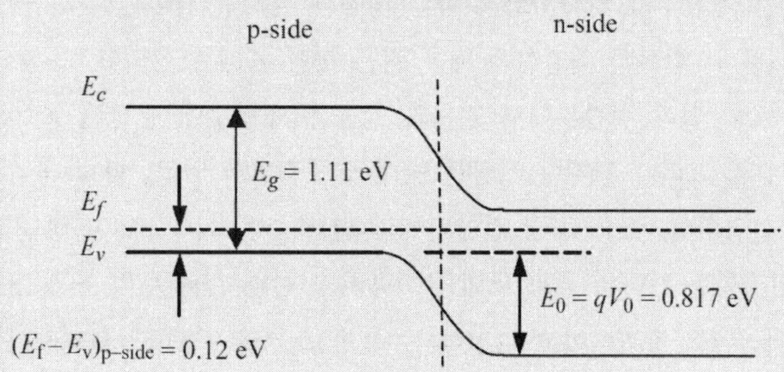

2.4 공핍 근사

그림 2.2의 대역 영역은 그림 2.9에서 상세하게 보여진다. 대역 영역의 중간 부분에 페르미 에너지는 비록 p측과 n측이 도핑될 지라도 반도체는 순수재료처럼 보이기에 에너지 대역 중간에 가까이 있다. 순수반도체내에 있는 전하 캐리어가 매우 낮기 때문에 그림 2.9 강하게 감소된(*strongly depleted*) 영역으로써 보여진다.

영역에 있는 캐리어 농도가 왼쪽이나 오른쪽으로 이동함에 따라, 점차적으로 일반적인 p형, n형 평형상태 값이 되돌아 올 것이며 에너지 밴드는 수평선이 된다.

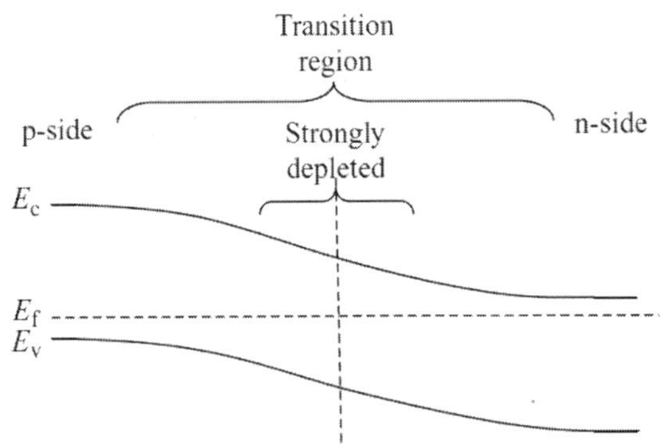

그림 2.9 공핍은 접합부에 발생한다. 평행 상태를 설정하기 위해서, 전자와 정공이 재결합하고 페르미 에너지는 강하게 감소된(*strongly depleted*) 영역의 중간대역에 가까이 놓여 있다.

공핍을 이해하기 위해, 두 개의 분리된 n형과 p형의 반도체를 고려하는 것은 필수적이다. 만약 n형 재료의 전자를 함께 받아지게 된다면, 접합부 가까이에 있는 P형 재료의 정공은 접합부와 확산되고 부족한 정공과 전자를 남아있는 재결합에 의해 서로 없어지게 된다. 확산과 재결합은 매우 짧은 시간 후에 완성되고, 동등한 조건을 갖추게 될 것이다. 멀리 접합부에서 전자와 정공은 접합부에 분산된 쪽으로 가능성을 갖게 될 것이다. 그러나 전계는 접합부 반대에 구축되어 있고, 현재 대역도의 결과는 그림 2.2에 설명되어 있다. 평행 전류의 연속된 흐름은 식 2.2에 설명 되어 있다. 공핍 근사의 간소화는 전하의 공핍 모델을 사용하곤 한다. 접합부의 공핍 영역의 폭 W_0에서 전하 캐리어의 공핍이라고 가정한다. 그리고 그림 2.10의 나타낸 바와 같이, 캐리어 농도는 공핍 영역 양측에 평행 수준으로 급격하게 돌아간다고 가정한다. 캐리어 농도는 실제 재료와 장치에서 급격한 농도변화를 만들지 않는다.

그리고 대신에 캐리어 농도의 기울기는 존재한다. 그러나 공핍 근사는 pn 접합에 대한 정량 모델을 간단하게 하며 결과는 다이오드와 매우 관련된다.

2.5절에서는 캐리어 농도의 상세한 그림이 고려될 것이다. 이동형 캐리어와 이온화된 도펀트로 구성된 반도체는 1.13절에서 보여진다. 반도체의 순 전하 밀도는 도펀트 이온의 전하 밀도를 가지기 때문에 0이며, 이 밀도는 크기가 같고 이동형 전하의 표시는 반대이다.

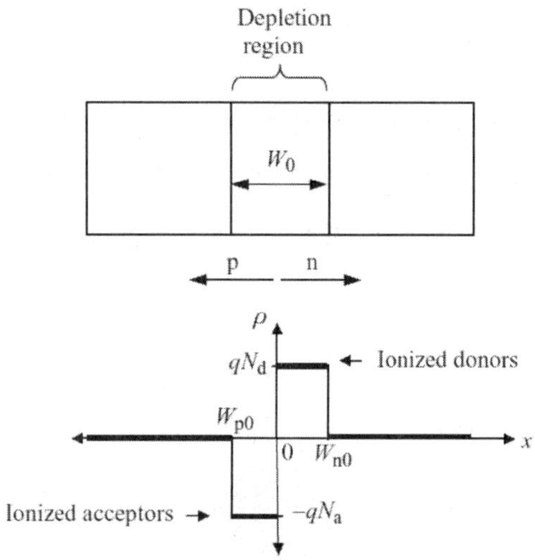

그림 2.10 전폭 W_0 공핍 영역은 접합부에 띠게 된다. 전하밀도 p는 공핍 영역의 외부에서는 0이 된다. 공핍 영역의 내부에 이온화된 도펀트로 인한 순 전하 밀도가 확립된다. x-축의 기점은 편의상 접합부에 위치한다.

pn 접합부의 공핍 영역 안에 반도체 재료는 캐리어가 감소된다. 그러나 여전히 p형과 n형 중 하나는 도핑되고, 도펀트 이온은 따라서 영역 안에서 존재한다. 이는 이온화된 도펀트로부터 공핍 영역의 순수 고정 전하밀도 이다. p측의 이온은 음이다. 예를 들면, p형 알루미늄 도핑의 실리콘에서, 알루미늄 이온은 원자가 대역 홀을 얻기 위한 인가전자를 가지면서 음으로 충전된다.

N측에 이온은 양이다. 반대로, n형인 도핑의 실리콘에서, 인 이온은 전도대역에 전자를 주면서 양으로 충전된다. 이러한 정공과 전자가 재결합하면, 공핍 영역은 N_a와 N_b 각각의 농도가 Al^-이온과 P^+이온이 남게 될 것이다.

전하밀도 $-qN_a$와 $+qN_b$는 공핍 영역의 p측과 n측에 속해 있을 것이다. 각각, 그림 2.10에서 나타낸 바와 같다. 접합부 양쪽에 공핍 전하의 크기는 정공과 전자의 각각 재결합에서의 음과 양이온의 결과는 동일해야 한다. 따라서 접합부에 양쪽에 존재하

는 전하의 크기는,

$$Q = qN_a W_{p0} A = qN_d W_{n0} A \tag{2.9}$$

W_{p0} 및 W_{n0}은 평행 접합부의 p측과 n측에서 공핍 영역의 폭을 나타내며, A는 다이오드의 단면적이다. 식 2.9에서 쓸 수 있다.

$$\frac{W_{po}}{W_{n0}} = \frac{N_d}{N_a} \tag{2.10}$$

공핍 영역에서 전하영역은 전계를 생기게 한다. 이는 그림 2.2에서 기울어진 에너지 대역의 원인은 필드에서 보여준다. 그리고 가우스 법칙을 사용하여 계산할 수 있다. 가우스 표면은 표면적 A를 갖는 공핍 영역의 p측에서 음전하를 둘러쌓을 수 있다.

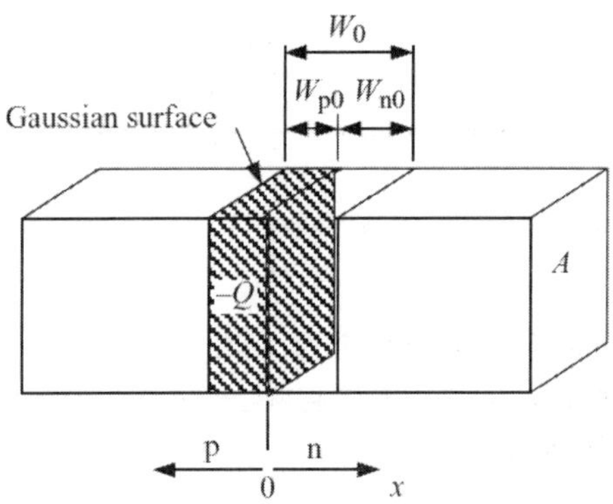

그림 2.11 $A\,W_{p0}$(*shaded*)를 가진 가우스 면적은 공핍 영역의 p측에서 규모 Q의 음전하를 갖고 있다.

가우스 법칙은 전하Q를 둘러싼 폐 곡면에 의해 전기장 ε의 면적분을 설명한다

$$\oint_s \vec{\varepsilon} \cdot \overrightarrow{ds} = \frac{Q}{\varepsilon} \tag{2.11}$$

가우스 부피는 비교적 큰 단면적 A를 갖고, 작은 깊이의 W_{p0}는, 총 단면적 2A로 근접할 수 있다.

대칭이 있고, 두 단면적 A는 동일하기 때문에, 식 2.11에 나타낼 수 있다.

$$2\varepsilon_p A = \frac{Q}{\varepsilon_o \varepsilon_r}$$

ε_p는 p측에 공핍 전하로 인한 전기장의 크기이고, ε_r 반도체의 상대 유전율이다. 그 때문에

$$\varepsilon_p = \frac{Q}{2\varepsilon_o \varepsilon_r A} \tag{2.11a}$$

동일한 논리로 n측의 공핍 전하를 갖는 가우스 표면에 적용할 수 있고, 자기장을 생기게 할 것이다.

$$\varepsilon_n = \frac{Q}{2\varepsilon_o \varepsilon_r A} \tag{2.11b}$$

전기장의 벡터 양이기 때문에 전기장의 방향과 관련되어 그림 2.12에 나타나 있고, 접합부에서 평행 상태에 있는 전체 필드는 반도체 접합에서 얻어지는 평행 전기장 $\vec{\varepsilon_p}$ 및 $\vec{\varepsilon_n}$의 합인 것은 명백하다.

$$\varepsilon_n = -\frac{Q}{\varepsilon_o \varepsilon_r A}$$

$$\varepsilon_n = -\frac{qN_d W_{n0}}{\varepsilon_o \varepsilon_r} = \frac{qN_a W_{p0}}{\varepsilon_o \varepsilon_r} \tag{2.12}$$

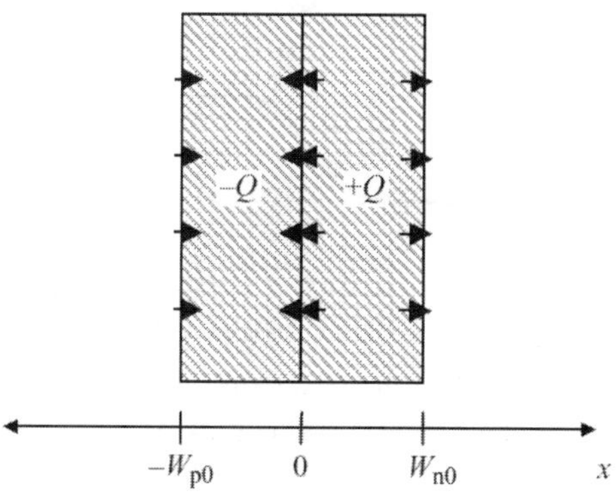

그림 2.12 접합부에서 더해진 필드는 공핍 영역에서 보여지는 두 부분이 전기장의 방향이다.

−x 방향으로 필드 지점에 마이너스 기호를 나타낸다. 필드의 다른 지점에서도 x축을 또한 평가할 수 있다. 접합부의 단면적은 공핍 폭에 비해 매우 크다고 추측할 수

있다. 전하의 무한평면으로 의한 전기장 때문에 평면으로부터 거리는 독립되어 있다. 그림 2.12의 벡터량은 상쇄될 것이고, 순 전계는 $x = -W_{p0}$ 및 $x = -W_{n0}$는 이 된다.

다른 x 값에서, 전기장은 가우스 법칙을 적용하여 계산하면 x의 함수는 연속적으로 변하게 될 것이다.

$$V_0 = -\int_{-w_{po}}^{w_{n0}} \varepsilon(x)dx \tag{2.13}$$

$\varepsilon(x)$ 및 $V(x)$는 식 2.13에서 나타나며, 접촉 전위 V_0공핍 모델로부터 바로 결과가 보여진다. 접촉 전위 V_0는 2.3절에서 소개된 동일한 값이다.

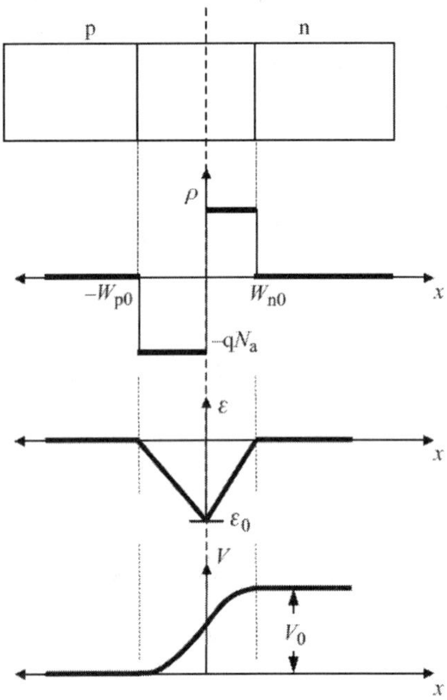

그림 2.13 pn 접합부의 평행 상태 전기장 ε(x)와 전위 V(x)는 고정된 공핍 전하에 가우스 법칙을 적용하여 따른다. 식 2.2에서 n측에 에너지 레벨이 낮은 반면에 n측에 V는 p측에 비해 높다. 그림 2.2의 에너지 규모는 전자에너지 레벨이다. 그러나 식 2.13의 전압 스케일은 양전하로 정해진다. 식 2.13의 전압스케일은 규칙에 따라 양전하가 되었다.

적분은(식 2.13) 그림 2.13에서 ε에 비해 x 곡선은 아래의 영역에 있다.

$$V_0 = \frac{1}{2}bh = \frac{1}{2}W_0\varepsilon_0$$

그리고 식 2.12를 사용하여 ε_0 나타내면,

$$V_0 = \frac{qN_dW_{n0}}{2\varepsilon_0\varepsilon_r}W_0 = \frac{qN_aW_{p0}}{2\varepsilon_0\varepsilon_r}W_0$$

때문에,

$$W_0 = W_{n0} + W_{p0}$$

$$V_0 = \frac{q}{2\varepsilon_0\varepsilon_r}\frac{N_aN_d}{N_a + N_d}W^2{}_0 \tag{2.14}$$

또는,

$$W_0 = \sqrt{\frac{2\varepsilon_0\varepsilon_rV_0}{q}\left(\frac{1}{N_a} + \frac{1}{N_d}\right)} \tag{2.15a}$$

함께,

$$W_{p0} = \frac{W_0N_d}{N_a + N_d} \tag{2.15b}$$

그리고,

$$W_{n0} = \frac{W_0N_a}{N_a + N_d} \tag{2.15c}$$

공핍 근사치는 외부전압이 공핍 영역에 걸쳐 떨어진다. 공핍 영역은 높은 비저항을 가지고, 양측의 중립영역은 높은 전도성을 가지기 때문에, 인가된 역방향 바이어스 전압은 공핍 영역에 걸쳐 떨어질 것이다.

예제 2.2

(a) n측 $N_d = 10^{17}\mathrm{cm}^{-3}$p측의 $N_a = 10^{17}\mathrm{cm}^{-3}$에 도핑된 예제 2.1의 가파른 실리콘 pn 접합 다이오드의 n측과 p측의 공핍영역 폭을 찾아라. 반도체 접합 ε_0에서 평행 상태 전계를 찾아라. 접합부를 중심으로 양쪽의 전계함수를 각각 작성하여라.

(b) p측에 도핑이 $N_a = 1\times10^{18}\mathrm{cm}^{-3}$증가하고, n측에 도핑이 $N_d = 1\times10^{16}\mathrm{cm}^{-3}$감소하며 반복할 때, p측에 고농도 도핑을 나타내기 위해 $p^+ - n$ 접합이라고 한다.

풀이

$$W_0 = \sqrt{\frac{2\varepsilon_0\varepsilon_r V_0}{q}\left(\frac{1}{N_a}+\frac{1}{N_d}\right)}$$
$$= \sqrt{\frac{2(8.85\times10^{-14}\times11.8Fcm^{-1})(0.817V)}{1.6\times10^{-19}C}\left(\frac{1}{10^{17}cm^{-3}}+\frac{1}{10^{17}cm^{-3}}\right)}$$
$$= 1.51\times10^{-5}cm = 0.15\mu m$$

(a)

p측:

$$W_{p0} = \frac{W_0 N_d}{N_a + N_d} = \frac{0.15\mu m\times10^{17}cm^{-3}}{10^{17}cm^{-3}+10^{17}cm^{-3}} = 0.075\mu m$$

n측:

$$W_{p0} = \frac{W_0 N_d}{N_a + N_d} = \frac{0.15\mu m\times10^{17}cm^{-3}}{10^{17}cm^{-3}+10^{17}cm^{-3}} = 0.075\mu m$$

$$\varepsilon_0 = -\frac{qN_d W_{n0}}{\varepsilon_0\varepsilon_r} = \frac{1.6\times10^{-19}C\times10^{-17}cm^{-3}\times0.75\times10^{-5}cm}{8.85\times10^{-14}Fcm^{-1}\times11.8}$$
$$= 1.15\times10^5 Vcm^{-1}$$

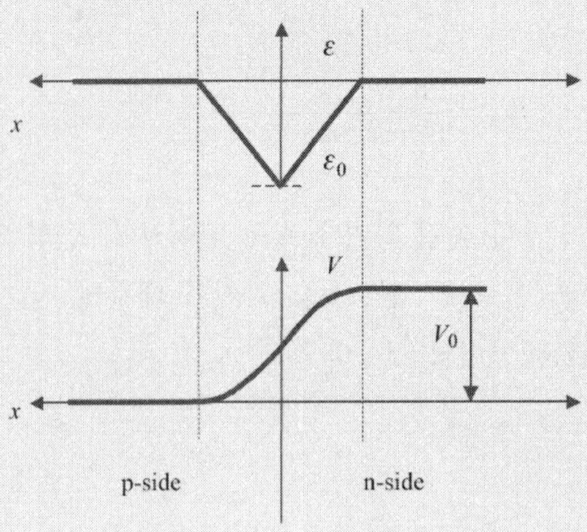

(b)

$$V_0 = kT/q\ln((N_aN_b)/(n^2_i))$$
$$= (0.026V)\ln[(10^{18}cm^{-3}\times10^{16}cm^{-3})/(1.5\times10^{10}cm^{-3})^2] = 0.817V$$

$$W_0 = \sqrt{\frac{2\varepsilon_0\varepsilon_r V_0}{q}\left(\frac{1}{N_a}+\frac{1}{N_d}\right)}$$

$$= \sqrt{\frac{2(8.85\times10^{-14}\times11.8Fcm^{-1})(0.817V)}{1.6\times10^{-19}C}\left(\frac{1}{10^{18}cm^{-3}}+\frac{1}{10^{16}cm^{-3}}\right)}$$
$$= 3.4\times10^{-5}cm = 0.34\mu m$$

p측 :

$$W_{p0} = \frac{W_0N_d}{N_a+N_d} = \frac{0.34\mu m\times10^{16}cm^{-3}}{10^{18}cm^{-3}+10^{16}cm^{-3}} \cong 0.33\times10^{-2}\mu m = 3.3nm$$

n측 :

$$W_{p0} = \frac{W_0N_a}{N_a+N_d} = \frac{0.34\times10^{18}cm^{-3}}{10^{18}cm^{-3}+10^{16}cm^{-3}} \cong 0.33\mu m$$

$$\varepsilon_0 = -\frac{qN_dW_{n0}}{\varepsilon_0\varepsilon_r} = \frac{1.6\times10^{-19}C\times10^{-16}cm^{-3}\times3.3\times10^{-5}cm}{8.85\times10^{-14}Fcm^{-1}\times11.8}$$
$$= 5.1\times10^4Vcm^{-1}$$

공핍 영역은 $p^+ - n$ 접합부의 n측에 있다. 모든 내부전위 V_0는 n측에 나타난다. 반대로 $n^+ + p$ 접합도 마찬가지이다.

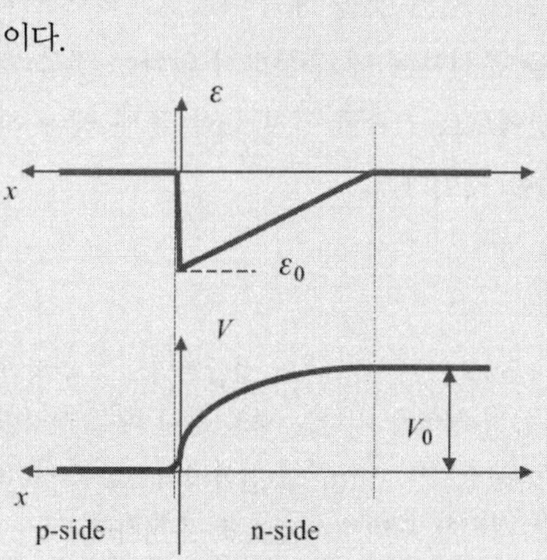

2.5 다이오드 식

우리는 지금 다이오드 식에 결과를 가져올 것이고, 외부에서 인가되는 전압 바이어스를 갖는 pn 접합 다이오드의 전류-전압 관계를 도출해야 한다. 평형 조건에서 드리프트 및 확산 전류가 상쇄되는 것을 보았다. 그러나 외부 바이어스가 추가되면 순 전류는 흐르게 된다.

그림 2.5 및 2.6에서 외부 전압 V를 추가하여 새로운 접합 전위 $V_0 - V$를 만드는 것을 보았다. pn 접합이 평형 상태에 없게 되었으므로, 우리는 접합 물리학을 설명하고 도출하는 페르미 에너지를 계속 사용할 수 없다; 그러나 우리는 지금 바이어스 된 다이오드의 고갈 영역 안에 동적 평형과 일치하는 조건에 있음에도 불구하고 전류가 흘러도 유지되고 있는 것을 보여준다.

교과서에 반도체 소자는 다이오드 전류의 분석에 관해 많은 혼동이 있다. 그러나 다음의 그림은 다이오드 전류를 제어하는 것을 잘 이해하기 위해 필수적이다. 이 그림에서 우리는 다이오드 방정식을 도출 할 수 있다.

평형 상태에서, 공핍 영역에 가로질러 흐르는 드리프트 전류와 확산 전류가 있다. 이 전류는 상쇄되며, 순 전류의 흐름은 없다. 우리는 지금 예제 2.3을 사용하여 설명하고, 그 다이오드가 매우 큰 드리프트 및 확산 전류가 흘러 전형적인 다이오드 전류 범위는 드리프트와 확산 전류가 거의 정확하게 서로를 보완할 수 있다. 공핍 모델은 전류가 다이오드에 흐르지 않는 것을 예측하여 표시되므로 다이오드의 공핍 모델은 다이오드 전류의 흐름을 분석하는 데 충분하지 않다는 것을 기억하는 것이 중요하다. 따라서 우리는, 공핍 영역으로 기술한 정보 내에 존재 해야 하고 캐리어 농도를 변화시키는 것을 기억해야 할 것이다.

예제 2.3

(a) 예제 2.1의 실리콘 다이오드는 $1mm^2$의 접합영역으로 추정한다. 드리프트 전류가 무시된다면 예상되는 공핍 영역을 지나는 평형 상태 다수 캐리어 확산 전류를 추정하라.
(b) 예제 2.1의 실리콘 다이오드는 $1mm^2$의 접합영역으로 추정한다. 확산 전류가 무시 된다면 일반적인 소수 캐리어 드리프트 전류를 추정하라.
(c) 외부에서 전류가 측정되지 않는 이유를 설명하라.

풀이

(a) 부록 2로부터, 실리콘에 대한

$\mu_n = 1350cm^2\ V^{-1}\ s^{-1}$ 및 $\mu_p = 480cm^2\ V^{-1}\ s^{-1}$. 따라서, 아인슈타인 관계식을 사용하여,

$$D_n = \frac{kT}{q}\mu_n = 0.026V \times 1350cm^2\ V^{-1}\ s^{-1} = 3.51\times10^1 cm^2\ s^{-1}$$

및

$$D_p = \frac{kT}{q}\mu_p = 0.026V \times 480cm^2\ V^{-1}\ s^{-1} = 1.25\times10^1 cm^2\ s^{-1}$$

공핍 모델은 우리가 공핍 영역의 폭을 결정 할 수 있다.

예제 2.1a로부터, 우리는 폭 $W = 0.15\mu m$의 공핍 영역 및 $1\times10^{17}cm^{-3}$의 공핍 영역의 양쪽에 다수 캐리어 농도가 있다. 공핍 모델은 공핍 영역의 끝부분에서 다수의 캐리어 농도가 물리적으로 불가능한 급격한 변화를 예측한다. 이 문제를 해결하기 위해, 우리는 농도 기울기가 계속 공핍 영역을 지나서 뻗어 있다고 가정한다.

또한, 확산 전류에 우리의 분석을 제한하고 전계가 드리프트 전류가 흐르지 않는다는 것을 의미하며, 공핍 영역 내에 존재하지 않는다고 가정한다. 대부분의 확산 전류는 폭 $0.15\mu m$의 공핍 영역을 지나서 $1\times10^{17}cm^{-3}$의 큰 농도 기울기에 의해 따라서 흐른다.

Now,

$$\begin{aligned} J_n(x)_{diffusion} &= qD_n\frac{dn(x)}{dx} \\ &= 1.6\times10^{-19}C\times3.51\times10^1 cm^2 s^{-1}\frac{1\times10^{17}cm^{-3}}{1.5\times10^{-5}cm} \\ &= 3.74\times10^4 A cm^{-2} \end{aligned}$$

그리고

$$\begin{aligned} J_p(x)_{diffusion} &= -qD_p\frac{dp(x)}{dx} \\ &= 1.6\times10^{-19}C\times1.25\times10^1 cm^2 s^{-1}\frac{1\times10^{17}cm^{-3}}{1.5\times10^{-5}cm} \\ &= 1.33\times10^4 A cm^{-2} \end{aligned}$$

$1mm^2$ 접합부에 총 확산 전류는 $374 + 133 = 507A$이다. 일반적으로 동작하는 다이오드 전류 밀도는 이것보다 더 작은 크기의 명령이다. $1mm^2$의 접합부와 함께 실제 다이오드는 일반적으로 몇 암페어 정도의 최대 전류와, 마이크로 암페어 또는 밀리 암페어의 범위에 전류를 운반한다.

(b) 다이오드의 다수 캐리어 농도의 1%만이 공핍 영역에서 소수 캐리어 농도를 상정한다. 캐리어 확산의 결과로서 이러한 소수 캐리어를 생각한다. 이것은 $1\times10^{15}\text{cm}^{-3}$의 소수 캐리어 농도를 산출 한다. 우리는 $\varepsilon=\dfrac{v_0}{W_0}$의 공핍 영역은 확산 전류 및 단 하나의 공핍 영역 내부 소수 캐리어 드리프트 전류와 평균 전계를 지금 방치 할 것이다.

Now,

$$\begin{aligned}J_n(x)_{drift} &= q\mu_n n\varepsilon\\ &=1.6\times10^{-19}C\times1350\,cm^2V^{-1}s^{-1}\times1\times10^{15}cm^{-3}\\ &\times\frac{0.817V}{1.5\times10^{-5}cm}=1.18\times10^4\,Acm^{-2}\end{aligned}$$

그리고

$$\begin{aligned}J_p(x)_{drift} &= q\mu_p p\varepsilon\\ &=1.6\times10^{-19}C\times480\,cm^2V^{-1}s^{-1}\times1\times10^{15}cm^{-3}\\ &\times\frac{0.817V}{1.5\times10^{-5}cm}=4.2\times10^3\,Acm^{-2}\end{aligned}$$

1mm^2의 접합 영역에 총 파동 전류는 118+42=160A이다. 파트 (a)와 같이 일반적인 동작 다이오드 전류 밀도는 이보다 작은 크기의 명령이다.

(c) 측정된 다이오드 전류는 확산 및 파동 전류 사이의 미묘한 균형의 결과이다. 이것은 (a) 및 (b)로부터 분명하고, 다이오드의 공핍 영역은 반도체 다이오드 소자에서 전형적인 전류 밀도가 흐를 때 거의 동일하게, 서로에 대한 반대 방향으로 흐르는 두 파동 및 확산 전류를 지원하고 있다. 이것은 누군가가 아래로 향해서 고속 에스컬레이터를 실행하는 거와 약간 비슷하다. 주자는 에스컬레이터와 거의 같은 속도로 실행하는 경우 주자의 순 속도가 매우 느리고, 에스컬레이터의 속도보다 훨씬 느리다.

예제 2.3으로부터 관찰하기 때문에, 우리는 공핍 영역에서 동적 평형에 바이어스 전압 V의 응용은 좋은 근사치임을 고려하여 정당화 하고 있다. 따라서, 정공을 위한 식 1.56에서,

$$q\mu_p p(x)\varepsilon(x)-qD_p\frac{dp(x)}{dx}\cong0$$

우리가 얻을 수 있는 $\varepsilon(x)$는

$$\varepsilon(x)=\frac{Dp}{\mu_p}\frac{1}{p(x)}\frac{dp(x)}{dx}$$

아인슈타인 관계식(식 1.58)을 사용하여,

$$\varepsilon(x) = \frac{kT}{q}\frac{1}{p(x)}\frac{dp(x)}{dx}$$

공핍 영역을 지나서 통합하고, 인가 바이어스 전압 V를 포함한,

$$V_0 - V = \int_{-W_p}^{W_n} \varepsilon(x)dx = \frac{kT}{q}\int_{-W_p}^{W_n} \frac{1}{p(x)}dp(x) = \frac{kT}{q}\ln\left(\frac{p(-W_p)}{p(W_n)}\right) \tag{2.16}$$

여기서 $p(-W_p)$는 공핍 영역의 p측에 다수 정공 농도이고, $p(W_n)$는 공핍 영역의 n측에 소수 정공 농도이다.

우리는 식 2.6을 이용하여 식 2.16에 V_0을 대입하여 얻을 수 있다.

$$\frac{kT}{q}\ln\left(\frac{p_p}{p_n}\right) - V = \frac{kT}{q}\ln\left(\frac{p(-W_p)}{p(W_n)}\right)$$

정리하면,

$$-V = \frac{kT}{q}\ln\left(\frac{p(-W_p)p_n}{p(W_n)p_p}\right)$$

이 캐리어 농도의 변화는 다수의 캐리어 농도에 비해 작은 양을 주입할 경우에 단순화 할 수 있다. $p(-W_p)$하는 이 방법은 거의 P_p와 동일하다. 따라서,

$$-V = \frac{kT}{q}\ln\left(\frac{p_n}{p(W_n)}\right)$$

N측 공핍 영역의 가장자리에 새로운 소수 정공 농도이고, 우리는 $p(W_n)$에 대하여 구할 수 있다.

$$p(W_n) = p_n \exp\left(\frac{qV}{kT}\right) \tag{2.17}$$

참고로 V=0이면, 예상대로 $p(W_n) = P_n$한다. 그러므로, 바이어스 전압 V의 추가는 지수의 항 $\exp\left(\frac{qV}{kT}\right)$에 의해 n측 공핍 지역의 측면에 소수 정공 농도가 늘어난다.

동일한 절차는 전자에 적용될 수 있다. 식 1.56에서 전자에 대한 적분은

$$q\mu_n n(x)\varepsilon(x) + qD_n \frac{dn(x)}{dx} \cong 0$$

$$\varepsilon(x) = \frac{-D_n}{\mu_n}\frac{1}{n(x)}\frac{dn(x)}{dx} = \frac{-kT}{\mathrm{q}}\frac{1}{n(x)}\frac{dn(x)}{dx}$$

공핍 영역에 걸쳐 적분하면,

$$V_0 - V = \int_{-W_p}^{W_n} \varepsilon(x)dx = \frac{-kT}{q}\int_{-W_p}^{W_n}\frac{1}{n(x)}dn(x) = \frac{-kT}{q}\ln\left(\frac{n(-W_p)}{n(W_n)}\right) \tag{2.18}$$

식 2.8을 식 2.18에 대입시키면,

$$\frac{kT}{q}\ln\left(\frac{n_n}{n_p}\right) - V = \frac{-kT}{q}\ln\left(\frac{n(-W_p)}{n(W_n)}\right)$$

따라서

$$V = \frac{kT}{q}\ln\left(\frac{n(-W_p)}{n(W_n)}\frac{n_n}{n_p}\right)$$

적은 양을 주입하기 위해, n측에 $n(W_n)$ 안에 공핍 영역의 끝에서 다수의 전자 농도는 n_n으로 동일하게 이동된다. 따라서,

$$V = \frac{kT}{q}\ln\left(\frac{n(-W_p)}{n_p}\right)$$

$n(-W_p)$에 대해서 구하면,

$$n(-W_p) = n_p \exp\left(\frac{qV}{kT}\right) \tag{2.19}$$

p측 안에 공핍 영역의 끝에서 소수의 전자 농도는 인가 전압 V안에서 기하급수적(exp)으로 의존 한다, 그리고 V=0일 때, $n(-W_p) = n_p$로 예상 된다. 우리는 공핍 영역에서 동적 평형의 개념을 사용하여 공핍 영역의 양쪽에 소수 캐리어 농도를 계산

했다; 그러나 우리는 아직 다이오드 전류를 계산하지 않았다. 우리는 다이오드 전류는 궁극적으로 동적 평형이 아닌 프로세스에 의해 제한되고 제어 된다는 것을 알고 있다. 문제에서 제한하는 처리는 공핍 영역의 양쪽에 소수 캐리어의 재결합이다. 다수 캐리어는 공핍 영역에 걸쳐 주입하고 소수 캐리어가 되는 접합부의 반대쪽에 표시된다. 이러한 소수 캐리어는 확산되고, 결국 전류가 다이오드를 흐를 때는 다수 캐리어와 재결합 한다. 재결합은 일반적으로 반도체의 비교적 느린 과정이며, 그 이상으로 실리콘과 같은 간접적인 갭 반도체이며, 이것은 속도 제한 스텝인 것은 놀라운 일이 아니다. 재결합 과정은 3장 및 5장에서 설명한다. 순 전류를 분석하기 위해 2개의 새로운 좌표를 도입한다. 그림 2.14와 같이 x_n은, 공핍 영역의 끝부분에서 p형 반도체 내의 임의의 점까지의 거리는 x_p 및 n측에 대응하는 거리가 될 것이다. 이것은 소수 캐리어 농도의 변화의 관점에서 식 2.17 및 2.19을 표현하는데 유용하고, 우리는 새로운 좌표 시스템을 사용한다. 식 2.17에서,

$$\Delta p(W_n) = \Delta p_{n(x_n=0)} = p_n \exp\left(\frac{qV}{kT}\right) - p_n = p_n\left(\exp\left(\frac{qV}{kT}\right) - 1\right) \qquad (2.20a)$$

그리고 식 2.19에서 유사하게,

$$\Delta n(-W_p) = \Delta n_{p(x_p=0)} = n_p \exp\left(\frac{qV}{kT}\right) = n_p\left(\exp\left(\frac{qV}{kT}\right) - 1\right) \qquad (2.20b)$$

식 2.20a 및 2.20b에서 소수 캐리어 농도는 V의 양의 값과 함께 순방향 바이어스를 위해 V와 함께 기하급수적(exp)으로 증가한다. Δn_p 및 Δp_n 캐리어 농도가 변화하는 관점에서 V의 큰 음의 값을 위한 역 바이어스는 n_p 및 p_n으로 접근 할 수 있다.

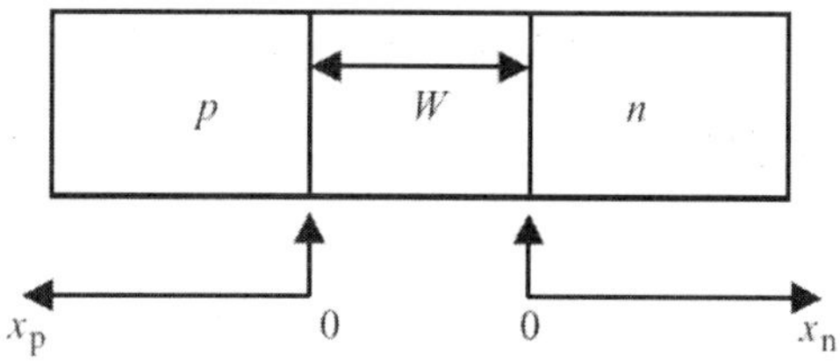

그림 2.14 공핍 영역의 끝부분에서 시작하는 p형, n형 반도체 안에서 정의되는 좌표 x_p및 x_n

소수 캐리어 농도는 역 바이어스 조건에 대한 공핍 영역 끝 부분에서 0으로 감소하는 것을 나타낸다.

식 2.20에서 캐리어 농도의 변화는 공핍 영역의 양쪽에서 존재한다. 공핍 영역에서 떨어진 캐리어 농도는 평형 상태로 돌아갈 것이다. 만약 캐리어의 확산길이가 공핍 영역의 양쪽에서 소수 캐리어 농도에 경사가 있다고 암시하면(그림 1.28 참조), 캐리어가 접합에 의해 영향을 미치지 않기 때문에 발생한다. 이러한 농도 경사는 확산 전류를 상승 시킬 것이다. 과잉 소수 캐리어 농도는 다이오드의 중립 영역 x_n, x_p 거리에서 기하급수적으로 부패한다.

이를 볼 수 있는 또 다른 방법은 인가된 바이어스가 있어도 효과적이고, 의사-페르미 준위를 사용한다. p측에서, 저-레벨은 주입을 가정하면 식 1.60을 적용하여, 쓸 수 있다.

$$F_n - F_p = kT \ln\left(\frac{n_{p(biased)}}{n_p}\right)$$

또는

$$\Delta n_{p(x_p=0)} = n_{p(biased)} - n_p = n_p\left(\exp\left(\frac{F_n - F_p}{kT}\right) - 1\right)$$

식 2.20b을 비교하여 q에 의해 인가 전압 V를 곱하면 동일하고, 의사-페르미 준위 사이에 분리 할 것이다. n측에 동일하게 적용하고, 식 1.60 및 2.20a로 사용하면,

$$\Delta p_{n(x_n=0)} = p_{n(biased)} - p_n = p_n\left(\exp\left(\frac{F_n - F_p}{kT}\right) - 1\right)$$

얻어진 의사-페르미 준위는 그림 2.15에 나타내었다.

전자에 대한 확산방정식 (식1.64b), 확산길이 $L_n = \sqrt{D_n \tau_n}$ 의 관점에서 쓰여진 확산과 재결합을 모두 설명하고,

$$\frac{d^2 \delta n(x)}{dx^2} = \frac{\delta n(x)}{L^2_n}$$

그리고 $x_p = 0$에 경계조건으로 식 2.20을 사용하여 해결할 수 있다.

접합의 p측에서 x_p의 함수 과잉 전자 농도는

$$\delta n(x_p) = \Delta n_{p(x_p=0)} \exp\left(-\frac{x_p}{L_n}\right) = n_p\left(\exp\left(\frac{qV}{kT}\right)-1\right)\exp\left(-\frac{x_p}{L_n}\right) \tag{2.21a}$$

그리고 n측에서 x_n의 함수 과잉 정공 농도는

$$\delta p(x_n) = \Delta p_{n(x_n=0)} \exp\left(-\frac{x_n}{L_p}\right) = p_n\left(\exp\left(\frac{qV}{kT}\right)-1\right)\exp\left(-\frac{x_n}{L_p}\right) \tag{2.21b}$$

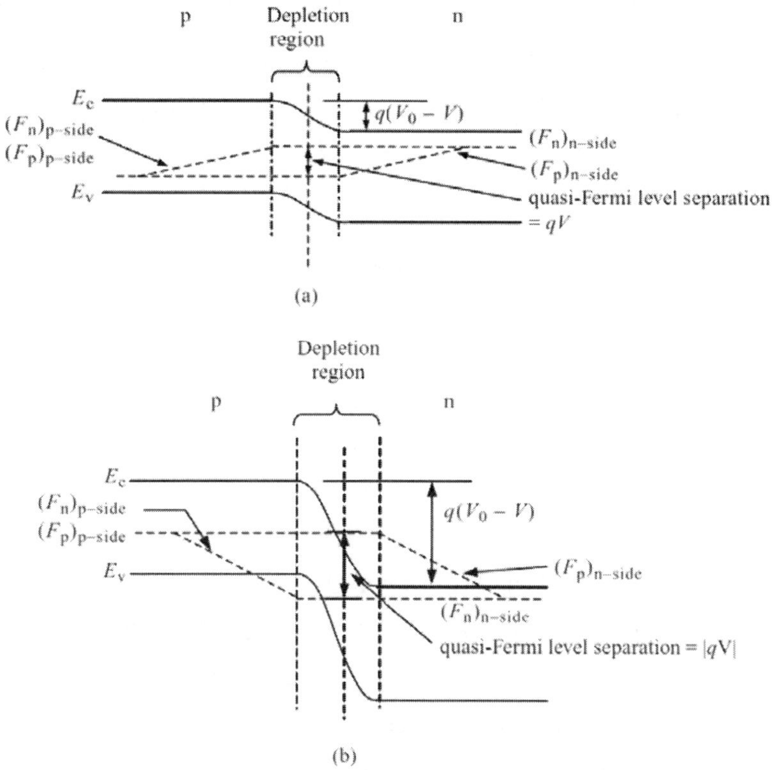

그림 2.15 (a) 정방향 바이어스 접합의 의사-페르미 준위. $(F_p)_{p\text{-}side}$ 및 $(F_n)_{n\text{-}side}$은 대부분의 캐리어 농도가 낮은 레벨 주입으로 수평이고, 거의 정확하게 고정; 그러나 소수 캐리어 농도는 캐리어 주입으로 공핍 영역이 증가하기 때문에 $(F_n)_{p\text{-}side}$ 및 $(F_p)_{n\text{-}side}$이 기울어져 있다. 공핍 영역의 끝부분에 의사-페르미 준위 사이의 분리는 qV와 같다. (b) $V<0$과 역방향 바이어스 접합을 위한 의사-페르미 준위. 소수 캐리어가 공핍 지역에 걸쳐 이동. 소수 캐리어의 농도는 고갈 영역을 향해 감소. 따라서 $(F_n)_{p\text{-}side}$ 및 $(F_p)_{n\text{-}side}$은 기울어져 있다. 공핍 영역의 끝부분에 의사-페르미 준위 사이의 분리는 $|qV|$와 같다.

p측의 전자 확산 전류는 식 1.54에서 사용한 것은

$$I_n(x_p) = qAD_n \frac{d\delta n(x_p)}{dx_p} = -\frac{qAD_n}{L_n} n_p \left(\exp\left(\frac{qV}{kT}\right) - 1\right) \exp\left(-\frac{x_p}{L_n}\right) \qquad (2.21c)$$

그리고 n측에서,

$$I_p(x_n) = -qAD_p \frac{d\delta n(x_n)}{dx_n} = -\frac{qAD_p}{L_p} p_n \left(\exp\left(\frac{qV}{kT}\right) - 1\right) \exp\left(-\frac{x_n}{L_p}\right) \qquad (2.21d)$$

전자와 정공 소수 전류는 증가된 x_p 및 x_n에서 기하급수적으로 부패된다. 이것은 소수 캐리어의 수가 재결합하지 않기 때문에 감소한다. 총 주입 전류를 알고 싶다면 $x_n = 0$에서 $I_p(x)$ 그리고 $x_p = 0$에서 $I_n(x_p)$어떤 재조합이 일어나기 전에 평가해야 한다.

$$I_n = -\frac{qAD_n}{L_n} n_p \left(\exp\left(\frac{qV}{kT}\right) - 1\right)$$

$$I_p = \frac{qAD_p}{L_p} p_n \left(\exp\left(\frac{qV}{kT}\right) - 1\right)$$

이러한 결과들은 공핍 영역 위에 교차하면서 캐리어가 다시 결합하지 않는 것을 가정한다. 공핍 영역에서 캐리어의 재결합 또는 생성은 2.5절에서 설명된다.

소수 캐리어가 재결합 할 때마다, 다수의 캐리어는 재결합을 위해 필요하다. 다수 캐리어가 주입 된 소수 캐리어에 의해 소모되므로, 추가적인 다수 캐리어는 외부 회로에 의해 공급 되어야 한다. 이러한 다수 캐리어의 흐름은 측정된 다이오드 전류가 된다. 총 전류 I를 반대 방향으로 x_n 및 x_p 포인트를 조정한 후 $I_p - I_n$에 의해 제공되고, 다이오드 식을 최종적으로 얻는다.

$$I = qA\left(\frac{D_n}{L_n} n_p + \frac{D_p}{L_p} p_n\right)\left(\exp\left(\frac{qV}{kT}\right) - 1\right) \qquad (2.22a)$$

따라서 V의 큰 값은, 오직 역방향 포화전류로 흐르며

$$I_0 = qA\left(\frac{D_n}{L_n}n_p + \frac{D_p}{L_p}p_n\right) \tag{2.22b}$$

그림 2.16은 순방향 및 역방향 바이어스의 pn 접합에서 과잉 캐리어 농도를 나타낸다. 공핍 영역 경계에서의 거리는 과잉 캐리어의 기하급수적인 부패를 늘린다.

그림 2.16에 나타낸 대칭적인 소수 정공 및 소수 전자 농도 분포는 동일한 n 형과 p 형 도핑 준위 N_d및 N_a으로 소수 캐리어 수명 τ_n과 τ_p을 의미 하고 있다. 실제로 다이오드는 흔히 $N_d \gg N_a$ 또는 $N_d \ll N_a$를 가지고, 이것은 정공과 전자 전류 사이의 I_n 및 I_p 또는 매우 큰 비율 사이에 매우 큰 비중이 발생할 수 있다는 것을 의미한다.

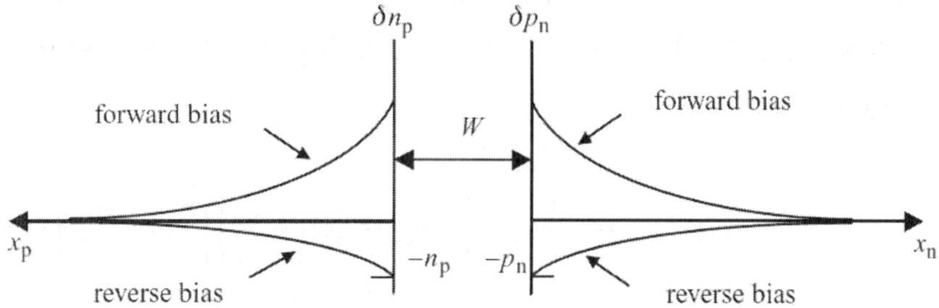

그림 2.16 pn 접합 공핍 영역의 양쪽에 과잉 캐리어 농도. 순방향 바이어스에 대한 과도한 집중은 양수, 역 바이어스를 위한 이것은 작거나 음수이다.

다이오드 전류의 흐름을 표시하는 다른 방법은 소수 캐리어의 재결합의 관점에서 생각하는 것이다. 그림 2.16에서 접합을 위해 δn_p 대x_p의 영역에서 플롯은 총 소수 캐리어의 전하 Q_n은 p측에 주입한다. 식 2.21에서,

$$Q_n = qA\int_0^{\infty}\delta n(x_p)dx_p = qAn_p\left(\exp\left(\frac{qV}{kT}\right)-1\right)\int_0^{\infty}\exp\left(-\frac{x_p}{L_n}\right)dx_p$$
$$= qAL_n n_p\left(\exp\left(\frac{qV}{kT}\right)-1\right)$$

뿐만 아니라,

$$Q_p = qAL_p p_n\left(\exp\left(\frac{qV}{kT}\right)-1\right)$$

여기서, 전체 다이오드 전류를 구할 수 있다. 소수 전자 때문에 다이오드 전류 흐름은 외부 회로에 의해 전하 Q_n은 재충전 해야 되고, 그리고 τ_n 동안에 평균적인 재결합 전하 Q_n 때문에 $\frac{Q_n}{\tau_n}$가 된다. 소수 정공 때문에 해당 전류는 $\frac{Q_p}{\tau_p}$가 된다.

여기서 총 다이오드 전류는

$$I = \frac{Q_n}{\tau_n} + \frac{Q_p}{\tau_p} = \left(\frac{qAL_n n_p}{\tau_n} + \frac{qAL_p p_n}{\tau_p} \right)\left(\exp\left(\frac{qV}{kT}\right) - 1 \right)$$

식 1.46 $\frac{L_n}{\tau_n} = \frac{D_n}{L_a}$ 및 $\frac{L_p}{\tau_p} = \frac{D_p}{L_p}$에서 이후에 식2.22는 동일하다.

총 다이오드 전류는 다이오드 양측의 공핍 영역에서 다수 캐리어로 구성되고 공핍 영역의 경계에서 소수 캐리어가 큰 부분으로 구성되어 있기 때문에 전환한다. 식 2.21 및 2.22에서 구하면

$$I_n(x_n) = I - I_p(x_n) = qA\left[\frac{D_n}{L_n} n_p + \frac{D_p}{L_p} p_n \left(1 - \exp\left(-\frac{x_n}{L_p} \right) \right) \right]\left(\exp\left(\frac{qV}{kT}\right) - 1 \right)$$

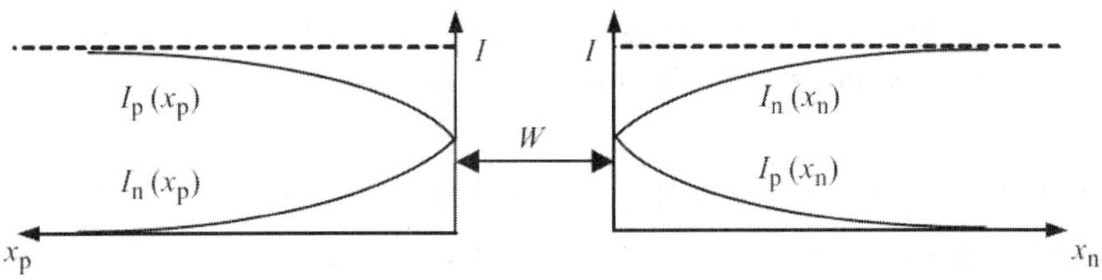

그림 2.17 소수 전류는 $I_n(x_p)$ 및 $I_p(x_n)$ 뿐만 아니라 다수 전류는 $I_p(x_p)$ 및 $I_n(x_n)$. 다수 및 소수 전류의 합은 항상 총 전류 I이다. 각각 다수의 전류는 두 부분으로, 소수 캐리어와 소수 캐리어 반대쪽을 공급하기 위한 접합 사이에 주입되어 다른 부분과 재결합 하기 위해 캐리어를 공급한 부분으로 나누어져 있다.

$x_n = 0$에서, $I_n(x_n)$은 0에 해당하지 않는다. 추가 구성요소 때문에 소수 캐리어와 함께 p측에 주입하여 공급하고 공핍 영역은 $I_n(x_n)$에 도달한다. 그림 2.17과 같이 소수 캐리어 및 다수 캐리어 전류는 접합으로부터의 거리(x_p, x_n)에 따라 그릴 수 있다.

예제 2.4

(a) 예 2.1의 실리콘 다이오드는 순방향 바이어스이며, 1mA의 전류가 흐른다. 실온에서 접합부의 양쪽에 집중된 소수 캐리어 농도를 찾아라. $2\mu s$와 1mm^2의 접합 영역에서 전자와 정공의 캐리어 재결합 시간을 가정하라.

(b) 예 2.2b의 p^+n 접합 다이오드에 대해 반복하라.

풀이

(a) 부록 2로부터 실리콘 $\mu_n = 1350\,\text{cm}^2\text{V}^{-1}\text{s}^{-1}$이며, $\mu_p = 480\,\text{cm}^2\text{V}^{-1}\text{s}^{-1}$이다. 그러므로 아인슈타인 관계를 사용하면,

$$D_n = \frac{kT}{q}\mu_n = 0.026\text{V} \times 1350\text{cm}^2\text{V}^{-1}\text{s}^{-1} = 3.51 \times 10^1\,\text{cm}^2\text{s}^{-1}$$

이며,

$$D_p = \frac{kT}{q}\mu_n = 0.026\text{V} \times 480\text{cm}^2\text{V}^{-1}\text{s}^{-1} = 1.25 \times 10^1\,\text{cm}^2\text{s}^{-1}$$

$$L_n = \sqrt{D_n \tau_n} = \sqrt{3.51 \times 10^1\,\text{cm}^2\text{s}^{-1} \times 2 \times 10^{-6}\text{s}} = 8.38 \times 10^{-3}\,\text{cm}$$

이며,

$$L_p = \sqrt{D_p \tau_p} = \sqrt{1.25 \times 10^1\,\text{cm}^2\text{s}^{-1} \times 2 \times 10^{-6}\text{s}} = 5.00 \times 10^{-3}\,\text{cm}$$

또한,

$$n_p = \frac{n_i^2}{p_p} = \frac{(1.25 \times 10^{10}\,\text{cm}^{-3})^2}{1 \times 10^{17}\,\text{cm}^{-3}} = 2.25 \times 10^3\,\text{cm}^{-3}$$

이며,

$$p_n = \frac{n_i^2}{n_n} = \frac{(1.5 \times 10^{10}\,\text{cm}^{-3})^2}{1 \times 10^{17}\,\text{cm}^{-3}} = 2.25 \times 10^3\,\text{cm}^{-3}$$

방정식 2.22로부터 V에 대해 우리가 얻는 것은

$$V = \frac{kT}{q}\ln\left[\frac{I}{qA}\left(\frac{D_n}{L_n}np + \frac{Dp}{Lp}p_n\right)^{-1} + 1\right]$$

$$\frac{D_n}{L_n} = \frac{3.51\times10^{1}\,cm^2s^{-1}}{8.38\times10^{-3}\,cm} = 4.19\times10^{3}\,cms^{-1}$$

$$\frac{D_p}{L_p} = \frac{1.25\times10^{1}\,cm^2s^{-1}}{5.00\times10^{-3}\,cm} = 2.50\times10^{3}\,cms^{-1}$$

그래서

$$V = 0.026V\ln[\frac{10^{-3}\,A}{1.6\times10^{-19}\,C\times10^{-2}\,cm^2}(4.19\times10^{3}\,cms^{-1}\times2.25\times10^{3}\,cm^{-3} + 2.50\times10^{3}\,cms^{-1}\times2.25\times10^{3}\,cm^{-3})^{-1}+1]$$

$$= 0.636V$$

N측에서는

$$Q_n = qAL_nn_p\left(\exp\left(\frac{qV}{kT}\right)-1\right)$$

$$=1.6\times10^{-19}\,C\times10^{-2}\,cm^2\times8.38\times10^{-3}\,cm\times2.25\times10^{3}\,cm^{-3}\left(\exp\left(\frac{0.636V}{0.026V}\right)-1\right)=1.27\times10^{-9}\,C$$

그리고 p측에서는

$$Q_p = qAL_pp_n\left(\exp\left(\frac{qV}{kT}\right)-1\right)$$

$$=1.6\times10^{-19}\,C\times10^{-2}\,cm^2\times5.00\times10^{-3}\,cm\times2.25\times10^{3}\,cm^{-3}\left(\exp\left(\frac{0.636V}{0.026V}\right)-1\right)=7.56\times10^{-10}\,C$$

(b) p^+n접합에 대해

$$n_p = \frac{n_i^2}{p_p} = \frac{(1.5\times10^{10}\,cm^{-3})^2}{1\times10^{18}\,cm^{-3}} = 2.25\times10^{2}\,cm^{-3}$$

그리고

$$p_n = \frac{n_i^2}{n_n} = \frac{(1.5\times10^{10}\,cm^{-3})^2}{1\times10^{16}\,cm^{-3}} = 2.25\times10^{4}\,cm^{-3}$$

V를 풀기 위해 방정식 2.22를 사용하면, $V = 0.601V$. n측에서는

$$Q_n = qAL_np_p\left(\exp\left(\frac{qV}{kT}\right)-1\right)$$

$$=1.6\times10^{-19}\,C\times10^{-2}\,cm^2\times8.38\times10^{-3}\,cm\times2.25\times10^{3}\,cm^{-3}\left(\exp\left(\frac{0.601V}{0.026V}\right)-1\right)=3.31\times10^{-11}\,C$$

그리고 p측에서는

$$Q_p = qAL_pp_n\left(\exp\left(\frac{qV}{kT}\right)-1\right)$$

$$=1.6\times10^{-19}\,C\times10^{-2}\,cm^2\times5.00\times10^{-3}\,cm\times2.25\times10^{4}\,cm^{-3}\left(\exp\left(\frac{0.601V}{0.026V}\right)-1\right)=1.97\times10^{-9}\,C$$

저농도 n측에서 고농도 p측으로부터 주입된 정공이 전류의 흐름을 지배한다.

만일 다이오드가 매우 강력한 순방향 바이어스일 경우에는 낮은 레벨의 주입은 유효하지 않다.

이것은 다수 캐리어 농도가 더 이상 일정할 수 없음을 의미한다. 추가적인 전류 흐름은 대부분의 캐리어 농도의 변화에 발생하고, 다이오드 전류는 실제로 다이오드 방정식에 의해 예상된 것보다 전압이 빠르게 증가한다.

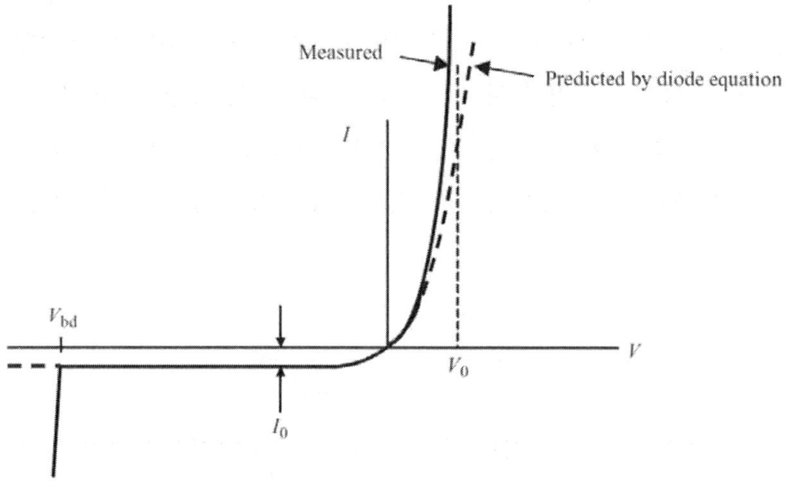

그림 2.18 예상된 다이오드 방정식뿐만 아니라 다이오드의 측정된 전류–전압 특성이다. 포텐셜 V_0의 인가 전압과 전류의 매우 가파른 증가는 실제로 관찰되었고, V_{bd}에 역 항복 전류의 갑작스러운 발생이 일어난다.

이것은 다이오드 방정식으로부터 예상된 곡선에 따라 그림 2.18에 나타나있다. 가파르게 인가하는 전압 V의 순방향 바이어스는 전류–전압 특성이 V_0에 근접 하다는 것을 알 수 있다. 이는 그림 2.5의 대역 모델과 일치하면 이 그림은 V가 V_0에 접근하는 다수 캐리어 주입에 대한 전위 장벽의 높이이다. 역방향 바이어스 전압 V_{bd}는 2.6절에 논의 된다. 이 책에서는 강한 바이어스에 대해 이끌어 내지 못하였다. 반도체 영역과 접촉 저항, 벌크 저항을 포함한 추가적인 효과는 다이오드의 특성과 정확한 모델로부터 고려되어야 한다.

2.6 역방향 항복과 제너 다이오드

충분한 역방향 바이어스가 다이오드에 인가될 때 추가되는 전류가 흐를 것이다. 그림 2.18에서 음의 인가 전압이 같이 흐른다. 이 전류는 일반적으로 정의가 잘 된 역방향 항복 전압 V_{bd}에서 시작하고, 다이오드에 의해 방출 하는 출력 $P = I$로 제한해야 한다. 여기에는 전류의 흐름에 대해 가능한 두 가지 메커니즘이 있다. 첫째로 애벌란시 항복(*avalanche breakdown*)이다. 이것은 그림 2.6에서 이해되며, 역방향 바이어스의 응용에 대한 가파른 대역의 휘어짐을 보여준다. 이는 공핍 영역에서의 $\varepsilon_{\text{bias}}$ 접합 전계에 높은 피크 값을 이끈다. $\varepsilon_{\text{bias}}$가 주어진 반도체의 전계 강도를 초과하면 전도를 위해 이용 가능하게 될 수 있으며, 일반적으로 전류의 흐름에 기여하지 않는 전자를 결합한다.

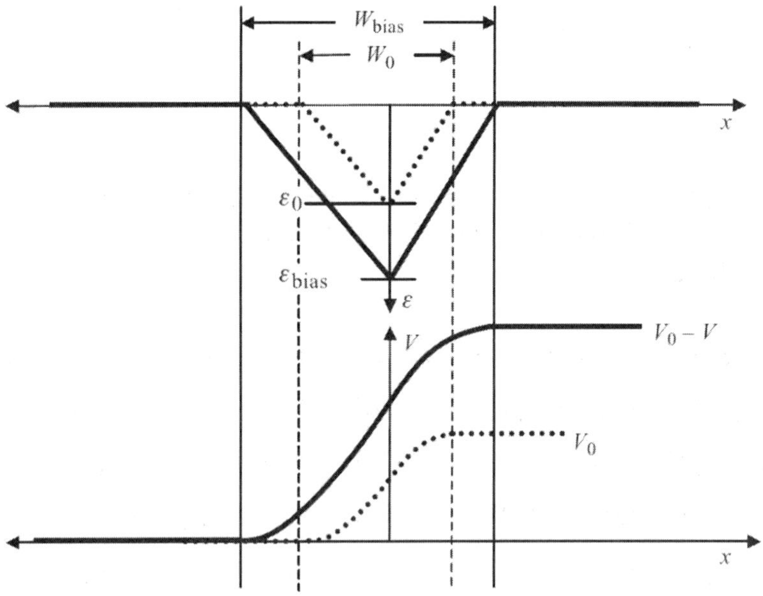

그림 2.19 그림 2.13에 대한 pn 접합의 역방향 응용으로 인한 공핍 영역 폭 및 접합 필드 증가. 감소 폭 W과 피크 전계 ε_0의 평형 상태는 점선으로 보여진다. 역방향 V의 폭은 W_{bias}에서 증가하고 피크 전기 전계는 $\varepsilon_{\text{bias}}$에서 증가한다.

이것은 반도체 원자의 전계 이온화를 통해 발생한다. 일단 일반적 소수의 구속 전자가 방출 되면, 이 전자들은 다른 원자의 충격 이온화에 의해 수가 증가한다. 반도체 원자에 대한 이온화 에너지는 반도체 물질에 특정하기 때문에 이 과정은 역 전압이 나타나고, 전압이 급속히 증가한다.

만일 부의 바이어스 V가 인가된다면 $V_0 - V$로 전위 장벽이 증가한다. 그림 2.19에 나타나는 바와 같이 공핍 영역 폭 ε_{bias} 뿐만 아니라 W_{bias}도 또한 증가한다.

공핍 영역 쪽으로 전계의 적분은 그림 2.19의 ε대 x의 그래프가 되고, 우리는

$$V_0 = V = \frac{1}{2}bh = \frac{1}{2}W_{bias}\varepsilon_{bias}$$

식을 방정식 2.12에서 얻을 수 있다. 또한 W_{bias}와 ε_{bias}는 $V_0 - V$의 제곱근에 비례하는 것을 알 수 있다. 즉 방정식 2.15a는 수정될 수 있다.

$$W_{bias} = \sqrt{\frac{2\varepsilon_0\varepsilon_r(V_0 - V)}{q}\left(\frac{1}{N_a} + \frac{1}{N_d}\right)} \tag{2.23}$$

그리고 방정식 2.12와 방정식 2.15b 또는 2.15.c 로부터

$$\varepsilon_{bias} = \frac{-qW_{bias}}{\varepsilon_0\varepsilon_r}\frac{N_aN_d}{N_a + N_d} \tag{2.24}$$

따라서 역방향 바이어스에서 공핍 영역 폭 뿐만 아니라 점점 부 바이어스 전압 피크 전계 증가 ε_{bias}까지 반도체의 항복 전계에 도달한다. 이제 ε_{bias}은 더 이상 발생하지 않으며 전자는 가까운 접합에 생성된다. 전자는 역방향 항복 전류의 전계에 의해 휩쓸린다.

방정식 2.23에서 감소폭은 도핑 레벨이 감소하면서 증가하는 것이 명백하다. 다이오드는 보통 한쪽에 더 높은 도핑 레벨을 가지고 있기 때문에 $N_a \gg N_d$로 고려해야 할 것이다. 방정식 2.23으로부터 간단히 얻을 수 있는 감소 영역 폭은

$$W_{bias} = \sqrt{\frac{2\varepsilon_0\varepsilon_r(V_0 - V)}{qN_d}} \tag{2.25}$$

방정식 2.24를 통해 피크 전계를 얻으면

$$\varepsilon_{bias} = -\sqrt{\frac{2qN_d(V_0 - V)}{\varepsilon_0\varepsilon_r}} \tag{2.26}$$

따라서 항복 전압의 크기는 다이오드의 한쪽에 도핑 레벨을 감소시킴으로써 증가될 수 있다. 이것은 시각화하기 쉬우며, 감소 도핑 레벨은 넓은 공핍 영역에 이끌기 때문에 낮은 전기장은 바이어스 전압 V로 나타난다. 또 다른 메커니즘은 역 항복 전류가 발생할 수 있다. n-type, p-type의 pn 접합은 동시에 높은 값을 가진다. 방정식 2.15a에서 만일 N_a와N_d크다면 영역 폭 W는 작을 것이다. 그림 2.20에 도시된 W는 n측의 전도대로 p측에서 가전자대로부터 직접 전자의 터널링을 허용하도록 충분히 작을 지도 모른다. 이것은 전계 이온화도 충격 이온화도 아니기 때문에 애벌란시 항복은 다르다. 제너 다이오드는 애벌란시 또는 터널링 과정에 의해 발생 여부를 그 역순으로 분해 특성을 구체적으로 사용하는 다이오드를 의미하지만 항복 터널링 유형은 적절히 언급 되었다. 실제로 다이오드는 적은 볼트를 포함한 터널링의 작은 항복 전압을 가지며, 5볼트 또는 애벌란시를 많이 포함한 높은 항복 전압을 가진다. 중간 항복 전압과 다이오드에서 동시에 발생하는 두 가지 메커니즘의 결합이 종종 있다.

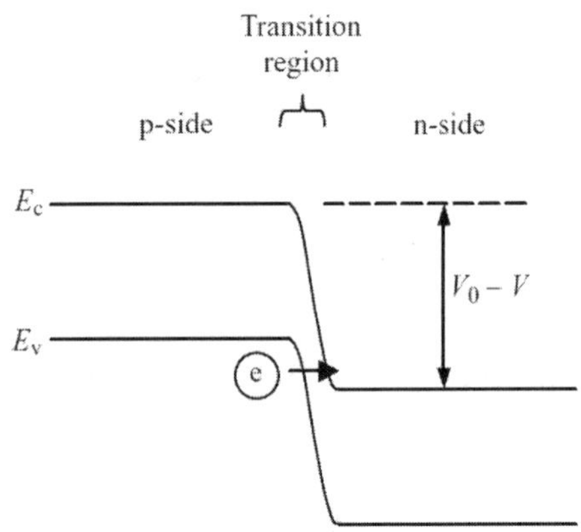

그림 2.20 소수의 역 바이어스 전압의 인가 할 때, p측 가전자대에서 n측의 밴드를 전도하는 가전자대의 터널링. p측의 가전자대의 전자가 큰 공급이 있으므로 주의하라. 전류 I_0 결과로 열로 생성된 소수 캐리어 전자의 작은 공급이 있다. V가 항복 전압 V_{bd}를 초과 할 때, 이것은 그림 2.18에 나타나는 바와 같이 역 방향 전류 I_0보다 훨씬 큰 방법을 설명 한다.

2.7 터널 다이오드

터널링 메커니즘의 중요한 확장은 터널 다이오드에서 발생하는 제너 항복에서 작동한다. 도핑 레벨이 위 n측과 pn 접합의 p측 모두에서 매우 높게 증가하는 경우는 터널링 전류가 양 방향으로 흐르는 것이 아니라 한 방향으로 흐르는 것이 가능하기 때문이다. 이는 그림 2.21에 나타나있다.

축퇴 도핑으로 알려진 도핑은 현재 p측이 높은 전자 및 정공 농도를 산출하며 n측과 전도대로 페르미 에너지를 밀어서 충분히 높은 전자 에너지 상태로 된다. 실제로 약 $1 \times 10^{19}\,cm^{-3}$

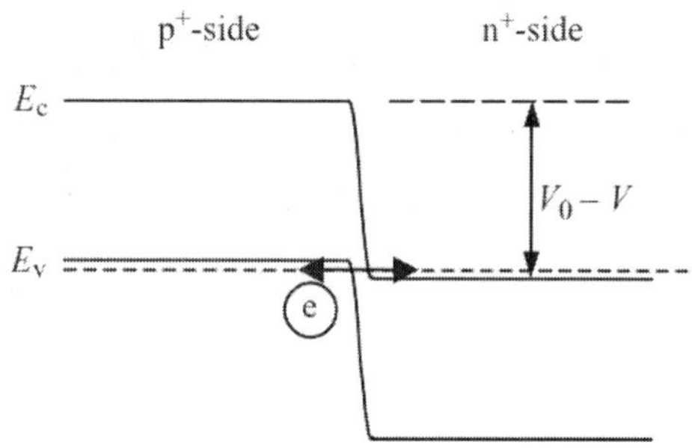

그림 2.21 터널 다이오드의 공핍 폭은 p+, n+ 축퇴 도핑 사용 때문에 좁다. 좁은 공핍영역 이외에도 페르미 레벨은 p측에서 전자를 가진 n측 전도대의 전자 에너지 정렬로 인한 다이오드 양쪽으로 들어간다. 그림과 같이 전자 터널링은 어느 한 방향으로 발생한다.

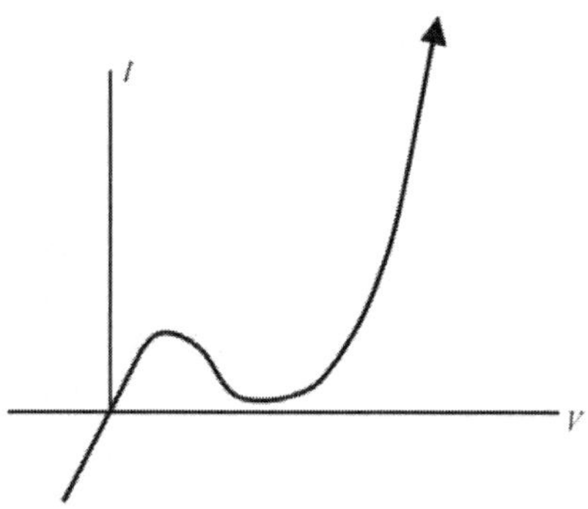

그림 2.22 터널 다이오드의 전류-볼트(I-V) 특성. 낮은 전압에서 터널링 전류의 결과는 양쪽에서 상당한 전류가 흐른다. 높은 정 바이어스 전압에서, n측 전도대 전자는 더 이상 p측의 가전자대와 정렬되지 않을 것이다. 이것은 터널링을 예방하고 전류 흐름은 감소할 것이다. 전위 장벽이 정상 pn 접합에 따라 감소하기 때문에 전류의 흐름은 결국 순방향 바이어스의 추가 증가에 따라 증가 할 것이다.

제너 다이오드에서와 같이 p형 물질의 가전자대의 전자는 n형 물질의 전도대 안으로 직접 뚫을 수 있다. 그러나 n형 물질 전도대의 전자는 p측에 빈 에너지 상태로 직접 뚫을 수 있다. 페르미 에너지에서 저자의 반은 p측 가전자대에 비어 있다. 전류는 어느 방향으로 흐르고 있기 때문에, pn 접합은 더 이상 다이오드처럼 동작 하지 않는다. 심지어 어느 극성의 낮은 인가 전압에서 터널링 전류는 흐른다. 높은 전압에서 접합부의 양쪽에 전자 상태 사이의 맞춤은 손실되기 때문에 다이오드의 동작이 되돌아온다. I-V 특성 결과는 그림 2.22에 나타난다. 터널 다이오드는 두 개 이상의 pn 접합 간의 직렬접속을 요구하는 고성능의 태양전지 장치에 특히 관련이 있다. Pn 접합부의 쌍은 각각 n형 층과 p형 층으로 구성된 직렬접속 구성에서 서로의 상단에 적층될 경우 원치 않는 n-p 접합이 pn 접합 사이에 존재할 것이다. 접합부의 직렬로 연결된 쌍의 접합에 순방향 바이어스를 적용하도록 배치된 전압 소스에 연결되는 경우, 불필요한 n-p 접합이 효과적으로 흐를 수 있게 순방향 전류를 제한하는 역 바이어스가 될 것이다. 만일 원치 않는 n-p 접합이 n, p층을 도핑 하여 터널 다이오드가 될 수 있도록 설계되었다고 하면, 전체 순방향 전류에 미치는 영향을 최소화 할 수 있다. 이 내용은 4장에서 설명될 것이고, 세 개 이상의 직렬 접속된 pn 접합이 확장될 수 있다.

2.8 생성/재결합 전류

현재 공핍 영역 내에 캐리어 동작으로부터 현실적인 그림을 개발할 필요가 있다. 지금까지 우리는 캐리어 결합 또는 생성을 무시했었다.

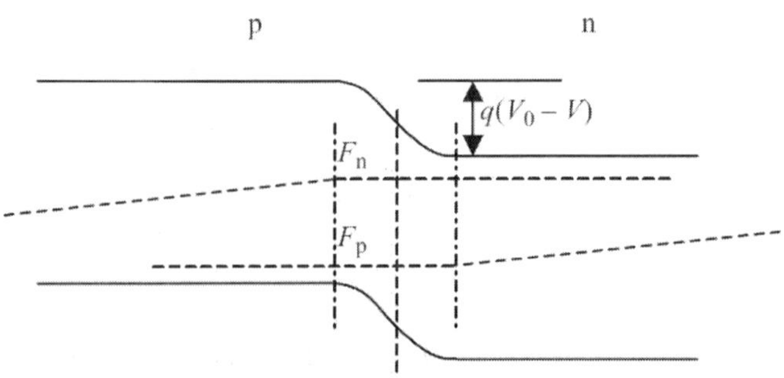

그림 2.23 공핍 영역 내에 준 페르미 레벨을 나타낸다. 공핍 영역이 평형 전하의 재결합에 의해 생성될지라도 일단 순방향 바이어스에 발생하는 주입은 이 영역을 통해서 캐리어가 흘러야만 한다.

LED 및 태양전지 모두에 대한 프로세스는 순방향 바이어스 조건 하에서, 특히 중요한 캐리어를 재결합한다. 순방향 바이어스에서 과잉 캐리어는 실제로 공핍 영역에서 존재해야 한다. 그림 2.15에서 순방향 바이어스 pn 접합에 대한 준 페르미 레벨을 보여 주었다. 공핍 영역은 다시 그림 2.23에 표시된다. 순방향 바이어스가 인가 될 때 과잉 캐리어에 의한 전자 및 정공 농도는 공핍 영역에서 제로가 되지 않는다. 공핍 영역에서 이러한 과잉 캐리어는 포화를 통해 재결합 할 것이다. 단 정상적으로 발생하는 다수 캐리어가 없기 때문에 과잉 캐리어들이 존재하며, 재조합 과정에 참여한다. 전자-정공 쌍의 재결합이 포화를 고려하지 않고, 1.15절에서 논의된 바와 같이 제np에 비례한다. 1.19절에서 대략 중간 갭에 포화 존재를 가정하는 것으로 인해 반도체 결정의 결함이 정당화 될 수 있다. 따라서 중간 갭의 포화 에너지 E_t는 결합 과정에서 지배한다는 것을 가정한다. 공핍 영역에 직접 전자-정공 쌍의 결합을 무시하고 고정 트랩 농도 및 $G_{op}=0$과 정공의 재결합율에 대한 수학 식 1.49을 사용하여 캐리어의 포화를 고려한다. 여기에서, 이 식을 사용하지만 간단히 고정된 전자 농도의 영역에서 고정 포화 농도를 가정 및 캐리어 포화의 결과에 τ_n와 τ_p를 사용한다. 즉 정공에서, 전하 발생이 없다.

$$\frac{d\delta p(t)}{dt} = -\frac{\delta p}{\tau_p} \tag{2.27a}$$

그리고 만일 소수 캐리어가 전자라면,

$$\frac{d\delta p(t)}{dt} = -\frac{\delta n}{\tau_n} \tag{2.27b}$$

식 1.60과 그림 2.15에서,

$$\delta n \delta p = n_0 p_0 \exp\left(\frac{F_n - F_p}{kT}\right) = n_i^2 \exp\left(\frac{qV}{kT}\right) \tag{2.28}$$

준 페르미 레벨의 중간 갭에 대해 대략적으로 대칭인 경우 $\delta n = \delta p$이다. 포화 에너지 $E_t \cong E_f$때문에 포화의 전반 가까이 비어있는 것을 고려해야 한다. 이것은 두 가지 요인에 의해서 재결합율을 감소시킨다. 식 2.28과 2.27에서 정공에 대해 얻을 수 있다.

$$\frac{d\delta p(t)}{dt} = -\frac{n_i}{2\tau_p}\exp\left(\frac{qV}{2kT}\right)$$

그리고 전자에 대해,

$$\frac{d\delta n(t)}{dt} = -\frac{n_i}{2\tau_n}\exp\left(\frac{qV}{2kT}\right)$$

포화를 통해 정공 재결합에 대한 재결합 율 R은 정의할 수 있다.

$$R = -\frac{d\delta p(t)}{dt} = \frac{n_i}{2\tau_p}\exp\left(\frac{qV}{2kT}\right)$$

그리고 전자에 대해,

$$R = -\frac{d\delta n(t)}{dt} = \frac{n_i}{2\tau_n}\exp\left(\frac{qV}{2kT}\right)$$

재결합 캐리어는 외부 회로를 통해 흐르는 전류에 의해 교체되어야 하기 때문에, 우리는 R에 비례하며, 전체 다이오드 전류의 일부로 간주할 수 있다. 접합에서 벗어나고, 공핍 영역의 끝에 도달하는 재결합률에 따라 식 2.22로 얻어진 계산의 비율이 $qV \gg kT$에 대한 $\exp\left(\frac{qV}{kT}\right)$에 항복 다이오드 전류의 비례로 되돌아 갈 것이다. 포화를 포함한 전체 다이오드 전류 V에 따라 달라진다.

$$I \propto \exp\left(\frac{qV}{nkT}\right)$$

이상계수가 n일 때, 1과2사이에 변화한다. n의 정확한 값은 포화에 의존한다. 또한 n은 공핍영역의 폭에 의존하고 전류의 크기에 따라 달라진다. 높은 다이오드 전류에서 1에 접근하는 n은 낮은 다이오드의 전류보다 덜 중요할 것이다. 공핍 영역 내의 전하 발생은 역 바이어스가 되거나, 또는 약한 순 방향 바이어스가 되는 것이 중요하다. 포화 위치가 전자와 정공을 차지한다면 이 위치는 열 활성화에 의해 캐리어를 생성할 수 있다. 일반적으로 포화 생성은 열 평형과 포화 결합이 있다. 역 바이어스, 약한 순방향 바이어스 조건에서 포화에 의해 생성된 캐리어는 결합 전에 공핍 영역으로부터 가속화 될 수 있다. 이러한 현상은 역방향 포화 전류 I_0의 역 바이어스와 함께 증가하기보다는 고정일 때 관찰할 수 있다. 공핍 영역 포화로부터 방출한 캐리어가 I_0를 지배하는 경우 포화는 균일한 공핍 영역에 걸쳐 분포되어 있다. 전류 I_0는 역 바이어스 전압 크기의 제곱근에 따라 증가한다. 식 2.25에서 전압의 제곱근이 $V \gg V_0$에 대한 공핍 영역 폭의 증가를 보여준다. 실질적인 실리콘 다이오드에서 공핍 영역 내의 열 발생 전류는 종종 역 방향 포화 전류를 지배 하고 있다.

빛이 입사하는 경우에는 공핍 영역 캐리어 생성을 나타낼 수 있다. 이것은 태양전지 및 LED와 관련된 4장에서 상세하게 다룬다.

2.9 저항성 접촉, 쇼트키 장벽, 쇼트키 다이오드

전기적인 접촉 없이 반도체 장치는 보통 사용할 수 없다. 외부 회로에 반도체 장치를 연결하는 금속 및 전자의 흐름은 다양한 영향에 의존한다. 또한 가장 중요한 메커니즘을 모델링 할 수 있고, 전류의 흐름을 설명하는 밴드 모델을 사용할 수 있다. 게다가 전류의 흐름에 영향을 미치는 요인을 고려한다. 금속은 전도대에 있으며, 그 의미는 금속의 페르미 에너지가 밴드 내에 자리 잡고 있다는 것을 의미한다. 금속과 반도체 사이에서 교환된 전하가 없다면 그림 2.24에서와 같이 금속-반도체 접합을 위한 페르미 레벨을 유지하여 평형 이상화 금속-반도체 접촉을 그릴 수 있다.

전자에 대한 소수 장벽 $E_b = E_c - E_f$로 나타난다. 이 다이어그램의 전자는 금속에서 반도체까지 흐를 수 있다. 그러나 금속에 전자들은 반도체로 유입하는 에너지 장벽 E_b로 극복한다. 금속-반도체 접촉으로 흐르는 전하는 공핍, 축적하고 그림 2.24의 조건이 정확하게 평형상태를 나타내지 않을 수 있다. 만일 도핑이 $E_c - E_f$보다 크다면 E_f의 도핑이 증가함에 따라 양쪽 방향으로 효율적인 전자 흐름을 허용하도록 충분히 작게 할 수 있고 옴 접촉을 형성 한다. 어떤 경우에는 다이오드 동작이 흥미롭지만, 대부분의 경우 접합부에 걸쳐 최소한의 전압 강하와 어느 방향으로 전류 흐름을 허용하는 저항 행동이며, 접촉인지 아는 것이다.

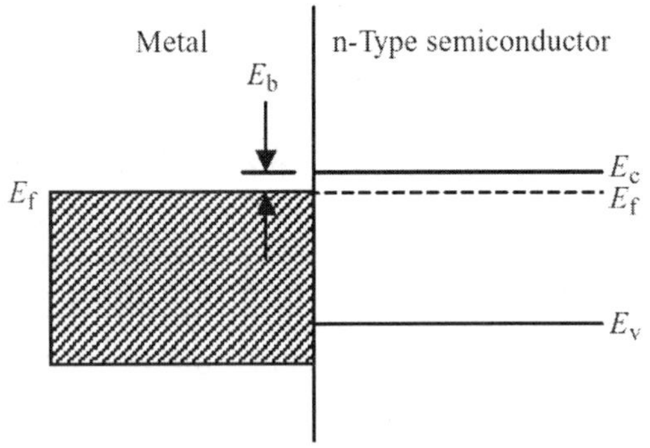

그림 2.24 양측 사이 전하의 흐름이 없는 n형 반도체에 대한 금속 반도체 접촉. 예상되는 장벽 높이 $E_b = E_c - E_f$와 플랫 밴드가 굽힘 및 접촉면에서 반도체에 관련된 전기장을 일으키는 원인이 되는 전류와 전하의 부과로 인해 실제 장치에서는 잘해낼 수 없다.

금속-반도체 접촉은 일반적으로 금속 반도체 접촉면을 통하는 전하에 밴드 굽힘의 대한 결과를 초래한다. 또한 다양한 소스의 전하는 금속-반도체 접촉면 가까이에서 축적될 수 있다.

1. 금속과 반도체 사이의 전자 흐름. 반도체 원자 및 금속 원자의 전자 친화도는 일반적으로 일치하지 않는다. 이것은 두 물질 사이의 일 함수 차이에 의해 자유 표면 양이다. 진공 표면에서 접촉면에 이해관계와 일 함수를 적절히 측정하기 때문에, 금속 반도체 접합에 대한 일 함수 차이의 기여는 실제 접촉 조건을 고려한 수정된 일 함수를 사용함으로써 이해 될 수 있다. 결과적으로 전자 시스템의 위치 에너지를 최소화하기 위해 금속과 반도체 사이에서 흐를 것이다. 그 결과 반도체의 순 전하와 금속의 순 전하가 생긴다. 이 전하는 반도체의 접합에서 반도체의 접합의 확산길이에 중요할 것이다.
2. 반도체 접촉면에서 불안정한 결합. 이 형태는 금속과 반도체의 격자 때문에 일치 하지 않는다.
3. 메탈 표면에서 불안정한 금속 본드. 이 형태는 금속과 반도체의 격자 때문에 일치 하지 않는다. 게다가 금속은 일반적으로 다결정이며, 하나의 장치에서 고려해야 할 많은 결정 방향이 있을 것이다.
4. 반도체로 확산된 금속 원자의 도핑 효과. 금속 원자는 반도체 원자로부터 원자가 다른 번호가 있을 경우, 전하가 반도체의 각 금속이온과 연관 될 것이다.
5. 쇼트 효과는 그림 2.24에 포함되지 않은 반도체와 금속의 전하 사이의 쿨롱 때문에 효과적인 장벽 높이를 낮춘다. 이는 책에서 자세히 설명하지 않는다.

6. 산소 또는 접촉면 근처의 금속/반도체 표면에 다른 불순물을 혼입. 예를 들어, 실리콘과 같은 대부분의 금속과 공통 반도체가 산소와 강하게 반응한 이후에 완전히 금속 반도체 접촉면에서 산소를 제거하는 것은 어려운 것이다. 산화물 층은 산화물 층 내에 금속/반도체에 불안정한 결합으로부터 전자를 잃었기 때문에 양 전하를 포화할 경향이 있다.

결과는 정확한 양 및 금속-반도체 접촉면 근처의 전하 극성을 예측하는 것은 불가능 하다는 것이다. 이 전하는 금속-반도체 접합의 전기적 특성에 강한 영향인 밴드 굽힘을 초래할 것이다. 실제로 특정한 전기적 특성을 달성하기 위해 다양한 응용 프로그램에 대한 좋은 결과를 얻을 금속-반도체 접합의 좋은 방안이 있다. 두 가지 사례를 참고하고 있는 경우는 n형 반도체를 이용하여 금속-반도체의 동작에 미치는 영향을 확인할 것이다. 그림 2.25A에서 양 전하가 반도체 표면에 포화 되었다. 원칙적으로 양 전하는 위의 소스 몇 개의 결과일 수 있다. 이것은 접촉면 가까이에 있는 반도체의 전도대에 페르미 레벨 원인이 된다, 왜냐하면 포화된 전하는 접촉면을 향해 전도대 전자를 받고 있기 때문이다. 페르미 에너지는 실제로 50% 확률 이상으로 낮은 전도대 상태를 채우기 위해 전도대 전자를 반도체 표면에 존재한다는 것으로 입력 한다. 이 결과는 저항성 접촉이다.

쇼트키 다이오드를 형성하여 그림 2.25b에 삽입하면 음전하는 접합하여 갇히게 된다. 쇼트키 다이오드는 MS 다이오드 또는 금속-반도체 다이오드로 지칭된다. 이 다이오드는 현재 논의되고 있고 모델링된다. 증착 및 스퍼터링와 같은 잘 발달된 다양한 진공 증착 기술을 반도체 표면에 증착시킬 수 있기 때문에 이 다이오드는 저렴한 비용으로 제조할 수 있는 장점이 있다. n-type 실리콘 반도체의 표면에 알루미늄 박막의 증착은 n-type으로 적당히 도핑되면 $n \cong 10^{16}\,\mathrm{cm}^{-3}$이고 이는 쇼트키 다이오드 구조의 예이다. 다이오드 특성은 실리콘 웨이퍼의 결정학적 방향과 알루미늄 및 실리콘 사이의 계면에 갇힌 산소의 정도와 증착 전에 실리콘 표면을 준비하는데 사용되는 세정 절차를 포함한 처리조건의 세부사항에 의존할 것이다. 그러나 그림 2.25b에서 보여지는 것과 같이 유사한 대역도 결과에서 일반적인 제조를 할 수 있다.

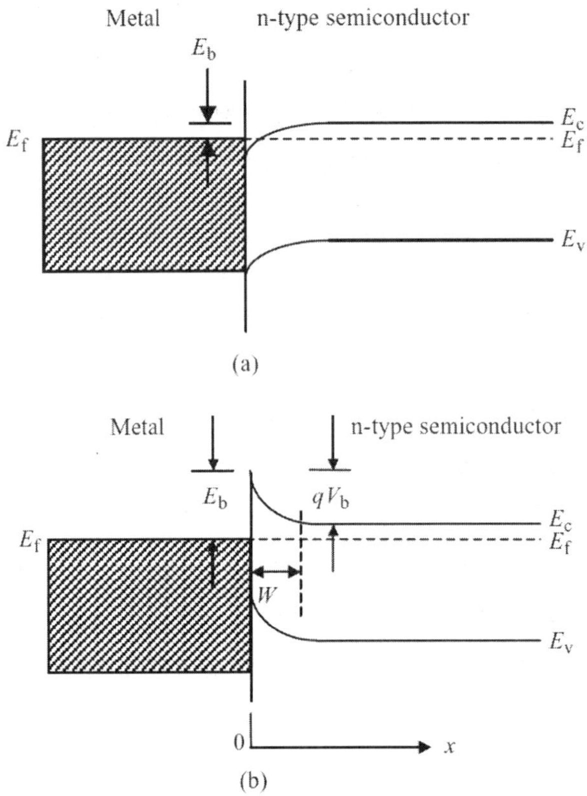

그림 2.25 다양한 조건에서 금속-반도체 접촉의 에너지 밴드 다이어그램. 아래 첨자 'b'는 '내부' 점을 나타내고 외부 전압을 인가하지 않아도 존재한다. (a) 만약 계면이 양전하로 대전된 경우 그때의 band-bending을 다음과 같이 보여줄 것이다. 작은 에너지 장벽 E_b를 만들기 위해 반도체 도핑 레벨을 충분히 높이 하면 이것은 접촉을 형성한다. (b) 만약 계면이 음전하로 대전된 경우 band-bending은 큰 에너지 장벽 E_b이고, 반도체에서 금속으로부터 흐르는 전자를 막을 뿐만 아니라, 공핍 영역을 초래할 것이다.

그림 2.25b에서 반도체 표면에 갇힌 음전하는 반도체 표면에 형성되는 불안정한 결합 때문에 흔한 현상이 된다. 이것은 1.19절에서 다뤘다. 도체 밴드 전하는 표면 근처에 반도체의 공핍 영역을 떠나는 음의 갇힌 전하로부터 멀어지게 된다. 페르미 준위는 반도체 표면에서의 대략적인 중간 갭에서 얻는다. 반도체 형에서 금속으로부터 흐르는 전하의 큰 장벽은 어떤 외부 전압이 인가될 때 전류의 흐름을 막는다. 반도체를 이탈한 전하의 장벽은 qV_b로 표시되고 대역 휘어짐(band bending) 때문에 형성된다. 만약 전류의 흐름을 허용하면, 순방향 바이어스 V가 인가될 때 금속-반도체 접합 쪽으로 인가되고 이 금속은 양과 같고 그때 이 장벽은 $q(V_b - V)$로 줄어들 것이다. 만약 V만한 순방향 바이어스 전압은 반도체에 관한 금속에 인가되면, 장벽 qV_b의 높이

는 $q(V_b + V)$로 증가될 것이고 전류의 흐름은 차단될 것이다. 따라서 다이오드 현상을 얻을 수 있을 것이다. 공핍 영역의 처리를 간단하게 하기 위해 쇼트키 다이오드에서 대략적으로 공핍을 적용할 수 있다.

만약 공픽 영역을 가정하면 마침내 폭 W는 감소되고 그때 공핍 영역은 이온화된 도너 때문에 정전하만 얻는다. 반도체가 n-type의 균일한 도핑 농도를 갖는 N_d의 단위 면적당 접합 쿨롱 단위로 공핍 영역에서 다음 전체 전하 경우 $qN_d W$이다. 전체 공핍 영역을 포함하는 다이오드에 가우스안 표면을 적용할 수 있기 때문에 이 전하는 반도체 표면에서의 전계를 결정한다. 식 2.11에서 가우스 법칙을 사용하고 접합 영역을 가정하면

$$\oint_S \vec{\varepsilon} \cdot \vec{ds} = \frac{Q}{\epsilon} = \frac{qN_d WA}{\epsilon} \tag{2.29}$$

반도체의 중간 영역에서 전계는 0이다. W는 식 2.29로부터 결론을 내릴 수 있을 것이며 제공된 접합 단면 치수는 크다.

$$\varepsilon_s = \frac{qN_d W}{\epsilon} \tag{2.30}$$

ε_s는 $x = 0$일 때 반도체 표면에서의 전계 강도이다. 공핍 영역의 작은 부분을 포함한 가우스 표면을 사용하여 깊이 x의 함수로써의 전계를 (문제 2.5 참조) 찾을 수 있을 것이고 결과적으로써 범위 $0 < x < W$의 깊이 $\varepsilon(x)$의 함수로써 전계 크기를 알아볼 수 있고

$$\varepsilon(x) = \frac{qN_d W}{\epsilon} \frac{(W - x)}{W} \tag{2.31}$$

만약 식 2.30 및 2.31 $\varepsilon(x) = \varepsilon_s$로부터 $x = 0$을 주목하라. $x = W$에서 0으로 도달할 때까지 $\varepsilon(x)$는 x의 함수로 선형적으로 떨어진다. 이것은 $P^+ - n$접합과 유사하다. 예제 2.2를 참조하라.

공핍 영역의 전계로부터 발생하는 전위차는 수학 식 2.31을 적분함으로써 얻어질 수 있으며, 따라서

$$V_b = -\int_0^W \varepsilon(x)dx = \int_0^W (W - x)dx = \frac{qN_d}{\epsilon} \frac{W^2}{2}$$

W에 대해 풀이하면

$$W = \sqrt{\frac{2 \in V_b}{q N_b}}$$

역 바이어스 전압 V가 인가되면, 이 전압은 내부 전압에 추가될 것이고 공핍 폭은 증가 될 것이다

$$W = \sqrt{\frac{2 \in (V_b + V)}{q N_d}}$$

다수 캐리어의 공정은 가장 중요한 특징이기 때문에 쇼트키 다이오드에 흐르는 전류는 일반적으로 반도체의 pn 접합과는 다르다. 그림 2.25b의 쇼트키 다이오드에서 있어서 반도체에서 금속으로 아니면 금속에서 반도체로부터 전위 장벽을 거쳐 전자의 흐름을 생각해 볼 필요가 있고, n-type 전자 전류 흐름은 금속과 반도체 모두에서 발생한다. 순 전류의 흐름은 두 방향의 전자의 흐름 사이에서 다르게 될 것이다. 반도체에서 정공 전류가 작을 때 무시할 것이다.

금속에서 전자는 열전자 방출이라 부르는 공정에 의해 전위 장벽을 극복할 수 있다. 전자는 금속에서 에너지 상태의 범위를 차지하고 이러한 전자의 일부만이 교차점에서 중요한 에너지 장벽을 극복하기에 충분한 운동 에너지를 가진다. 장벽을 극복할 수 있는 전자의 일부는 온도 T 뿐만 아니라 에너지 장벽 E_b의 높이에 의해 결정된다.

그림 2.25b에서 평형상태인 쇼트키 다이오드를 고려한다. 만약 전자 전류 I_e는 반도체의 금속으로부터 열전자 방출에 의해 흐르고 있을 경우 평형 조건을 만족시키기 위해 순 전류의 흐름이 0이어야 한다. 따라서 동등하고 반대의 전자 전류가 금속에서 반도체로 흐른다고 결론을 내릴 수 있다. 이 마지막 전류는 pn 접합에서의 전류 흐름과 동일한 방식으로 흐른다. 반도체부터 금속 쪽으로 흐르는 쇼트키 다이오드에서의 전자는 n형 반도체내에서의 에너지 밴드 형상을 얻게 되고, 이는 p+-n접합부의 n형 반도체의 경우와 같이 동일하게 되고, 그러므로 에너지 밴드 형상은 예제 2.2에서 설명한 것과 같이, p+-n 접합부에서 얻은 전류-전압 관계와 동일하게 된다. 그러므로

$$I = I_e \left(\exp\left(\frac{qV}{kT} \right) - 1 \right) \tag{2.32}$$

여기에서 I_e는 온도 T에서 에너지 장벽 E를 통해 반도체에서 금속의 열전자 방출에 의해 흐르는 전류를 설명한다. 2.32 식의 형태는 V의 큰 음의 값에서만 조건을 만족하고 열전자 방출 전류 I_e는 $V=0$과 $I=0$의 경우에서 흐른다. I_e의 흐를 수 있는 방법은 소수 캐리어 이동으로 인해 일반적인 $p-n$접합부에서 포화전류 I_0의 원점과는 매우 다르다.

I_e의 측정은 금속-진공 계면의 기본적인 현상에 근거한다. Φ_m은 금속의 일함수일 때 온도 T에서 영역 A의 금속-진공 계면을 고려한다. 충분한 운동 에너지를 갖는 전자는 금속 표면을 나와 진공에 들어가는 일 함수를 극복할 수 있다. 그것들이 표면에 다시 들어가서 금속으로 돌아오지 않는 한 진공에서 전자가 흐를 수 없다는 것을 전제로 하고 있다.

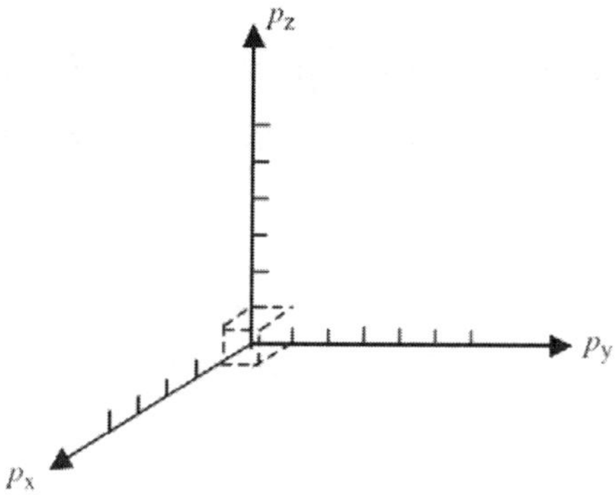

그림 2.26 모멘텀 공간은 그림 1.11의 역공간과 동일하지만, 그림 1.11의 각 축은 모멘텀 공간에서 공간을 변환하기 위해 h에 의해 곱해져 있고, x축에서 $\frac{h}{a}$의 모멘텀 단위로, y축에서 $\frac{h}{b}$의 모멘텀 단위, z축에서의 $\frac{h}{c}$의 모멘텀 단위로 표시되어 있다. 이것은 금속표면에 인접한 진공에서의 전자들을 위해 사용하는 모델이다.

이것은 금속과 진공에서의 전자들 사이의 평행 밸런스는 도달 된다는 것을 의미한다.

금속에서의 전자는 금속에서의 밴드 구조에 따라 결정되는 에너지 준위를 차지한다. 그러나 진공에서 전자는 진공으로 둘러싸인 볼륨 안에서 자유 전자 때문에 용이하게 처리될 수 있다. 만약 금속에서 상대적으로 에너지 범위가 0으로 되는 페르미 에너지를 정의한다면, 그땐 진공에서 전자는 M과 동등한 전위 에너지와 운동 에너지 Φ_m을 가진다. 이러한 전자들은 무한한 벽으로 된 전위 상자에서 전자를 위한 상태밀도 함수가 유도될 때 1.9절에서 다루질 수 있다. 역 격자 포인트는 무한한 벽으로 된 전위 상자에서 전자에 대한 쉬뢰딩거 방정식에서의 해결책을 허용하고 나타낸 역공간은 그림 1.11에서 보여진다. 그림 2.26에서 보여지듯이 이 역공간은 모멘텀 공간에서 다시 그려져야 하고 그림 1.11으로부터의 각각의 축은 h의 양에 의해 곱해진다. 즉 $p = hk = \frac{h}{\lambda}$ 이다.

모멘텀 공간에서 그림 1.11에서의 역공간 점은

$$\left(\frac{n_x}{a}, \frac{n_y}{b}, \frac{n_z}{c}\right)$$

점에서 모멘텀 공간에 해당하고*

$$\left(\frac{n_x h}{a}, \frac{n_y h}{b}, \frac{n_z h}{c}\right)$$

각각의 점은 스핀을 포함한 두 개의 허용된 전자 상태로 나타내고 1.9절에서 설명된다. 이것은 모멘텀 값 dp_x, dp_y, dp_z의 범위 내에 상태를 차지하는 단위 결정 부피당 전자의 수는 다음과 같고

$$dn = \frac{2}{h^3} dp_x dp_y dp_z F(E)$$

페르미-디락 함수 $F(E)$는 진공에서 주어진 상태의 전자에 의한 점유 확률이다. 진공의 전위 에너지를 포함하지만 주의해야 한다. 진공에서 어떤 에너지는 전위 에너지 항 Φ_m과 운동 에너지 항 $\frac{p^2}{2m}$을 가지고 방정식 1.23의 페르미-디락 함수 유형을 보여주면

$$F(E) = \frac{1}{1 + \exp\left(\frac{E + \Phi_m}{kT}\right)}$$

금속-진공 계면은 x축에 수직인 평면에 놓여 있다면 다음 계면에서 진공 전자 입사는 x-방향으로 인해 전자 d_n 때문에 계면을 통해 전류가 흐르게 될 것이고

$$dJ_x = qv_x dn = \frac{2qp_x}{mh^3} f(E) dp_x dp_y dp_z$$

때문에 $p_x = mv_x$ 이다.

전체 전류 밀도 J_x는 금속-진공 계면을 통해 흐를 수 있고 전자 에너지의 모든 범위를 적분함으로써 얻는다. 페르미-디락 함수의 에너지 범위가 kT보다 훨씬 크며 따라서 $F(E)$의 분모가 크기 때문에 그 적분을 간단하게 할 수 있다. 이제, 볼츠만 함수의 페르미-디락 분포를 교체하는 것으로 당연하며 이러한 식을 가진다.

$$F(E) \cong \frac{1}{\exp\left(\frac{E+\Phi_m}{kT}\right)} = \exp\left(-\frac{E+\Phi_m}{kT}\right)$$

여기서

$$E = \frac{p_x^2 + p_y^2 + p_z^2}{2m}$$

그래서

$$F(p_x, p_y, p_z) \cong \exp\left(-\frac{p_x^2 + p_y^2 + p_z^2}{2mkT} - \frac{\Phi_m}{kT}\right)$$

이제

$$J_x = \frac{2q}{mh^3}\exp\left(-\frac{\Phi_m}{kT}\right)\iiint p_x \exp\left(-\frac{p_x^2 + p_y^2 + p_z^2}{2mkT}\right)dp_x dp_y dp_z$$

$$= \frac{2q}{mh^3}\exp\left(-\frac{\Phi_m}{kT}\right)\int_0^\infty p_x \exp\left(-\frac{p_x^2}{2mkT}\right)dp_x \int_{-\infty}^\infty \exp\left(-\frac{p_y^2}{2mkT}\right)dp_y$$

$$\times\int_{-\infty}^\infty \exp\left(-\frac{p_z^2}{2mkT}\right)dp_z$$

x축을 따라 한 방향으로 회전하는 진공에서의 전자들 은 금속 표면에 만날 것이기 때문에, x축 적분의 한계는 0과 무한대 사이에서 존재한다. y와 z방향의 모든 모멘텀 성분들이 포함되야 되기 때문에, y축과 z축 적분의 한계는 -∞와 ∞ 무한데 사이에 존재한다.

다음의 표준 적분을 이용하여

$$\int_{-\infty}^{\infty} \exp(-ax^2)dx = \sqrt{\frac{\pi}{a}}$$

그리고

$$\int_{0}^{\infty} x\exp(-ax^2)dx = \frac{1}{2a}$$

다음과 같이 나타낸다.

$$J_x = \frac{2q}{mh^3}\pi(2mkT)\exp\left(-\frac{\Phi_m}{kT}\right)\int p_x \exp\left(-\frac{p_x^2}{2mkT}\right)dp_x$$

$$= \frac{qm}{2\pi^2 h^3}(kT)^2 \exp\left(-\frac{\Phi_m}{kT}\right)$$

열평형 상태에서, 다음 같은 식은 금속부터 진공까지의 전류밀도를 제공한다.

$$J_x = -\frac{qmA}{2\pi^2 h^3}(kT)^2 \exp\left(-\frac{\Phi_m}{kT}\right)$$

그리고, 면적 A의 금속표면에서 나오는 전류 I_e 의 크기는

$$I_e = -\frac{qmA}{2\pi^2 h^3}(kT)^2 \exp\left(-\frac{\Phi_m}{kT}\right) \quad (2.33)$$

식 2.33은 열전자 방출의 리차드슨 더시만 방정식(Richardson-Dushman equation)으로 알려져 있다. 이 전류는 온도 T에서의 평형 전류라는 점을 기억하는 것이 중요하다. 이것은 만약 전자가 전계로 옮겨진다면, 평형 열전자 방출 전류는 엄밀히 측정하지 못한다는 것을 의미한다. 하지만 만약 전계가 아주 작다면, 평형 전류를 측정을

할 수 있게 된다.

이제 진공은 실리콘으로 교체된다면, 그땐 일 함수 Φ_m은 E_b에 의해 교체되고, 전자의 질량 m은 반도체 m_e^*에서 유효한 전자 질량으로 교체가 된다. 이제 식 2.33은

$$I_e = \frac{(kT)^2 m_e^* qA}{2\pi^2 h^3} \exp\left(-\frac{E_b}{kT}\right) \tag{2.34}$$

마지막으로 쇼트키 다이오드 전류-전압 관계는 식 2.32와 2.34에 의해 얻어진다.

$$I_e = \frac{(kT)^2 m_e^* qA}{2\pi^2 h^3} \exp\left(-\frac{E_b}{kT}\right)\left(\exp\left(\frac{qV}{kT}\right) - 1\right)$$

쇼트키 다이오드 전류는 장벽 높이 E_b가 감소하여 기하급수적으로 증가한다. 전류는 온도가 증가하는 함수로서 전가 한다. 인가전압에 대한 전류 의존도는 순방향 바이어스 증가함에 따라 지수함수적으로 증가하게 된다.

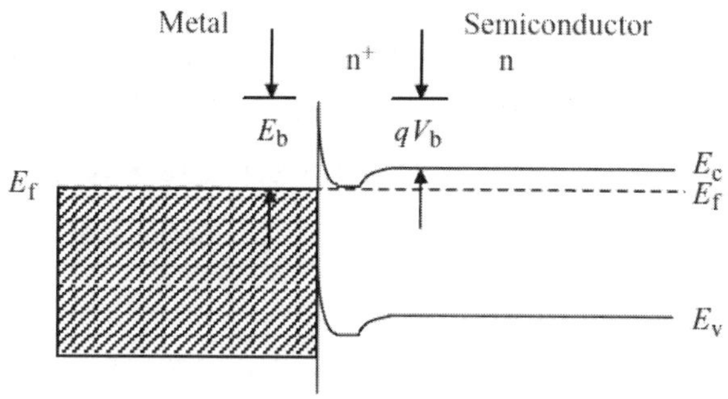

그림 2.27 만약 계면은 음으로 충전되고 반도체는 개면 근체에 n^+영역을 형성하기 위해 강하게 도핑된다면, 그땐 밴드 밴딩은 높이 E_b의 아주 좁은 에너지 장벽이 된다. 여기서, 에너지 장벽은 장벽을 터널링 함으로서 전자를 흐르게 하고, 저항성 접촉이 형성될 뿐만 아니라, 추가적으로 만들어진 장벽 qV_b는 반도체에서 밴드 밴딩에 의하여 형성된다.

쇼트키 다이오드는 일반적으로 태양전지 또는 LED에서 곧바로 사용되지 않는다. 그러나 열전자 방출의 컨셉은 중요하며 다이오드 (2.10장 참조)에서 전위 에너지의 형태의 가파른 변화는 가파른 계면에 적당하다. 게다가 챕터 6에서 다룰 유기체는 종종 열전자 방출의 응용에서 요구된다.

이제 반도체에서 저항성 접촉의 형성에 대해 알아볼 것이다. 그런 경우에 쇼트키 다이오드의 전류-전압 특성은 방지되어야 한다. 쇼트키 다이오드가 일반적으로 형성

되기 위한 반도체와 금속의 개면에서 음전하가 형성될 지라도 저항성 접촉을 형성하는 방법이 존재한다. 만약 반도체가 반도체 표면에서 아주 높게 도핑 된다면, 금속과 반도체 전도 밴드까지 곧바로 터널링하는 전자가 허가되도록 결과적으로 얻어지는 공핍 영역의 폭은 충분히 작게 된다. 이것은 그림 2.27에 나타내었다. 그러므로 에너지 장벽의 제거는 유효한 저항성 접촉을 위한 전제 조건은 아니며, 장벽의 폭은 이 작용으로 결정된다.

접합부의 유사한 세트는 p형 반도체와 금속-반도체 접합부의 경우에서 형성할 수 있다. 그림 2.28에서 p형 반도체-금속 접합부의 하나의 예를 보여주고 n형의 경우는 그림 2.25a와 동등하다. 여기서 에너지 장벽은 작고 저항 작용의 결과이지만 p형 반도체에서 전류는 주로 정공 전류이기 때문이고 반도체에서 금속으로 흐르는 전자는 정공과 재결합하여 더 많은 정공들은 계면 쪽으로 흐르는 것을 허용한다. 비록 정공과 전자 흐름의 방향은 서로 반대이지만 그것들은 동일한 전류 흐름을 갖는다. 이것은 유효한 저항성 접촉이고 p^+ 영역은 가까운 계면에서 형성된다.

알루미늄과 같은 금속은 그림 2.27과 유사한 터널링 옴 접촉에서 인가되기 때문에 사실상 n형 실리콘에서 유효한 저항성 접촉은 N^+영역을 형성하는 실리콘 표면에서 인(P) 또는 안티몬(Sb)과 같은 n형 첨가제를 추가하여 확산시킴으로써 형성될 수 있다. 또한 P형 실리콘 알루미늄에서도 사용될 수 있다. 알루미늄을 증착 한 후 단시간에 열처리하는 p^+영역과 금속 접촉을 모두 형성하는 실리콘에서 알루미늄을 확산시키는데 사용될 수 있다. 이 방법으로 알루미늄은 실리콘에서 n형과 p형 저항성 접촉 모두 금속으로 사용할 수 있다.

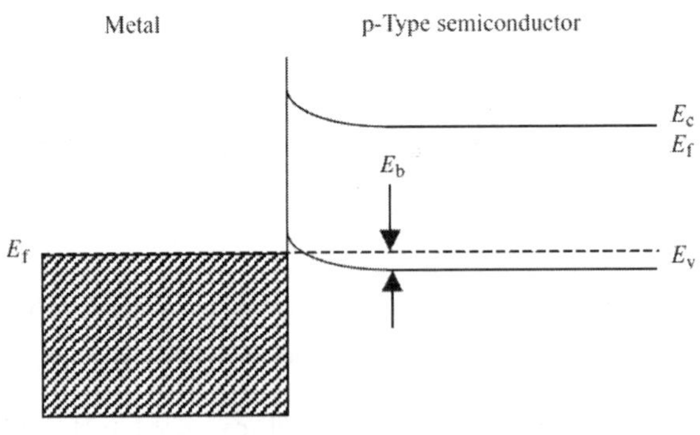

그림 2.28 p형 실리콘과 금속 사이의 저항성 접촉의 예이다. 금속으로부터의 전자는 p형 실리콘의 가까운 표면에서 축적하는 정공의 고농도로 재결합한다. 재결합하는 각 정공은 다른 정공의 직류 흐름의 결과로 그 자리를 대신할 수 있다. 재결합하는 각 정공은 직류 흐름의 결과로써 그 자리를 대신하여 다른 정공을 들어오게 한다.

사실상 어느 반도체에서 유효한 저항성 접촉의 형성은 실험적으로 결정하고 최적화되지만 완전히 이론적으로 설계될 수는 없다. 금속의 넓은 범위로써 도펀트 및 열 처리는 반도체의 넓은 범위에서 유효한 저항성 접촉을 형성하는 것으로 알려져 있다.

2.10 이종접합

지금까지 설명한 모든 pn 접합은 n과 p 영역을 형성하기 위해 도핑된 단일 반도체 재료를 이용한다. 도핑 농도는 일반적으로 반도체를 의미하고 GaN와 같은 화합물 반도체에 관하여 Si 또는 단일 화합물과 같은 원소 반도체는 단일 소자를 근거로 하고 ppm(백만분율) 범위 안에 존재한다. 만약 pn 접합은 두 개의 서로 다른 반도체 접합부의 양쪽에 형성한 경우 이종접합이 형성된다.

이것의 예는 다른 쪽에서 n형의 $Ga_{0.8}A1_{0.2}$과 접합부의 한쪽에서 p형 GaAs로 될 수 있다. 그림 1.30와 같이 이 시스템의 격자상수에서 아주 작은 변화가 있기 때문에 고품질의 단결정 pn 접합을 할 수 있다. 접합부의 유형에 대한 밴드 다이어그램은 그림 2.29에서 보여준다. 공핍 영역의 형성 때문에 접합부 근처에는 밴드 밴딩이 있으므로 주의하여야 한다. 게다가 전도와 가전자 대역이 어긋남으로 ΔE_c과 ΔE_v가 발생한다. 이 대역 어긋남은 접합부에서 매우 얇은 면에서 한정된 전기장과 전하밀도에 해당하는 것을 의미한다. 금속-반도체 접합에 관하여 계면 전하는 여러 원으로부터 발생할 수 있다. 단결정 반도체를 위한 지배적인 원은 한정된 분극 전하를 발생시키는 계면에서의 밴딩이 2개의 반도체와 변칙 사이의 전자 친화력은 다르다. 게다가 격자 상수는 보통 완전하게 맞지 않기에 불가피한 스트레스와 압력이 이 부분 전하(local charge)에 영향을 줄 수 있다. 전위가 인가되면 추가적인 전하가 존재할 수 있다.

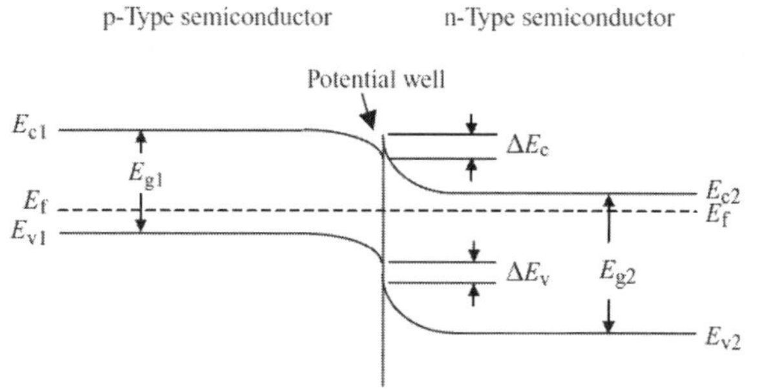

그림 2.29 p형 GaAs 및 n형 $Ga_{1-x}Al_xAs$ 사이에 형성된 이종접합의 예

ΔE_c 및 ΔE_v를 같도록 할 필요는 없다. 상대 값은 계면 충전에 의해 결정되지만 모든 경우에서 관계 $\Delta E_c + \Delta E_v = \Delta E_g$는 유지되어야 한다. 이종접합의 중요한 결과 중 하나는 전자 및 정공을 위한 유효한 전위 장벽에서의 차이이다. 예를 들어 그림 2.29에서 전자는 $q(E_{v1} - E_{v2})$의 정공에 대한 전위 장벽보다 작아야 하며 $q(E_{c1} - E_{c2})$의 전체 전위 장벽을 극복해야 한다. 이것은 접합부를 거치는 정공보다 전자의 주입을 선호한다. 캐리어의 주입은 전위 장벽 높이에 결정되기 때문에 상대적으로 정공과 주입율에서 큰 차이를 얻을 수 있게 된다. '스파이크'는 그림 2.29의 전도대역에서 나타난 봐와 같이 캐리어의 유효질량은 반도체 물질 및 터널링 효과의 가능성은 모든 면에서 존재할 때 적절한 비율의 양적 연산은 더 상세한 장벽 형상의 지식을 요구한다. 또한 리처드슨-더시만 방정식(식 2.33)은 이러한 가파른 에너지 장벽을 거쳐서 흐르는 전류를 계산하는 것과 관련이 있다.

일반적으로 이종접합에 관계시켜 접합부 부근에 포텐셜 우물을 형성한다. 포텐셜 우물에 대한 예를 그림 2.29에서 보여주고 있다. 전자는 고주파 트랜지스터에 대한 용도가 있고 얇은 '시트'의 결과로 전자는 우물에 갇히게 될 것이기 때문에 그러므로 이 책에서는 자세하게 설명되지 않을 것이다.

하지만 태양전지 및 LED에서 이종접합은 고효율 기기의 설계를 가능하게 하는 중요한 광학 및 전기적 특성을 갖는다. 불필요한 광자 흡수가 큰 다이오드 소자들이거나 불필요한 광자의 흡수는 광자가 들어가거나 나오는 다이오드 소자의 경로에 존재하고 와이드갭을 반도체 영역에 배치함으로써 줄일 수 있다. LED구조의 예로서 그림 2.29에 관하여 E_{g1}을 거쳐 전자와 정공의 재결합에 의하여 방출되는 광자는 에너지갭 E_{g2}의 반도체에 의해 재 흡수되지 않을 것이다. 빛이 소자를 나가기 전에 n형 반도체를 통하여 통과할 때 그것은 LED에서 빛의 손실을 효율적으로 줄인다.

또한 흡수 또는 재결합은 흡수 또는 재결합이 요구되는 작은 밴드 갭의 영역을 조작함으로써 국부화될 수 있다. LED의 재결합에서 재결합 효율을 높이기 위하여 특정 계층이 국한 될 수 있다. 이러한 개념에 대해서 각 4, 5장에서 자세히 설명하고 태양전지와 LED에 관하여 다루게 될 것이다.

2.11 교류 및 과도현상

태양전지 및 LED램프는 정상 또는 천천히 변화하는 운전조건의 일반적인 응용에 대하여 교류(AC) 및 과도현상은 중요하지 않다. 그러나 다이오드는 스위치 응용이나 시간에 따라 급속히 변화하는 전압 및 전류는 여러 상황에서 사용된다.

알아볼 필요가 있는 중요한 두 가지 작동 조건이 있다. 첫째, 역 바이어스에서 다이오드는 작은 전류를 전달하고 종종 커패시턴스로 모델화될 수 있다. 역 바이어스에서 pn 접합의 정전 용량을 계산해야 한다. 역 바이어스에서 다이오드에 남아 제공되는 회로의 정전용량에 다이오드를 모델링하기에 충분하다. 그러나 역 바이어스와 커패시턴스의 변화하는 값을 볼 수 있을 것이다.

둘째, 순방향 바이어스에서 다이오드는 공핍 영역의 한쪽 또는 양쪽 모두에서 소수 캐리어 전하를 대량으로 축적한다. 소수 캐리어 전하의 크기는 순방향 다이오드 전류에 달려있고 소수 캐리어 농도의 변화는 순방향 전류 리드의 변화에 따라 달라진다. 소수 캐리어가 즉시 생성되지 않고 재결합하지 않기 때문에 순방향 바이어스 조건이 변경될 때 다이오드가 정상상태에 도달하는 시간에 지연이 생긴다. 다이오드가 순방향 바이어스 상태와 역 바이어스 상태의 사이에서 전환할 될 경우 소수 캐리어의 전하를 제거하는 것과 관련되어 시간이 지연된다.

역 바이어스의 경우를 생각해보자.

커패시턴스 C는 절연체를 걸치는 전압 V에서의 변화 때문이거나 절연체 양쪽 전하 Q의 변화에 의해 정의되며

$$C = \left| \frac{dQ}{dV} \right| \tag{2.35}$$

역방향 바이어스된 pn 접합 다이오드에서 절연체는 사실상 폭 W의 공핍 영역에 존재한다. 공핍 영역의 양쪽에 전하 Q는 이온화된 도너 또는 억셉터의 농도에 의하여 결정된다. 따라서 식 2.9 및 2.15에서

$$Q = qA \frac{N_d N_a}{N_d + N_a} W$$

식 2.23을 사용하여 얻으면

$$Q = qA\frac{N_d N_a}{N_d + N_a}\sqrt{\frac{2\in_0\in_r(V_0 - V)}{q}\left(\frac{1}{N_a} + \frac{1}{N_d}\right)}$$

$$= A\sqrt{\frac{2q\in_0\in_r(V_0 - V)(N_d N_a)}{N_d + N_a}}$$

이제 식 2.35을 사용하였고 때문에 V_0가 일정하므로 아래와 같은 식이 나온다.

$$C = \left|\frac{dQ}{dV}\right| = \left|\frac{dQ}{d(V_0 - V)}\right| = \frac{A}{2}\sqrt{\frac{2q\in_0\in_r}{(V_0 - V)}\frac{N_d N_a}{N_d + N_a}} \tag{2.36}$$

이것은 C가 역 바이어스 V의 함수임을 알 수 있다. 구체적인 특성으로는 튜닝 회로와 같은 일부 회로에서 가변 커패시턴스를 제공하는 버렉터 다이오드의 장점을 가진다. 주의할 점은 응용에 대하여 역 바이어스가 다이오드에 남아 있도록 해야 한다.

주어지는 거는 판 분리 d와 간단한 평행판 콘덴서의 정전용량에 대한 표현과 식 2.36이고 이것은 비슷하다는 것에 주목하는 것이 재미있고 그로 인해

$$C = \frac{\in_0\in_r A}{d} \tag{2.37}$$

식 2.37에 있는 d를 식 2.23에서 W에 대한 식으로 대체되는 경우 식 2.36과 동일한 결과를 얻을 수 있다. 인가전압 dV의 작은 변화가 공핍 영역 폭에서 공핍 영역의 판 근처에서의 전하 dQ에 작은 변화를 일으키기 때문에 이는 식 2.36에서 알 수 있다. 판을 거치는 전압 dV에서 작은 변화 때문에 이는 평행판 콘덴서의 판에서 전하의 작은 변화에 해당한다. (문제 2.19를 참고하시오.)

순방향 바이어스와 관련된 경우에는 그림 2.16에서 보여주듯 과잉 소수 캐리어 농도를 다시 참조해야 한다. 이 다이오드는 두 가지 순방향 바이어스 조건에서 전환할 수 있는 최대 속도는 저장된 소수 전하가 변화함으로써 빠르게 제어된다. 시간의 함수로 순방향 전류에서의 전류를 고려한다. 시간의 함수로 소수 캐리어 농도의 감소(2.5절 참조)되어야 한다. 저장된 전하를 제거할 수 있는 두 가지 방법이 존재한다. 첫 번째 방법은 재결합에 의한 것이며 이것이 발생할 수 있는 속도는 재결합 시간 τ_n와 τ_p에 의하여 제어된다. 두 번째 방법은 전하가 공핍 영역으로 확산함으로써 공핍

영역 양쪽으로 흐르는 전하를 추출한다. 다이오드가 빠른 속도로 역방향 바이어스에서 순방향 바이어스로 전환되는 경우 이 두 번째 방법과 많이 관련된다. 공핍 영역을 거치는 전기장은 다른 쪽을 거쳐 이동하는 공핍 영역의 확산하는 것을 소수 캐리어가 도울 것이고 향상시킬 것이다.

공핍 영역 근처에 있는 소수 캐리어가 공핍 영역 판에서 더 먼 캐리어보다 추출할 가능성이 높기 때문에 그림 2.16에서 보여지듯 과잉 소수 캐리어의 간단한 지수 형상은 바이어스가 변화하는 동안 더 복잡하게 만들어질 것이다. 이와 대조적으로 재결합 속도는 위치에 제약을 받지 않고 재결합 시간에 의해 결정된다.

이 과정의 특징을 사용하는데 매우 유용한 양은 역방향 바이어스에서 순방향 바이어스로 된 다이오드가 후에 0으로 도달하기 위한 소수 캐리어 농도에 필요한 시간이고 이 시간은 저장 지연 시간 t_{sd}이다. 저장 지연 시간은 다이오드를 통해 흐르는 초기의 순방향 전류에 의존하고, 소수 캐리어 농도가 0으로 도달할 때 다이오드 전압이 0으로 도달할 것이기 때문에 쉽게 측정할 수 있다. 소수 캐리어의 재결합 및 추출의 복잡한 모델링은 다이오드의 스위칭 시간을 정확하게 예측할 수 있어야 하며 이러한 모델은 이 책의 범위 안에는 없다. 재결합 시간은 다이오드에서 스위칭 속도를 제어하는 중요한 변수이기 때문에 재결합 시간의 단축은 종종 필요하고 (1.19절 참조) 의도적으로 포획을 추가함으로써 달성될 수 있다. 실리콘 다이오드에 적용할 수 있는 공통 전위는 $10^{15}\ cm^{-3}$에 대한 $10^{14}\ cm^{-3}$의 범위에서 작은 농도의 실리콘을 첨가함으로써 금을 도핑한다. 이것은 금의 첨가 없이 몇 마이크로 초에서 몇 나노 초로 재결합 시간을 줄일 수 있다. 그러나 금을 추가하면 불필요한 캐리어 생성(2.8절 참조)으로 인하여 다이오드가 동작하지 않는다.

요약

2.1 pn 접합에서 에너지 장벽은 내부 전위 V_0에 의해 형성된다. 평형상태에서 페르미 에너지는 접합면에 걸쳐 일정하다. 전계는 접합의 전이 영역(transition region)에 존재한다.

2.2 네 전류가 pn 접합에 흐른다. 평형상태에서 이들 전류의 합은 0이다. 순방향 바이어스시 다수 캐리어로 인한 확산전류가 지배적이고 많은 전류가 흐를 수 있다. 역방향 바이어스시 소수 캐리어로 인한 드리프트 전류가 흐르지만 이 역

방향 바이어스 전류는 소수 캐리어의 제한적인 수량으로 인해 크기가 제한적이며 역방향 포화 전류 I_0를 구성한다.

2.3 접촉전위 V_0는 캐리어 농도와 접합부 양쪽의 전도대와 가전자대 끝에 해당하는 페르미 에너지의 위치로부터 계산될 수 있다. 평형상태에서 페르미 에너지는 일정하다.

2.4 전이영역(transition region)은 폭 W의 완전한 공핍 공간 전하 층으로 취급되는 공핍근사(depletion approximation)를 사용하여 모델링 될 수 있다. 공핍 근사로 평형상태의 전하밀도 $\rho(x)$, 전계 $\varepsilon(x)$, 전위 $V(x)$를 구한다.

2.5 다이오드 방정식은 인가된 전위 V에 따른 총 다이오드 전류 I를 유도한다. 이것은 순(net) 접촉 전위의 전하를 의미하는 공핍영역 가장자리의 캐리어 농도의 변화를 고려하여 유도될 수 있고, 얻어진 확산전류를 결정하기 위해 확산방정식을 사용한다. 소수 캐리어 농도는 n형과 p형 물질 모두의 공핍영역으로부터의 거리에 따라 지수적으로 감소한다.

2.6 다이오드의 역방향 항복(breakdown)은 캐리어 애벌란시(avalanche)로부터 발생될 수 있다. 높은 전계에서 필드 이온화와 충격 이온화는 역방향 바이어스가 큰 경우 접합부 근처에서 발생할 수 있다. 또한 고농도로 도핑된 pn 접합은 전자 터널링이 나타날 수 있다. 이 두 메커니즘은 제너 다이오드에서 발생한다.

2.7 더 높은 도핑 준위가 존재하는 경우 페르미 에너지는 전도대 및 가전자대으로 들어갈 수 있고 축퇴 도핑 조건이 확립된다. 접합에 걸쳐 양 방향으로의 전자의 터널링 결과와 터널링 접합 결과. 터널링 접합은 pn 접합에 걸쳐 효과적인 전류의 흐름을 가능하게 하며 이것은 다접합 태양전지에서 중요하다.

2.8 공핍영역을 이동하는 캐리어는 깊은 트랩에 재결합 될 수 있다. 이것은 1과 2 사이의 값을 가지는 다이오드 이상 계수 n을 통해 다이오드 방정식을 수정하게 한다. 이 트랩핑은 적은 다이오드 전류에서 가장 중요하다.

2.9 금속과 반도체 사이에 전류가 흐르게 하기 위해 다이오드는 옴 접촉이 필요하다. 금속-반도체 접합은 금속 표면으로부터의 열방출에 의해 이해될 수 있는 쇼트키 다이오드로 형성될 수 있다. 리처드슨-더시만 방정식으로부터 열방출에 대한 메커니즘을 도출할 수 있다. 높은 도핑 준위를 사용함으로써 터널링 동작은 정류성 접촉 보다는 높은 전도성 또는 옴 접촉을 만들기 위한 금속-반도체 접합에서 얻을 수 있다.

2.10 이종접합은 상이한 조성을 가지는 두 개의 반도체로 구성된다. 이것은 소자의

밴드갭을 변경할 수 있게 해준다. 태양전지와 LED에 있어 이종접합은 중요하다. 이는 광흡수의 국한(localization)과 전자정공쌍 재결합의 국한과 같은 이들 소자에 필요한 전기적 광학적 특성을 포함하기 때문이다.

2.11 AC와 다이오드 과도 상태 동작의 이해를 위해 전하 저장의 두 가지 메커니즘을 다뤄야 한다. 역방향 바이어스에서, 이온화된 도너와 억셉터 형태로 전하는 공핍영역에 저장되며 다이오드 커패시턴스를 야기한다. 순방향 바이어스에서, 전하는 공핍영역의 양쪽에 소수 캐리어로 저장된다. 이것은 저장 지연 시간에 의해 특성화된 스위칭 지연을 발생시킨다. 이 모델링은 복잡하다.

참고문헌

Neamen DA. *Semiconductor Physics and Devices*, 3rd edn. McGraw Hill, 2003.

Roulston DJ. *An Introduction to the Physics of Semiconductor Devices*. Oxford University Press, 1999.

Streetman BG and Banerjee SK. *Solid State Electronic Devices*, 6th edn. Prentice Hall, 2006.

연습문제

2.1 다음과 같은 조건에서 pn 접합 다이오드에서 과잉 소수 캐리어 농도의 위치 함수를 다이어그램으로 작성하라. 접합부 양쪽의 도핑 레벨이 거의 같다고 가정한다.

(a) 역방향 바이어스

(b) No 바이어스

(c) 약한 순방향 바이어스

(d) 강한 순방향 바이어스

순방향 바이어스 전류가 일정 수준이상으로 증가하면 어떤 추정이 더 이상 유효하지 않은가? 신중하게 설명하라.

2.2 갑작스런 Si pn 접합이 다음과 같은 파라미터를 갖는다.

p-side: $N_a = 10^{18}\ \mathrm{cm}^{-3}$
n-side: $N_d = 10^{15}\ \mathrm{cm}^{-3}$
junction area $A = 10^{-4}\ \mathrm{cm}^2$

(a) 순방향 바이어스 하에서 정공과 전자의 유사-페르미 준위를 포함한 다이오드의 밴드 다이어그램을 작성하라.

(b) 역방향 바이어스가 10 V 일 때 공핍 영역의 폭을 계산하라.

(c) 역방향 바이어스가 10 V 일 때 다이오드 전류를 구하시오. 이 전류를 무엇이라 하는가?

(d) 10 V의 역방향 바이어스에서 공핍 영역 전계의 최고 값을 구하시오.

(e) 실리콘이 $1 \times 10^5\ \mathrm{V\ cm}^{-1}$의 전계에 애벌란치 항복을 나타내는 경우 접합에서 항복이 발생하는 역방향 바이어스 전압을 구하시오.

2.3 갑작스런 Si pn 접합이 다음과 같은 파라미터를 갖는다.

n-side: $N_d = 5 \times 10^{18}\ \mathrm{cm}^{-3}$
p-side: $N_a = 10^{17}\ \mathrm{cm}^{-3}$
junction area $A = 10^{-2}\ \mathrm{cm}^2$; carrier lifetimes $\tau_n = \tau_p = 2\mu s$

(a) 내부 전위 V_0를 구하시오.

(b) 역방향 포화 전류 I_0를 구하시오.

(c) 1 mA의 순방향 전류에 대한 정공 주입 전류와 전자 주입 전류의 비를 구하시오.

(d) 1 mA의 순방향 전류에서 다이오드의 각 측면의 총 소수 캐리어 전하를 구하시오.

(e) 다이오드의 p 측, 공핍 영역으로부터 특정 거리가 떨어진 지점에서 정공과 전자 전류가 방향은 다르지만 크기가 같다. 이 거리를 구하시오.

(f) 1 mA의 순방향 바이어스에서 접합의 양쪽 사이드 공핍 영역의 끝으로부터 0.1 μm의 거리에서 (즉, 중립 p 형과 n 형 영역으로 0.1 μm의 깊이) 유사-페르미 준위 분리 $F_n - F_p$를 구하시오.

2.4 갑작스런 GaAs pn 접합이 다음과 같은 파라미터를 갖는다.

$$\text{n-side: } N_d = 2 \times 10^{18}\ \text{cm}^{-3}$$
$$\text{p-side: } N_d = 2 \times 10^{17}\ \text{cm}^{-3}$$
$$\text{junction area } A = 10^{-4}\ \text{cm}^2$$

(a) 내부 전위 V_0를 구하시오.

(b) 5 mA의 순방향 전류에 대한 정공 주입 전류와 전자 주입 전류의 비를 구하시오.

(c) 역방향 포화 전류 I_0를 구하시오.

(d) 5 mA의 순방향 전류에서, 다이오드의 각 측면의 총 소수 캐리어 전하를 구하시오.

(e) 소수 전자 농도가 최대치의 반인 p 측으로의 거리를 구하시오. 공핍 영역의 가장자리에서 시작하여 p 측으로의 거리 함수로 스케치하라.

2.5 n 측과 p 측 각각 N_d와 N_a로 일정하게 도핑되고 공핍 영역의 폭 W을 갖는 pn 접합에서의 위치함수로 전계를 계산하라. 이를 위해, 먼저 W의 함수로서 접합 양쪽 공핍 영역의 폭을 구한다. 이어서 접합부의 양쪽 공간 전하의 일부만을 포함하는 가우스 표면을 고려하여 공핍 영역의 임의의 지점에서의 전계를 결정하기 위하여 가우스 법칙을 사용한다. 가우스 표면이 접합 한쪽의 모든 공간 전하를 둘러싸고 있을 때 전계는 선형적으로 증가하고 접합면에서 최대에 도달함을 보이시오. 위치함수로서 전계를 스케치하시오.

2.6 만약 문제 2.4의 다이오드가 순방향 바이어스된 경우, 공핍 영역에 걸쳐 전계에 대한 함수가 어떻게 변화하는지 작성하시오. 역방향 바이어스에 대해 반복합니다. 작성한 그래프와 바이어스가 없는 경우를 비교하시오.

2.7 역방향 바이어스된 GaAs 다이오드가 바이어스가 증가함에 따라 역전류가 증가한다. 공핍 영역에서의 생성 또는 재결합을 바탕으로 어떻게 이런 현상이 (역전류 증가) 발생하는지 설명하시오. 무엇이 이러한 영향을 감소시키는 반도체의 특성을 만들어 줄 수 있는가?

2.8 터널 다이오드가 평형상태에서 5 nm의 총 공핍 폭을 갖는 고농도로 도핑된 실리콘으로 구성되었다. 공핍 근사에 따르면, 이것을 달성하기 위해 어떤 도핑 레벨이 요구되는가? 접합부 양쪽이 동일한 도핑 레벨임을 가정한다.

2.9 실리콘 다이오드의 순방향 전류가 다음 관계식에 따른 바이어스 전압에 따라 증가한다.

$$I \propto \exp\left(\frac{qV}{1.5kT}\right)$$

(a) 이 의존성의 기본이 되는 물리학을 설명하라. 선형 x - 및 y - 축을 사용하여 전류 대 전압 의존성을 대표하는 그래프를 작성하고, 그 형태와 다이오드 방정식을 따르는 관계를 갖는 다이오드의 그래프를 비교하라.

(b) 낮은 순방향 바이어스 전압에서 다이오드는 관계식을 따르는 것처럼 관찰되지만 높은 전압에서 전압-전류의 관계는 다이오드 방정식에 가까워진다. 이러한 이유를 신중히 설명하라.

(c) 100°C의 접합 온도에서 주어진 순방향 전압 범위에서 실리콘 다이오드는 관계식을 따르지만 −50°C에서는 같은 바이어스 전압 범위에 대한 전압-전류 의존성은 다이오드 방정식을 따른다. 이러한 이유를 신중히 설명하라.

2.10 그림 2.27은 n형 실리콘에 적용한 터널링으로 동작하는 유효한 저항성 접촉의 밴드 구조를 보여준다.

(a) 터널링에 의존하는 p형 실리콘에 적용한 저항성 접촉에 대해 유사한 밴드 구조를 작성하시오.

(b) n형 GaAs에 터널 형 저항성 접촉을 형성하는 금속 접촉 재료를 제시하라. 문헌을 살펴보고 당신이 선정한 재료가 실제로 사용될 수 있는지 판단하라.
(c) p형 GaAs에 대하여 (a)와 (b)를 반복하라.

2.11 쇼트키 다이오드가 p형 실리콘과 알루미늄 사이의 접합으로 구성되었다. 장벽 높이 Eb가 0.4 eV이고 접합 면적이 1000 μm^2이다.

(a) 상온에서 I_e를 계산하라.
(b) 상온에서 순방향과 역방향에 대해 인가된 전압에 따른 다이오드 전류를 찾고 그리시오. 단, 역방향 항복을 무시할 수 있다.

2.12 (a) 식 1.27 에 쓰이는 쇼트키 다이오드와 관련된 진행파에 대한 경계조건은 정상파에 대한 경계조건과 왜 다른지 제안하라. 진행파 경계조건을 사용하여 같은 결정의 단위부피당 가능한 전자의 상태의 수를 구할 수 있음을 보이시오.
(b) 본-폰 카르만 경계조건은 여기에 관련되어 진행파 경계조건의 기초가 된다. 이 경계조건을 살피고 그것을 진행파의 경계조건 맥락에서 설명하라.

2.13 실리콘 pn 접합 다이오드가 다음 파라미터를 갖는다. $N_d = 2\times10^{18}\ cm^{-3}$, $N_a = 2\times10^{16}\ cm^{-3}$, $\tau_n = \tau_p = 2 \times 10^{-6}$ s, $D_n = 25\ cm^2\ s^{-1}$, 그리고 $D_p = 8\ cm^2\ s^{-1}$. 광원이 공핍 영역에만 조사되어 J_{gen}=50 mA cm^{-2}의 전류밀도를 생성한다. 다이오드는 개방 회로 상태이다. 생성 전류밀도는 접합을 순방향으로 바이어스 하여 생성 전류에 반대 방향으로 순방향 바이어스 전류를 유도한다. 생성 전류밀도와 순방향 바이어스 전류밀도의 크기가 같으면 정상상태에 도달한다. 정상상태 조건에서 유도된 순방향 바이어스 전압은 무엇인가?

2.14 갑작스런 Si pn 접합이 다음과 같은 파라미터를 갖는다.

p-side: $N_a = 10^{17}\ cm^{-3}$
n-side: $N_d = 10^{14}\ cm^{-3}$
junction area $A = 1 \times 10^{-5}\ cm^2$

(a) 내부 전위 V_0를 구하시오.

(b) 역방향 포화 전류 I_0를 구하시오.

(c) 0 V에서 공핍 영역의 폭을 구하시오.

(d) 10 V의 역방향 바이어스에서 공핍 영역의 폭을 구하시오.

(e) 10 V의 역방향 바이어스에서 전계의 최대치를 구하시오.

(f) 순방향 바이어스에서 정공-전자 전류 흐름의 비를 구하시오.

(g) 역방향 바이어스 전압이 5, 10, 15 V 일 때 다이오드 커패시턴스를 구하시오.

2.15 갑작스런 Si pn 접합이 다음과 같은 파라미터를 갖는다.

$$\text{p-side: } N_a = 10^{17}\ \text{cm}^{-3},$$
$$\text{n-side: } N_d = 10^{15}\ \text{cm}^{-3}$$
$$\text{junction area } A = 10^{-4}\ \text{cm}^2$$

(a) E_f와 V_0를 나타내는 평형 밴드 다이어그램을 작성하라.

(b) V_0를 계산하시오.

(c) 제로 전압이 인가되었을 때 공간 전하 폭을 계산하시오.

(d) 10 V의 역방향 바이어스에서 전계의 최대치를 구하시오.

(e) 역방향 포화 전류 I_0를 구하시오.

(f) 다이오드가 100 V의 역방향 항복 전압을 가질 때 실리콘에 대한 항복 전계를 구하시오. 힌트: 이 계산에 대해 공핍 영역의 최대 전계를 사용하라.

(g) 역방향 항복 바로 이전의 공핍 영역의 폭을 구하시오.

(h) 역방향 바이어스 전압이 10 V 일 때 다이오드 커패시턴스를 구하시오.

(i) 1 A의 순방향 전류가 흐를 때 다이오드 양단에 인가된 전압을 구하시오

2.16 갑작스런 Si pn 접합이 다음과 같은 파라미터를 갖는다.

$$\text{p-side: } N_a = 10^{18}\ \text{cm}^{-3}$$
$$\text{n-side: } N_d = 10^{16}\ \text{cm}^{-3}$$
$$\text{junction area } A = 10^{-4}\ \text{cm}^2$$

(a) 정공 및 전자의 유사-페르미 준위를 나타내는 순방향 바이어스 다이오드의 밴드 다이어그램을 작성하라.

(b) 10 V의 역방향 바이어스에서 공간 전하 폭을 계산하시오.

(c) 역방향 바이어스 전압이 10 V 인가 되었을 때 다이오드 커패시턴스를 구하시오.

(d) 10 V의 역방향 바이어스에서 다이오드 전류를 구하시오.

(e) 공핍 영역에 교차하는 정공전류 대 전자전류의 비를 구하시오.

(f) 10 V의 역방향 바이어스에서 공핍 영역 전계의 최대치를 구하시오.

2.17 상온에서의 $p^{+}n$ 접합에서는 n형 도핑 N_d는 배가된다. 다른 모든 것이 변경되지 않는 경우 어떻게 다음 두 파라미터는 변경하는가?

(a) 항복 전압

(b) 내부 전압

2.18 저항성 접촉은 실리콘으로 만든 pn 접합에서 필요하다. 금속 접촉 패드가 p와 n 영역에 증착되고 짧은 시간 안에 확산되어 저항성 접촉을 형성한다. p와 n 저항성 접촉에 대한 몇 가지 적절한 재료를 나열하라.

2.19 2.37로부터 2.36 식을 얻을 수 있음을 보여라. 다이오드의 공핍 영역을 작성하고 인가된 전압의 작은 변화 dV에 의해 얻어진 전하 변화량 dQ의 위치를 보이시오.

제 3 장

광자 방출과 흡수

1. 발광의 기본 형태들을 소개한다.
2. 전하의 가속에 의해 발생하는 방사에 의해 발생하는 발광의 분극 모델을 소개한다.
3. 방사율이나 방사 일률을 계산하기 위해 전하 가속을 바탕으로 양자 역학을 소개한다.
4. 분극 방사를 통한 광자 여기와 발생 원리를 설명한다.
5. 두 전자 원자에 대해 설명하고 보이지 않는(indistinguishable) 입자에 대한 개념을 소개한다.
6. 분자 여기와 단일 혹은 삼중 여기자와 같은 여기의 종류를 분류한다.
7. 단일 혹은 삼중 여기로부터 보이는 형광과 인광과 같은 방광 특성을 설명한다.
8. 밴드 이론 및 전자 점유에 대한 확률이론에 바탕을 둔 빛의 흡수 및 방광을 결정하는 밴드-밴드 발광 및 재결합을 설명한다.
9. 인간 시각 시스템에 연계하여 인간이 감지할 수 있는 빛의 원천을 설계하기 위한 빛과 색의 단위를 설명한다.

3.1 발광과 흡광

앞장에서 전자적 관점에서 p-n 접합에 대해 자세하게 설명하였다. 그러나 태양전지나 LED와 같은 광소자는 전자적 관점 보다는 광자에 의한 빛의 흡수나 방출에 대한 기본 원리에 의해 나타내어져야 한다. 광자의 흡수 혹은 방출은 전자-정공 쌍의 발생 혹은 소멸에 의해 발생되는데 이를 보여질 수 있는 가장 이상적인 장치로 p-n 접합 소자를 들 수 있다.

전자-정공 재결합에 의한 광자 발생을 바탕으로 발광에 대한 이론적 접근을 본장에서 다룰 것이다.

기술적인 관점에서 발광의 중요한 형태는 표 3-1과 같이 몇 가지 범주로 나눌 수 있다.

표 3-1 발광의 형태, 응용 그리고 전형적인 효율들. 효율(η)은 가시 광원의 출력 전력과 입력 전력비에 의해 구한다.

Luminescence type	Examples
Blackbody radiation (light generated due to the temperature of a body)	Sun Tungsten filament lamp ($\eta = 5\%$)
Photoluminescence (light emitted by a material that is stimulated by electromagnetic radiation)	Fluorescent lamp phosphors ($\eta = 80\%$)
Cathodoluminescence (light emitted by a material that is excited by high-energy electrons incident from a vacuum)	Cathode-ray tube screen ($\eta = 25\%$)
Electroluminescence (light emitted by a material that is directly electrically excited)	Light emitting diode ($\eta = 50\%$)

발광이 발생 원리는 다양하게 구분할 수 있지만 모든 발광은 전하의 가속에 의해 발생된다.

인간의 눈이 볼 수 있는 전자기 스펙트럼(가시광선)의 주파수 영역은 400~700nm로서 이러한 파장에 적응한 인간 시각 시스템의 진화는 태양광의 스펙트럼, 대기의 광 흡수성, 대기를 이루는 물질의 빛에 대한 반사성, 그리고 스펙트럼의 중심 주파수를 초록색으로 맞추는 인간 시각 시스템 형성으로 발전 되어왔다. 따라서 발광 및 디스플레이 시스템에 사용되고 있는 유기 혹은 무기 LED는 이러한 가시광선의 방출 주파수와 매우 중요한 관계를 가지고 있다. 디스플레이 응용의 경우 빨간, 녹색, 초록의 삼원색을 사용하는데, 이러한 삼원색의 혼합으로 삼원색으로부터 다양한 범위의 색을 감지할 수 있게 된다.

이러한 가시광선의 영역뿐 아니라 적외선, 자외선과 같이 인간이 감지할 수 없는 스펙트럼의 파장은 태양전지나 LED에 응용된다. 태양 광선은 적외선뿐 아니라 자외선을 방출하는데 태양전지의 경우 주로 적외선의 흡수에 의해 전기를 생산하게 되고 적외선 LED의 경우에는 리모트 컨트롤이나 센싱 응용에 주로 사용된다. 자외선 LED는 산업 현장의 생산 공정에 사용된다.

3.2 발광의 원리

빛의 발광과 흡수 과정을 이해하기 위해 먼저 고정 전하와 움직이는 전하의 행동에 대해 알아보자. 그림 3.1과 같이 고정 전하 q는 방사 형태로 전계 라인(전속)을 발생하게 된다.

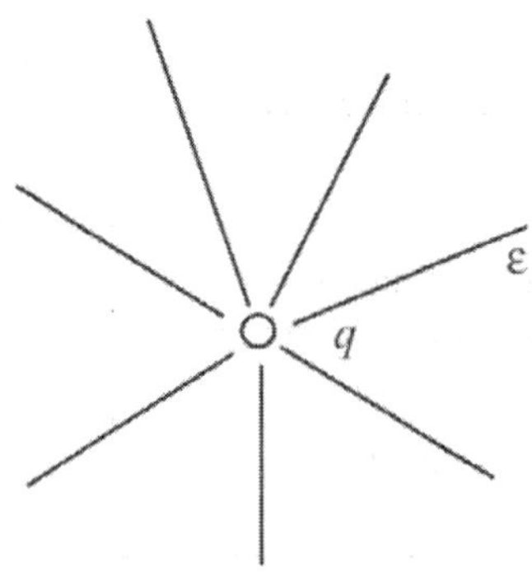

그림 3.1 점전하 q에 의해 발생한 전계선들

관찰자의 관점에서 볼 때 일정한 속도로 움직이는 전하의 경우에는 전하 주변으로 자계를 형성하게 되고 그림 3.2는 관찰자로부터 멀어지는 전자가 발생하는 자계를 나타내고 있다. 전계와 자계에 의해 에너지가 저장되게 되고 저장된 에너지의 전체 에너지 밀도는 다음과 같이 나타낼 수 있다.

$$E = \frac{\epsilon_0}{2}\varepsilon^2 + \frac{1}{2\mu_0}B^2$$

만약 관찰자가 전하로부터 멀어지면 관찰자입장에서의 에너지 밀도는 점차 줄어들게 된다. 그러나 고정전하나 일정한 움직임의 속도의 전하에 의해 발생되는 에너지는 관찰자의 움직임과는 상관없이 원래 전하에 의해 지배되게 된다. 따라서 에너지의 흐름은 발생하지 않게 된다.

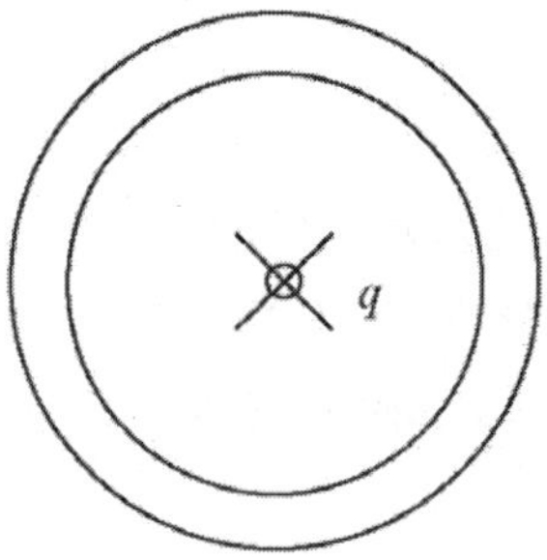

그림 3.2 일정한 속도를 갖고 페이지 안쪽으로 움직이는 점전하 q에 의해 발생하는 전계 B의 폐곡선들

그러나 전하가 가속에 의해 움직일 경우 에너지는 전하로부터 이동을 하게 된다. 그림 3.3에서와 같이 전하 q가 점 A에서 정지 상태로 존재하다 가속과 함께 점 B로 움직였다고 가정하자.

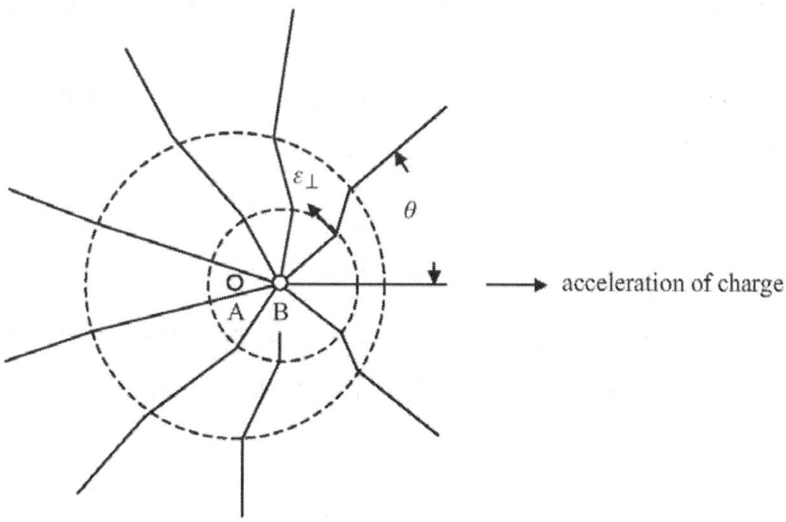

그림 3.3 가속된 전하로부터 발생하는 전계선들

만약 가속에 움직이는 전하가 빛의 속도 c보다 훨씬 빠르게 움직임을 갖는다면 A점에서 발생된 전계에 대한 정보는 B에서 A점에서의 전계와 B점에서의 전계가 혼합된 형태의 전계를 나타내게 된다. 이러한 전계의 구부러짐은 전하 q가 가속될 때마다 발생하게 되고 이러한 전계의 구부러짐은 가속 방향을 가로 지르는 방향의 횡 성분 전계를 형성하게 된다. 이러한 횡성분의 전계를 $\varepsilon_{\perp}$로 나타낸다. 가속이 발생하는 동안 전하의 속도가 빛의 속도보다 아주 느리지 않게 움직인다면 전하 q로부터 일전 거리에서 발생하는 횡 성분 전계는 다음과 같이 나타낼 수 있다.

$$\varepsilon \perp = \frac{qa}{4\pi\epsilon_0 c^2 r}$$

여기에서, a는 가속도, r은 전계를 구하는 지점과 전하 사이의 거리, θ는 전하의 가속 방향과 횡 전계의 방사 방향 사이의 각도이다. 그림 3.3과 같이 가장 강한 횡 전계는 가속 방향과 직각인 방향에서 나타나게 된다.

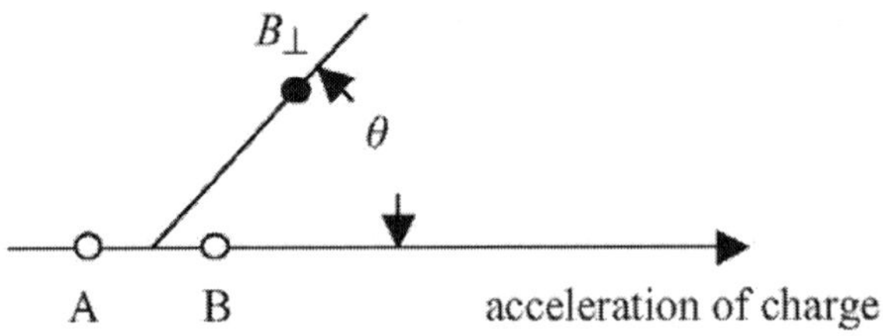

그림 3.4 가속된 전하로부터 발생되는 전계B⊥의 방향. B⊥는 가속 및 방사 방향에 각각 직교한다.

이와 유사하게 그림 3.4와 같이 전하의 가속이 발생할 때 횡 자계 $B_{\perp}$는 전하 가속과 횡 전계에 직각인 방향에서 발생하게 된다.

$$\varepsilon \perp = \frac{\mu_0 qa}{4\pi cr}$$

전하의 가속이 발생할 경우, 이러한 두 개의 횡 전계는 빛의 속도인 c로 움직임을 갖고 전자기 방사를 형성하게 된다. 여기에서 $\varepsilon_{\perp}$ 와 $B_{\perp}$ 는 서로 직교한다. 따라서 전자기 방사의 에너지 밀도는

$$E = \frac{\varepsilon_0}{2}\varepsilon_{\perp}^2 = \frac{1}{2\mu_0}B_{\perp}^2$$

포인팅 벡터 혹은 단위 면적당 에너지의 흐름(radiation intensity)은

$$\vec{S} = \frac{1}{\mu_0}\vec{\varepsilon}\perp \times \vec{B}\perp$$

$$= \frac{q^2a^2}{16\pi^2\epsilon_0 c^3 r^2} sin^2\theta\hat{r}$$

여기에서 $\hat{r}$는 단위 방사 벡터이다.

최대 에너지는 전하 가속 방향과 수직인 원의 궤적에서 방사되게 되고 가속 방향으로 아무런 에너지도 방사되지 않는다. 시간당 방사되는 전체 에너지 혹은 가속된 q에서 나오는 전력 (P)는 전하를 둘러싸고 있는 전체 구의 표면에 대해 포인팅 벡터를 적분하여 구할 수 있다.

$$P = \int_{sphere} S(\theta)dA = \int_0^{2\pi}\int_0^{\pi} S(\theta)r^2 \sin\theta d\theta d\phi$$

$$P = \int_0 S(\theta)2\pi r^2 \sin\theta d\theta$$

위 포인팅 벡터 식(S(θ)을 전력식에 삽입하여 다시 계산하면

$$P = \frac{1}{16\pi\epsilon_0}\frac{2q^2a^2}{c^3}\int_0^{\pi}\sin^3\theta d\theta$$

이를 적분하면

$$P = \frac{1}{4\pi\epsilon_0}\frac{2q^2a^2}{3c^3} \tag{3.1}$$

3.3 단순 광주파수 발생기

전하 q가 x축을 따라 x=A sinωt 파형으로 움직인다면 파동되는 전하에서 방사되는 평균 전력을 구할 수 있다. 이때 전하의 가속도 a는 다음과 같다.

$$a = \frac{d^2x}{dt^2} = -A\omega^2 \sin\omega t$$

식 3.1에 위의 가속도를 대입하면 전력은 $\sin^2 \omega t$로 시간에 따라 변하는 다음과 같은 식으로 나타낼 수 있다.

$$P = \frac{2q^2 A^2 \omega^4 \sin^2 \omega t}{12\pi\epsilon_0 c^3}$$

평균 전력을 구하기 위해 한 주기에 대해 적분하면

$$\overline{P} = \frac{\omega}{2\pi}\frac{2q^2 A^2 \omega^4}{12\pi\epsilon_0 c^3}\int_0^{\frac{2\pi}{\omega}} \sin^2 \omega t \, dt$$

$$\overline{P} = \frac{q^2 A^2 \omega^4}{12\pi\epsilon_0 c^3} \qquad (3\text{-}2).$$

이때 x=0에 전하 q와 크기가 같고 반대 극성을 갖는 정지 전하 -q의 전하가 놓여 있다면 p=qA의 전기 분극을 갖는 분극 방사기가 형성되게 된다. 따라서 식 (3-2)는 다음과 같이 정리할 수 있다.

$$\overline{P} = \frac{P^2 \omega^4}{12\pi\epsilon_0 c^3}$$

분극의 특성을 갖지 않는 방사도 존재한다. 예를 들어 싱크로트론(synchrotron) 방사 발생 장치는 궤도를 형성하면서 돌고 있는 전하의 원심 가속력을 이용한 방사 장치의 한 예이다. 싱크로트론의 경우 가속은 궤도 반지름 궤적에서 궤도의 중심으로 향하는 방향으로 존재하게 되고 방사는 궤도의 접선 방향으로 가장 강한 값을 갖게 된다. 물론 싱크로트론 환경에서는 분극을 형성하지 않는 4극자, 자기 분극, 진동 전하가 존재한다. 그러나 이러한 현상들은 매우 작은 에너지를 방출한다. 따라서 방사의 가장 중요한 형태는 분극에 의해 발생한다고 할 수 있다.

전자와 정공은 광자를 발생하기 위해 재결합을 하게 되는데 일종의 분극 방사기와 같은 구조를 갖는다. 광자는 갑작스럽게 발생하지 않고 전하의 많은 진동에 의해 형성된다. 빛을 방출하기 위해서는 일정의 에너지가 필요하게 되고 이러한 에너지는 분극이 진동하여 형성하는 파의 꾸러미를 형성됨에 의해 발생하게 된다. 따라서 광자를 한 꾸러미의 파로 서술함이 타당할 수 있다. 충분한 파의 꾸러미가 형성되지 않는다면 광자는 발생할 수 없다. 따라서 전자기 방사의 가장 작은 단위를 광자라 부를 수 있을 것이다.

전자나 홀의 움직이는 형태를 서술하기 위해 일반적으로 양자 개념을 사용한다. 따라서 다음 장에 분극 방사의 간단한 수학적 표현을 위해 간단한 양자를 이용한 표현을 소개하고자 한다.

3.4 양자를 이용한 표현

전하 q가 전위 에너지 필드에 고정 상태 혹은 고유 상태로 존재하게 되면 에너지의 손실 혹은 방사는 일어나지 않는다. 여기에서 고정상태란 전하가 어떠한 장소 혹은 모멘텀에 놓여 있더라도, 즉 하이젠베르그의 불확실성 원리에 따르는 공간에 존재하더라도 전하의 순수 가속도가 발생되지 않음을 뜻한다. 그러나 일반적 역학 법칙에 따르면 전하가 하나의 고정 상태에서 다른 고정 상태로 움직임을 갖는다면 에너지 변화에 의해 에너지 방사가 발생할 수 있다. 이번 장에서는 전하가 고정된 상태에서 다른 상태로 변화가 생겨 진동하는 분극이 발생한다면 방사가 일어남을 설명할 것이다. 전하 q가 최고, 최저가 0과 1로 나타내어지는 정규화 고정 상태(Ψn)로 초기화되었고 마지막 정규화 고정 상태(Ψn')에 존재한다면 상태 전이가 이루어지는 동안 중첩 상태가 형성되고 이를 Ψs라 부르면

$$\psi_s = a\psi_n + a\psi_{n'}$$

단, 중첩 상태를 정규화하기 위해 $|a|^2 + |b|^2 = 1$

여기에서 a와 b는 시간 의존 계수이고 초기 상태에는 a=1, b=0이고 최종 상태에서는 a=0, b=1이 된다.

양자 역학을 이용하게 되면 양자 상태에 있는 입자의 시간에 따라 변화는 예상되는 위치 ⟨r⟩(t) 값을 계산할 수 있다. 예를 들어 고정된 상태(Ψn)에 대한 위치 값을 구하면

$$\langle r \rangle (rt) = \langle \psi_n | r | \psi_n \rangle = \int_V |\psi_n|^2 r\, dV$$

여기에서 V는 모든 공간을 나타낸다. 이를 공간상에 존재하는 임의의 고정상태

$$\psi(r, t) = \phi(r) \exp \frac{iE}{\hbar} t$$

에 대해 다시 정리하면

$$\langle r\rangle(t)=\int_V\left[\phi(r)\exp\frac{iE}{\hbar}t\phi(r)\exp\frac{-iE}{\hbar}t\right]rdV=\int_V r\phi^2(r)dV$$

위의 식에서 ⟨r⟩은 시간의 함수가 아님을 나타내고 이는 고정 상태라는 용어를 사용하게 된 동기이다. 따라서 고정 상태에서는 아무런 방사가 발생하지 않고 그와 같은 상태에 존재하는 전자와 관련된 아무런 에너지 손실이 발생하지 않는다. 실제 환경에서 양자 상태에 놓여있는 전자는 고정이라고는 볼 수 없다. 그러므로 양자 상태는 전자로 설명하기 보다는 고정 상태로 표현함이 옳다고 할 수 있다. 양자 역학에서는 작은 공간에서 움직이는 전하의 존재에 대해서는 인정하고 있으나 전하의 측정 가능한 가속에 대해서는 나타내지 않고 있다. 고전 물리학으로는 이를 설명하거나 예상할 수는 없다.

위의 방법을 사용하여 중첩 상태에 있는 전하 q의 위치를 구해보면

$$\langle r\rangle=\langle a\psi_n+a\psi_{n'}|r|a\psi_n+a\psi_{n'}\rangle$$

$$=|a|^2\langle\psi_n|r|\psi_n\rangle+|b|^2\langle\psi_{n'}|r|\psi_{n'}\rangle+a\times b\langle\psi_n|r|\psi_{n'}\rangle+b\times a\langle\psi_{n'}|r|\psi_n\rangle$$

공간에 대한 요소로부터 시간에 대한 요소를 분리하여 다시 쓰면

$$\psi_n=\phi_n\exp\left(-i\frac{E_n}{\hbar}t\right)$$

여기에서 Φ_n은 ψ_n에서 공간 의존성을 나타낸다. 따라서 방사에 영향을 미치지 않은 시간에 영향을 받지 않는 항을 무시하고 수식을 정리하면

$$\langle r\rangle_s(t)=a\times b\langle\psi_{n'}|r|\psi_{n'}\rangle\exp\left[\frac{i(E_n-E_{n'})t}{\hbar}\right]+b\times a\langle\psi_{n'}|r|\psi_n\rangle\exp\left[\frac{i(E_n-E_{n'})t}{\hbar}\right]$$

$$=2Re\left\{a\times b\ \langle\phi_n|r|\phi_{n'}\rangle\ \exp\left[\frac{i(E_n-E_{n'})t}{\hbar}\right]\right\}$$

위의 수식에서 위치는 실수로 나타내어진다. 이 수식을 오일러(Euler) 공식을 사용하여 다시 정리하면

$$\langle r\rangle_s(t)=2|a\times b\langle\phi_n|r|\phi_{n'}\rangle|\cos(\omega_{nn'}t+\delta)$$

$$= 2|r_{nn'}|\cos(\omega_{nn'}t + \delta)$$

전하 q가 ψ_n에서 $\psi_{n'}$로 움직이면서 광자 하나를 방출하는데 필요한 에너지는 $E = \hbar\omega$ 이고 $< r > s(t)$는 $\omega_{nn'} = \dfrac{E_n - E_{n'}}{\hbar}$의 주파수로 진동하게 된다. 이 주파수는 진동하는 전하로부터 $E = \hbar\omega_{nn}{}'$의 에너지를 갖는 하나의 광자를 방출하기 위한 주파수에서 필요한 진동수를 나타낸다. $|r_{nn}{}'|$항은 시간에 따라 변하지만 코사인 항에 비해서는 그림 3.5에 보이는 것과 같이 매우 느리게 변한다.

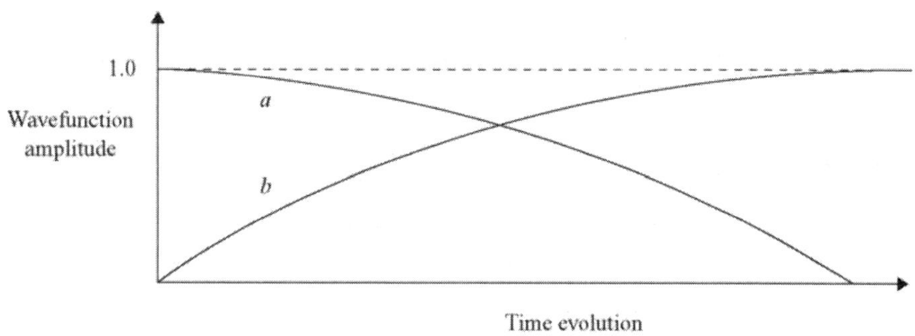

그림 3.5 상수 a와 b의 시간 의존 곡선은 파동함수 ϕ_n와 $\phi_{n'}$는 시간의 변화에도 일정하다. 시간 t=0에서 다음으로 $|a|^2 + |b|^2 = 1$와 같은 천이가 발생되는 동안에는 중첩 상태가 형성된다. 마지막으로 천이가 완전히 이루어지게 되면 a=0이고 b=1이다.

예제 3.1

$\lambda = 550$의 광자를 발생시키기 위해 분극에 존재하는 전자가 x=0에서 진폭 A=1Å으로 진동한다.

(a) 와트 단위의 방사 전력(radiation power)을 구하라.

(b) 광자 에너지를 구하라.

(c) 광자가 방출되는 걸리는 근사치 시간을 구하라.

(d) 하나의 광자나 파 꾸러미를 발생하는데 필요한 전자 진동수에 대한 근사치를 구하라.

풀이

(a) 웨이브를 구하는 공식

$c = f\lambda = \dfrac{\omega}{2\pi}\lambda$로부터 각 주파수를 구하면

$$\omega = \frac{2\pi c}{\lambda} = \frac{2\pi \times 3.0 \times 10^8 \mathrm{m\ s^{-1}}}{550 \times 10^{-9} \mathrm{m}},$$

따라서

$$\overline{P}=\frac{q^2A^2\omega^4}{12\pi\epsilon_0c^3}=\frac{(1.6\times10^{-19}C)^2\times(10^{-10}m)^2\times(2\pi)^4\times(3\times10^8ms^{-1})}{12\pi(8.85\times10^{-12}Fm^{-1})(550\times10^{-9}m)^4}$$

$$=4\times10^{-12}W$$

(b) 문제에서 제시한 파장의

$$E_{\text{photon}}=\frac{hc}{\lambda}=\frac{6.62\times10^{-34}Js\times3\times10^8ms^{-1}}{550\times10^{-9}m}=3\times10^{19}J$$

(c) 따라서 일정한 방출량이 발생한다면 광자를 방출하는데 걸리는 시간에 대한 근사치는

$$T=\frac{E_{\text{photon}}}{\overline{P}}=\frac{3\times10^{-19}J}{4\times10^{-12}W}=7.7\times10^{-8}s$$

(d) 전자기파의 진동 주기는

$$T_{\text{oscillation}}=\frac{\lambda}{c}=\frac{550\times10^{-9}m}{3\times10^8ms^{-1}}=1.8\times10^{-15}s$$

따라서 광자를 방출하는데 필요한 시간동안 발생되는 진동수는

$$N=\frac{T}{T_{\text{oscillation}}}=\frac{7.7\times10^{-8}s}{1.8\times10^{-15}s}=4.3\times10^7\,\text{oscillations}$$

위에서 구한 진동은 광자에 의해 발생하는 한 꾸러미의 파에서 발생한다고 볼수 있다. 따라서 $|r_{nn'}|$은 일정한 값을 갖는다고 할 수 있다.

식 3.2와 3.4, 그리고 $E=\hbar\omega$를 이용하여 지속적으로 진동하는 전하 q의 광자 방출률($R_{nn'}$)을 정의할 수 있다.

$$R_{nn'}=\frac{\overline{P}}{\hbar\omega}=\frac{q^2\omega^3}{3\pi\epsilon_0c^3\hbar}|r_{nn'}|^2\,\frac{\text{photons}}{\text{second}}$$

전자–전공쌍이 사라지기 전에 광자는 발생하게 된다. 따라서 전자–정공 쌍에 의해 형성되는 분극에 대해 좀 더 자세한 접근이 필요하게 된다. 광자 흡수에 의해 전자–정공이 발생될 수 있다. 따라서 광자 흡수에 대해서도 광자 방출과 같이 자세히 설명하여야 할 것이다.

3.5 광자 여기

정공과 전자는 가전자대 상태와 전도대 상태로 존재한다. 이러한 밴드 이론에서는 두 입자가 각 상태로 국한되어 존재하기 보다는 결정체의 주기적 전위로 나타내는 블로흐 함수(Bloch function)로 나타낼 수 있다. 만약에 두 입자 사이에 상호 인력이 매우 크게 존재한다면, 재결합 전에는 두 입자의 상태는 양자 상태에 의해 정의할 수 있지만 재결합이 일어나 후에는 상호 인력에 지배 받게 된다.

정공과 전자는 실제로는 에너지 갭 범위에서 양자 상태로 존재한다. 제 1장의 밴드 이론에서는 이러한 상황에 대해 고려하지 않았다. 수소 원자는 양성자와 전자의 양자 상태를 나타낼 수 있도록 일련의 에너지 레벨로 구성된다. 마찬가지로 정공과 전자의 양자 상태 관계된 일련의 에너지 레벨이 존재한다. 이러한 정공–전자로 이루어진 형체를 여기자(exciton)이라 부른다. 여기자는 다음과 같은 하나의 중요한 예외를 제외하고 수소 원자와 매우 유사하게 행동한다. 수소 원자는 원자수가 n=1일 때 가장 낮은 에너지 상태 혹은 바닥(ground)상태를 갖는다. 그러나 n=1에서 바닥상태를 갖는 여기자는 전자와 정공이 재결합 될 때 존재가 사라지기도 한다.

수소 원자에 대한 에너지 레벨과 보어 반경은 1.13장에서 소개 되었다. 여기자의 경우 전자 질량 m은 전자–정공 쌍의 감소된 질량 μ로 다음과 같이 정리될 수 있다.

$$\frac{1}{\mu}=\frac{1}{m_e^*}+\frac{1}{m_h^*}$$

GaAs와 같은 직접 갭 반도체의 경우에는 자유 전자 질량의 1/10 정도로 감소된 질량을 갖는다. 게다가 여기자는 진공보다는 반도체 내에 존재하게 된다. 여기에서 장대 유전체 정수 ϵ_r이 고려되어야 하고 일반적인 무기 반도체의 경우 약 10의 값을 갖는다. 식 1.39를 사용면 여기자의 바닥상태 에너지는

$$E_{\text{exciton}}=\frac{-\mu q^4}{8\epsilon_0^2\epsilon_r^2h^2}\cong\frac{E_{\text{Rydberg}}}{1000}$$

이 수식을 이용하여 여기자의 이온화 에너지 또는 결합 에너지 값을 구하면 그 값은 일반적으로 0.1eV보다 작은 값을 갖는다. 식 1.40을 이용하면 바닥상태에 있는 여기자의 반경은 다음과 같다.

$$a_{\text{exciton}} = \frac{4\pi\epsilon_0\epsilon_r\hbar^2}{\mu q^2} \cong 100a_0$$

따라서 여기자의 반경은 대략 50Å의 값을 갖는다. 이러한 반경은 반도체의 결정 상수 보다 훨씬 크기 때문에 실효 질량과 상대 유전 상수에 대해 벌크 반도체의 상수들을 사용하다.

따라서 여기자를 갖는 구조체는 수소 원자와 매우 유사한 형태로 반도체 결정 안에서 움직임을 갖고 수소 원자와 매우 유사한 일련의 에너지 레벨을 갖는다. 양자수 n이 정수라면 수소 원자의 에너지 레벨은 $E_n = \frac{13.6}{n^2} eV$이다. 여기자의 비슷한 에너지 레벨을 갖지만 훨씬 작은 에너지 범위를 갖는다. 그리고 양자수 n_{exciton}을 갖는다.

여기자는 에너지를 전달하고 사라진다. 전자와 정공이 여기자를 형성하면 초기에는 큰 양자수(n_{exciton})를 가지면서 높은 에너지 레벨에 놓이게 된다. 이러한 상태는 크기는 크지만 작은 구속력을 갖는 여기자를 만들게 된다. 이러한 상태에 열적 처리를 하게 되면 여기자는 에너지를 일게 되고 격자는 진동을 갖게 된다. 따라서 바닥상태로 도달하게 된다. 양자수 n_{exciton}가 1에 가까워짐에 따라 반경은 감소하게 된다. 여기자가 약간 더 구속력을 갖고 양자수가 작은 정수이면 전공과 전자는 분극의 형태를 갖게 되고 모든 에너지에 대해 방출이 일어나게 되고 분극 방사 과정을 거치면서 여기자는 소멸되게 된다. 에너지가 전자기 방사의 형태로 분출된다면 식 3.4의 $|r_{nn'}|$의 값을 계산하고 그 값이 영인지 영이 아닌 값인가에 따라 특별한 천이가 발생하는가를 결정할 수 있다. 만약에 $|r_{nn'}|=0$이면 분극 방사가 일어나지 않음을 뜻한다. 그리고 광자는 발생하지 않게 된다. 반면에 격자진동에 의해 에너지가 소멸되게 된다. 만약에 $|r_{nn'}|>0$이면 분극 방사가 발생하게 되고 광자가 발생하게 한다. 그림 3.6은 반도체의 여기자 에너지 레벨을 나타내고 있다.

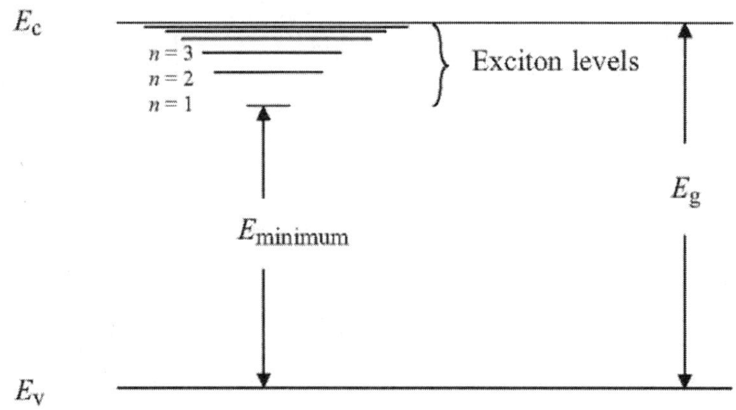

그림 3.6 여기자는 반도체 에너지 갭 안에 일련의 공간 밀폐형이며 수소와 유사한 에너지 레벨을 형성한다. 만약 전자가 n = 1과 같은 가장 낮은 여기자 상태로 떨어지면 광자를 위한 남겨진 에너지는 $E_{minimum}$이다.

모든 pn 접합의 여기자의 특성을 알고 이해하기 위해 낮은 온도에서 전자-정공쌍의 방출 흡수 파장에 대해서도 알아보자. 일반적으로 상온에서 여기자는 감추어진 상태로 존재한다. 또한 무기 반도체 경우에는 디바이스의 동작온도 때문에 높은 온도 환경에서 여기자는 나타나지 않는다. 여기자는 밴드 상태를 분포 시킬 정도로 안정적이지 않고 상온에서 kT는 여기자의 에너지 레벨 보다 훨씬 큰 값을 갖게 된다. 이러한 경우 여기자의 관련된 스펙트럼(spectral)들은 빛이 나오지 않게 마스크 되어 지고 직접 혹은 간접 갭 밴드-투-밴드 천이가 발생하게 된다. 그럼에도 불구하고 액체 질소 혹은 헬륨을 사용하는 실험실에서 조차도 낮은 온도에서 광 발출과 흡수 실험은 여기자의 특성들을 쉽게 보여준다. 따라서 여기자는 무기 반도체의 특징을 보여주는 중요한 수단이 된다. 여기자에 의한 낮은 온도에서 발생하는 반도체의 광에너지에 의한 광 방출에 대한 예를 그림 3.7에 보여 주고 있다.

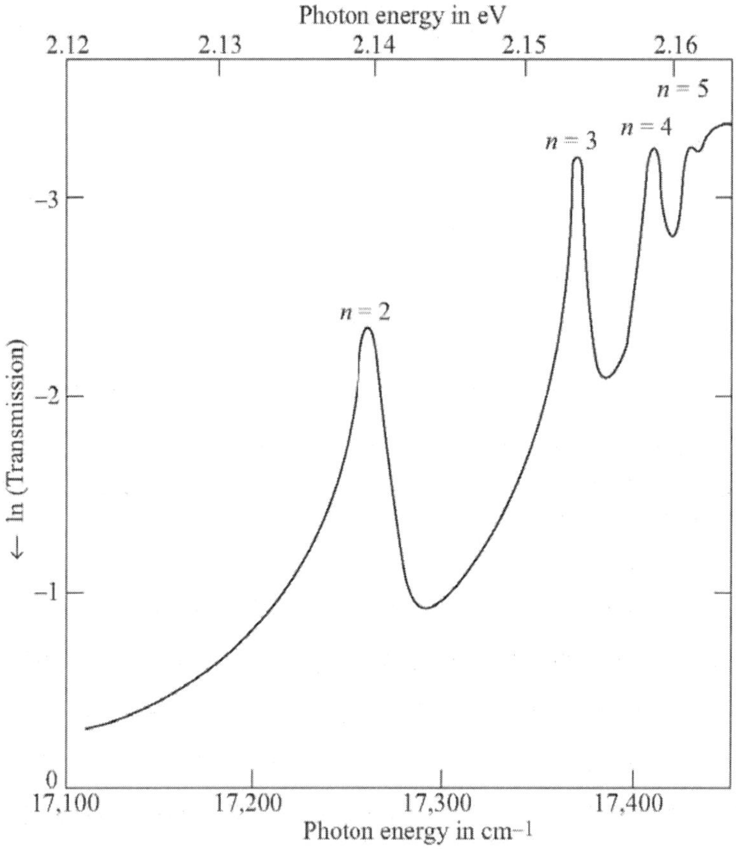

그림 3.7 Cu2O의 광자 에너지 함수와 저온 전도. 광자의 흡수는 여기자에 의해 일어나고 여기자는 이러한 흡수 과정이 일어날 때 더 높은 에너지 레벨로 여기 된다. Cu2O는 밴드갭이 2.17 eV 인 반도체이다.
이 내용은 다음 책의 내용을 인용한 것임. Kittel, C., Introduction to Solid State Physics, 6e, ISBN 0-471-87474-4. Copyright (1986) John Wiley and Sons, Australia

간접 갭 무기 반도체의 경우 상온에서 여기자 형성이 되지 않고 전자-정공 쌍은 광자를 만드는데 에너지를 소비하게 되고 분극 방사는 일어나지 않고 소멸하게 된다. 그러나 직접 갭 반도체의 경우 분극 방사가 일어날 수 있다. $|r_{nn'}|$의 값은 밴드-투-밴드 천이와 관계를 갖는다. 분극이 선형적 모멘텀 특성에 의해 동작되지 않기 때문에 간접 갭 반도체의 전자-정공 쌍 재결합 시 전자의 모멘텀 보존이 일어나지 않는다. 따라서 분극 방사가 발생하지 않게 된다. 모멘텀을 보존하면서 밴드-투-밴드 천이가 발생하기 위한 직접 갭 반도체에 요구되는 사항은 분극 방사의 요구 사항과 일치한다. 분극 방사는 효과적으로 밴드-투-밴드 천이를 일어나게 혹은 일어나지 않게 한다. 모든 여기자가 반도체 냉에서 자유롭게 움직이는 것은 아니다. 구속 여기자는 반

도체 결정의 불순물이나 혹은 빈 공간과 같은 결점에 결합되어 형성된다. 유기 반도체의 경우 광학적 효과 발생에 대한 이해를 돕는 분자 여기자가 형성된다. 이 여기자는 0.4eV의 높은 결합 에너지를 갖는다. 이러한 큰 에너지는 분자 여기자가 분자와 같은 매우 작은 공간에 형성되기 때문에 발생한다. 이러한 공간적 특수성은 홀과 전자를 더욱 밀접하게 하고 자유 여기에 비해 훨씬 큰 결합 에너지를 증가시킨다. 무기 반도체와는 달리 분자 여기자는 상온에서 온도에 매우 안정적이며 동작 시 유기 반도체의 방사 및 흡수의 특성을 갖는다. 분자 여기자는 3.7장에 좀 더 자세히 나타날 것이다. 먼저 분자에서의 여기자 및 광학적 발생 원리에 대해 다음 장에서 좀 더 자세히 살펴보자

3.6 두 전자 원자

지금까지 음과 양전하로 구성된 분극 방사기를 중심으로 설명하였다. 3.3절에서는 양 전하와 음전하를 갖는 진동 분극을 소개하였고 3.5절에서는 하나의 양전하와 음전하를 갖는 여기자에 대해 설명하였다.

유기 반도체의 기본 형태인 두 개 혹은 그 이상의 전자로 이루어진 분자 시스템에서의 방사에 대해 알아보자. 시스템에 두개 혹은 여러 개의 동일 입자(전자)로 이루어졌다면 시스템의 가장 기본적이면서 추가적인 양자 역학적 결과에 대해 고려해보아야 한다. 무기 반도체의 경우 밴드 이론은 주기적 전위 레벨에 놓여 있는 많은 수의 전자를 설명하기에 좋은 수단이다. 유기 반도체의 경우 전자는 각각의 유기 분자에 존재하게 되고 한 분자에서 다른 분자로 이동한다. 밴드 이론은 반복적인 단위 구조 (6장에서 설명될 것이다)를 갖는 분자 내부에서 전자의 행동을 설명하기도 한다. 따라서 많은 전자를 포함하고 있는 분자 내부에서의 전자의 특성에 대해 이해해보자. 또한 분자에 있어서의 여기자의 특성과 무기 반도체 여기자와는 상당히 다른 특성을 갖고 있다.

핵에 +2q의 전하와 -q의 전하를 갖는 두 개의 전자로 이루어진 헬륨 원자에 대해 생각해보자. 헬륨 원자는 삼체(three body) 시스템이기에 쉬뢰딩거 방정식을 이용하여 시스템을 해석할 수 없다. 그러나 파울리의 배타 법칙 및 두 전자의 스핀 상태에 대한 이론을 이용하여 시스템의 동작을 이해해 보자.

두 전자가 다른 전자와 공간적으로 조금이라도 겹치게 되면 전자들의 파형은 파울리의 배타 법칙을 따르게 된다. 그러나 파울리의 배타 법칙을 따르기 위해서는 추가

적인 조건이 따른다. 두 전자가 존재할 경우 전자 각각을 정확하게 각 전자로서 규정하지 않은 상태로 공간적으로 중첩되었다고 생각하자. 즉 전자들의 정확한 위치는 결정할 수 없으며 단순히 각 파동함수의 확률 밀도 $|\psi|^2=\psi\times\psi$를 결정하게 된다. 이는 전자가 서로 위치를 교체할 수 있는 기회가 존재한다는 것이다. 따라서 각 전자를 정확하게 명기화 할 수 없으며 파동함수는 정확하게 전자와 일체화할 수 없다.

쉬뢰딩거 방정식과 두 전자에 대한 에너지 항을 이용하여 파동 방정식을 나타내면

$$-\frac{\hbar^2}{2m}\left(\frac{\partial^2\psi_T}{\partial x_1^2}+\frac{\partial^2\psi_T}{\partial y_1^2}+\frac{\partial^2\psi_T}{\partial z_1^2}\right)-\frac{\hbar^2}{2m}\left(\frac{\partial^2\psi_T}{\partial x_2^2}+\frac{\partial^2\psi_T}{\partial y_2^2}+\frac{\partial^2\psi_T}{\partial z_2^2}\right)+V_{T\psi T}=E_{T\psi T} \quad (3.5)$$

여기에서 $\psi_T(x_1, y_1, z_1, x_2, y_2, z_2)$은 두 전자 시스템의 파동 함수이고 $V_T(x_1, y_1, z_1, x_2, y_2, z_2)$은 그 시스템의 전위차 에너지, 그리고 E_T는 시스템의 전체 에너지를 말한다.

두 전자 시스템을 해석하기 위해 조건을 단순화하자. 두 전자는 사이에는 어떠한 상호 작용도 없다고 가정하자. 즉 두 전하 사이에는 쿨롱의 척력조차 존재하지 않는다고 가정하자. 따라서 시스템의 전체 전위차 에너지는 단순히 헬륨 원자핵의 영향을 받는 각 전자의 전위차 에너지를 더하여 구할 수 있다. 일단 두 전자가 일정한 전위차 에너지 함수 $V(x, y, z)$를 갖는다면 전체 전위차 에너지는

$$V_T(x_1, y_1, z_1, x_2, y_2, z_2)=V(x_1, y_1, z_1)+V(x_2, y_2, z_2)$$

이를 식 3.5를 이용하여 다시 정리하면

$$\begin{aligned}&-\frac{\hbar^2}{2m}\left(\frac{\partial^2\psi_T}{\partial x_1^2}+\frac{\partial^2\psi_T}{\partial y_1^2}+\frac{\partial^2\psi_T}{\partial z_1^2}\right)-\frac{\hbar^2}{2m}\left(\frac{\partial^2\psi_T}{\partial x_2^2}+\frac{\partial^2\psi_T}{\partial y_2^2}+\frac{\partial^2\psi_T}{\partial z_2^2}\right)\\&+V(x_1, y_1, z_1)\psi_T+V(x_2, y_2, z_2)\psi_T=E_T\psi_T\end{aligned} \quad (3.6)$$

여기에서 $\psi_T(x_1, y_1, z_1)\,\psi(x_2, y_2, z_2)$을 이용하여 식 3.6을 다시 정리하면

$$\begin{aligned}&-\frac{\hbar^2}{2m}\psi(x_2, y_2, z_2)\left(\frac{\partial^2}{\partial x_1^2}+\frac{\partial^2}{\partial y_1^2}+\frac{\partial^2}{\partial z_1^2}\right)\psi(x_1, y_1, z_1)\\&-\frac{\hbar^2}{2m}\psi(x_1, y_1, z_1)\left(\frac{\partial^2}{\partial x_2^2}+\frac{\partial^2}{\partial y_2^2}+\frac{\partial^2}{\partial z_2^2}\right)\psi(x_2, y_2, z_2)\\&+V(x_1, y_1, z_1)\psi(x_1, y_1, z_1)\psi(x_2, y_2, z_2)\\&+V(x_2, y_2, z_2)\psi(x_1, y_1, z_1)\psi(x_2, y_2, z_2)\\&=E_T\psi(x_1, y_1, z_1)\psi(x_2, y_2, z_2)\end{aligned} \quad (3.7)$$

식 3-7의 양변을 $\psi(x_{1,}\, y_{1,}\, z_1)\,\psi(x_{2,}\, y_{2,}\, z_2)$으로 나누면

$$
\begin{aligned}
&-\frac{\hbar^2}{2m}\frac{1}{\psi(x_1, y_1, z_1)}\left(\frac{\partial^2}{\partial x_1^2}+\frac{\partial^2}{\partial y_1^2}+\frac{\partial^2}{\partial z_1^2}\right)\psi(x_1, y_1, z_1)\\
&-\frac{\hbar^2}{2m}\frac{1}{\psi(x_1, y_1, z_1)}\left(\frac{\partial^2}{\partial x_1^2}+\frac{\partial^2}{\partial y_1^2}+\frac{\partial^2}{\partial z_1^2}\right)\psi(x_1, y_1, z_1)\\
&+V(x_1, y_1, z_1)\,V(x_2, y_2, z_2)=E_T
\end{aligned}
$$

위 식은 처음과 세 번째 항은 $(x_{1,}\, y_{1,}\, z_1)$의 함수이고 두 번째와 네 번째 항은 $(x_{2,}\, y_{2,}\, z_2)$의 함수이다. 따라서 방정식은 $(x_{1,}\, y_{1,}\, z_1)$와 $(x_{2,}\, y_{2,}\, z_2)$의 각 독립적 시스템으로 구분할 수 있으며 다음과 같이 나타낼 수 있다.

$$-\frac{\hbar^2}{2m}\frac{1}{\psi(x_1, y_1, z_1)}\left(\frac{\partial^2}{\partial x_1^2}+\frac{\partial^2}{\partial y_1^2}+\frac{\partial^2}{\partial z_1^2}\right)\psi(x_1, y_1, z_1)+V(x_1, y_1, z_1)=E_1$$

$$-\frac{\hbar^2}{2m}\frac{1}{\psi(x_2, y_2, z_2)}\left(\frac{\partial^2}{\partial x_2^2}+\frac{\partial^2}{\partial y_2^2}+\frac{\partial^2}{\partial z_2^2}\right)\psi(x_2, y_2, z_2)+V(x_2, y_2, z_2)=E_2$$

위의 식은 동일한 하나의 전자에 대한 쉬뢰딩거 방정식이다. 변수 분리를 이용한 방법에 의해 위 식은 구해졌다. 위식은 단순히 공간에 대한 전자의 파동 함수에 대해 나타내고 있다. 그러나 전자는 스핀을 가지고 있으며 이를 고려하기 위해서는 각 전자의 스핀 방향에 대한 파동 함수를 이용하여야 한다. 따라서 스핀을 고려한 파동함수는 $[\psi(x_{1,}\, y_{1,}\, z_1)\,\psi(s)]$, 여기에서 $\psi(x_{1,}\, y_{1,}\, z_1)$은 공간적 부분, $\psi(s)$는 위, 아래로의 스핀을 나타내고 있다. 각 파동하수는 4개의 양자수를 갖게 되고 처음 3개는 공간에 대해 그리고 마지막 4번째 양자수는 스핀의 방향성을 나타내고 각 방향에 대해 +1/2와 −1/로 나타낸다. 각 파동함수에 네 양자수를 사용하지 보다는 첨자 a를 사용하여 네 번째 양자수를 나타낼 것이다. 이와 유사하게 다른 스핀 방향에 대해서는 아래 첨자 b를 사용하여 파동함수를 $\psi\,(x_{2,}\, y_{2,}\, z_2)\psi(s)_b$로 나타내자.

이제 전자의 스핀항을 포함한 두 전자 시스템의 파동함수는

$$\psi_{T1}=[\psi(x_1, y_1, z_1)\psi(s)]_a[\psi(x_2, y_2, z_2)\psi(s)]_b \tag{3.8a}$$

두 전자 시스템의 공간 확률 밀도 함수를 나타내고 있는 확률 분포함수($|\psi_T|^2$)는 다음과 같이 나타낼 수 있다.

$$\begin{aligned}|\psi_{T_1}|^2 &= \psi^*_{T_1}\psi_{T_1} \\ &= [\psi(x_1, y_1, z_1)\psi(s)^*_a[\psi(x_2, y_2, z_2)\psi(s)^*_b[\psi(x_1, y_1, z_1)\psi(s)_a \\ &\psi(x_2, y_2, z_2)\psi(s)]_b\end{aligned} \tag{3.8b}$$

만약 전자가 반대 상태에 놓여있다고 정확하게 규정할 수 있다면

$$\psi_{T2} = [\psi(x_1, y_1, z_1)\psi(s)]_b[\psi(x_2, y_2, z_2)\psi(s)]_a$$

따라서 두 전자 시스템의 확률 밀도는

$$\begin{aligned}|\psi_{T_2}|^2 &= \psi^*_{T_2}\psi_{T_2} \\ &= [\psi(x_1, y_1, z_1)\psi(s)^*_b[\psi(x_2, y_2, z_2)\psi(s)^*_a[\psi(x_1, y_1, z_1)\psi(s)_b \\ &\psi(x_2, y_2, z_2)\psi(s)]_a\end{aligned}$$

식 3.9b와 식 3.8b는 다른 값이고 첨자가 바뀌게 되면 $|\psi_T|^2$의 형태로 변하게 된다. 이러한 결과는 두 전자 시스템의 공가 분포 함수와 같이 측정 가능한 값이 전자가 위치를 서로 바꾸더라도 변하지 않고 같은 값으로 존재한다는 가정에 위배된다. 이러한 문제점을 풀기 위해 두 전자 시스템의 파동 함수를 두 전자 파동 함수의 선형적 조합을 이용하여 나타낼 수 있다. 두 전자 시스템이 대칭이라면 대칭 파동함수(ψ_s)로 나타내어

$$\psi_s = \frac{1}{\sqrt{2}}[\psi_{T_1} + \psi_{T_2}] \tag{3.10}$$

비대칭 파동 함수(ψ_A)로 나타내면

$$\psi_A = \frac{1}{\sqrt{2}}[\psi_{T_1} + \psi_{T_2}] \tag{3.11}$$

만약 확률 밀도 함수 $|\psi_T|^2$를 계산하기 위해 ψ_s가 ψ_T로 대체된다면 결과는 첨자의 선택에 영향을 받지 않을 것이다

ψ_{T_1}과 ψ_{T_2}가 쉬뢰딩거 방정식의 유효한 해이고 또한 ψ_s는 이러한 해의 선형적 조합이기에 ψ_s는 유효한 해가 된다. 같은 접근이 ψ_A에 대해서도 적응 가능할 것이다. 문제 3.20에서 이를 증명할 수 있다.

이제 각 전자의 파동함수의 스핀 부분에 대해 알아보자. 두 전자의 모든 가능한 스핀 파동함수에 대해 고려해 보자. 각 전자 스핀 파동함수는 식 3.8과 3.9에 보여지는 두 전자 시스템의 파동 함수에서 스핀 파트에 대입되어야 한다. 네 개의 가능한 스핀은 $\psi_{\frac{1}{2}}\psi_{-\frac{1}{2}}$ or $\psi_{-\frac{1}{2}}\psi_{\frac{1}{2}}$ or $\psi_{\frac{1}{2}}\psi_{\frac{1}{2}}$ or $\psi_{-\frac{1}{2}}\psi_{-\frac{1}{2}}$

새로운 두 전자 파동 함수의 스핀 부분을 만족하는 첫 두 가능성은 전자의 정확한 존재에 영향 받지 않고 대칭 혹은 반대칭 스핀 함수만이 필요하다. 대칭의 경우에는 파동함수의 선형적 조합을 사용하게 되고

$$\psi = \frac{1}{\sqrt{2}}\left(\psi_{\frac{1}{2}}\psi_{-\frac{1}{2}} + \psi_{\frac{1}{2}}\psi_{\frac{1}{2}}\right) \tag{3.12}$$

첨자의 명치에 영향을 받지 않아 대칭 스핀 파동 함수이다. 이러한 대칭 시스템의 전체 스핀은 s=1이 된다. 비대칭의 경우는

$$\psi = \frac{1}{\sqrt{2}}\left(\psi_{\frac{1}{2}}\psi_{\frac{1}{2}} - \psi_{\frac{1}{2}}\psi_{\frac{1}{2}}\right) \tag{3.13}$$

위의 식에서 레벨 부호 변화는 선형 조합의 부호 변화를 가져오지만 특성의 변화는 가져오지 않는다. 따라서 구분할 수 없는 입자의 정확한 표현을 위해 사용된다. 이러한 비대칭 시스템에서 전체 스핀의 값은 s=0이 된다. 다른 두 개의 가능성은 대칭형으로서 첨자를 서로 바꾸더라도 아무런 변화를 가져오지 않는다. 그러므로 구분되어지지 않는 시스템에서도 선형 조합을 사용할 필요가 없이, 다음과 같이 단순화 할 수 있다.

$$\psi = \psi_{\frac{1}{2}}\psi_{\frac{1}{2}} \tag{3.14}$$

$$\psi = \psi_{-\frac{1}{2}}\psi_{-\frac{1}{2}} \tag{3.15}$$

대칭의 경우 스핀 s=1을 갖는다.

표 3-2 두 전자 시스템의 가능한 스핀 상태

State	Probability	Total spin	Spin arrangement	Spin symmetry	Spatial symmetry	Spatial attributes	Dipole-allowed transition to/from singlet ground state
Singlet	25%	0	$\psi_{\frac{1}{2}}\psi_{-\frac{1}{2}} - \psi_{-\frac{1}{2}}\psi_{\frac{1}{2}}$	Antisymmetric	Symmetric	Electrons close to each other	Yes
Triplet	75%	1	$\psi_{\frac{1}{2}}\psi_{-\frac{1}{2}} + \psi_{-\frac{1}{2}}\psi_{\frac{1}{2}}$ or $\psi_{\frac{1}{2}}\psi_{\frac{1}{2}}$ or $\psi_{-\frac{1}{2}}\psi_{-\frac{1}{2}}$	Symmetric	Antisymmetric	Electrons far apart	No

요약하면 4가지의 경우 중 식 3.12, 3.14, 3.15에 의해 나타낸 세 가지는 대칭적 스핀 상태이고 전체 스핀은 s=1이다. 식 3.13 에 의해 나타내어지는 나머지 하나는 비대칭이고 그 전체 스핀 값은 s=0이다. 전체 스핀 값은 단수한 두 전자의 각 스핀 값의 합이 아니나라 양자 스핀 벡터의 추가적인 영향도 고려하여야 한다. Eisberg의 논문을 읽어보기 바란다. 대칭성을 갖는 세 개의 경우를 삼중 상태라고 하고 하나의 비대칭 경우를 단중 상태라 한다. 표 3.2에 네 개의 가능 상태를 나타내고 있다.

위의 논의를 바탕으로 식 3.10과 3.11에 나타낸 파동 방정식으로 돌아가자. 비대칭 파동 함수 ψ_A를 식 3.11, 3.8a, 3.9a를 이용하여 다시 나타내면

$$\begin{aligned}\psi_A &= \frac{1}{\sqrt{2}}[\psi_{T_1} - \psi_{T_2}] \\ &= \frac{1}{\sqrt{2}}\ \{\psi(x_1, y_1, z_1)\psi(s)]_a \psi(x_2, y_2, z_2)\psi(s)]_b \\ &\quad - [\psi(x_1, y_1, z_1)\psi(s)]_b \psi(x_2, y_2, z_2)\psi(s)]_a\}\end{aligned} \tag{3.16}$$

파울리의 배타원리에 위배된다면 두 전자는 위치와 스핀에 같은 양자 상태 $(\psi_T = \psi_{T_1} = \psi_{T_2})$에 놓이게 되고 식 3.16은 $\psi_A = 0$ 이 된다. 즉 그러한 상항은 일어나지 않음을 말한다. 만약 식 3.10의 대칭 파동 함수(ψ_S)가 ψ_A을 대신하여 사용된다면 ψ_S는 같은 양자 상태에 있는 두 전자에서는 영이 될 수 없다 (문제 3.22). 이러한 이유 때문에 파울리 배타 법칙에 대한 좀 더 완벽한 표현은 다음과 같다. 두 개 혹은 더 많은 구분할 수 없는 전자들로 이루어진 시스템의 파동 함수는 비대치성을 갖는다. 비대칭 파동 함수를 얻기 위하여 식 3.16의 스핀 부분과 공간부분 중 하나는 비대칭일 것이다. 만약 스핀 항이 비대칭이라면 단중 상태이게 되고 파동 함수의 공간부분에 대한 파울리 배타에 대한 제한은 없어지게 되고 두 전자는 같은 공간 파동함수에 존재하고 매우 가까운 걸에 놓여질 수 있는 매우 높은 확률을 갖게 된다.

만약 스핀 항이 대칭이면 삼중 상태에 놓이게 되고 파동 함수의 공간에 대한 항은 비대칭을 갖게 된다. 비대칭 파동 함수의 공간 밀도 함수는 각 전자가 각자의 공간 파동 함수를 가지므로 각 전자가 매우 떨어져 존재할 확률이 매우 높게 된다.

여기에서 전자 사이의 쿨롱의 척력과 연관 지여 생각을 정리하면 스핀 상태가 단주상태이면 전자들의 각자와 서로 밀접하게 접근하기 위해 더욱 많은 시간을 소모하기 때문에 척력이 더욱 커질 것이고 스핀상태가 삼중 상태이면 전자들이 서로 멀어지기 위해 더 많은 시간을 소모하므로 척력이 더 약해질 것이다.

다시 시스템의 예로 사용하는 헬륨 원자에 대해 생각해보자. 하나의 헬륨 전자는 1s 상태인 헬륨의 바닥상태에 놓여 있고 두 번째 전자는 여기 상태에 놓여 있다고 가정하자. 이러한 상태는 헬륨 원자의 여기 상태와 비슷하다. 방사는 항상 여기 상태와 관련성을 가지므로 이러한 여기 시스템에 대해 이해해보자. 두 헬륨 전자는 삼중 혹은 단중 상태에 놓여 있다고 할 수 있다. 단중 상태일 경우에는 매우 강한 분극 방사를 볼 수 있고 삼중 상태의 경우에는 방사가 일어나지 않게 된다. 스핀을 관찰함에 의해 삼중 상태에서는 방사가 존재하지 않음을 알 수 있게 된다. 삼중 상태의 전체 스핀은 s=1이다. 그러나 헬륨이 바닥상태에 있다면 순수한 스핀은 존재하지 않는다. 즉 두 전자가 같은 에너지 레벨 (n=1)에 있다면 스핀은 파울리 배탄 원리를 만족하기 위해 반드시 반대 방향으로 스핀하여야 한다. 따라서 순 스핀 값은 존재하지 않게 된다. 따라서 헬륨의 바닥상태는 단중 상태이다. 헬륨 원자의 바닥상태에서는 어떠한 삼중 상태로 존재할 수 없다 (문제 3.21)

전자의 스핀에 의한 순수 자계 모멘텀이 존재한다. 전자의 스핀에 의한 가장 기본적인 자석 성질의 양을 보어 마그네트론(Bohr magnetron)이라 한다. 두 헬륨 전자가 삼중 상태에 있다면 반드시 그 시스템은 순수 자계 모멘텀의 값을 갖고 있다. 전체 스핀 값이 s=1이므로 순 자계 모멘텀은 보어 마그네트론으로 나타낼 수 있다. 즉 헬륨의 여기된 삼중 상태에 자계 모멘텀이 존재함을 나타내게 된다. 광자는 전자나 자계 모멘텀이 가지지 않는다. 삼중 상태는 자계 모멘텀을 가지고 있지만 단중 상태는 자계 모멘텀을 가질 수 없다. 따라서 여기된 삼중 상태에서 바닥의 단중 상태로의 천이가 일어날 수 없다. 즉 순수 자계 모멘텀에 대한 보존의 법칙이 성립하지 않게 된다. 이와 반대로 여기된 단중 상태로부터 바닥의 단중 상태로의 분극 천이가 가능하고 이때 강한 분극 방사가 나타난다. 헬륨의 삼중 상태는 단중 상태보다 약간 작은 에너지를 갖는다. 삼중 상태는 대칭 스핀 상태를 포함하고 있고 즉 파동 함수의 스핀항은 대칭이다. 이러한 결과는 그림 3.8과 같이 파동함수의 공간 항을 비대칭으로 만들고 평균적으로 전자는 더욱 분리된다. 그 결과, 바닥상태 전자와 여기 상태 전자 사이에 존재하는 척력은 더욱 약해지게 된다. 따라서 여기 상태에 있는 전자는 원자핵과 더욱 강한 구속력을 갖게 되고 매운 낮은 에너지 상태를 나타낸다. 관측되는 방사는 높은 에너지의 단중 상태와 바닥상태의 에너지 파로 나타난다. 여기된 삼중 상태에서 단중 바닥상태로의 어떠한 방사를 관측할 수 없게 된다.

지금까지 우리는 두 전자 시스템의 행동에 대해 설명하기 위해 헬륨 원자를 사용하였다. 이제 유기물을 이용한 빛 방출 및 흡수에 대해 적용하기 위해 분자 전자 시스템에 두 전자 시스템에 의해 이해된 내용을 적용하여 보자. 분자는 유기 전자 소재의 기본이고 또한 분자 시스템은 두 개 이상의 전자를 포함하고 있다

3.7 분자 여기

무기 반도체에서 전자와 전공은 상온에서 안정적인 여기자의 형성을 방지하도록 분포 파동함수로 존재한다. 이와 상응하게 유기 반도체에서는 전자와 정공은 존재하는 분자 내에 국한되어 존재한다. 그리고 분자 여기자는 유기 반도체 분자 내에 안정화된 상태로 구속되어 존재하게 된다. 분자로 구성된 유기 반도체의 경우 여기자는 상온이나 높은 동작 온도에 명확히 존재한다. 유기 반도체 여기자는 분자의 여기 상태로 존재하게 되고 분자는 일련의 분자 궤도와 일치하는 여러 전자 에너지 레벨을 갖게 된다. 분자 궤도는 분자들의 복잡하고 다양한 형태를 가지고 있기 때문에 이를 슈레딩거 방정식을 이용하여 직접적으로 계산하기 매우 어렵다. 이러한 분자 궤도들은 전자가 존재할 수도 있고 하지 않을 수도 있다. 분자가 자신의 궤도에서 높은 에너지를 갖는 다른 분자 궤도로 천이할 때 분자는 양자 에너지를 흡수하게 되는데 이때 분자의 전자적 여기상태가 발생하게 되고 분자 내에 존재하는 전자 정공으로 구성된 분자 여기자라 할 수 있다. 전자는 어떠한 전자도 존재한지 않는 가장 낮은 상태의 분자 궤도에서 찾을 수 있고 전공은 전자들에 의해 채워진 가장 높은 분자 궤도에서 발견하게 된다. 전자와 전공이 같은 분자에 존재하기 때문에 전자와 전공이 구속되었다고 규정할 수 있다. 따라서 유기 반도체의 분자 내부에 공간적으로 구속된 구속 여기자가 발생하게 된다. 유기 분자 에너지 레벨은 6장에서 좀 더 자세히 설명할 것이다. 이러한 분자 여기자는 헬륨 원자의 여기 상태와 같이 분류할 수 있고 분자에서는 단중 혹은 삼중 여기 상태가 가능하게 된다. 분자에는 두 개 혹은 여러 개의 전자가 존재하기 때문에 3.6절에 설명된 전자스핀, 파울리 배타 원리 및 불명확성(indistinguishability) 등을 분자 여기자에도 적용할 수 있다.

여기 상태가 아닌 분자가 빛의 광자 하나를 흡수하게 되면 분자는 여기 상태에 놓이게 되고 스핀 s=0을 갖는 단중 상태의 여기자를 형성하게 된다. 이러한 여기된 상태의 분자는 수 나노초의 수명 특성을 갖게 되고 여기된 에너지는 광자의 형태로 방출하게 된다. 이때 바닥상태로 돌아가게 하는 역할을 하는 분극에 의해 분자는 발광의 상태에 처하게 된다. 이러한 분자 여기는 광자 흡수보다는 전기적 입력 값에 의해 여기자를 형성하기도 한다. 이러한 현상은 제 6장에서 좀 더 자세히 다루기로 하자.

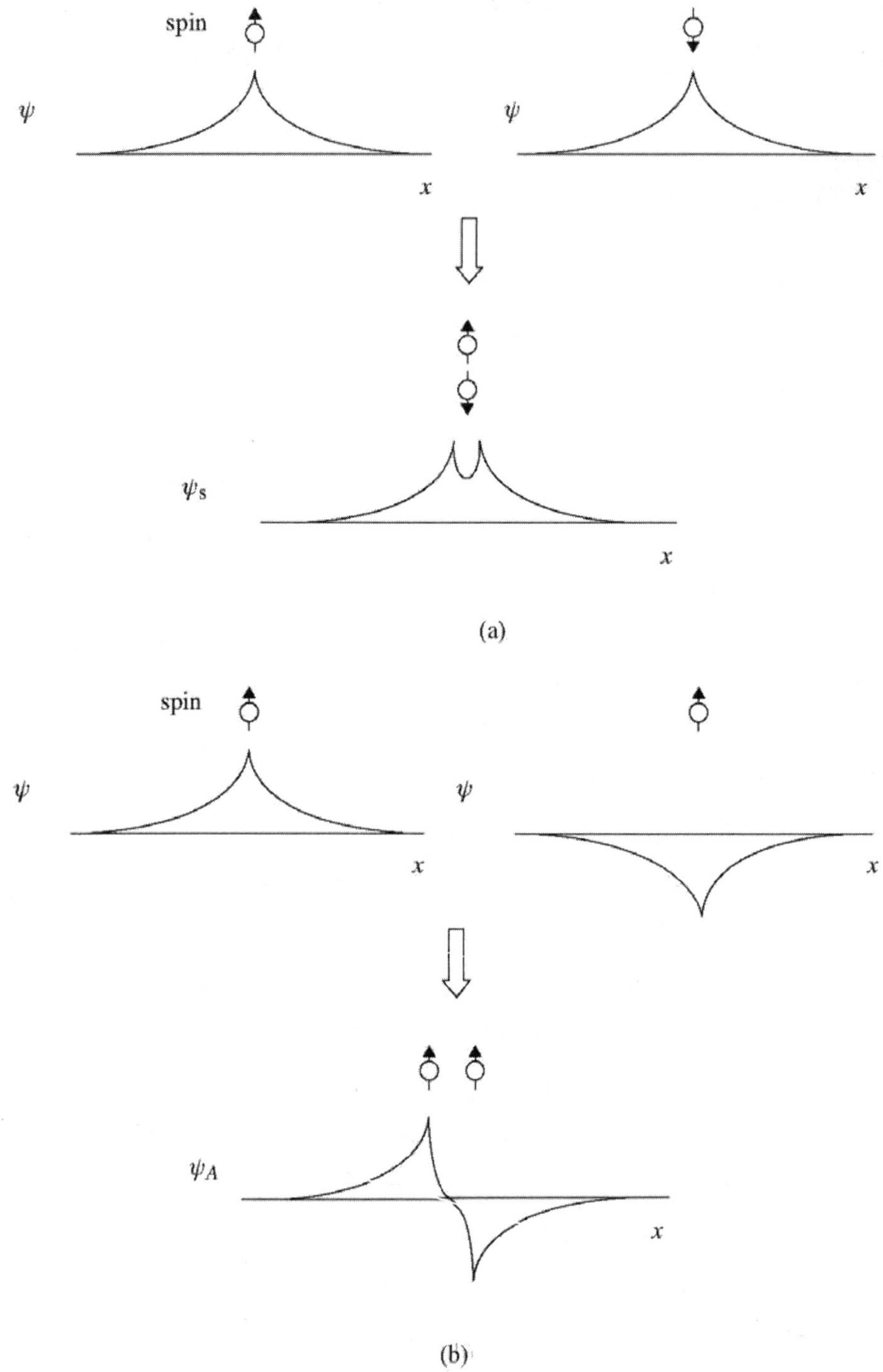

그림 3.8 두 전자 시스템의 대칭과 비대칭 파동함수와 공간 밀도 함수에 대한 묘사. (a) 평균적으로 각 전자가 다른 전자에 근접한 단일 상태. (b) 평균적으로 각 전자가 다른 전자에 멀리 떨어진 삼중 상태

광자 흡수와는 달리 전기적 여기자는 전체 스핀 변이 값이 영이 될 필요가 없기 때문에 전기적 여기 상태에서의 여기자는 단중 혹은 삼중 상태에 놓일 수 있다. 표 3.2에 설명한 것과 같이 75%의 삼중 상태와 25%단중 상태에 놓이는 확률이 발생한다. 삼중 여기자가 소멸될 경우 분극이 발생할 수 없기 때문에 전기자 여기에 의해 발광 확률은 25%로 낮아지게 된다.

그러나 또 하나의 다른 과정이 삼중 여기에서 발생될 수 있다. 삼중 여기자의 스핀 상태는 s=1이고 이러한 스핀 상태는 분자내 전자의 궤도 각 모멘텀과 빈번한 상호 작용이 갖게 된다. 즉 분자 여기자의 자계 모멘텀에 실제적으로 영향을 주게 된다. 따라서 분극 방사에 대한 제한은 다소 약해지게 되고 특별한 분자의 경우에는 상대적은 긴 방사 특성을 갖는 빛 방출이 발생하게 된다. 이러한 삼중 여기자의 긴 방출 수명은 수 밀리초를 갖게 되고 짧은 단중 상태의 발광과 구분하기 위해 인광이라 칭한다. 이러한 삼중 여기 상태가 단중 여기 상태보다 상대적으로 낮은 에너지 레벨을 갖기 때문에 주어진 분자에서 삼중 인광은 단중 발광에 비해 긴 파장을 갖게 된다.

또한 분자 여기자가 에너지를 잃게 되는 다른 방법들도 존재한다. 한 분자에서 다른 분자로 에너지 전달이 발생하여 에너지가 소멸되는 3가지의 가능한 에너지 소멸 과정이 존재한다. 가장 중요하게 여겨지는 과정은 포스터 공진 에너지 전달(forster resonance energy transfer)이다. 자, 하나의 분자내에 하나의 여기자가 발생되었고 이웃하는 분자에는 여기가 일어나지 않는 시스템이 존재한다고 가정하자. 여기된 분자는 진동하는 분극 모멘트를 형성하게 되고 중첩 상태를 형성하면서 여기자는 점차 에너지를 잃게 된다. 이러한 분극에 의해 형성된 방사장은 진동하는 방사장에 의해 이웃하는 분자에 영향을 주게 되고 이웃하는 분자와 중첩 상태를 형성하게 된다. 따라서 여기된 분자는 공진 에너지 전달 과정을 통해 이웃하는 분자에 에너지를 잃게 된다. 즉 이웃하는 분자에 어떠한 광자를 형성하지 않는 상태에서 초기의 여기된 에너지가 이웃하는 분자로 전달되고 에너지는 보존이 이루어진다. 완전한 광자가 형성되지 않았으므로 포스터 공진 에너지 전달 과정은 광자 발생 혹은 흡수와는 전혀 다른 과정이 된다. 따라서 여기된 단중 상태에 의한 분극 발생에 의한 천이는 포스터 공진 에너지 전달 과정에 영향을 줄 수 있다. 포스터 에너지 전달은 분자 사이의 공간에 큰 영향을 받고 에너지 전달률은 $\frac{1}{R^6}$에 의해 감소하게 된다. 여기에서 R은 두 분자 사이의 거리이다. 이러한 단순화된 이론은 고정상태의 분극에서 발생하는 전계 이론으로부터 구할 수도 있다. 전계가 $\frac{1}{R^3}$에 감소된다고 하면 전계 내의 에너지 밀도가 전계 세기의 제곱에 비례하므로 이웃하는 분자에 적용되는 에너지는 $\frac{1}{R^6}$을 감소하게 된다.

이러한 관계에 의해 에너지 전달률이 결정되게 된다.

한 분자(donor molecule)로부터 다른 분자(accepter molecule)로의 여기 전자 상태를 전달하는 두 번째 에너지 전달 메커니즘은 덱스터 전자 전달(dexter electron transfer)이다. 이 전달 메커니즘은 10–20Å 정도로 매우 가깝게 위치하는 도너와 어셉터 사이의 파동함수의 중첩에 의해 발생하게 된다. 덱스터 프로세스는 한 분자로부터 다른 분자로의 전자와 정공 전달에 의해 이루어진다. 도너의 여기 상태는 한 스텝 혹은 두 개의 일련의 전하 교환 스텝들에 의해 전달된다. 이러한 전달이 일어나는 원동력은 전달에 의한 시스템 내의 에너지 손실에 의한다. 즉 이 전달은 도너와 어셉터의 분자가 다른 분자임을 암시하고 있다. 이 전달 과정은 유기 다이오드를 다루는 6장에서 설명될 것이다. 두 분자 사이의 거리가 R일 때, 덱스터 에너지 전달율은 $e^{-\alpha R}$에 비례한다. 지수함수는 거리에 따른 파동함수의 밀도 함수가 지수적으로 감소함에 의해 나타난다.

마지막 세 번째 과정은 방사 에너지 전달이다. 이 경우 한 분자에서 방출되는 광자를 다른 분자가 흡수할 때 일어난다. 호스트 분자로부터 분극 방사에 의해 광자가 형성되고 게스트 분자의 분극 흡수에 의한 정반대의 과정에 의해 광자가 흡수되게 된다. 이는 3.4절에 서술하였다.

3.8 밴드–투–밴드 전이

무기 반도체에서는 전자–정공 재결합에 의해 광자가 발생되거나 반대로 광자의 흡수에 의해 전자–정공 쌍이 발생하게 된다. 전자는 전도대에 위치하게 되고 전공은 가전자대에 놓이게 된다. 밴드 이론을 공부하기 위해서는 제 1장을 복습하여 이러한 과정에 대한 이해가 반드시 필요하다.

그림 3.9에 보여지는 것과 같이 각 밴드의 아래쪽과 위쪽에 포물선의 전도대와 가전자대를 갖는 직접 갭 반도체에 대해 생각해 보자. 포물선 밴드는 1.5절에 소개되었다. 두 개의 가능한 천이 에너지 E_1과 E_2가 존재하고 두 에너지는 두개의 다른 파장을 갖는 두 광자를 발생한다. 광자는 너무 작은 모멘텀을 가지고 있어 전자와 정공의 재결합은 이러한 모멘텀 보존을 만족하기 위해 거의 수직으로 일어난다. x축은 모멘텀과 비례하는 파수 K를 나타낸다. 1.12을 보기 바란다.

전도대의 전자는 다음과 같은 에너지를 갖고

$$E_e = E_c + \frac{\hbar^2 k^2}{2m_e^*}$$

전공은

$$E_h = E_v + \frac{\hbar^2 k^2}{2m_h^*}$$ 의 에너지를 갖는다.

직접 갭 반도체의 스펙트럼 방출/흡수를 결정하기 위해서 에너지 함수 E를 이용하여 재결합이 일어나는 확률을 찾아야 한다.

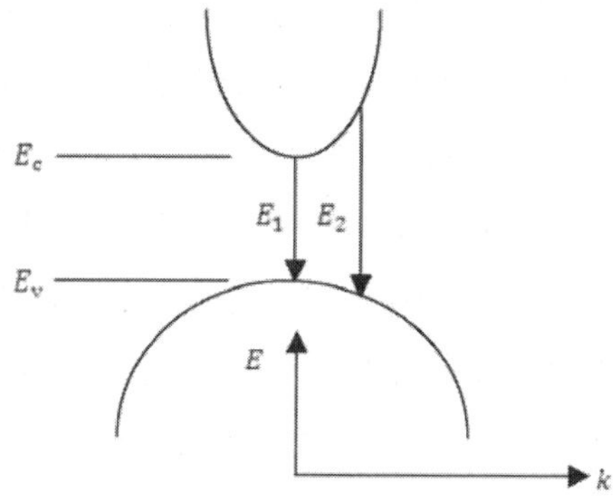

(a)

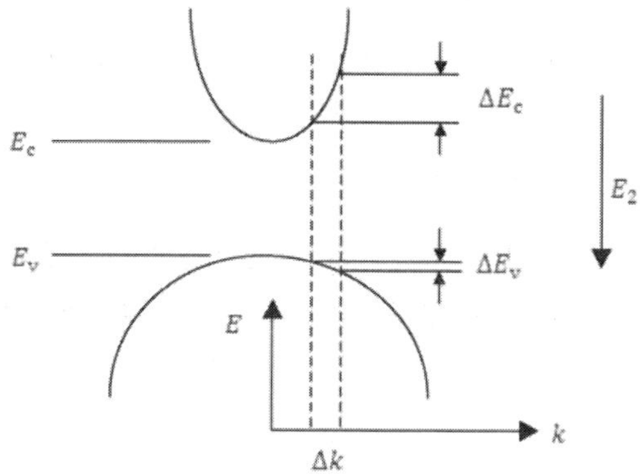

(b)

그림 3.9 (a) 두 개의 천이 가능을 보이는 직접 갭 반도체의 포물형 전도 및 가전자대. (b) Two ranges of energies 가전자대 ΔEv 와 전도대 ΔEc에 존재하는 에너지 범위는 특이한 천이 에너지와 비슷한 매우 작은 에너지 범위에서 광자 방출율을 결정한다. 다음에 대해 알아두자. 그림 (b)의 두 수직 점선들은 E2에서 ΔEv 와 ΔEc의 합과 같은 천이 에너지 범위를 보인다.

이러한 천이 확률은 상태가 채워지는지 채워지지 않는지를 설명하는 확률 함수와 상태함수의 적절한 밀도를 곱하여 나타낸다. 먼저 적절한 상태함수의 밀도를 구해보자. 그림 3.9의 모든 천이는 k가 상수인 역공간에서 고정 값으로 발생한다. 역공간 혹은 k 공간에 존재하는 점으로 이루어진 같은 군집은 가전자대나 전도대에서 상태로 발생하게 된다. 제 1장에서 소개된 Kronig-Penny 모델에서 k 축 위의 한 위치는 가전자대와 전도대를 포함하는 모든 에너지 밴드와 교차한다. 그러므로 k라는 특별한 값을 갖는 가전자대의 하나의 상태는 전도대의 하나의 상태와 상관성을 갖게 된다. 역공간과 k 공간은 1.9절에 설명한 것과 같이 상수항 π를 제외하고 동일하다고 할 수 있다. 그림 1.11과 1.12에 역공간에 대해 설명하였다.

따라서 어느 지정된 광자 에너지의 범위에서 광자 에너지의 광자 방출율을 결정하기 위해서는 전도대의 상태 그룹과 이에 상응하는 가전자대의 상태 그룹 사이의 천이가 발생하기 적절한 상태 함수의 밀도를 구해야 한다. 즉 역공간 혹은 k-공간에서의 상태수를 결정하여야 한다. 이러한 상태함수는 그림 3.9에 나타난 것과 같이 어떤 천이 에너지에 중심에 위치한 작은 방사 에너지 범위 ΔE_c내에서 발생하는 상응하는 천이 에너지의 세트에서 발생하게 된다. 예를 들면 적절한 상태함수는 그림 3.9b의 E_2에서 찾을 수 있는데 이러한 상태함수는 작은 미세 에너지 범위 ΔE_c와 ΔE_v에 상응하는 작은 범위의 k- 상태 Δk에 대한 고려와 ΔE의 범위에서 발생하는 밴드 상태의 전체 수를 찾음으로써 구해낼 수 있다. 이러한 상태로부터 방출되는 에너지는 E_2에 중심을 두고 방출되는 스펙트럼은 $\Delta E = \Delta E_c + \Delta E_v$의 방출 에너지 범위를 가질 것이다. 천이 밀도는 결합 분산 관계(joint dispersion relation)에 있는 상태들의 밀도에 의해 결정된다.

천이가 일어날 경우의 에너지는 $E(k) = hv = E_e(k) - E_h(k)$이고 이 수식은 가전자대와 전자대들로부터 발생되는 분산 관계들을 총합하는 결합 분산 관계(joint dispersion relation) 로 대체할 수 있다. 천이 에너지 (E)와 그림 3.9a로부터 결합 분산 관계를 나타내면

$$E(k) = hv = E_c - E_v + \frac{\hbar^2 k^2}{2m_e^*} + \frac{\hbar^2 k^2}{2m_h^*} = E_g + \frac{\hbar^2 k^2}{2\mu} \tag{3.17}$$

여기에서 $\frac{1}{\mu} = \frac{1}{m_e^*} + \frac{1}{m_h^*}$이다. K-상태들의 범위는 결합 분산 관계에 놓여있는 $\Delta E = \Delta E_c + \Delta E_v$의 에너지 범위에 의해 구해질 수 있다. 왜냐하면 결합 분산 관계

는 두 밴드 내에 있는 관련성을 갖는 모든 에너지들의 합이기 때문이다. 결합 분산 관계에 존재하는 가장 작은 천이 에너지 E의 값은 k=0에서 발생하게 된다. 이 값은 그림 3.9와 수식 3.17에서 E=E_g에서 구할 수 있다. 결합 분산 관계에서 상태들의 밀도를 구할 수 있는 어떤 에너지 범위에서 발생할 수 있는 광자의 방출 천이에 대한 밀도를 결정할 수 있다.

에너지 밴드에 대한 상태 함수의 밀도는 1.9절에서 소개되었고 상태 함수의 밀도는 V=0인 규정된 공간에서 유효하게 된다. 그러나 에너지 밴드에서의 상태함수의 밀도는 수정된 형태를 갖게 된다. 자유 전자의 질량은 특정 에너지 밴드에 맞게 질량은 감소한 형태로 사용하게 된다. 따라서 식 1.23에 사용된 m은 식 1.31a에 의해 구해진 m^*로 교체되어야 한다. 즉 전자 질량이 m인 자유 전자에 대한 포물선적인 E와 k 분산 관계보다는 적당한 유효 질량을 갖는 작은 값의 k에 대한 포물선을 나타내는 그림 1.7에 나타난 것 같이 에너지 밴드 내에서의 전자에 대한 포물선적인 E와 k 분산 관계로 나타낸 것이 알맞을 것이다. E와 k 분산 관계의 기울기는 유효 질량에 의해 결정될 것이고 k-축의 주어진 상태 밀도에 대해 에너지 축의 상태 밀도에 의해 구할 수 있다. 같은 논리로 감소된 질량 μ를 식 1.23에 대입하여 식 3.17의 결합 분산 관계의 밀도 함수를 결정할 수 있다. $E < E_g$인 경우 상태 함수의 밀도는 영이 되어야 하고 따라서

$$D_{\text{joint}}(E) = \frac{1}{2}\pi\left(\frac{2\mu}{\pi^2\hbar^2}\right)^{\frac{3}{2}}(E-E_g)^{\frac{1}{2}} \tag{3.18}$$

이것은 $E \geq E_g$에 대해 상태들의 결합 밀도라 할 수 있다. 밴드내에서의 상태들이 놓여질 확률을 찾기 위해 1장에서 소개된 페르미 디렉(Fermi-Dirac) 통계를 이용하자. 식 1.33에서 구해진 것과 같이 전도대에 캐리어가 존재할 확률을 나타내는 Boltzmann 근사식은

$$F(E) \cong \exp\left[-\frac{(E_e - E_f)}{kT}\right]$$

그리고 가전자대의 정공이 존재할 확률은

$$1 - F(E) \cong \exp\left[-\frac{(E_h - E_f)}{kT}\right]$$

천이는 전도대의 전자와 가전자대의 정공, 둘 다 필요하므로 천이가 이러날 확률은 다음 식에 비례한다.

$$F(E)[1-F(E)] = \exp\left[-\frac{(E_e - E_f)}{kT}\right] = \exp\left[-\frac{E}{kT}\right] \tag{3.19}$$

상태 함수의 밀도를 바탕으로 LED의 동작을 위한 전자-정공 재결합 확률 $P(E)$은 상태함수의 결합 밀도와 함수 $F(E)[1-F(E)]$의 곱에 비례하게 되고 다음과 같이 나타낼 수 있다.

$$p(E) \propto D(E-E_g)F(E)[1-F(E)] \tag{3.20}$$

식 3.18, 3.19, 3.20을 사용하여 광자 방출율 $R(E)$은

$$R(E) \propto (E-E_g)^{1/2}\exp\left[-\frac{E}{kT}\right] \tag{3.21}$$

그림 3.10은 위의 식을 그래프로 나타내고 있다.

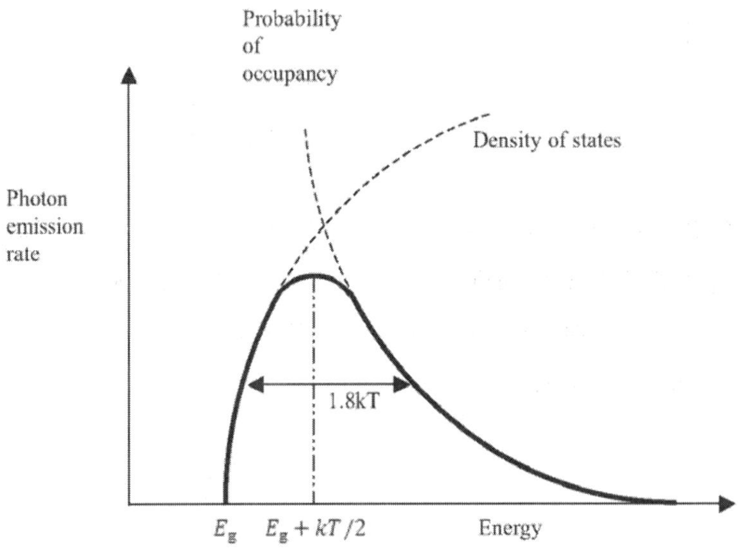

그림 3.10 LED의 직접 갭 천이에서의 에너지 함수에 대한 광자 방출율. 다음을 알아두자. 방출은 낮은 에너지에서 상태밀도함수항 $(E-E_g)^{\frac{1}{2}}$의 감소에 의해 떨어지고 높은 에너지에서는 볼쯔만 항 $\exp\left[-\frac{E}{kT}\right]$에 의해 감소한다.

식 3.21은 직접 갭 반도체를 잘 나타내고 있다. 그러나 1.15절에 소개된 재결합율 $R \propto np$와는 기본적으로 다르다. 이러한 이유는 1.15절에서는 실리콘과 같은 간접 갭 반도체의 경우 재결합이 발생하면 캐리어는 산포되고 일정한 k 값을 유지할 수 없기 때문이다. 실리콘과 같은 반도체의 재결합은 광자의 상호 작용에 의해 방사되기 보다는 비방사의 형태를 뛰고 있다. 이러한 경우 밴드에서 모든 캐리어의 농도 n과 p가 중요 인자가 되며 식 3.21에서 사용된 특별한 k 값에 대한 고려가 필요하지 않게 된다.

만약 식 3.21을 E에 대해 미분($\frac{dR(E)}{dE} = 0$)하면 최대값은 $E = E_g + \frac{kT}{2}$에서 구할 수 있다. 따라서 중간 최대치의 전체 폭은 1.8kT로 계산된다. 이와 관계된 문제 3.18을 풀어보기 바란다. 이에 대해 LED을 소개하고 있는 5장에서 좀 더 설명될 것이다.

태양 전지에 있어서 광 흡수 상수 α는 식 3.6을 이용하여 계산하면

$$\alpha(h_v) \propto (h_v - E_g)^{\frac{1}{2}} \tag{3.22}$$

가전자대가 전자로 가득 채워져 있고 전도대가 비워있는 상황에 대해 고려해 보자. 이러한 경우 흡수율은 단지 상태 함수의 결합 밀도에 의존하게 되고 페르미-디락 통계에는 무관하게 된다. 그림 3.11은 직접 갭 반도체의 흡수가 일어나는 경계에서의 에너지를 나타내고 있다. 이러한 흡수가 일어나는 경계는 단지 직접-갭 반도체와 포물선 밴드형태가 형성될 경우에만 유효하다. 만약 $h_v \gg E_g$이면 광 흡수 에너지는 발생되지 않으며 측정된 흡수 계수는 이론과 다른 값을 갖게 된다. 간접 갭 반도체의 경우 흡수 상수 α는 직접 갭 천이가 일어날 때까지 광자 에너지 h_v를 가지고 점차적으로 증가한다. 이것은 태양 전지를 다루고 있는 4장에서 좀 더 자세히 설명할 것이다.

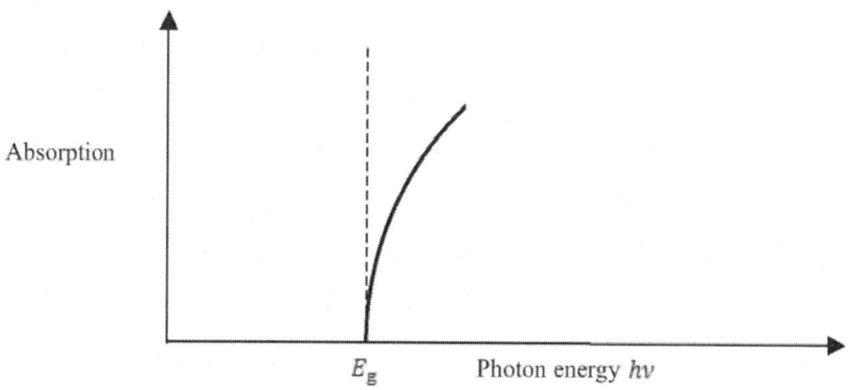

그림 3.11 직접 갭 반도체에 대한 흡수 에너지

3.9 측광 단위

5장과 6장에서 소개될 LED와 유기 LED가 사용되는 중요한 제품은 가시 발광과 디스플레이 제품이다. 이러한 장치들은 출력광의 밝기나 색을 측정하기 위해 단위를 사용한다. 빛의 방출에 대한 와트 단위의 전력이나 방출 파장은 빛 방출을 나타내는 적절한 단위는 아닐 것이다. 출력광을 측정하는데 적절한 단위와 방법을 선택함으로써 인간 시각 시스템은 다양한 형태의 특성으로 설명될 수 있다. 유일한 방법으로 빛을 해석하기 위해 이러한 인간 시각 시스템은 눈, 시각 세포, 뇌 등으로 구분되어 있다. 예를 들어 와트는 방사측정의 단위로 여겨진다. 본 장에서는 측광 단위와 방사 측정 단위에 관계된 것을 소개하고자 한다.

광도는 인간의 눈에 의한 광원의 밝기를 나타내는 측광 양이다. 광도의 단위는 칸델라(CD)이다. 단위 칸델라는 일 스텔라디언의 각도를 가지고 555nm 파장의 빛이 1/683 와트를 방출하는 광원의 광도를 나타낸다. 촛불이 이 단위를 생겨나게 했으며 촛불 하나의 밝기가 단위 칸델라와 근사적으로 같다.

광속은 광원의 빛의 파워(광력)를 나타내는 다른 측광 단위이다. 광속의 단위는 루멘(lm)이다. 1cd의 광도를 갖는 촛불은 4π 루멘의 빛의 파워를 나타낸다. 만약 광원이 구형으로 대칭된다면 구에서는 4π 스텔라디언이 발생되고 각 스텔라디언마다 1루멘의 광속이 방출되게 된다.

세 번째 양은 휘도로서 광원의 광도를 빛이 방출되어 지나가는 면적으로 나눈 값이다. 단위는 $cd\,\mathrm{m}^{-2}$이다. LED die나 반도체 칩 광원의 경우 휘도는 다이 사이즈에 의존한다. 일정한 광도를 갖는 다이 사이즈가 점점 작아지면 이 다이의 밝기는 점점 커지게 된다. 와트의 단위를 갖는 방사는 방출되는 스펙트럼에 의해 가시광이거나 불가시로 구분하는 반면에 휘도는 밝기를 가늠할 수 있는 장점을 갖는다. 광도, 광속 그리고 휘도와 같은 측광 단위는 주어진 광에서 나오는 일정한 빛의 스펙트럼에 대한 인간 시각 시스템의 상대적인 민감도로 여겨진다. 평균 인간 시각에 대한 시각 민감도 함수는 잘 정리가 되어있다. 그림 3.12는 파장에 관계없이 일정한 광력을 방출하는 광원에 대한 인간 시각 시스템에 대해 인지되는 밝기에 대하여 나타내고 있다.

그래프의 왼쪽에 나타난 민감도 함수는 간격이 1이고 555nm 파장에 대한 눈의 최대반을 나타낸다. 오른쪽은 광도 효율($\mathrm{lm\,W^{-1}}$)로 550nm 파장에서 최도 683$\mathrm{lm\,W^{-1}}$의 값을 갖는다. 그림 3.12를 이용하여 다른 파장의 빛에 대한 광도를 알 수 있다.

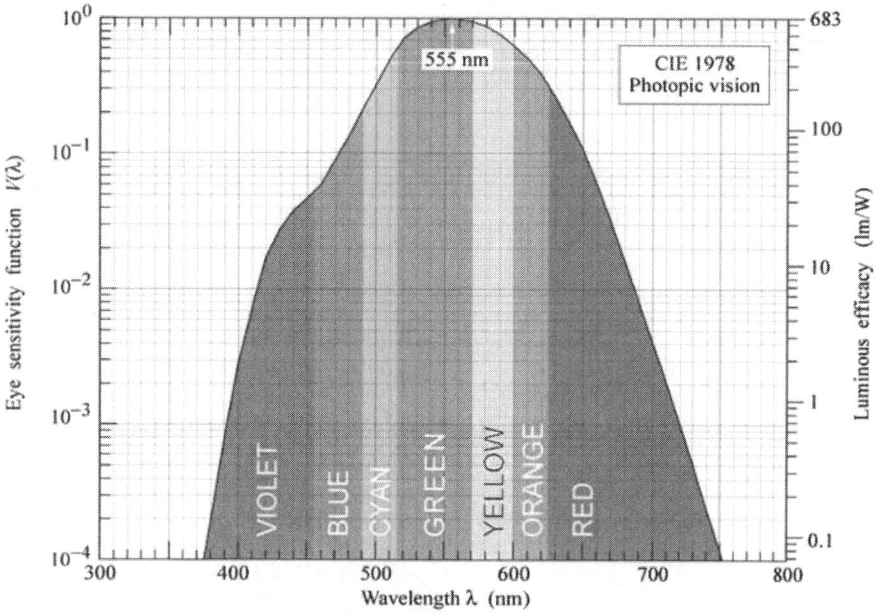

그림 3.12 시각 민감도 함수. 왼쪽 스케일은 555 nm에서 인간 시력의 최대값을 기준하였다. 오른쪽 스케일은 광도 효율의 단위이다.
International Commission on Illumination(Commission Internationale de l'Eclairage, or CIE), 1931

광원의 전체적인 효율을 나타내는 측정치는 그림 3.12의 광도 효율로부터 구할 수 있다. 전기를 이용한 555nm 단일 파장 광원이 1W의 전력을 사용하여 683lm을 생산한다고 가정하면 전기-광학 전환 효율은 100%라 할 수 있다. 또 다른 예는 410nm 단일 파장 광원이 1W의 전력을 사용하여 5lm을 생산한다고 가정하면 전기-광학 전환 효율은 100%라 할 수 있다. 1W의 전력을 소비하는 파란색 혹은 빨간색 LED의 광속은 녹색 LED보다 더 작은 양이다. 그러나 이것을 비효율적이다라고 말하지는 않는다.

광원에 대한 발광효율은 값은 lm W^{-1}, 즉 광력을 전기적 입력 파워로 나눈 값으로 나타낸다. 표 3.3은 표 3.1에 나타낸 광원에 대한 발광효율을 나타내고 있다. 하나의 스펙트럼을 갖는 광원에 대해 발광 효율은 광효율을 절대 초과할 수 없다.

광원의 색은 광원 자체의 스펙트럼에 의해 결정된다. 인간의 시각 시스템과 뇌는 색을 감지한다. 예를 들면 빨간색과 녹색의 광원에 의해 생산된 빛을 어떠한 노란색의 광자가 발생하지 않았으나 이를 노란 색으로 인지하게 된다. LED의 경우 방출되는 스펙트럼의 반치(Half-maximum)에서 최대치와 폭(full width)에 의해 색이 결정된다. 그림 5.23에 나타난 down-converted spectrum의 경우 인지되는 색은 파란색과 노란색 피크를 포함한 전체 스펙트럼의 함수로 나타나게 된다.

표 3.3 다양한 광원 방출자의 광도 효율 값(단위:lm W^{-1})

Blackbody radiation (light generated due to the temperature of a body)	Sun Tungsten filament lamp: $\eta \cong 5\%$ or 15–20 lm W^{-1}
Photoluminescence (light emitted by a material that is stimulated by electromagnetic radiation)	Fluorescent lamp phosphors ($\eta \cong 80\%$) The fluorescent lamp achieves 50–80 lm W^{-1} and this includes the generation of UV in a gas discharge
Cathodoluminescence (light emitted by a material that is excited by high-energy electrons incident from a vacuum)	Cathode-ray tube screen ($\eta \cong 20\%$) A green-emitting cathode-ray tube achieves approximately 50 lm W^{-1}. Colour tubes have considerably lower efficiencies of 1–2 lm W^{-1} due to the use of a shadow mask that drains away about 80% of the beam current
Electroluminescence (light emitted by a material that is directly electrically excited)	Light emitting diode ($\eta \cong 20-50\%$). For a 20% efficient LED this translates into the following approximate values: red LED at 625 nm 40 lm W^{-1} green LED at 530 nm 120 lm W^{-1} blue LED at 470 nm 12 lm W^{-1}

인간의 눈은 가시광선의 빨간, 녹색, 파란색의 중심으로 넓은 범위의 파장대에 민감한 빛 수용체가 있는 망막을 가지고 있다. 빛의 색은 이 수용체에 자극이 전달됨에 따라 결정되게 된다. 예를 들어 빨간색과 녹색으로 조합된 빛 광원은 빨간색과 녹색의 수용체를 자극하면 마치 노란색 광원이 노란색 수용체를 자극하는 것과 같이 인간의 눈은 두 소스를 노란색 광원인 것처럼 인지하게 된다. 인간이 감지하는 색은 인간의 시각 시스템에 의해 감지되기 때문에 색의 공간(colour space)은 색 공간 색도계(그림 3.13)라 불리는 2차원의 그래프로 나타내어 인간이 모든 색을 인지하도록 정의하였다. 그래프는 1931는 국제 조명학회에 의해 만들어졌고 따라는 학회의 이름을 따 CIE다이아그램이라 불리기도 한다. CIE의 x, y 좌표계는 광원의 색점을 명시하기 위해 사용된다. 이러한 색 공간을 벗어난 광원은 단일 파장의 빛을 방출하는 단색 광원이라 한다. 다이어그램의 중심부, 즉 흰색 광원으로 접근하면 광원은 점점 단색에서 멀어지게 된다. 따라서 일정한 폭을 갖는 스펙트럼을 갖는 광원은 색 공간의 경계로부터 일정한 간격을 갖게 된다. 만약 두 광원이 CIE 다이어그램에 있는 뚜렷한 두 개의 파장을 방출한다면 이러한 광원은 하나의 빛으로 합쳐지고 인간의 눈은 CIE 다이어그램 위의 두 광원을 연결하는 직선 위에 존재하게 색의 빛으로 해석하게 된다. 이러한 새로운 색의 직선 위의 위치는 두 광원의 각각의 상대적인 방사 파워에 따라 나타나게 된다. 문제 3.23을 참조하라.

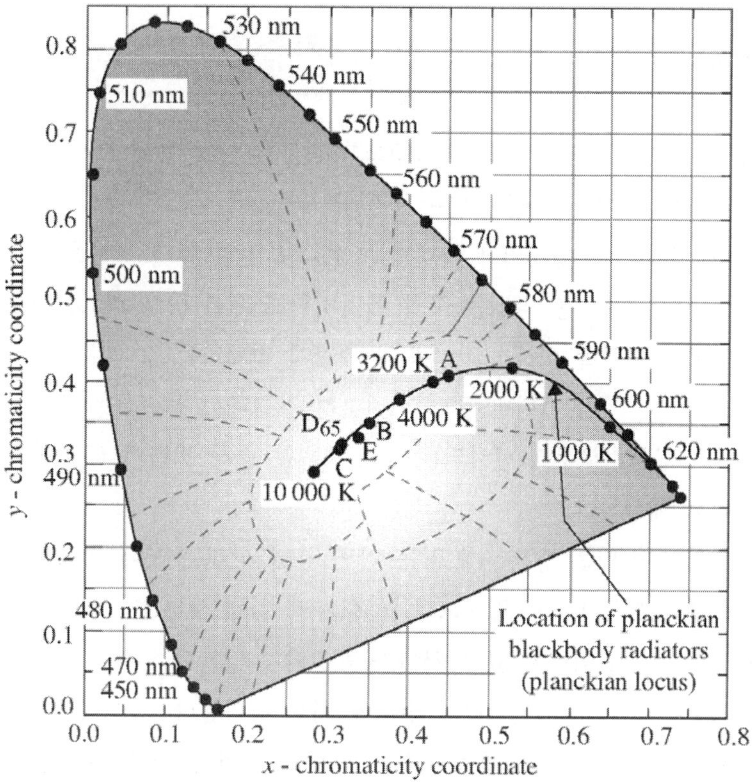

그림 3.13 인간 눈이 감지할 수 있는 색에 대한 색 공간 색도 다이아그램. 다이아그램의 중간 영역은 1000 K에서 10 000 K 사이의 온도를 갖는 흑채로부터 방출하는 색에 대한 프랑크 궤적을 나타낸다. 이 궤적은 5250 K 흑채에 해당하는 태양광 스펙트럼을 포함한다.
International Commission on Illumination(Commission Internationale de l'Eclairage, or CIE), 1931

만약 세 광원이 CIE 다이어그램에 있는 뚜렷한 세 개의 파장을 방출한다면 이러한 광원은 하나의 빛으로 합쳐지고 인간의 눈은 CIE 다이어그램 위의 세 광원 각각의 점을 연결하는 삼각형 안에 존재하는 색의 빛으로 해석하게 된다. 이러한 새로운 색의 삼각형 안의 위치는 세 광원의 각각의 상대적인 방사 파워에 따라 나타나게 된다. 이러한 세 개의 광원으로부터 방출되는 여러 가지 색을 만들 수 있음은 삼원색 조명의 기본을 형성하게 된다. 램프나 디스플레이는 이러한 원리를 이용한다. 따라서 빨간, 녹색, 파란색 광원에 색 삼각형의 꼭지점으로 선택된다면 형성된 삼각형은 가장 큰 삼각형이 된다는 것을 알 수 있다. 색 삼각형은 세 개의 빛 방출자에 의해 만들어지는 특별한 집합의 색 공간을 의미하기도 한다.

요약

3.1 발광은 가속되는 전하에 의해 발생되고 발광의 예로 흑체 복사, 광 루미네선스, 음극선 발광, 그리고 전장 발광이 있다.

3.2 가속된 전하들은 전자기장 에너지를 갖는 포인틴 벡터로 방출된다. 가속 전하로부터 방출되는 총 파워는 구형 에너지원에 대한 방사 파워를 적분하여 구할 수 있고 전하량에 비례하고 가속의 제곱에 비례하는 값이다.

3.3 전하 가속의 가장 간단한 형태는 전하가 정현파로 공진하는 발진 쌍극자 방사기이다. 쌍극자로부터 방사되는 평균 파워는 순시 전력의 시간에 대한 평균 값에 의해 계산된다.

3.4 고정 양자 상태는 방사하지 않는 반면 중첩 상태는 분극 방사를 통해 방사가 일어난다. 전자의 진폭 값은 $\langle Q_n | r | Q_{n'} \rangle$에 의해 계산된다. 만약$\langle Q_n | r | Q_{n'} \rangle=0$ 이면 방사는 일어나지 않고 천이가 발생되지 않는다.

3.5 여기는 수소체와 같이 전공과 전자에 의해 형성된다. 반도체에서 여기는 저온에서 관측되는 흡수과 방출 라인을 만들고 이러한 라인들은 반도체의 에너지 갭안에 존재하게 된다. 여기는 반도체를 통해 자유롭게 진행하거나 물질상의 결점에 구속된다.

3.6 두 전자 원자는 식별할 수 없는 전자들이라고 할 수 있다. 두 전자 원자에 의한 파동 함수는 대칭이거나 비대칭이라고 할 수 있다. 그 결과로 나타날 수 있는 상태들은 전자들이 상대적으로 매우 근접해 있는 단중 상태; 쌍극자 방사는 단중 상태가 결합되어 있는 상태이지 삼중이 결합되어 있는 상태는 아니다.

3.7 분자 연기는 하나의 분자 내에 존재하는 전자와 정공으로 구성되어 있다. 분자 내에서는 여기는 구속되어 있다. 따라서 분자 여기는 두 전자 원자에 바탕을 두고 있다고 여겨지고 단중 혹은 삼중 여기를 만들 수 있다. 단일 분자 여기는 상대적으로 빠른 쌍극자 가능 광자 흡수나 방출(발광)을 포함한다. 그러나 분자의 전기적 여기에 의해 형성되는 삼중 분자 여기는 상대적으로 천천히 소멸된다(인광).

3.8 직접 갭 반도체의 밴드-밴드 천이는 밴드내의 위치에 따라서 일정한 파장 범위가 발생되고 모멘텀 함수와 같이 밴드 내의 전자와 정공 분포는 밴드 내에 상태 밀도와 밴드 내에서 천이가 발생할 수 있는 방사 스펙트럼이 만들어지게 한

상태의 존재 확률에 의해 결정된다. 또한 직접 갭 반도체에서 흡수 스펙트럼도 결정된다.

3.9 인간의 눈은 뇌와 연결되어 가시광선을 인지하고 일련의 측광 단위는 밝기나 색을 구분할 수 있도록 개발되었다. 밝기의 단위는 cd/m^{-2}이고 이차원 공간에 나타낸 색 좌표(x, y)는 이러한 단위들의 바탕을 형성한다.

참고문헌

Ashcroft NW and Mermin ND. *Solid State Physics.* holt, Rinehart and Winston, 1976.

Eisberg R and Resnick R. *Quantum Physics of Atoms, Molecules, Solids, Nuclei and Pariccles*, 2nd edn, Wiley, 1985.

Kittel C. *Introduction to Solid State Physics*, 8th edn. Wiley, 2005.

Schubert EF. *Light Emitting Diodes*, 2nd edn. Cambridge University Press, 2006.

연습문제

3.1 분극방사기에서 전자가 파동되고 있고 1×10^{-12} watts의 방사전력을 생산한다고 가정하자. 방사가 다음의 파장으로 일어날 때 전자의 파동의 크기를 구하라.
(a) 470 nm (blue)
(b) 530 nm (green)
(c) 630 nm (red).

3.2 방사가 다음의 파장으로 일어날 때 문제 3.1의 방사기로 광자하나가 발생하기 위해 필요한 시간을 구하라.
(a) 470 nm
(b) 530 nm
(c) 630 nm.

3.3 방사가 다음의 파장으로 일어날 때 1watt의 광력(optical power)을 생산하기 위해 요구되어지는 초당 광자의 수를 구하라.
(a) 470 nm
(b) 530 nm
(c) 630 nm.

3.4 방사가 다음의 파장으로 일어날 때 1루멘(lumen)의 광속을 생산하기 위해 요구되어지는 초당 광자의 수를 구하라.
(a) 470 nm
(b) 530 nm
(c) 630 nm.

3.5 다음의 단일 파장에서 방출되는 광원의 광도효율과 색좌표를 구하라.
(a) 470 nm
(b) 530 nm
(c) 630 nm.

3.6 10 000 m s^{-2}으로 가속하는 전자로부터 100 nm 거리에서 발생하는 전계 $\varepsilon_{\perp}$를 구하라. 전계를 측정한 점에서 전자가 만나는 점과 가속 벡터 사의의 각을 함수로 당신의 결과를 그래프로 나타내라. 자계 $B_{\perp}$에 대해 위의 값을 구해보라. 결과에 의해 구한 진행파의 포인트벡터 방향과 적절한 단위를 사용하여 크기를 구하라.

3.7 문제 3.6의 전하로부터 방출되는 전체 평균 전력을 구하라.

3.8 다음과 같은 조건에서 파동되고 있는 전자로부터 방출되는 전체 평균 전력을 구하라.

(a) 주파수 1014 Hz 와 진폭 0.2 nm.

(b) 주파수 1015 Hz 와 진폭 0.2 nm.

(c) 주파수 1015 Hz 와 진폭 0.5 nm.

(d) (a)와 (b)의 경우 전자계 스펙트럼 중 어떤 부분이 방출 되는가? 자유공간에서 (a)와 (b)의 경우에 방출되는 파장을 구하라.

3.9 문제 3.8의 (a), (b), (c)의 경우에 하나의 광자를 발생하기 위해 필요한 시간을 구하라. 광자에너지를 얼마인가? 광자들의 초당 방출율은 얼마인가? 각 경우에 대해 하나의 광자를 발생하기 위해 얼마나 많은 전자 파동이 필요한가?

3.10 적절한 실효 질량과 상대 유전상수를 사용하여 GaAs내의 하나의 전자와 정공으로부터 여기된 에너지를 구하라. Gallium nitride와 cadmium sulphide에 대해서도 위의 값을 구하라.

3.11 문제 3.10의 각 반도체에 대해바닥 상태에서의 여기 반경을 구하라.

3.12 컴퓨터를 사용해서, 상온에서 직접-갭 반도체의 밴드-투-밴드 재결합이 발생할 때 광자 방출율 R(E)를 에너지의 함수로 그려라. 에너지의 범위는 밴드갭의 아래 10 kT로부터 위 10 kT로 존재한다. 밴드갭은 2 eV이다.

3.13 간접 갭 반도체인 실리콘은 밴드-투-밴드 방출의 경우 매우 비효율적인 방출원이다. 그럼에도 불구하고 매우 순수하게 정제되고 매우 작은 결함 밀도를 갖는 실리콘을 사용하게 되면 캐리어 수명은 비방사 방출 특성을 갖는 물질과 효율적으로 경쟁할 수 있는 충분한 방사 재결합 시간을 갖게 된다. 위의 주제에 대한 정보를 찾아보고 2-3페이지의 간략한 리포트를 작성해봐라. 이러한 주제는 LED를 소개하고 있는 5장에서 다루게 된다. 고려해야 할 핵심단어: 실리콘에서의 방사 방출(radiative emission in silicon); 실리콘 광 방출 다이오드(the silicon light emitting diode).

3.14 텔레비전에서 삼원색 시스템을 형성하기 위해 세 개의 빛 방출자에 의해 정의되는 색 공간은 디스플레이의 우수성에 기여하는 매우 중요한 사양이다. 북아메리카와 유럽에서 사용하는 텔레비전에서 상업적 표준으로 사용하고 있는 빨간색, 녹색, 청색의 색좌표를 구하고 CIE 다이아그램에 나타내라. 각 표준에 대한 정확한 이름을 보여라.
각 표준에 대해 CIE 다이아그램 위에 삼각 삼원색 공간으로 나타내고 인간이 시각 시스템에서 해석할 수 있는 가능한 모든 색으로 이공간의 한계에 대해 설명하라.
당신의 답을 문제 3.5의 답과 비교하라. 색 공간에 코멘트를 달고 시각 민감도를 고려한다면 앞의 공간이 한정된 크기를 갖는지에 대해 이유를 설명하라.
고려해야 할 핵심단어: CIE 다이아그램; RGB 색좌표; NTSC 표준; PAL 표준.

3.15 노트북과 같은 휴대용 전자 장치 디스플레이의 색좌표는 텔레비전에 비해 훨씬 작은 색 공간을 제공한다. 건전지의 전력은 디스플레이에서 사용되는 광원에 대해 매우 중요한 요소이고 일반적으로 최상의 디스플레이 밝기가 요구된다.
시각 민간도 함수와 CIE 다이아그램을 기반으로 색 공간의 감소가 왜 도움이 되는지 설명하라. 당신이 휴대용 전자 장치의 색 광간에 대한 정보를 얻는다면 위의 문제를 해결할 수 있을 것이다.
고려해야할 핵심단어: 감소된 색 좌표(reduced colour coordinates); 휴대용 전자장치(portable electronics); 노트북 디스플레이.

3.16 광원과 디스플레이 밝기는 응용 제품에 따라 바뀐다. 다음에 응용 산업의 표준이 되는 빛에 밝기를 단위 cd m^{-2}으로 구하라:

(a) 야간 전기 광원(Electroluminescent night light)

(b) 휴대폰 디스플레이(Cell-phone display)

(c) 영화관 스크린

(d) 노트북 디스플레이

(e) 데스크탑 컴퓨터 모니터

(f) 텔레비젼

(g) 상점 윈도우에서 사용하는 옥외 디스플레이

(h) 옥외 전자 광고판(Outdoor electronic billboard).

3.17 무기물 LED와 같은 직접 점광원으로 여겨지는 매우 작은 면적을 갖는 광으로부터의 광출력은 광원추의 중심을 zero(영)로 기준하여 방출 각의 함수도 광도를 나타낸다. 즉 장치의 광도는 일반적으로 광원추의 중심축에 의해서 구해진다.

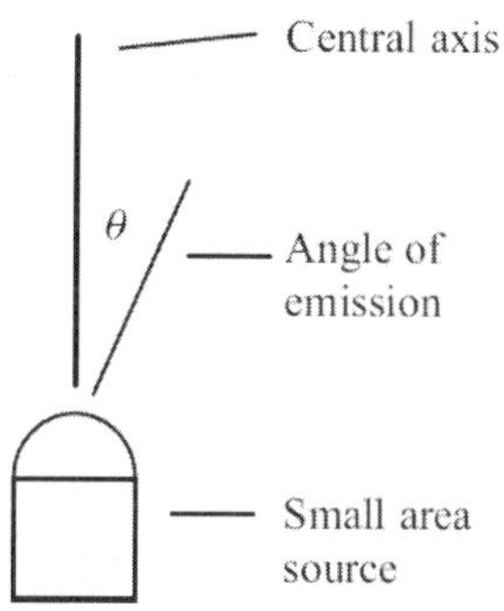

(a) 매우 효율적인 빨간색 광원이 30도로 방출되는 장치의 생산자 데이터 시트를 찾고 방출각의 함수를 사용하고 Cd(candela) 단위를 이용하여 광도를 그려라. 당신의 그림은 $\theta = -30°$에서 $\theta = +30°$의 각의 범위에서 그려질 것이다. $\theta = 0$에서의 그래프 값은 LED에 대해 데이터시트에 나타난 값과 일치하다.

(b) (a)의 그래프를 이용하여 루멘(lumen) 단위의 광속을 얻기 위해 빨간색 LED로부터 발생하는 전체 광 출력을 적분하라. 광속은 LED로부터 발생

하는 총 광출력을 나타낸다.

힌트: 광 방출의 형태는 구로 나타나고 정확한 적분을 위해서는 구좌표계를 이용하라. 각도를 함수로 한 광도에 의해 나타낸 면적을 나타내는 것은 옳은 답이 될 수 없다.

(c) (a)의 LED에 대해 제시된 광도를 얻기 위해 사용한 성능평가 조건을 참조하라. 생산자가 제시한 전압과 전류값을 사용하여 장치에 사용된 전력을 와트(watt)단위로 계산하라.

이제 (b)에서 구한 결과를 LED 효율을 얻기 위해 사용한 와트 단위의 전력으로 나누어라. 이 효율은 1 m/W로 제시된 것이다.

(d) 빨간색 LED의 방출 파장을 구하라. 그림 3.12를 참조하고 LED의 광도효율을 결정하라. 광도효율(luminous efficacy)과 발광 효율(luminous efficacy)은 다른 값이다. (c)의 발광 효율을 광도 효율로 나누어라. 이러한 단위 없는 값은 LED의 전력효율을 나타내고 전기 입력 전력이 빛으로 바뀌는 비를 나타낸다. 참고 자료에 따르면 고효율의 빨간색 LED는 대략 50%의 전력효율을 갖는다. 5장을 참조하라.

(e) 녹색과 청색 LED에 대해 (a)에서 (d)를 행하라. 그리고 그 값을 2장에 있는 값과 비교하라.

3.18 방정식 3.21을 E에 대하여 비분하고 $\frac{dR(E)}{dE}=0$로 하라. 최대값은 $E=E_g+kT/2$에서 발생함을 보여라. 이것으로부터 LED 방출 스펙트럼의 최대값의 중간에서 폭(FWHM)이 $\cong 1.8kT$임을 보여라.

3.19 방정식 3.1을 구하기 위해 다음의 식 $P=\frac{1}{16\pi\epsilon 0}\frac{2q^2a^2}{c^3}\int_0^{\pi}\sin^3\theta d\theta$을 미분하라.

3.20 식 3.10과 3.11의 대칭 파동함수 ψ_s와 비대칭 파동함수 ψ_A가 두 전자의 레이블에 영향을 받지 않는 확률 밀도 함수로 구해짐을 보여라.

3.21 두 전자를 갖는 원자가 바닥상태(n = 1)에서 단지 단일항 상태로 존재하고 삼중항 상태가 되지 않음을 설명하라.

힌트: 두전자의 레이블은 전자를 구별하기 어렵다는 전제에 일치할 수 있도록 파동함수의 공간 및 스핀 영역에 사용할 수 있다는 조건을 고려하라.

3.22 3.10, 3.8a, 3.9a에 사용하여 ψ_s를 구하라. 파울리의 배타 원리를 만족하기 위해여 ψ_s 절대 zero(영)가 되지 않기 위하여 두 전자가 같은 양자 상태에 있음을 보여라.

3.23 빨간색 광원은 x = 0.65, y = 0.35이고 녹색 광원은 x = 0.4, y = 0.6의 색좌표를 갖는다고 가정하자.

(a) 빨간 광원에 의한 스크린 밝기는 50 cd m^{-2}이고 녹색 광원에 의한 스크린 밝기는 50 cd m^{-2}인 두 광원이 스크린에 합쳐질 때 스크린에 합쳐진 빛의 색 좌표를 구하라.

힌트: 각 광원에 의한 방사 전력의 비를 구하기 위해 그림 3.12를 이용하라. 색 공간 색도 다이그램을 이용하여 두 색 좌표를 그리고 방사전력 비율에 의해 선의 길이를 나누고 두 부분에 의해 발생하는 색의 좌표를 결정하라.

(b) (a) 조건에 색좌표가 x = 0.15, y = 0.1 이고 스크린 밝기가 20 cd m^{-2}인 세 번째 청색 광원에 대해 (a)를 반복하라.

제 4 장

태양전지

1. 기본적인 태양전지 p-n 접합 설계와 PV 산업에 대한 응용을 이해한다.
2. 태양 스펙트럼과 반도체에서의 빛의 흡수에 대해 이해한다.
3. 태양전지로 작동할 때의 p-n 접합 모델을 소개하고 태양전지 효율의 설계인자(Design parameters)와 태양전지 효율의 관계를 이해한다.
4. 박막 태양전지를 세부적으로 이해하고 관계된 태양전지 설계에 대해 유도한다.
5. 실리콘 정제 및 실리콘 웨이퍼 생산 방법을 포함하여, 결정질 실리콘 태양전지 기술에 대해 설명한다.
6. 실리콘 리본 기술을 포함하여, 진보된 실리콘 태양전지 생산에 대한 개념을 이해한다.
7. 비정질 박막 태양전지에 대해 소개한다.
8. Telluride/selenide/sulphide 기반의 박막 태양전지에 대해 구조와 동작에 대해 소개한다.
9. 다중접합(Multi junction) 태양전지 개념에 대해 소개한다.
10. 집광형(Concentrator) 태양전지의 장점과 한계에 대해 논의한다.

4.1 서론

우리는 이제 p-n 접합이 광전효과(Photovoltaic, PV) 에 기인한 전기 발생에 대한 태양전지에 대해 세부적으로 논의하게 된다. 태양에서의 방사(Radiation)가 반도체 p-n 접합에 들어오게 되며, 전자-정공쌍(Electron-hole pairs)을 발생하며, 이들은 외부 회로를 통해 이동할 수 있으며 전기적 파워를 제공하게 된다.

태양전지는 휴대용 전자계산기에 장착된 것처럼 작을 수도 있지만, 대규모의 전력 생산이 가능하고, 태양광 산업(PV industry)에 적용이 되고 있으며, 매우 급격한 성장세를 보이고 있다.

2002년 이후, 태양광 생산량은 매년 20% 이상 성장하고 있다. 2009년 말에는 태양광 발전 설치(PV installation) 누적량은 21GW를 넘어서고 있다. 태양광 산업은 성장하는 에너지 생산 산업 분야이며, 전세계의 태양광 시장은 2009년 7.7GW에서 2012년 16.9GW에 달할 것으로 예상되고 있다.

현재, 벌크(Bulk) 결정질(Crystalline) 태양전지 패널(Panel)이 시장을 주도하고 있으나, 박막(Thin-film, 역자주*: 박막은 넓은 범주에서 박형 결정질을 포함한다.) 태양전지는 매우 중요하고도 점진적으로 세계의 설치량을 확대하고 있다. 박막형태 태양전지의 비율은 2013년까지 30%이상을 차지할 것으로 예상되고 있다.(역자주*: 2014년 현재 실리콘 가격의 하락으로 10% 내외의 점유율을 보이고 있다) 박막태양전지에 대한 비용은 매우 빨리 하락하고 있으며, 현재 Watt 당 $1 이하(역자주*: $1/W: Grid parity-태양광 발전이 기존의 화석연료 발전보다 저렴해 지는 시점)를 달성한 것으로 보인다.

이장에서는 p-n 접합(junction) 태양전지의 기본원리와 최적화 기법에 대해 공부한다. 실리콘은 가장 중요한 태양전지 소재이므로 우리는 그것에 대해 심화 학습하며, 다른 소재에 대해서도 다루게 된다. 물리적인 p-n 접합 태양전지는 반도체와 매우 관계가 있다. 우리는 태양전지의 band 그림을 이용하여, 광학적 흡수(Optical absorption), 태양광 방사, 그리고 태양전지 작동에 대해 깊이 다루게 될 것이다.

태양전지는 순방향 바이어스(Forward-bias)된 p-n 접합이다. 그러나 그림 2.7 에 보인 것과 같이 전류는 반대방향으로 흐른다. 이러한 점을 그림 4.1.에 도시하였다. 빛이 p-n 접합으로 입사하여, 태양전지 공핍층(Depletion region)에 도달하면, 전자

-정공쌍(Electron-hole pairs)를 생성하게 된다. 그 발생하는 소수 반송자(Minority carriers, 역자주* P-type 반도체: major carriers-정공, N-type 반도체: major carriers-전자)는 공핍층을 통해 드리프트(Drift) 되어, 전자는 p쪽에서 n쪽으로, 정공은 n쪽에서 p쪽으로 이동하게 된다.(역자주*: 태양전지는 입사광에 의해 발생하는 minority carriers의 이동으로 동작한다). 또한 빛의 입사에 의해 공핍층 양쪽에 있는, n쪽 혹은 p쪽에서의 확산거리(Diffusion length) 안에서 발생하는 전자-정공쌍도 발생하게 되는데, 공핍층의 드리프트 작용에 의해(역자주*: 공핍층에는 강한 전계가 존재한다) 상호 반대 방향으로 반송자를 이동시킬 수 있게 된다. 재결합(Recombination)을 줄이는 것은 캐리어가 외부 회로로 이동할 수 있도록 하며 결국 에너지를 공급해 주게 된다. 재결합은 열 발생(Heat generation)을 일으키게 된다. (소수) 캐리어는 공핍층을 건너 반대편으로 이동하게 되고, 결국 다수 캐리어(Majority carriers)가 되게 된다. 만일 한쪽에서 캐리어가 발생하고, 같은 쪽에서 재결합하게 된다면, 전류의 흐름에 도움을 주지 못하게 된다.

이용할 수 있는 에너지는 장벽전위($q(V_0 - V)$) 를 줄여서 최적화 시킬 수 있으며, 이는 공핍층을 가로지르는 캐리어 드리프트 이동을 용이하게 한다. 반도체 밴드갭(Bandgap)에서 장벽전위 값을 뺀 값은 이용할 수 있는 에너지(전자가 n-side으로 이동하고 정공이 p-side 으로 이동하는) 차이(Energy difference) 값을 줄인다. 이점은 태양전지의 동작 전압(Operating voltage)을 줄이게 된다. 만일 $q(V_0 - V)$ 이 너무 적다면, 캐리어는 공핍층을 가로질러서 이동하지 못하게 되고, 결국 쉽게 재결합으로 손실된다.

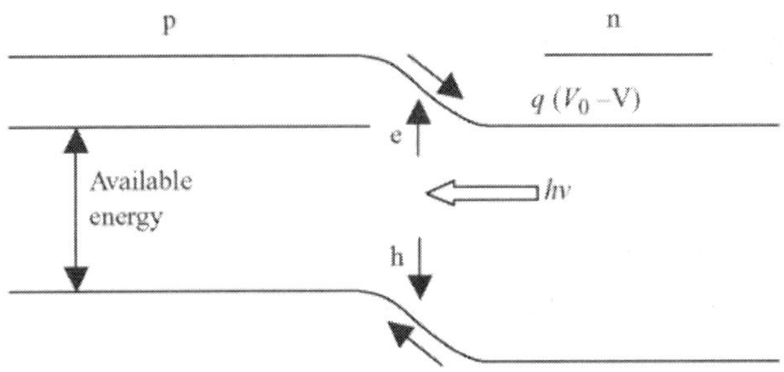

그림 4.1 캐리어의 이동 방향이 표시된 태양전지의 밴드다이어 그램, 빛에 의해 발생한 전자-정공쌍은 공핍층을 통해서 드리프트 된다.

태양전지 작동에 있어서 유용한 방법은 다음과 같다: p-n 접합의 전류-전합 특성은 그림 2.7과 같다. 만일 역방향 바이어스 된 상태에서 p-n 접합에 빛이 들어오면, 광학적으로 생성된 전자-정공쌍에 의해 상당히 큰 역방향 전류가 발생하게 된다. 광학적 발생이 없다면, 가능한 전자와 정공은 결국 역방향 포화 전류(Reverse saturation current)와 열적으로 발생된(Thermally generated) 소수 캐리어만을 가져오게 된다.

순방향 바이어스에서도 역방향 전류는 여전히 흐르게 되지만 상대적으로 아주 작은 확산 전류(Diffusion current)이다. 그러나 태양전지에서는 광학적으로 발생한 전류는 확산 전류보다 매우 크게 되며 순방향 바이어스가 존재하는 한 지속적으로 흐르게 된다. 태양전지의 I-V 특성에 대해서 그림 4.2에 표시되었다. 적정한 동작전압은 전류의 흐름을 양극(Positive terminal, p-n 접합에서의 p-side)으로 흐르게 되며, 외부 회로를 통해서 음극(Negative terminal, n-side)으로 이동하게 된다. 동작점에서 전류의 흐름은 광학적으로 발생한 캐리어의 드리프트에 의해 결정되며, 소수 반송자의 확산은 상대적으로 영향이 적다.

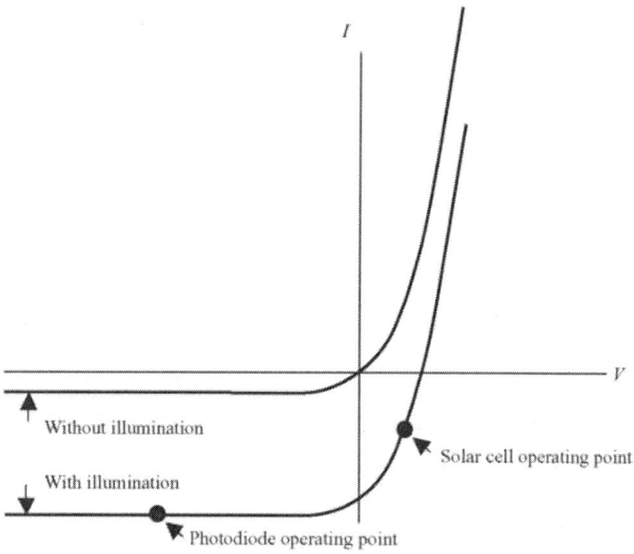

그림 4.2 빛의 조사(illumination)에 따른 태양전지와 광다이오드의 I-V 특성. 증대된 역방향 전류는 광학적으로 발생한 전자-정공쌍에 기인하며, 공핍층을 통해서 포집되고 다이오드의 각 단에서의 다수 캐리어가 된다.

광다이오드(Photodiode)는 광 검출기로서, 그림 4.2에서 보인 것과 같이 역방향에서 동작한다. 이 경우에, 전류는 태양전지와 같은 방향이지만, 전압이 반대쪽에 있으므로 에너지는 소비된다. 광다이오드는 태양전지와 아주 밀접하게 관계되지만, 동작 방식이 다르다.

4.2 빛의 흡수

효과적으로 전자-정공쌍을 발생하기 위해서는, 입사광이 반드시 접합 영역(Junction area)까지 도달해야 하며, 효과적으로 흡수되어야 한다. 빛의 흡수 과정에서 전체 에너지는 보존된다. 포톤의 에너지는 $E=h\nu$와 같으며, 반도체의 밴드갭 보다 큰 값이어야 하고 전체 모멘텀(Momentum)도 보존된다. 포톤(Photon) 모멘텀은 $P_{photon}= h/\lambda$으로 일반적인 반도체에서의 전자, 정공의 모멘텀보다는 매우 작다. 그림 1.7에서처럼, 밴드 상태에서의 모멘텀 $p=\hbar k$은 p=0 에서 $\frac{\hbar\pi}{a}$까지의 값을 가지게 된다. 격자상수(Lattice constant, a)는 일반적으로 수 옹스트롱 크기이지만, 가시광(Visible light)은 5000 옹스트롱 정도 크기의 파장(Wavelength)을 가지며, 포톤의 모멘텀은 전자와 정공 모멘트보다 훨씬 작은 값을 가진다. 그림 4.3에 보인 것과 같이, 정해진 포톤 에너지흡수 계수(Absorption coefficient)는 직각 방향의 천이(Transition)를 일으킨다(3장에서 이미 다루었다).

직접 밴드갭(Direct gap) 반도체에서의 포톤 흡수는 식 3.22와 같고 즉

$$\alpha(hv) \approx A(hv - E_g)^{1/2}$$

여기서, A는 상수값으로 물질에 따라 정해진다. 그림 1.13에서처럼, 직접 밴드갭 반도체에서의 경우를 보자. III-V족 반도체인 갈륨-비소(Gallium arsenide)와 II-VI족 반도체인 카드뮴-테룰라이드(Cadmium telluride)가 있다. 몇 가지 중요한 직접 밴드갭 태양전지 반도체 물질이 이장에서 다루어진다.

간접 밴드갭(Indirect gap) 반도체에서, $h_v \approx E_g$에너지를 가지는 포톤은 금지된 것으로 나타나며, 이는 그림 4.4에서 보인 것처럼 모멘텀 보존에 기인하게 된다(1.12절 참고). 결정질 물질에서 전형적인 포톤은 큰 값의 즉각적인 모멘텀을 전자로 전해줄 수 있는데, 원자의 무게가 전자보다 아주 크기 때문에 그렇고 이때의 포톤 에너지는 매우 작다. 온도에 대한 포톤에너지 값은 kT 로 표시되며, 상온(Room temperature)에서 0.026 eV 값을 가진다. 포논(Phonon) 에 관련된 흡수 과정은 그림 4.4.에서처럼 두개의 단(Two-step)으로 구성되며, 큰 포톤 에너지의 흡수에 의해서는 Single- step으로 구성될 수 있다. (역자주*: 포톤 에너지가 크다면 이동에 있어서 반드시 최소 에너지 경로인 밴드갭 최소점을 따르지 않고 더 큰 에너지가 필요한 경로로 이동할 수 있다.)

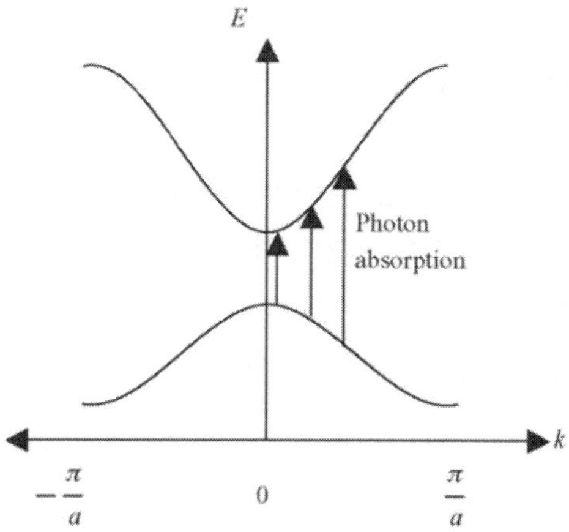

그림 4.3 직접천이 밴드갭 반도체의 광자 흡수는 대부분 수직 방향으로 발생하는데, 이는 밴드다이어그램에서 광자 모멘텀이 매우 작은 영역이다. 다른 많은 가능한 수직선들이 의미하는 것은 광자에 의해 전자-정공쌍의 발생을 나타낸다. 입사광의 에너지는 밴드갭보다 클 수 있다.

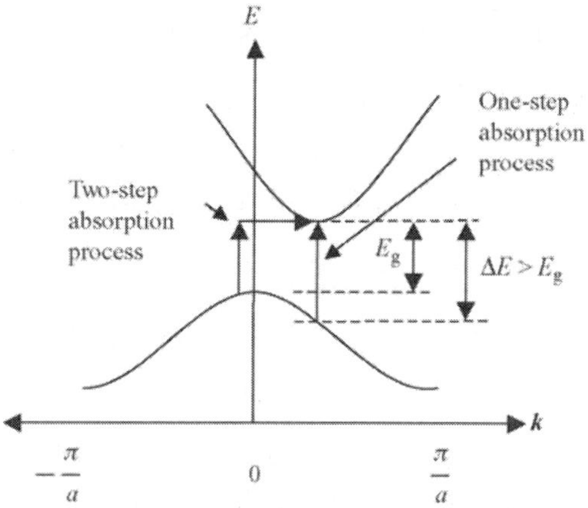

그림 4.4 간접천이 밴드갭 반도체에서는 모멘텀 보존에 따라, 가장 작은 에너지 밴드갭을 통해서 흡수가 발생한다. 간접천이가 의미하는 것처럼, 광자는 두 단계(Two step)의 흡수 과정과 연관되어 있다. 높은 에너지 광자에 대해서는 한 단계(One step)의 흡수가 가능하다.

Two-step 이동에 대해서는, 아주 가파른 흡수 상승은 직접적인 흡수에 대해 포톤에너지가 증가 될 수 있으며, 작지만 지속적으로 증가하는 흡수 계수에 의해 포톤에너지는 밴드갭(E_g) 보다 크게 증가할 수 있다. 그림 4.5에서 중요한 반도체 물질에 대한 흡수 계수를 보이고 있다. 실리콘과 게르마늄에 대해서는 긴 꼬리를 보이고 있는데, 이는 간접 갭 물질이기 때문이다. 반면에 직접 갭 반도체 물질은 매우 반듯한 흡수 특성을 보이고 있다.

4.3 태양빛 방사

태양빛은 태양 표면에서의 흑체방사(Blackbody radiation)로 발생한다. 약 5250 °C 에서 태양은 그림 4.6과 같은 스펙트럼을 방출한다. 이는 우주공간에서의 Solar spectrum이고 인공위성이나 우주정거장(Space station)에서의 태양전지에 관련이 있다. 지상용(Terrestrial) 태양전지는 파장대별로 많이 줄어든 태양 스펙트럼에 영향을 받는다. 특별하게, 물분자는 800-2000 nm 파장에 걸쳐진 네 부분의 밴드에서 큰 태양 스펙트럼 흡수를 일으킨다.

4.4 태양전지 디자인과 분석

실제적인 태양전지 디자인에 대해서 고려해 보자. p-n 접합으로 빛이 도달하기 위해서는 접합부분이 반도체 표면에 위치하는 것이 좋다. 접합은 방사된 빛을 충분히 흡수하기 위해 넓을수록 좋으므로, 빛이 입사하는 방향의 n 영역이나 p 영역이 얇을수록 좋다. 아주 중요한 점으로는, 매우 균등한 박막 영역을 접합 영역 전체에 기능을 할 수 있도록 하는 것이다. 만약 접합 물질이 태양전지 표면에 적용된다면 그 영역이 태양빛의 부분 흡수를 일으키게 된다. 일반적인 해결 방법은 얇은 영역을 도전층으로 만드는 방법이 있는데, 높게 도핑(highly-doped)된 박막 영역을 구성하게 된다. 이 높은 도핑 영역은 매우 좋은 수평 도전성(p-n 접합과 수평면의 전도도)이 매우 우수하여 전면전극(Front electrode) 역할을 할 수 있으며, p-n 접합의 한쪽 면이기도 하다. N-type 실리콘은 p-type 실리콘과 비교하여, 보다 높은 전자 이동도를 가지고 있으므로 더 높은 전도도를 제공한다. 이러한 이유로 실제적인 실리콘 태양전지의 얇은 상부층(Top layer)은 n-type 이 사용되고 있다.

그림 4.7에서와 같이 결정질 태양전지에서는 고도핑 된 n+을 전면층으로 사용하고 있으며, 그 위에 금속 그리드가 증착되어 n+ 전면층과 오믹접합을 이루게 된다. 전면층 위는 태양빛에 노출되게 되는데, 빛의 흡수를 높이고 반사를 줄이기 위해 반사방지층(Antireflection layer)을 형성한다. 가장 간단한 방법인 1/4 파장(Quarter wavelength) 기법은 반사방지층의 두께를 입사광 파장의 1/4로 하여 입사광(Incident light)반사를 전면과 후면에서 같게 하여 상쇄 시키는 방법이다(Problem 4.3 참조). 실제적으로 아주 폭이 작은 그리드를 형성하더라도, 금속 전극은 일정부분의 태양빛

을 감소시킨다. 두꺼운 p-type 영역은 거의 대부분의 남은 태양빛(역자주*: 입사광중에서 반사된 부분을 제외한)을 흡수하고, 후면 금속(Rear metal)과 오믹접합을 형성한다.

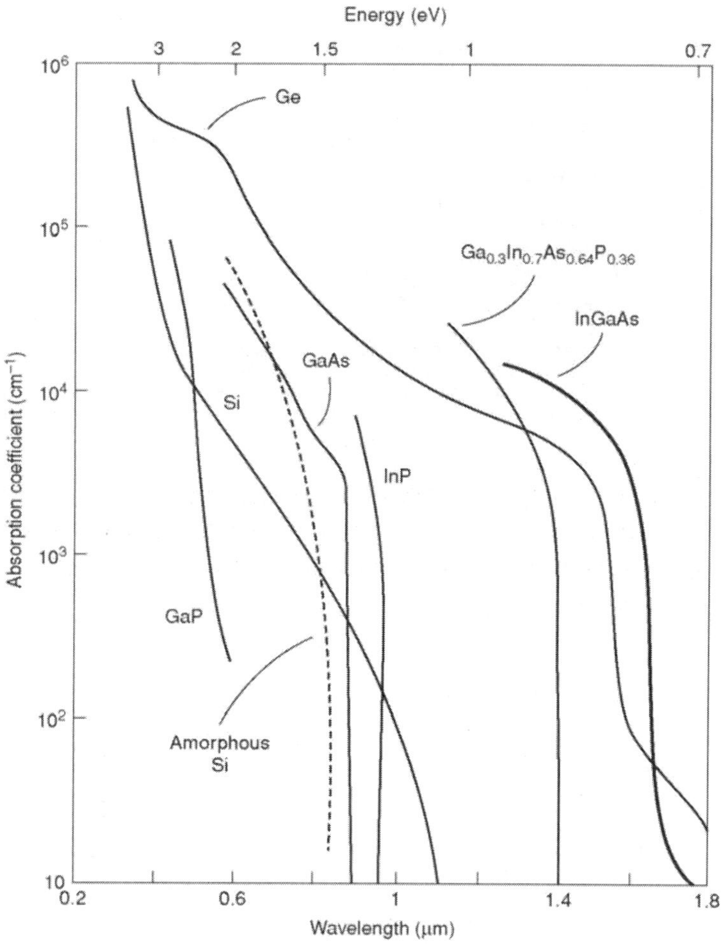

그림 4.5 다양한 반도체에서의 태양광 스펙트럼에 따른 흡수계수. 실리콘과 게르마늄의 프로파일에서 끝이 휘어지는 현상을 보이며, 이는 two step 흡수 과정에 의한 결과이다. 무정형의 실리콘은 비결정성이며, 다른 전자상태를 가지고 있으며, 다른 흡수 계수를 가지고 있다. 이는 결정질의 흡수 프로파일과 비교하면 확연히 다른 것을 알 수 있다.

대부분의 포톤이 두꺼운 p-type에 흡수되기 때문에, 대부분의 소수 반송자는 전자이다. 약간의 소수 반송자인 정공이 n+ 영역에서 발생하고 p-type 영역으로 도달하기도 하지만, 태양전지의 목표는 p-type 영역에서 생성된 전자를 전면층에서 수집하는 것이다.

태양빛이 태양전지에 입사하게 되면, 다음 식(1.12절 참고)에 따라 흡수되게 된다.

$$I(x) = I_0 e^{-\alpha x}$$

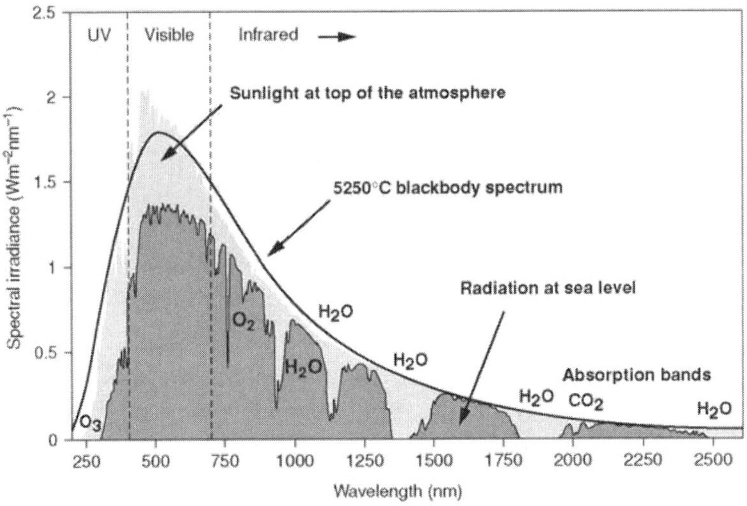

그림 4.6 5250°C 흑체에 대한 방사 스펙트럼으로 우주에서의 태양 스펙트럼과 유사한 값이다. 또한 이는, 지표상에서의 방사 스펙트럼과도 유사한데, 지표상의 값은 지구의 대기상에 존재하는 H_2O and CO 분자에 의한 영향을 고려한 값이다. 확연한 UV 영역의 스펙트럼이 오존(O_3)에 의해 흡수되는 것에 주목할 것.

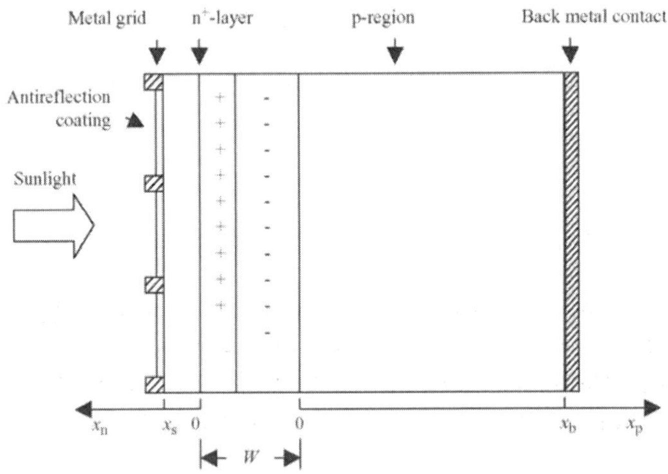

그림 4.7 실리콘 태양전지의 단면 형태에 관한 것으로 전면 금속 전극은 실리콘 n+영역과 오믹접합을 형성한다. 공핍영역은 접합에서의 폭(W)를 가지고 있다.

$$I(x) = I_0 e^{-\alpha x}$$

간략하게, 광학적 발생률(Generation rate)은 p-n 접합을 따라서 일정하다고 가정하자. 이 점은 흡수계수 (a)는 작다는 것을 의미한다. 실제 태양전지에서는 태양빛의 장파장(Short wavelength) 포톤의 에너지는 밴드갭 크기와 같다고 간략화 한다. 단파장(Short wavelengths)은 두께에 따라 발생률 G 가 기하급수적으로 감소하는 것으로 모델링한다. 소수 캐리어의 확산거리(Diffusion length)는 p-type 영역이든 n-type 영역이든 태양전지의 두께보다 아주 짧다고 가정한다. 이러한 점이 의미하는 바는 그림 4.7에서 보인 것과 같이, 과잉(Excessive) 소수 반송자(캐리어)를 고려할 때, p-n 접합은 거의 무한한 두께로 취급될 수 있다. 전면(Front surface)과 후면은 p-n 접합의 특성을 받는 곳으로부터 충분히 멀리 떨어진 곳($x_n = x_s$ and $x_p = x_b$)에 위치하고 있다.

n 영역에서 (n-side) 확산방정식 (Equation 1.64a) 정공에 대해 다음과 같이 정리될 수 있다.

$$D_{\mathrm{p}} \frac{d^2 - \delta p(x_n)}{dx^2} = \frac{\delta p(x_n)}{\tau_p} - G \tag{4.1}$$

G항은 추가적인 홀 발생률이기 때문에, 재결합률 $\frac{\delta p(x_n)}{\tau_p}$에서 반드시 G항을 빼주어야 한다. $L_p = \sqrt{D_p \tau_p}$의 관계를 만족할 때, 그 식의 해법식은 다음과 같다.

$$\delta p(x_n) = G\tau_p + C\exp\left(\frac{x}{L_p}\right) + D\exp\left(\frac{-x_n}{L_p}\right) \tag{4.2}$$

그 해법은 $G\tau_p$이 더해진 것을 제외하고는 식 1.65a와 같다. (참고, Problem 4.4)

$$\delta p(0) = p_n\left(\exp\frac{qV}{kT} - 1\right)$$

$$\delta p(x_n \to \infty) = G\tau_p$$

2.5절에서 1차 경계조건(First boundary condition)에 대해 설명하였다. 공핍영역에서의 동적평형(Dynamic equilibrium)이 공핍영역 경계에서도 여전히 캐리어 농도(Carrier concentration)을 결정하고 있다. 2차 경계조건 $G\tau_p$는 과잉 캐리어 농도로써, 공핍영역으로 부터 먼 영역에서 광학적으로 발생한 것이다.

두 개의 경계조건을 식 4.2(Problem 4.4. 참고)에 대입하면

$$\delta p(x_n) = G\tau_p + \left[p_n\left(\exp\left(\frac{qV}{kT}\right)-1\right)-G\tau_p\right]\exp\left(-\frac{x_n}{L_p}\right) \tag{4.3a}$$

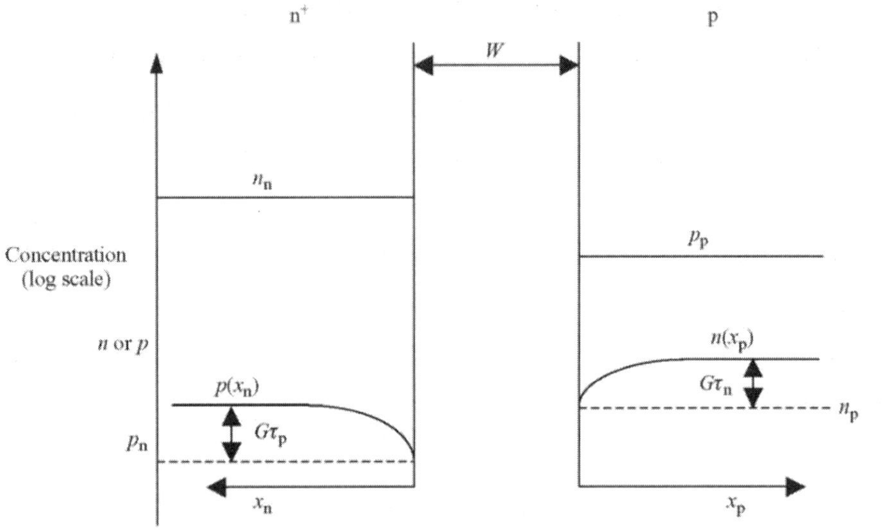

그림 4.8 로그스케일로 도시된 소수 캐리어 및 다수캐리어의 농도 분포. 약하게 도핑된 p 영역과 비교하여서, n+ 영역은 높은 다수 캐리어 농도와 낮은 평형 소수 캐리어 농도를 가진다 (그림 4.7). 확산길이는 소자의 크기보다 매우 작다고 가정되었다. P-n 접합 표시에 대한 것은 단락 회로 상태에서 V=0 의 경우에 대한 조건에서의 경우이다.

유사하게 P-side 에서도 다음과 같다.

$$\delta n(x_p) = G\tau_n + \left[n_p\left(\exp\left(\frac{qV}{kT}\right)-1\right)-G\tau_n\right]\exp\left(-\frac{x_p}{L_n}\right) \tag{4.3b}$$

만일 V=0 의 조건에서 식 4.3 (a)와 4.3. (b)는 $\delta p(x_n) = G\tau_p$식을 가져오고 큰 값의 x_n and x_p에 대해서는 $\delta n(x_p) = G\tau_n$ 식을 만족한다. 또한 V=0 에서는 식 4.3 (a)와 4.3. (b)는 $\delta p(x_n = 0)$ and $\delta n(x_p = 0)$ 에 대해서 0이 된다. 그림 4.8에서 좀 더 구체적으로, V=0(단락상태, Short circuit condition)에 대한 p-n 접합을 볼 수 있다.

결정된 소수 반송 농도에 의해, 확산 전류 In (x)와 Ip(x)를 구할 수 있다 (식 1.54). 식 4.3(a)와 4.3 (b)를 식 1.54에 기입하면 n-side 에 있는 정공과 p-side에 있는 전자에 대해 고려하면 다음과 같다.

$$I_p(xn) = \frac{qAD_p}{L_p} p_n\left(\exp\left(\frac{qV}{kT}\right)-1\right)\exp\left(\frac{x_n}{L_p}\right) - qAGL_p\exp\left(\frac{x_n}{L_p}\right) \quad (4.4a)$$

$$I_n(x_p) = \frac{qAD_n}{L_n} n_p\left(\exp\left(\frac{qV}{kT}\right)-1\right)\exp\left(-\frac{x_p}{L_n}\right) - qAGL_n\exp\left(\frac{x_p}{L_n}\right) \quad (4.4b)$$

이 식들에서 첫째 항은 빛이 없는 상태에서의 다이오드를 나타내는 식 2.21d와 2.21c와 동일한 것임을 알 수 있다. 빛의 입사가 영역마다 다르기 때문에, 공핍영역에서 캐리어 발생에 대해 살펴볼 필요가 있다. 공핍영역의 두께(W)는 캐리어 확산거리보다 충분히 작기 때문에 이 구간에서의 재결합은 무시할 수 있으며, 이러한 사실로부터 공핍영역에서 발생한 모든 전자와 정공은 다이오드 전류에 기여한다는 것을 알 수 있다. 발생률 G는 공핍층 영역의 부피(WA)와 비례하여, 공핍층에서 단위시간당 발생하는 캐리어의 수를 얻을 수 있다. 공핍영역에서의 광학적으로 발생하는 캐리어 전류는 단위시간 당 발생하는 전체 전하와 같다. 즉

$$I(\text{depletion}) = qGWA \quad (4.5)$$

전자와 정공 모두 흡수된 포톤에 의해 발생하지만, 각각의 전하쌍(Charge pair)는 하나로 간주된다: 하나의 전자는 n-side 금속접합으로 이동하고, 외부회로를 흐른 뒤 p-side 로 돌아오게 된다. 그에 해당하여, 하나의 정공은 p-side 금속접합을 이동한 뒤 되돌아온 전자와 재결합을 할 수 있는 상태가 된다. 이 과정은 식 2.22 과 같고, 전체 다이오드 전류는 다음과 같다.

$$I = I_0\left(\exp\left(\frac{qV}{kT}\right)-1\right) - I_L \quad (4.6)$$

여기서, I_L 은 입사광에 의해 발생한 광전류이며 세 개의 성분을 가지고 있는데, 이는 n-side, 공핍층, p-side 에서 발생한 것이다. $x_n = x_p = 0$의 위치에서, 식 4.4a 와 4.4 b의 두 번째 항과 식 4.5.를 이용하면 다음을 얻을 수 있다.

$$I_L = qAG(L_n + W + L_p) \quad (4.7)$$

이 관계식은 입사광 상태에서, 그림 4.2가 유효하고 I-V 특성이 수직으로 I_L 만큼 이동하는 것을 확인시켜 준다. 식 4.7에서의 세 개의 항들 중에서 두 번째 항은 일반적으로 매우 작다. 이는 W 값이 확산거리에 비해 아주 작기 때문이다. 또한 정공을

고려할 때, 전자 이동도와 확산 값은 세 번째 항보다 아주 큰 값을 가진다. 그러므로 확산거리 Ln Lp가 식 4.7에 나타나는 것은 당연하다: 캐리어는 반드시 공핍층을 지나서, 태양전지 전류로 역할을 해야 한다. 그 캐리어는 공핍층을 지나기 전에 공핍층으로 확산될 수도 있으며, 확산길이는 대략 이러한 캐리어의 공핍층 내부 확산이 일어나는 길이와 같다.

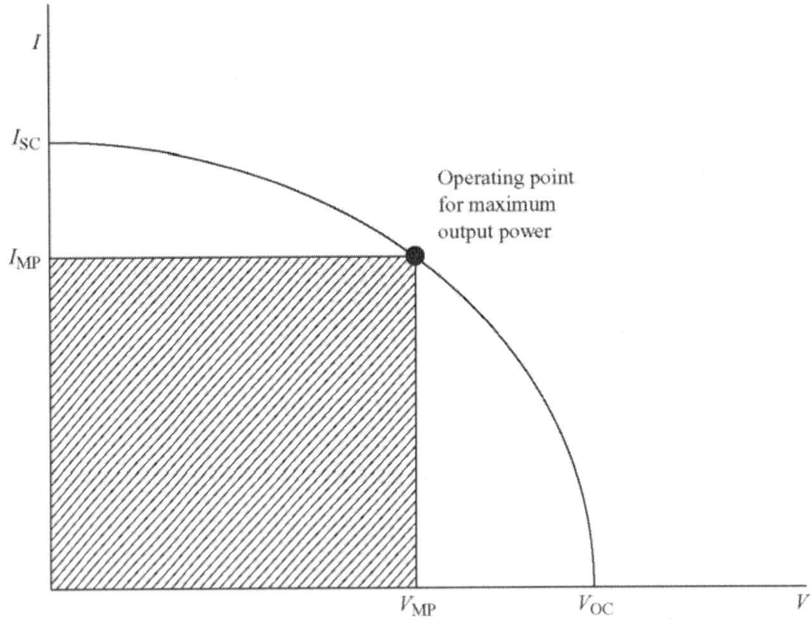

그림 4.9 태양전지의 동작점. 그림 4.2에서 보인 4사분면(Fourth quadrant) 표시 내용을 편이상 1사분면에 다시 표기했다.(*역자주: 태양전지의 동작은 4사분면에서 일어나지만, 편의를 위해서, 1사분면에 표시하는 경우가 많다. 1사분면에 표시되었더라도, 태양전지의 동작은 실제 4사분면에서 일어나는 것임). 개방전압(Voc)와 단락전류(Ioc), 최대 전력에 대한 해당 전류값과 전압값을 각각 I_{MP}와 V_{MP}로 표시하였다. 최대 전력은 사각형이 최대치가 될 때의 값이며, 그림에서는 음영으로 표시하였다.

태양전지 단락 전류(Short circuit current, I_{sc})는 식 4.6에서 V=0 조건일 때의 I_L로 표시되었다. 즉

$$I_{SC} = qAG(L_n + W + L_p) \qquad (4.8)$$

태양전지 개방전압(Open circuit voltage, V_{oc})는 식 4.6에서 I=0 인 조건일 때, V 값을 계산함으로서 얻을 수 있다.

$$V_{OC} = \frac{kT}{q} \ln\left(\frac{I_L}{I_O} + 1\right) \tag{4.9}$$

그림 4.9에 I-V 값에 도시하였으며, 태양전지 동작점을 표시하였다.

충실률(Fill factor) FF는 다음 식으로 정의된다.

$$FF = \frac{I_{MP} V_{MP}}{I_{SC} V_{OC}} \tag{4.10}$$

결정질 실리콘 태양전지에서 FF값은 대략 0.7에서 0.85의 값을 가진다.

4.5 박막태양전지

그림 4.7에서와 같이 실제 태양전지에는 아주 얇은 n+ 층(layer)과 p-side 가 있다. 우리는 이제 소자 모델을 하게 된다. 여기서 소수 반송자의 확산거리가 n-type 과 p-type 영역에서 모두 그 두께보다 짧다고 보고, 소수 반송자의 농도(Concentration)를 계산하기 위해 전면($x_n = x_s$)과 후면($x_p = x_b$)에서 적절한 경계면 조건을 대입하자. 1.19절에서 다룬 바와 같이, 식 1.66을 전면($x_n = x_s$)에 대입하여 정리하면

$$-D_n \frac{d\delta p(x_s)}{dx} = S_f \delta p(x_s) \tag{4.11}$$

여기서, Sf 는 유효한 전면 재결합 속도이다. 이 값은 전면은 자유 표면이 아니고 표면 상태(Surface state)는 반사방지층과 작지만 오믹접합의 영역을 고려한 값이 되어야 한다.(역자주*: 태양전지의 전면을 n^+로 간주하고 있을 때) n^+영역에서 소수 반송자는 정공이다.

후면 금속 계면(Interface) 또한 모델화 되어야 한다. 전면전극에서와 같이, 유효한 후면 재결합 속도 S_b를 사용하게 되며, 다음과 같이 기술된다.

$$-D_n \frac{d\delta p(x_b)}{dx} = S_f \delta p(x_b) \tag{4.12}$$

여기서, p 영역에서의 소수 반송자는 전자이다.

그림 4.7을 참조하여 p-type 영역에 대해 고려하자. 빛이 없는 상태(Dark condition)

에서 x_p=0 에서 전압 V를 인가했을 때의, 과잉 소수 반송자의 농도는 식 2.17에서와 같이 주어진다.

$$\delta n_{p(x_p=0)} = n_p\left(\exp\left(\frac{qV}{kT}\right)-1\right)$$

그리고 $x_p = x_b$에서의 δnp 값은 후면 재결합 속도(Sb)에 의해 결정된다. 만일 Sb 값이 무한히 큰 값을 고려하여 식 4.12를 고려하면 다음과 같이 정리된다.

$$\delta n_{p(x_p=x_b)} \cong 0$$

두 개의 경계조건을 고려하여, 전자에 대한 확산방정식의 일반해에 대입해 보자. 정공에 대한 식 1.65a을 고려하면, 전자에 대한 식은 다음과 같다.

$$\delta n_p(x_p) = A\exp\left(\frac{-x_p}{L_n}\right)+B\exp\left(\frac{x_p}{L_n}\right) \tag{4.13}$$

여기서, $L_n = \sqrt{D_n\tau_n}$, P-type 영역이 유한하고(Finite), B값이 0이 아닐 때를 고려하면, 두 경계조건에 의해서 다음 두 개의 식을 얻을 수 있다.

$$n_p\left(\exp\left(\frac{qV}{kT}\right)-1\right)= A+B \tag{4.14}$$

$$0 = A\exp\left(\frac{-x_b}{L_n}\right)+B\exp\left(\frac{x_b}{L_n}\right) \tag{4.15}$$

식 4.14를 $\exp\left(\frac{x_b}{L_n}\right)$로 곱해주고, 식 4.15에서 빼준다면, A값을 다음과 같이 구할 수 있다.

$$A = \frac{\exp\left(\frac{x_b}{L_n}\right)}{\exp\left(\frac{x_b}{L_n}\right)-\exp\left(-\frac{x_b}{L_n}\right)}n_p\left(\exp\left(\frac{qV}{kT}\right)-1\right)$$

식 4.14에 $\exp\left(-\frac{x_b}{L_n}\right)$을 곱해주면, 유사한 방식으로 B값을 구할 수 있다.

$$B = \frac{\exp\left(-\frac{x_b}{L_n}\right)}{\exp\left(-\frac{x_b}{L_n}\right) - \exp\left(\frac{x_b}{L_n}\right)} n_p \left(\exp\left(\frac{qV}{kT}\right) - 1\right)$$

여기서 구한 A와 B값을 식 4.13에 대입하면, 다음 식을 얻는다.

$$\delta n_p(x_p) = \frac{n_p\left(\exp\left(-\frac{qV}{kT}\right) - 1\right)}{\exp\left(\frac{x_b}{L_n}\right) - \exp\left(-\frac{x_b}{L_n}\right)} \left[\exp\left(\frac{x_b}{L_n}\right)\exp\left(-\frac{x_p}{L_n}\right) - \exp\left(\frac{x_b}{L_n}\right)\exp\left(\frac{x_p}{L_n}\right)\right] \tag{4.16}$$

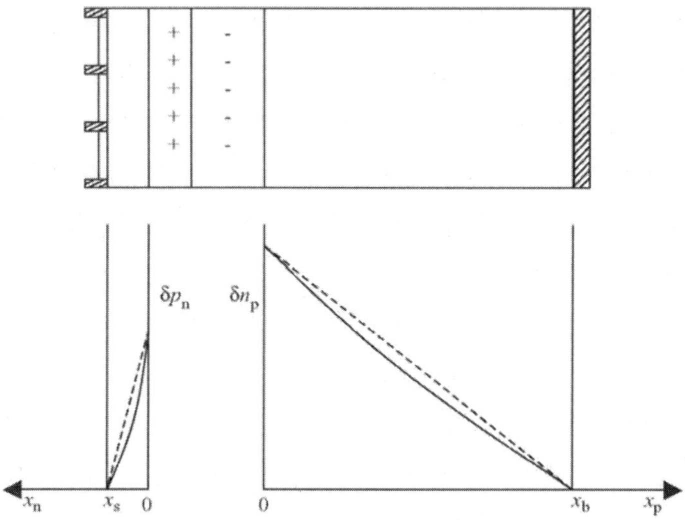

그림 4.10 태양전지의 과잉 소수 캐리어의 농도를 표시한 것으로, Xs와 Xb는 캐리어 확산길이보다 매우 작은 값을 가진다. 높은 값의 표면 재결합 속도를 표시하였으며, 순방향 바이어스에서 빛의 조사(Illumination)가 없는 조건에 관한 것이다.

동일한 방법으로 n+ 영역에서의 소수반송자인 정공의 농도를 구할 수 있다. 전면재결합 속도(S_f)가 아주 크다고 가정하면, 다음의 관계를 예상할 수 있다.

$$\delta p_{n(x_n = x_s)} \cong 0$$

그리고 최종식을 얻을 수 있다.

$$\delta p_n(x_n) = \frac{p_n\left(\exp\left(\frac{qV}{kT}\right) - 1\right)}{\exp\left(\frac{x_s}{L_p}\right) - \exp\left(-\frac{x_s}{L_p}\right)} \left[\exp\left(\frac{x_s}{L_p}\right)\exp\left(-\frac{x_n}{L_p}\right) - \exp\left(\frac{x_s}{L_p}\right)\exp\left(\frac{x_n}{L_p}\right)\right] \tag{4.17}$$

식 4.16과 4.17을 도시(plotting)하면 그 의미를 이해하기에 도움이 된다. $X_p=X_b$의 관계를 이용하여, 식 4.16에 대입하면, 예상한 바와 같이 $\delta n_p(x_p)=0$의 결과를 얻을 수 있다. 또한 $X_n=X_s$의 관계를 고려하여 식 4.17에 대입하면, $\delta p_n(x_n)=0$의 결과를 얻을 수 있다. 이 결과에 대해서 그림 4.10에 도시화 되었는데, 이 경우에서 빛이 없고, 순방향 전압을 인가하였을 때의 p-n 접합의 경우의 예이다.

X_b가 L_n보다 작고, X_s가 L_p 값 보다 작다고 하면, $\delta n_p(x_p)$ and $\delta p_n(x_n)$ 값은 거의 직선으로 표현된다. 식 4.13을 고려하면 이해하는데 도움이 될 것이다. 지수함수를 거의 직선으로 표현하는 것에 대해 약간의 논란은 있다. (함수 exp (x)는 x 값이 적다면 1+x 로 가까워지기 때문이다.)

P-side 에서의 소수 캐리어인 전자와 N-side에서의 소수 캐리어인 정공에 대한 농도는 공핍층에서 멀어질수록 급격히 감소하는 것을 볼 수 있다. 이것은 소수 반송자 확산 유동(Flux)가 활성화 되었고 p-n 접합으로 흐르면서 멀어지는 (Flow away)것을 의미한다. 태양전지의 두께가 얇아질수록, 더욱 급격한 감소 변화가 일어나게 된다. 소수 반송자가 서로 반대 방향으로 이동한다는 것은, 태양전지에서 소수 반송자가 p-n 접합 방향으로 흐르는 것을 말한다. 그림 4.10에서 보인 것과 같이, 태양전지에 균등한 빛이 가해지면, 과잉 캐리어가 발생하게 된다. 태양전지가 전기적 부하(Electrical load)에 연결되어 동작한다면, 태양전지의 전압은 감소하고 공핍영역 근방의 소수 반송자 농도도 감소하게 된다. 이러한 결과는 그림 4.10에서 보인 것과 같이, 표면 재결합은 공핍영역을 통과하는 캐리어 이동(Carrier drift)을 저해하여, 결국 태양전지의 성능을 감소시키게 된다.

이러한 이유로, 박막 태양전지는 높은 값의 S_B and S_F을 갖는 것은 바람직하지 않다. 여기서, 두 번째의 제한 적인 경우 S_B and S_F값이 0일 때를 생각해 보자. 다시 한 번 접합에서의 p-side 보게 되면, 소수 전류는 후면($x_B=0$)에서 0이 되고 식 4.12는 다음과 같이 정리된다.

$$-D_n\frac{d\delta n(x_b)}{d_x}=0$$

이 점은 과잉 소수 반송자 농도 δn이 Xb 와 무관한 점을 밝혀준다. $\delta n(x_b)$는 결국 상수가 되며, 공핍영역 끝 쪽에서 δn과 같은 값을 가지게 된다.

식 2.17b 에서 p-side를 고려하면 다음과 같다.

$$\delta n_p(x_p) = n_p\left(\exp\left(\frac{qV}{kT}\right) - 1\right)$$ $$\delta n_p(x_p) = n_p\left(\exp\left(\frac{qV}{kT}\right) - 1\right)$$

또한 n-side에서는 다음과 같다.

$$\delta p_n(x_n) = p_n\left(\exp\left(\frac{qV}{kT}\right) - 1\right)$$ $$\delta p_n(x_n) = p_n\left(\exp\left(\frac{qV}{kT}\right) - 1\right)$$

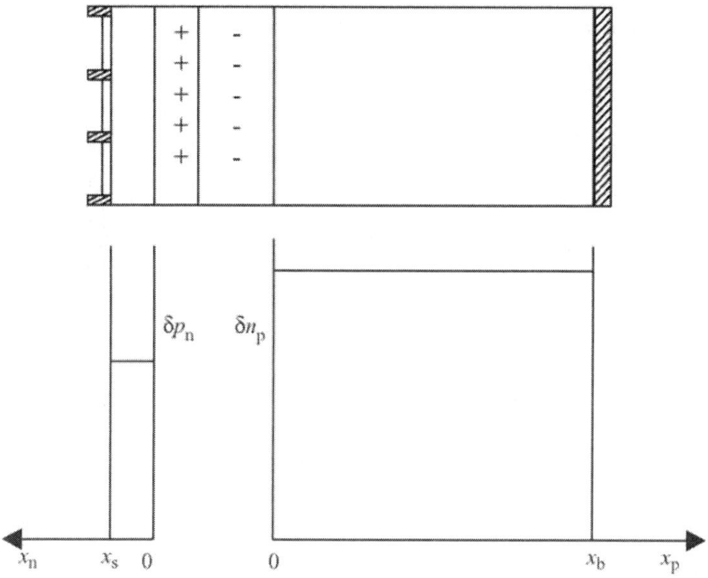

그림 4.11 태양전지의 과잉 소수 캐리어의 농도를 표시한 것으로, X_s와 X_b는 캐리어 확산길이보다 매우 작은 값을 가진다. 표면 재결합 속도가 없을 때의 경우의 조건으로 전면과 후면을 통해서 캐리어 농도의 저감이 전혀 없다.

빛의 입사 없고 순방향 바이어스 경우, 그림 4.11 에서 보인 것처럼 직선으로 그려지게 된다. 태양전지가 전기부하(Electrical load)에 연결되었고, 빛이 입사하는 경우를 고려한다면, 소수 반송자는 공핍층 방향으로 감소하는 기울기(Slope downwards)를 가지게 되어 그림 4.8에서와 같이 V=0 인 조건에 가까워진다(정확히 동일해 지는 것은 아니다.). 빛에 의해 발생한 소수 캐리어는 표면 재결합과 관계없이 p-n 접합으로 확산하게 된다. 비록 몇몇 벌크 재결합은 항상 존재하지만, 일반적으로 태양전지의 두께가 얇아지면, 재결합을 줄일 수 있다. 입사하는 빛의 흡수를 만족하지만, 표면 재결합의 우려 없는 적정한 두께의 태양전지를 생각해 볼 수 있다. 실제적으로 유효 재결합 속도는 최소화 되어야 한다. 4.6절에서 상세히 다루기로 한다.

4.6 두께 함수에 대한 태양전지 분석

전자-정공쌍의 수집 효율에 대해 분석해보자. 흡수된 포톤에 의해 발생하는 캐리어에 대해 두께 함수를 고려할 수 있다. 여기서 발생(generation)은 두께방향으로만 일어난 다고 가정하면, p-n 접합을 가로질러서 포집할 수 있는 캐리어의 확률을 계산할 수 있다. 조건의 간략화를 위해 다음을 가정하자.

(a) 태양전지는 단락상태에서 작동하고 있다.

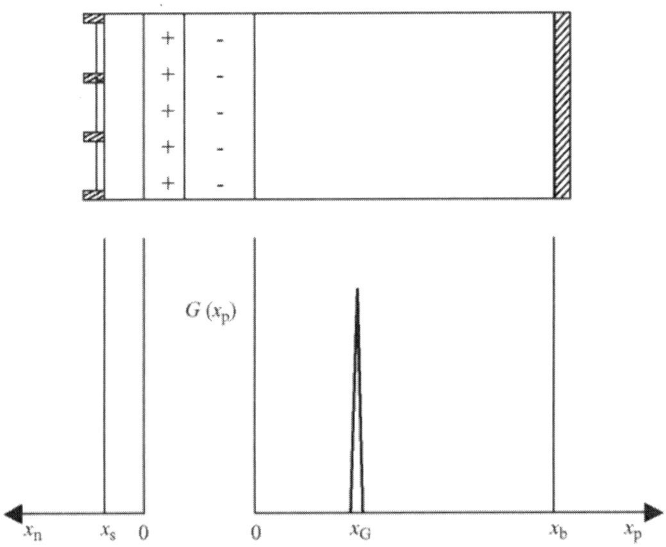

그림 4.12 깊이함수로 표시된 생성률을 표시한 것으로 특정한 깊이 X_G 에서의 발생을 제외하고는 없다.

(b) 확산거리는 태양전지 두께와 비교하여 아주 작다.

비록 그 분석은 공핍영역과 n-side 영역을 모두 고려할 수 있지만, 대부분의 캐리어가 p-type 층에서 흡수되므로, 우리의 관심을 p-side 영역에 맞추어 보자. 그림 4.12에서 보인 것처럼 가정한 발생률(Generation rate)은 델타함수와 유사하게 될 것이다. 비록 실제적으로 구현할 수 없는 상태이지만, 소수 반송자의 발생과 수집에 대해 이해하는 데 큰 도움을 준다.

$$\delta n_p(x_p) = \alpha\left\{\exp\left(\frac{x_p}{L_n}\right) - \exp\left(\frac{-x_p}{L_n}\right)\right\} \tag{4.18}$$

$x_G \le x_P \le x_b$의 조건에서 확산방정식에 대한 일반해는 다음과 같이 주어질 수 있다.

$$\delta n_p(x_p) = \gamma \exp\left(\frac{-x_p}{L_n}\right) \tag{4.19}$$

큰 값의 X_p에 대해서 함수는 zero 값으로 가까워진다. 연속적인 함수일 때, $x_P = x_G$ 일 때의

식 4.18과 4.19를 고려해 보자

$$\alpha\left\{\exp\left(\frac{x_G}{L_n}\right) - \exp\left(\frac{-x_G}{L_n}\right)\right\} = \gamma \exp\left(\frac{-x_G}{L_n}\right)$$

$$\gamma = \alpha\left\{\exp\left(\frac{2x_G}{L_n}\right) - 1\right\}$$

$x_G \le x_P \le x_b$에 대해서, 식 4.19에서 γ를 대신해서 쓰게 되면

$$\delta n_p(x_p) = \alpha\left\{\exp\left(\frac{2x_G}{L_n}\right) - 1\right\}\exp\left(\frac{x_p}{L_n}\right) \tag{4.20}$$

식 4.18과 4.20이 함수 $\delta n_p(x_p)$에 대해서 그림 4.13에 도시화 되었다. 이제 캐리어 농도에로 부터 발생하는 확산전류 밀도에 대해 일반적인 방식으로 계산할 수 있다.

$$J_n = qD_n \frac{dn_p}{dx_p}$$

$x_P = 0$에서 확산 전류는 식 4.18의 미분식으로 부터 다음과 같이 얻을 수 있다.

$$|J_n(x_p = 0| = 2\alpha q \frac{D_n}{L_n} \tag{4.21}$$

$x_P = x_G$에서 확산 전류에 대한 두 가지 인자(components)를 고려하여, 양쪽의 흐름(Flowing)이 발생영역(Generation zone)으로 향하고 있다. (과잉전압의 유동은 실제적으로 X_G 에서 멀어지는 방향으로 흐르고 방향은 캐리어 농도가 감소되는 방향을 향하게 된다; 그러나 전류의 흐름은 유동의 흐름과 반대 방향이다.) 그림 4.13에서 전류의 크기를 보이고 있으며, 식 4.18과 4.20에서 $x_P = x_G$에서의 기울기를 이용하여 그 값을 구할 수 있다.

식 4.18에서, X_G의 왼쪽으로의 전자 유동 흐름에 의해서 전류의 크기를 구할 수 있다.

$$|J_{1n}(x_p = x_G)| = q\alpha \frac{D_n}{L_n}\left\{\exp\left(\frac{x_G}{L_n}\right) + \exp\left(\frac{-x_G}{L_n}\right)\right\}$$

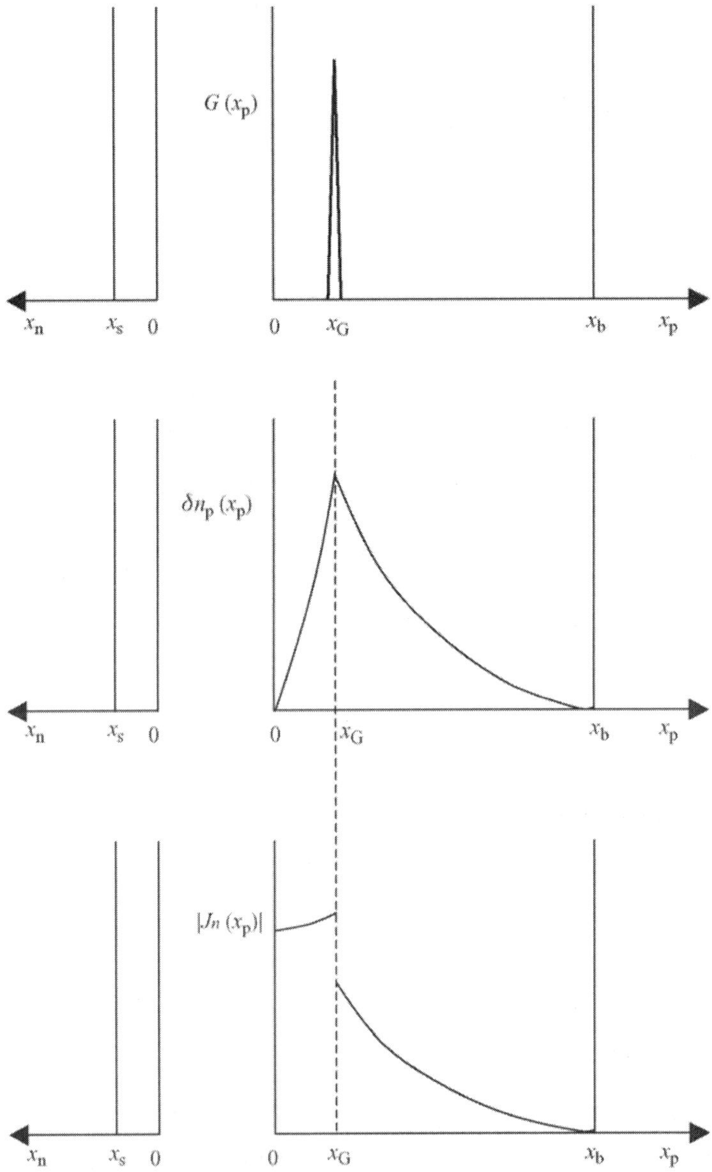

그림 4.13 태양전지 p-영역에서의 위치함수로써의 캐리어 생성률, 확산전류 밀도의 크기 및 과잉 캐리어 크기표시. 확산전류는 $0 \le x_p \le x_G$ 영역에서 양(Positive)의 값을, $x_G \le x_p \le x_b$ 영역에서 음(Negative)의 값을 가진다.

그리고 오른쪽으로의 전자 유동 흐름에 대해서는 식 4.20을 이용하여 다음과 같이 구할 수 있다.

$$|J_{2n}(x_p = x_G)| = q\alpha \frac{D_n}{L_n}\left\{\exp\left(\frac{x_G}{L_n}\right) - \exp\left(\frac{-x_G}{L_n}\right)\right\}$$

X_b 에서의 발생된 전체 전류(Total generated current) 밀도는 두 전류 크기의 합이 된다. 즉

$$|J_{\text{total}}(x_b)| = 2q\alpha \frac{D_n}{L_n}\exp\left(\frac{x_G}{L_n}\right) \tag{4.22}$$

$$|J_{\text{total}}(x_b)| = 2q\alpha \frac{D_n}{L_n}\exp\left(\frac{x_G}{L_n}\right)$$

전체 전류에서의 공핍영역으로 도달하는 n 의 부분은 식 4.21을 식 4.22로 나누면 구해진다.

$$\eta = \exp\left(-\frac{x_G}{L_n}\right)$$

이것이 뜻하는 바는 p-type 영역에서, 사용할 수 있는 전류의 흐름은 지수적으로(Exponentially) 감소하는데 그 함수는 전자-정공쌍이 발생하는 위치와 공핍영역 사이의 거리에 의해 결정된다. 거의 무한히 두꺼운 태양전지 ($x_b \gg L_n$)에서 적정한 동작을 위해서는, 포톤의 흡수두께가 확산거리 (L_n)보다 작아야 한다.

실리콘에서, 포톤은 대략 100 μm 이상의 두께에서 흡수되며, 확산거리는 1mm 에 달한다. 이러한 점은 태양전지의 두께는 1mm 이상이 되어야 함을 의미한다. 0.2 mm 이하 두께로 실리콘 웨이퍼가 가공되어 태양전지에 사용되기 때문에, 후면에서 유효 표면 재결합 속도가 낮아야 한다. 이를 위해서 후면에 p^+ (역자주*: 높이 도핑된 p)영역을 형성한다. 그림 4.14가 보이는 것은 태양전지 밴드 다이어그램(Band diagram)이다. 후면 근처에 형성된 포텐셜의 단계(Potential step)는 후면 전계(Back surface electric field)를 만들게 되고, 이 후면전계는, 소수반송자인 전자가 후면 실리콘-금속 계면에 이동하는 방지하는 역할을 한다. 결국 유효 후면 재결합 속도가 크게 낮아져서, 일반적인 태양전지에서 후면 p^+ 영역을 이용하고 있다.

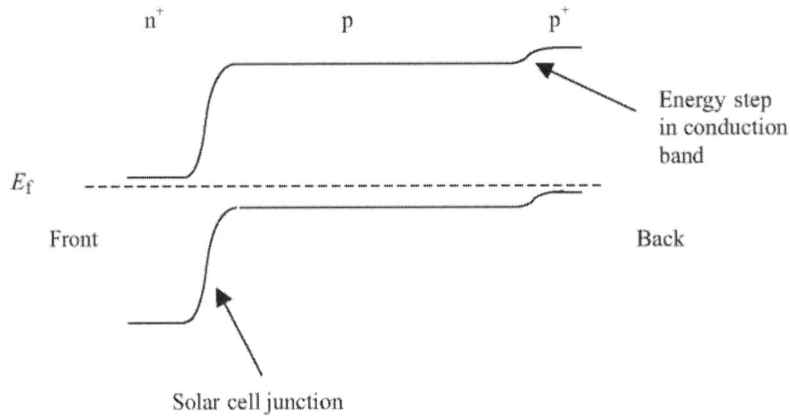

그림 4.14 태양전지의 후면, P+ 도핑된 영역에서의 Back surface field. 후면 영역에서 포텐셜 에너지의 배열에 따라 장벽전위를 발생시키며, 이는 전자가 실리콘 후면으로 이동하는 것을 방지하는 역할을 한다.

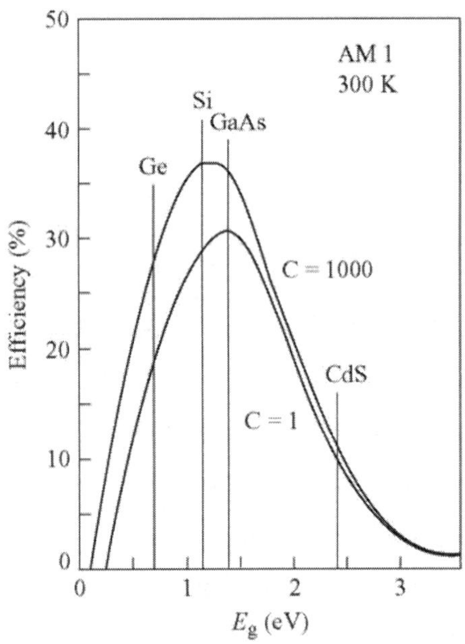

그림 4.15 대표적인 반도체에 대한 태양전지 효율 한계. 태양빛의 세기가 1000배가 커지면, 효율(효율 한계값 이상의) 향상이 가능하다. 이러한 증대는 Isc가 발생률 (G)에 비례하고 Voc 값도 증대되기 때문이다. 즉, 솔라 방사 세기보다 Isc와 Voc 값이 더 빠르게 증대하며, 태양전지의 효율도 증대된다.

4.7 태양전지 효율

단일 접합(Single-junction, 역자주*: 탠덤 구조는 여러 개의 p-n 접합층을 가진다.) 태양전지는 효율에 있어서 몇 가지 기본적인 제약이 있다. 최대효율을 위해서 개방전압(Voc)는 가능한대로 큰 값이 유리하다. 이것은 식 4.9에서 Io가 작으면 작을수록 좋은 것을 의미한다. 식 2.22 에 있는 I_o를 $n_p = \frac{n_i^2}{N_A}$ and $p_n = \frac{n_i^2}{N_D}$의 관계식을 이용하여 정리하면 다음과 같다.

$$I_0 = qA\left(\frac{D_n}{L_n}\frac{n_i^2}{N_A} + \frac{D_P}{L_P}\frac{n_i^2}{N_D}\right) \tag{4.23}$$

이 관계식에서, ni 에서의 Io 감응도(Sensitivity)를 보여 주고 있다. 식 1.37로부터, ni 값은 에너지 갭(Eg)와 T값이 증가하면, 지수적으로 감소하는 것을 알 수 있다.

$$n_i = N_c N_v \exp\left(\frac{-E_g}{2kT}\right) \tag{4.24}$$

단락전류(I_{sc}) 또한 크면 클수록 좋다. 이 값은 광학 발생 비율(G)에 선형적인 관계를 가진다. 밴드갭(E_g)의 크기가 입사 포톤의 에너지보다 큰 경우에 G 값은 감소하게 된다. 이로부터, 적절한(역자주*: 태양전지에 적합한) 밴드갭이 있는 것을 알 수 있으며, 몇 가지 반도체 물질에 대해 그림 4.15에서 보여주고 있다.

p-n 접합 태양전지의 효율감소에 대한 두 가지 큰 결정요소가 있다. 첫 번째로는 밴드 갭(E_g) 보다 큰 포톤에 의한 것이다. 밴드 갭보다 큰 포톤에너지는 양만큼의 에너지(역자주*: 해당하는 포톤에너지-밴드갭)는 캐리어에 대한 운동에너지로 바뀌게 된다. 그러한 운동에너지는 낮은 단계의 에너지 상태로 열화(Thermalize) 되거나 쉽게 열로 변환된다. 이러한 현상은 캐리어가 포집되어 사용되어지기 전까지 일어난다. 이러한 점은 만약 태양 스펙트럼이 단색광(Monochromatic) 이라면 문제가 되지 않지만, 흑체 태양 방사는 넓은 영역의 스펙트럼을 가지고 있고, 이는 단일접합 태양전지에 효율을 50% 이하로 제한하게 된다.

두 번째는 적정한 동작전압(V_{MP})과 반도체의 밴드갭(E_g)의 불일치에서 기인한다. 밴드갭 크기에 해당하는 최소한의 포톤에너지가 전자-정공쌍을 발생하는데 필요하다; 그러나 V_{MP}는 밴드갭의 크기보다 작다. 예를 들어 실리콘을 고려하면 $\frac{V_{MP}}{E_g} \cong \frac{0.6}{1.1}$ 즉, 55%의 효율이 최대값이 된다. 다른 인자들을 고려하면, 단일접합 태양전지의 최대값은 30% 이하로 나타난다. 실리콘 태양전지는 연구실에서 25%를 달성하였고, 생산 효율은 24%이다. Problem 4.14를 보면, GaAs 태양전지는 적정한 밴드갭을 가지고 있으며, 26% 이상을 달성하였다.

그림 4.16에서 시간에 따른 태양전지 효율향상에 대해 정리되어 있다. 효율이 높은 태양전지의 형태는 다중접합(Multi junction) 태양전지이다. 4.13절에서 다루게 될 것이다. 단일접합 태양전지의 효율은 16-24% 의 범위에 있다.

또한, 태양전지 효율은 p-n 접합에서의 작동온도에 영향을 받는다. 일반적으로 고온에서 I_o 값이 상승하기 때문에 효율은 감소한다. 이러한 점은 위도가 높은 지역의 장점이 될 수 있는데, 대기온도가 낮기 때문이다. 그러나 태양과 위치가 이루는 각도가 적도에서 가장 작다는 점(역자주*: 입사광이 태양전지와 직각에 가깝다)을 고려하면 높은 위도의 위치가 단점이 된다.(예제 4.2를 참고하시오.)

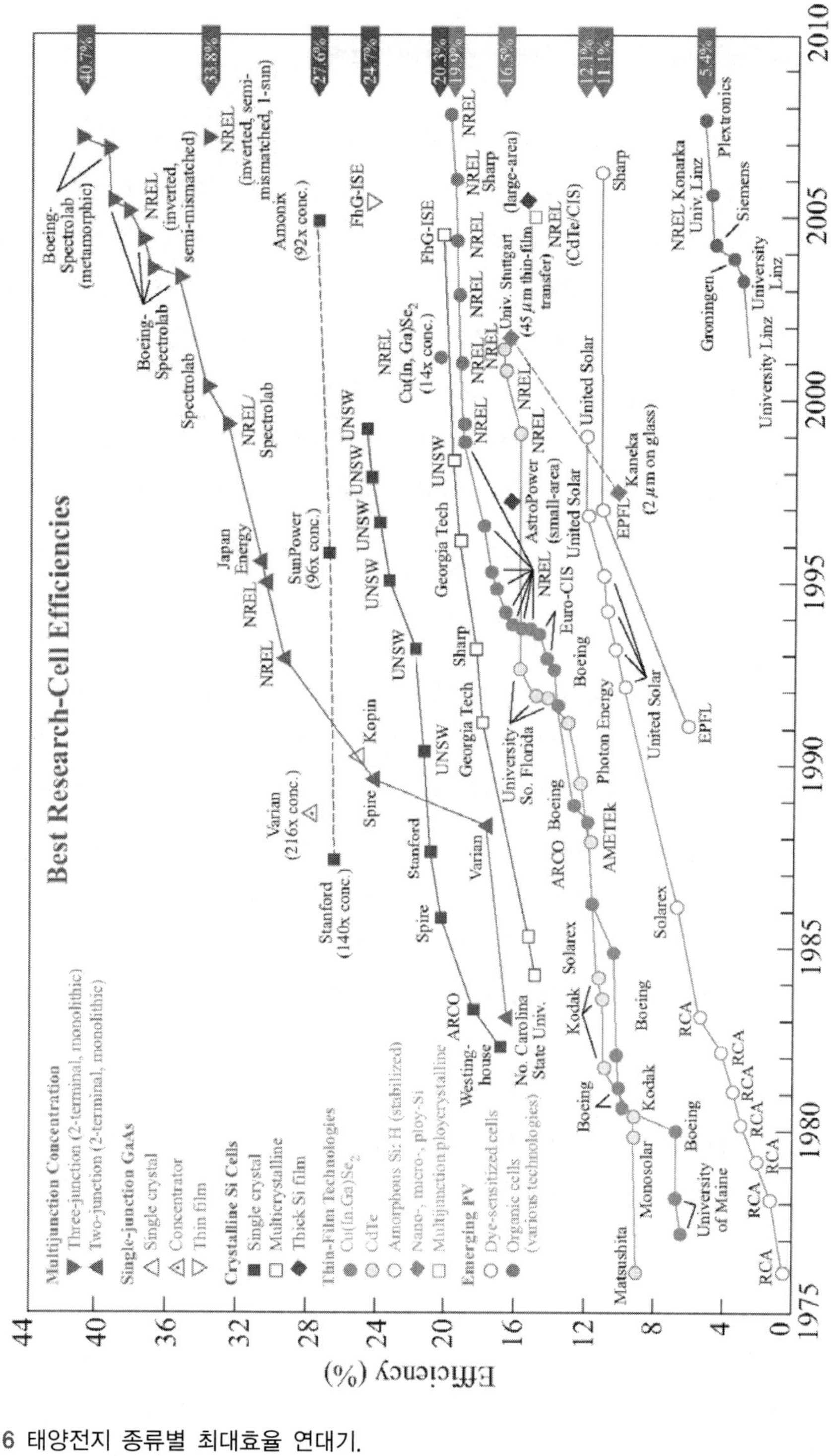

그림 4.16 태양전지 종류별 최대효율 연대기.

4.8 실리콘 태양전지 기술: 웨이퍼 준비

널리 사용되는 태양전지는 실리콘을 이용한다. 일반적인 세 가지 타입의 실리콘 태양전지가 있다. 단결정(Single crystalline) 실리콘, 다결정(Multicrystalline) 실리콘, 그리고 비정형(Amorphous) 실리콘 형태의 세 가지가 있다. 각각의 형태는 태양전지 시장에서 유용하게 적용될 수 있고, 성능 정도와 다른 것들이 영향을 미치게 된다. 이 장에서 제조와 설계 측면에서의 실리콘 기반 태양전지를 검토하게 되며, 다른 재료 기반의 태양전지는 4.11~4.13절에서 다루어진다.

단결정 실리콘 태양전지는 양산에서 20% 이상의 효율을 보일 수 있다. 재료 준비과정은 실리콘의 순도를 높이기 위해 석영(SiO_2)을 줄이는 과정을 통한 실리콘 정제 공정이 필요하다.

$$SiO_2 + 2C \rightarrow Si + 2CO$$

고온로(Furnace)에서 코크(Coke)형태로 존재하는 탄소가 SiO_2와 1414C에서 온도에서 반응하게 되는데, 이 온도는 실리콘의 녹는점이다. 실리콘에 있는 알루미늄과 칼슘 성분과 반응하여 제거하기 위해 산소가 고온로에 흐르게 된다. 이 과정을 통해, 금속등급의 실리콘(Metallurgical grade silicon, MG silicon)을 얻을 수 있는데, 순도는 98-99% 정도이며, 일반적으로 원소 백분율(Atomic percentage)로 0.3% 철(Fe), 0.3 % 알루미늄(Al), 0.02 % 타이타늄(Ti)과 0.01 % 이하의 붕소(B), 크롬(Cr), 망간(Mn), 니켈(Ni), 인(P), 바나디움(V)이 존재한다. 또한 잔존 산소와 결합한 부산물도 발생한다.

반도체급(Semiconductor grade)의 실리콘을 얻기 위해서는, 추가적인 정제공정이 필요하다. 스탠다드 공정은 지멘스 공법(Seimens process)이다. 고른(Fine) 실리콘 파우더를 HCl과 반응시켜서, 기체의 트리클로로실란(Trichlorosilane)을 발생시킨다.

$$Si + 3HCl \rightarrow SiHCl_3 + H_2$$

트리클로로실란(녹는점-126.2 C, 끓는점-31.8 C)은 액체상태로 응축되고, 다시 몇 번의 정제과정을 통해서 업그레이드 된 순도를 얻게 된다. 높은 온도에서, 수소와의 반응에 의해 감소 반응이 뜨거운 실리콘 막대(Rod)의 표면에서 일어난다. 실리콘 막대는

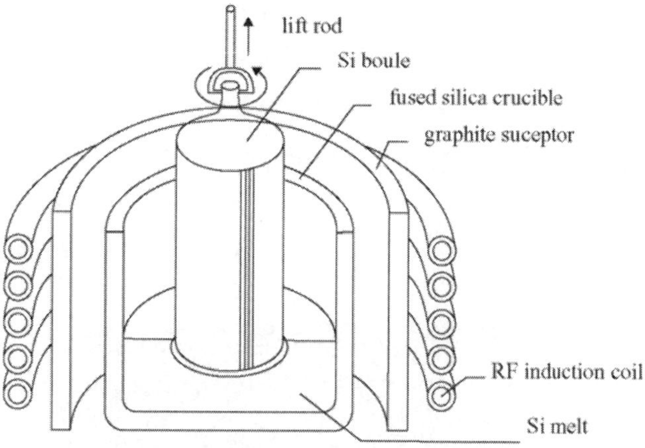

그림 4.17 쵸크랄스키 방식의 실리콘 성장 시스템, *http://electricly.com/tag/semiconductor/. Reprinted from http://electricly.com/tag/semiconductor/. Copyright © 2010 Free Electronics and Engineering Tutorial*

$$SiHCl_3 + H_2 \rightarrow Si + 3HCl$$

잘 정제된 다결정의 증착으로 연속적으로 코팅되어, 반도체 등급의 실리콘이 생성된다. 10cm 이상의 실리콘 두께를 가지는 실리콘이 실리콘 막대에 증착되게 된다. 순도는 ppb(part per billion) 정도이며, 반도체 산업은 이러한 등급의 실리콘에 의해 의존하여 왔다.

이 공정은 많은 에너지를 소비하고, 환경적으로 유해한 염화(Chloride) 화학을 포함하고 있기 때문에 실리콘 태양전지의 최종가격은 심각하게 상승된다. 그러나 이러한 점에도 불구하고, 산업에서는 지멘스 공법을 태양전지 등급의 실리콘 정제과정의 스탠다드 정제 방식으로 채택하고 있다.

태양전지급 실리콘의 순도는 반도체급 실리콘 보다 낮으며, 그에 따라 정제 공정도 태양전지 성능에 맞도록 최적화 될 수 있다. 이러한 것들은 14-24%의 효율에서의 태양전지 특성화를 통한 정제 방식에 영향을 미칠 수 있다. 태양전지 제조의 관점을 고려해야 하며, 제조사에서 배제를 받지 않아야 한다.(역자주*: 산업현장에서 받아들일 수 있는 기술이어야 함). 최종 실리콘은 소위 말하는 태양전지급 소재이다. 소수 캐리어 잔존시간(Life time)은 실리콘 품질을 판단하는 일반적인 판단 방법이며, 불순물 정도를 측정하는 것도 매우 유용하다. 즉 잔존시간은 불순물의 농도에 아주 민감하다(2.8절 참조).

가장 높은 효율의 실리콘 태양전지는 단결정형태이다. 태양전지급 실리콘이 융해되고 인위적으로 붕소(B)를 더해서 p-type 실리콘을 생산하게 되는데, 태양전지에서는 두꺼운 p-type 층이 필요하다(그림 4.7). 단결정 실리콘 시드(Seed)은(역자주*: 실리콘이 녹아있는) 액상 표면과 접촉한 뒤, 서서히 표면위로 당겨지는데, 이러한 결과 단결정의 덩어리(Boule) 혹은 단결정의 막대(Rod)형태의 실리콘을 얻는다. 지름은 15-20 cm 정도이고 길이는 1-2 m에 달한다. 이러한 방식은 초크랄시키(Czochralski, CZ) 방식이라 한다(그림 4.17).

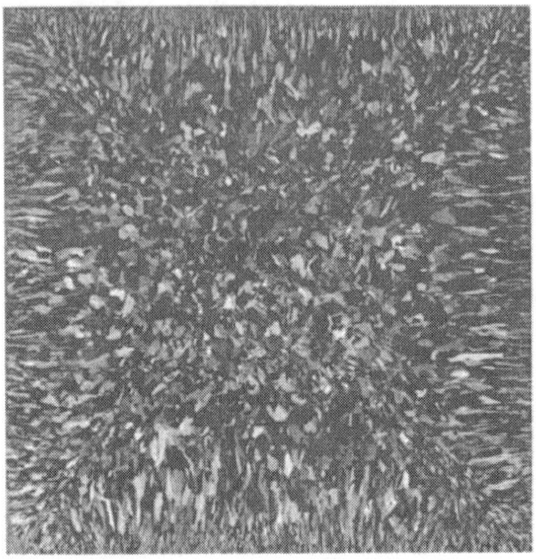

그림 4.18 10*10 cm 다결정 실리콘, 사이즈가 큰 단결정 그레인(Grains)이 있으며, 1cm 크기에 근접할 정도로 크다.

실리콘 덩어리는 선톱(wire saw)를 이용하여 200 um(0.2 mm) 두께의 실리콘 웨이퍼로 얇게 절단한다. 밀집한 금속 선열(metal wire-array)은 공간을 두고 배열되며, 연마재 슬러리(Slurry)가 있는 상태로 인장력을 가하여 실리콘 덩어리의 면을 당기게 된다. 선열의 동작으로 실리콘 덩어리는 깎여져 나가고 일련(Series)의 절단이 발생한다. 이러한 단면의 치폭(Kerf)은 원천적으로 선의 지름에 의해 결정되는데, 그 크기는 보통 200 μm 정도이다. 배열된 선톱이 천천히 실리콘 덩어리를 통과하게 되면, 수 백장의 실리콘 웨이퍼가 한 번에 가공될 수 있다. 이 공정의 장점은 어느 한 선에서 발생하는 스트레스가 작다는 것이며, 이 점은 실리콘에 손실을 막을 수 있고, 한 번의 공정으로 많은 수의 웨이퍼를 제작할 수 있다. 펌프 시스템에 의해 주기적으로 연마 슬러리를 교체해 주게 되는데, 이를 통해 절단 속도를 유지할 수 있다. 단점은 사용 가능한 실리콘의 50%를 손실로 잃는 것이다. 이런 단점에도 불구하고, 실리콘 웨이퍼링에서 주로 사용 되고 있으며, 끊임없이 공정이 개선 중에 있다. 지난 10년간 더 얇은 실리콘 웨이퍼를 만들기 위한 기술은 계속 진보하여 왔다. 웨이퍼의 두께가

300 μm 에서 200 μm 이하로 얇게 되었으며, 100 μm 까지 공정이 개발 될 수 있다. 이 두께는 실리콘 물질이 모든 태양빛을 흡수하는 데 필요한 최소 두께이다. 슬러리는 다이아몬드 연마재를 포함하고 있으며 절단 속도와 품질을 개선하는데 도움을 준다. 현재 반도체 산업에서는 지름 30 cm 실리콘 boule(덩어리)를 사용하고, 두께는 300 -600 μm 정도이다. 태양전지 산업에서는 지름이 작은 boule을 사용하고 있는데, 그 이유는 웨이퍼 두께가 얇게 할 수 있기 때문이다. 이러한 점은 단층 실리콘 웨이퍼에서 발생하는 과전류를 차단하는 데 효과적이다.

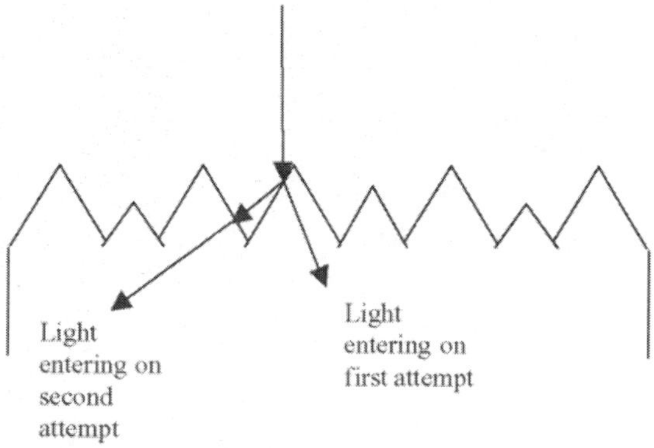

그림 4.19 태양전지 표면에서 빛선(Light beams)의 유입 경로 표시. 하나의 빛선에 대해서, 적어도 2가지 가능 경로가 있다. 피라미드 면과의 각도는 실리콘 결정면으로부터 계산되었다.

다결정 실리콘은 태양전지 시장에서 결정질 실리콘과 함께 큰 축을 이루고 있다. 이 점은 CZ 기법에서 탈피하여 원가절감의 이유와 또한 다결정 실리콘 태양전지 효율이 끊임없이 향상된 결과 때문이다. 다결정 실리콘 태양전지 효율은 14-18%이며, 단결정 실리콘의 경우는 16-24% 정도이다. 단결정을 실리콘 용액에서 끌어당겨 성장하는 대신, 다결정 실리콘 제작은 캐스팅 방식으로 제작된다. 태양전지급의 실리콘을 틀(Mould)에 붓고, 고체화(Solidification) 공정을 아주 천천히 진행하여 아주 큰 그레인(Grain, 실리콘 원자가 일정하게 배열된 공간)을 성장시킨다. 그레인의 크기는 1cm 에 달하기도 한다. 다결정 실리콘의 사각형 단면의 잉곳(Ingot, 역자주*: 주괴, 실리콘 덩어리) 이 방식으로 형성되고, 선톱을 이용하여 사각형의 실리콘 웨이퍼로 절단된다. 사각형 웨이퍼 형상은 단결정의 실리콘보다 모듈(역자주*: 웨이퍼를 배열한 판넬)에서 더 효과적으로 배열될 수 있다.(역자주*: 단결정은 원통형이므로 모듈에 장착시 빈 공간이 많다. 다결정은 사각형이므로 이러한 빈공간이 상대적으로 줄어든다.) 절단 뒤에, 웨이퍼는 표면처리(역자주*: Polish, 표면 거칠기를 줄이는 공정)를 한 뒤 태양전지 제작 단계로 가게 된다. 다결정 실리콘의 형상이 그림 4.18에 보이고 있다.

다결정 실리콘의 결정경계(Grain boundary)는 낮은 재결합 표면으로 해석된다. P-type 재료에서는 적정한 P+ 도핑을 결정경계에 도입해야 한다. 이러면, BSF(후면 전계) 동등한 것을 모든 결정경계에 형성할 수 있다. 경계 확산 혹은 결정경계 분리(Segregation)을 통해, 붕소나 알루미늄 같은 원소들이 다결정 실리콘 결정경계에 도입될 수 있다.

그림 4.20 (100) 실리콘의 선택적 식각을 통한 피라미드 현미경 사진. 이는 희석된 NaOH 용액을 이용하여 식각을 한 예이며, 피라미드의 면은 {111} 면을 가지고 있다. 크기 차이가 있기는 하지만, 피라미드의 크기가 10 um 높이인 것을 유심히 보자. 피라미드는 실리콘 표면에 임의의 크기로 형성되었지만, 단결정의 실리콘 에칭공정을 통해서 형성되었으므로, 모두 동일한 방향성을 가진다.

4.9 실리콘 태양전지 기술: 태양전지 마감 처리 공정

아주 중요하고 널리 쓰이는 첫번째 단계는 실리콘 표면의 텍스처링(Texturing) 이다. 만일 실리콘이(100) 방향으로 절단 되었다면, 선택적 에칭 방식을 통해 사각형 밑변의 피라미드 형태의 실리콘 표면을 얻을 수 있다. 피라미드의 크기는 일반적으로 10 μm 정도의 높이를 가지고 있으며, 실리콘 표면의 빛 흡수(Light absorption)을 향상시킨다. 그림 4.19에서처럼, 실리콘 표면에 도달하는 빛은 피라미드 빗변(Side facets)을 통해 태양전지로 입사되거나, 하나의 피라미드 빗변에서 반사되어 또 다른 피라미드로 흡수 될 수 있다.

실리콘 태양전지는 철성분이 적고, 투명도가 우수한 태양전지급 유리기판 뒤에 붙여지게 된다. 그 사이에 폴리머 접착 물질을 이용하는데 실리콘과 유리 사이의 빈틈을 메우는 역할을 하기도 한다. 유리에 포함된 철 불순물은 태양빛을 흡수하므로 유리의 철 성분을 낮게 해야 태양전지 모듈의 효율을 향상시킬 수 있다. 실리콘 태양전지를 장착한 유리판은 대략 20%의 태양빛을 반사시킨다. 만일 평균적으로, 모든 반사된 빛이 다시 한 번 실리콘 표면으로 되돌아온다면, 그 반사율은 20%×20%=4%로 낮아지게 되며, 이는 실제적으로 얻는 값과 유사하다. 반사방지막(Antirefletion coating)을 이용하여, 빛의 반사를 더욱 줄일 수 있는데, 완전히 공정히 끝난 맨 마지막 단계에서 적용되어야 한다. 피라미드가 형성된 실리콘 표면이 그림 4.20에 보이고 있다.

텍스처링이 완성되면, n-type 도핑 된 표면이 형성되어야 한다. 상업적으로 가능한, 스크린 프린팅(Screen printing) 공정으로 웨이퍼 표면에 인확산(Phosphorus diffusion) 공정을 통해 얻을 수 있다. 페이스트(Paste)는 정교한 메쉬(Mesh) 혹은 스크린을 통해서 표면에 증착된다. 실리콘 웨이퍼는 스크린 바로 밑에 위치하지만, 접촉을 하지는 않게 위치되어 있어야 하며, 플렉서블 블레이드(Flexible blade)를 스크린 위로 통과시키게 되면, 웨이퍼와 스크린 사이에 힘이 가해지고 정교히 제어된 페이스트 층이 스크린을 통해 웨이퍼에 형성된다. 낮은 온도의 열공정을 통해서 페이스트의 휘발성 성분을 제거하고 원하는 물질인 인(phosphorus)만을 남기게 된다. 고온 확산 공정에서는 실리콘의 원하는 두께로 인이 확산되게 하며, 대체적으로 p-n 접합은 표면에서 1μm 아래에 형성되게 된다. 그 결과 도핑농도 $N_d > 10^{18}\,\mathrm{cm}^{-3}$의 n^+(역자주*: 에미터) 층이 형성되게 된다.

후면 접합에서는 알루미늄을 도핑물질로 이용하여 p+도핑된 층을 형성한다. 이 층은 두 가지 역할을 한다. 하나는 후면 전계(BSF)를 형성하는 것인데 이는 후면 재결합 속도를 낮추는 역할을 한다. 다른 한가지 역할은 터널링 형태(Tunneling type)의 오믹 접합을 후면 알루미늄 금속표면에 제공하게 된다. 상업적으로 사용되는 알루미늄 페이스트는 페이스트액(Paste suspension)에 포함되어 있다. 저온 공정에서 불필요한 성분을 제거하고, 고온 열처리를 통해서 알루미늄이 실리콘에 확산될 수 있도록 한다.

소량의 알루미늄이 포함된 은 페이스트(Silver paste)는 또한 이용이 가능하며, 은 후면 금속화(Back metallization)를 형성할 수 있는데, 모듈 제작과정에서 태양전지 후면의 솔더링(Soldering)을 할 수 있도록 하는 것이다. 스크린 프린팅 방식을 통해 은 페이스트가 웨이퍼 후면에 선택적으로 증착되도록 하며, 은의 사용량을 줄일 수 있으므로 효과적이다. 만일 스크린이 증착이 되는 부분이 뚫려 있는 형태라면, 고무 블레이드를 스크린 위로 통과시키고 실리콘 위에 위치시키게 된다. 스크린은 공간적으로 패턴된 폴리머 마스크를 사용할 수 있다. 적절하게 디자인된 스크린으로 수천장의 웨이퍼에 패턴공정을 할 수 있다.

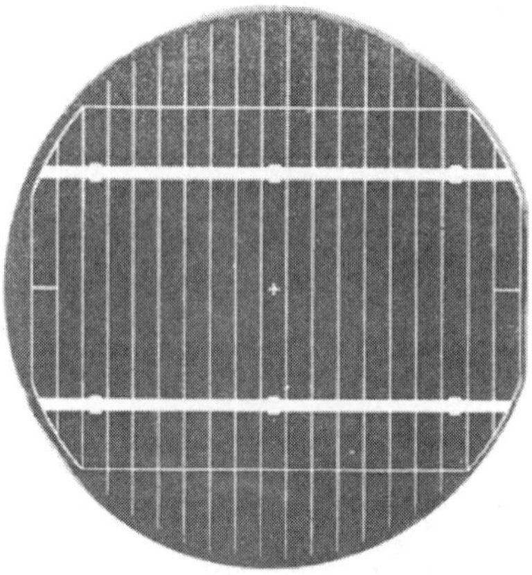

그림 4.21 버스바와 얇은 핑거라인을 가지는 실리콘 태양전지의 전면 접합 패턴. 전극은 스크린 프린팅 방식으로 형성되었다.

태양전지 전면 전극에 대해 살펴보자. 그림 4.21에서와 같이, 이 공정 통해서 얇은 도체를 버스 바(bus bar)와 연결시키게 된다. 전면 금속 면적이 넓을수록, 빛의 손실이 증가하므로, 금속도체의 폭은 반드시 최소화 되어야 하며, 일반적으로 200 ㎛의 범위이다. 금속 도체 사이의 간격(Spacing)은 n^+ 층의 면저항(Sheet resistance)에 의해 결정된다. 면저항은 인도핑 정도에 의해 결정되는데, 실리콘에서 도핑물질의 용해성(Solubility)의 한계를 초과하지 않도록 도핑 농도를 조절해야 한다. n+의 두께는 반드시 최소화 되어야 하는데, 빛의 흡수가 n^+ 에서 적은 것이 유리하기 때문이다. 태양전지의 표면 재결합 속도는 일반적으로 매우 높기 때문에, 대부분의 빛이 공핍층이나 p-type 실리콘 영역에서 흡수되는 것이 유리하다.

결과적으로 n+ 층에서 얻을 수 있는 실제적인 도전성에는 제한이 있다. 그러한 점이 면저항(Sheet resistance, Rs)으로 정의되며, ohm의 단위를 가진다.

$$R_s = \frac{\rho}{T}$$

여기서, ρ는 저항률을 T는 층의 두께를 표시한다. R_s는 정사각형 단위(Square unit)인데, 도전률을 측정한 두 개의 반대편 끝에서의 값을 의미한다. R_s 값은 얇은 금속 도체의 간격을 결정한다. 그림 4.21에서 보인 것처럼, 일반적으로 간격은 3mm 정도 이다.

이러한 접합을 만드는데, 효과적인 방법으로는 n-type 도핑물질의 인이 함께 포함되어 있는, 은기반의 페이스트를 오믹 접합으로 형성하는 것이다. 얇은 금속 도체와 버스바는 이러한 공정을 통해 동시에 프린트 될 수 있다. 저온 및 고온 열처리를 통해 후면 전극 금속화가 이루어진다.

선택적으로(역자주*: 필수적임), 반사방지층을 실리콘 태양전지에 형성할 수 있는데, $\frac{\lambda}{4}$의 두께와 굴절률은 $\sqrt{nSi\, n_{polymer}}$의 관계를 만족하는 것이 유리하다. 여기서 nSi는 실리콘 굴절계수이며, $n_{polymer}$는 접합물질인 폴리머 굴절계수이다. 적정한 TiO_x 또한 스퍼터링 방식으로 증착 될 수 있다.

태양전지는 이제 도체에 솔더링을 할 단계에 있다. 앞면 유리 기판에 탑재(Mounting)되기 위해, 본딩(Bonding)과 패키징(Packaging) 물질이 개발되어 왔다. 태양전지 모듈은 다수의 웨이퍼를 가지고 있으며, 외부 환경에서 25년 이상 유지할 수 있도록 제작된다.

4.10 태양전지 기술: 발전된 생산 방식

결정질 실리콘으로부터 대부분의 태양전지가 만들어졌기 때문에, 생산비용을 낮추기 위해 다양한 생산방식이 적용되어졌다.

결정질 실리콘은 실리콘 태양전지 효율에서 가장 앞선다. 이점은 부분적으로 CZ 성장 방식에 의한 순도높은 공정을 거치기 때문이다: 결정질 실리콘 물질(역자주*: 고체상태) 보다 용액의 실리콘은 더 높은 용해성을 가지고 있기 때문에, 녹아있는(Molten) 재료에서의 불순물은 잔존한 액상에 분리되어 남아 있게 된다(역자주*: 고체 실리콘의 순도가 높아진다.) 그러므로 결정질 실리콘은 원재료(Feedstock)보다 높은 순도를 가지게 된다. 가장 중요한 불순물은 철 성분인데, 캐리어 확산거리를 150 um 이상으로 확보하기 위해서는 철 불순물 정도를 10^{12} atoms cm^{-3} 이하로 유지해야 한다. CZ 성장 속도는 마이크로 일렉트로닉스(Microelectronics)에서의 1분당 1mm 정도의 성장보다 빠르다. 캐리어 확산길이는 면밀하게 관측되며, 비용을 줄이기 위해 공정의 속도는 최적화 된다. 간단한 성장방식은 높은 재연성과 고품질의 실리콘 성장을 가져올 수 있다. 다결정 실리콘에서는, 일반적으로 잉곳사이즈의 무게는 250 Kg에 달한다. 웨이퍼의 표준 두께는 대략 200 μm 정도이다. 실리콘 캐스팅은 정제 공정이 없으므로, 원재료는 더욱 높은 순도로 제어 되어야 한다.

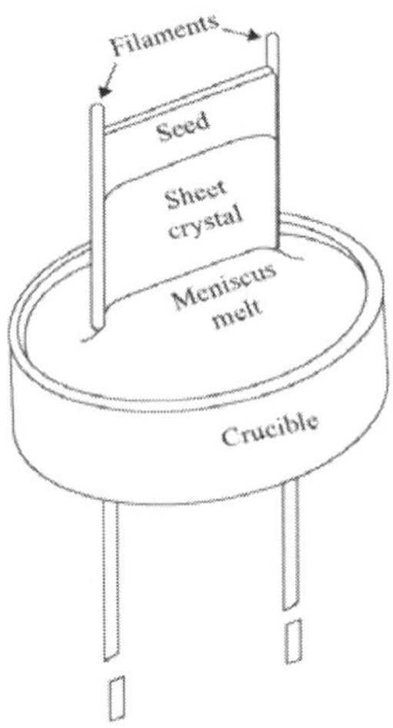

그림 4.22 실리콘 리본(Ribbon) 성장방식. 액체 실리콘에서의 표면 장력에 의해 냉각을 시키고 나면, 평면형의 실리콘을 얻게된다. 리본의 두께는 인장속도와 냉각속도에 따라 조정할 수 있다.

비록 덩어리나 잉곳 기반 방식의 실리콘 웨이퍼 생산이 아주 잘 개발되었고, 실리콘 태양전지에서의 보편적 기술이지만, 두 가지 모두 절삭(Sawing)공정을 필요로 하며 이는 재료 손실을 야기한다. 흥미로운 대체 기술은 실리콘 리본 기술이다. 이 방식은 녹아있는 실리콘을 얇은 실리콘 쉬트(Sheet)으로 직접 고체화 하는 방식이며, 리본끈(String ribbon)성장 방식으로 알려져 있다. 두 개의 평행 끈을 수 cm 이격하여, 실리콘이 녹아있는 용기(Crucible)로부터 수직으로 끌어 올리는 방식이다. 액체는 끈에 녹아 있으므로, 액체의 얇은 망은 표면 장력(Surface tension)으로 인해, 두 개의 끈 사이에 남아있게 된다. 냉각을 통해서 고체화하게 되면 다결정의 실리콘 쉬트를 얻을 수 있다.(그림 4.22).

실리콘 리본 성장에서 해결해야 될 문제

(a) 리본 끝에서의 절단에 의한 끈 제거

(b) 생산된 기판의 평탄화(Flatness) 정도

(c) 궁극적인 태양전지 특성

(d) 용기(Container)와 접촉으로 인한 용액 실리콘의 불순물 유입

(e) 쉬트를 꺼내는 공정 동안의 녹아 있는 실리콘을 유지하는데 필요한 에너지

리본 형태의 태양전지 전지(Cell)의 효율은 14% 정도로, 웨이퍼 형태의 태양전지에서 낮은 수준이며, 이는 불순물의 유입과 다결정 형태에서 기인하지만 끈 리본(String ribbon) 방식은 증명된 생산 방식이기도 이다.

4.11 박막 태양전지: 비정형 실리콘

태양전지의 가격을 낮추기 위한 노력이 계속되고 있다. 전통적인 화석 연료와 원자력발전과 비교하여, 여전히 가격적인 부담이 있다.(역자주*: 2013년 전후를 통해 그리디 패러티-Grid parity 달성한 지역이 다수 보고 되고 있다. 아울러, 화석연료로 인한 온난화 가스 발생과 원자력발전의 폐기물 처리 비용과 시간을 고려하면 단순히 가격의 문제만은 아니다. 참고로, 원자력발전을 하는 많은 국가들은 핵폐기물의 처리비용을 현재 사용자에게 부과하지 않는다. 아마 그 후손들이 치루게 될 것이다. 그들은 선조들에 기인해서 세상에 왔지만, 선조들의 에너지 사용 비용을 지불하는 것이 타당한지 생각할 것이다.)

가격을 낮추는 가장 중요한 접근이 박막 태양전지이다. 벌크나 리본의 성장 없이, 박막 반도체층이 기판 위에 증착 될 수 있다. 기판은 저가이며, 최종 마감공정으로 이용될 수 있다.

1970년 초반에 새로운 형태의 실리콘 반도체 특성이 발견되었다. 비정형(Amorphous) 실리콘으로 알려진, 종종 a-Si 로 표시되는, 이 형태는 박막에서 실리콘이 정렬 없이 존재하고 있다. 긴 범위에서의 실리콘의 상호 결합은 랜덤(Random)이다; 그러나 부분적인 결합은 결정질 실리콘에서와 같이 4가 결합을 취하고 있다. 이러한 a-Si 물질

은 박막형태로 지지 기판(Supporting substrate)위에 성장한다.

몇 퍼센트의 4가 실리콘 결합은 불완전하거나, 매달려(Dangling) 있으며, 긴 범위에서의 정렬성이 결여되어 있다. 만일 적정한 수소를 a-Si 박막에 도입하면, 수소 원자는 효과적으로 실리콘 결합을 완성시킨다.(역자주*: 결합되지 않는 실리콘과 결합한다.) 적정한 수소 결합은 플라즈마-화학기상증착법(plasma enhanced chemical vapour deposition(PECVD)을 이용할 수 있다. 실란(SiH_4)와 H_2의 혼합가스를 RF(Radio frequency) 방전(Discharge)를 이용하는 것으로, 분자를 분리하여 반응기를 형성한다. 이러한 반응기는 방전상태에서 다시 기판 위에 증착 되고 원하는 박막을 기판위에 성장시키게 된다. 그 결과인 수소마무리 된(Hydrogen-terminated) 박막은 a-Si:H 로 알려져 있다. a-Si:H의 원자 구조는 그림 4.23에 보이고 있다.

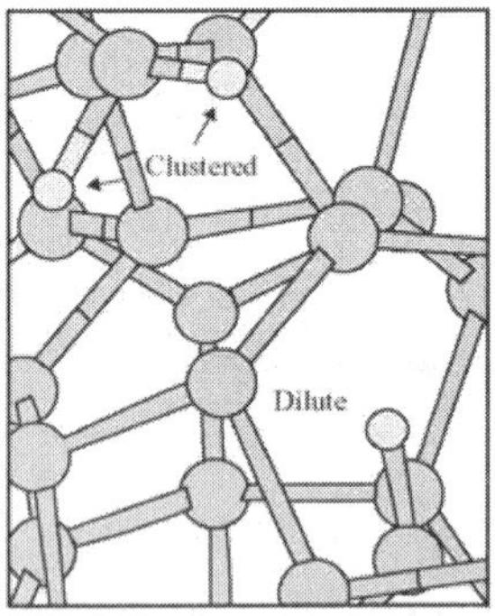

그림 4.23 원자구조의 a-Si:H. 수소(H) 원자는 결합이 완전하지 않은 실리콘을 결합적으로 완전하게 할 수 있다. 일반적으로 고립된 형태로 존재하지만, 여러 개가 같이 존재할 수도 있다. (하의 실리콘 원자에 두 개의 dangling 결합을 가질 수 있다.)

결정질 실리콘과 비교하여, a-Si:H 에서의 가장 특징적인 점은 빛의 흡수에 있다. 그림 4.24에서 단층 결정질 실리콘과 a-Si:H의 흡수 스펙트럼을 비교하고 있다. a-Si:H의 유효 밴드갭은 결정질 실리콘 보다 훨씬 크다. 실선커브로부터, 0.5 eV 이상 높은 것을 알 수 있다. 그러나 1.9eV 이상에서는 a-Si:H의 흡수계수는 결정질의 그것보다 10배 이상 크다. 즉 박막의 a-Si:H은 μm 두께로 가능한 태양빛을 흡수하는데 충분하다. 이 점은 a-Si:H 대역 모델로부터 이해 할 수 있는데, 간접 갭 특성의 실리콘이 긴 범위에 있어서는 풀어진(Relaxed)상태가 되며, a:Si이 직접 밴드갭 반도체와 유사해지는 특성을 만들게 된다.

그림 4.25에서 보인 것처럼, a-Si:H의 에너지 밴드 다이어그램의 특성이 표시되어 있다. 긴 범위의 무정형으로 인해, 전도대(Conduction band, Ec)와 가전도대(Valence band, Ev)가 확실하게 정의되지 않았다. 결정질 실리콘과 다른 점이다. 이러한 현상은 결합에너지의 작은 변동이 다른 결합 각도와 결합에 존재하게 되기 때문이다. 상태 함수 밀도(Density of state function)은 Ec 보다 작은 전자와 Ev 보다 큰 정공에 대해 존재하며, 에너지갭 방향으로는 지수함수적으로 감소하는 것을 알 수 있다. 그러므로 밴드갭은 정확하게 정의되지 않고 있지만, 그림 4.25에 보인 것과 같이 약 1.75eV가 된다. 이 값은 재료의 준비단계에 따라 변할 수 있다. 밴드갭 내부에서의 밴드꼬리(Bandtails)의 상태와 밴드갭 외부에서의 밴드갭 사이에 가장 큰 다른 점이 있다: 전자(The former) 편재(Localized)된 반면 후자(The latter)는 비편재(Delocalized) 되었다는 것이다. 이상적인 결정질 반도체 물질에서는, 모든 밴드 상태는 비편재 되어 있다. 밴드꼬리는 편재된 무정형으로 인해 발생하고, 편재된 상태를 나타낸다. 밴드갭 외부의 비편재된 상태 때문에, a-Si:H의 전도성이 있다.

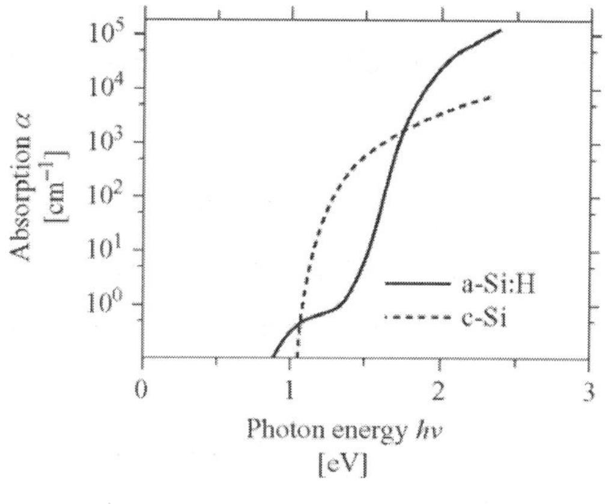

그림 4.24 비정질과 결정질 실리콘의 흡수 프로파일 비교. 두 물질 사이는 흡수 끝단 부분에서 약 0.5 전자 볼트(electron volt, eV로 표시) 차이를 보이고 있다.

또한 중간갭(Mid-gap)과 가까운 상태가 있는데, 불완전한 실리콘 결합에서의 결점(Defects)에 의해 발생한다. 매달린 결합은 Chapter 1에서 표면과 계면을 다룰 때 학습하였다. 그러나 a-Si:H에서는 반도체 전역을 통해 존재한다. 결점의 밀도(Density of defects)은 매달린 결합에 대한 수소 처리에 밀접하게 관련되어 있다. 처리되지 않은 물질은 결점의 밀도가 $10^{16}cm^{-3}$ 이하이다.

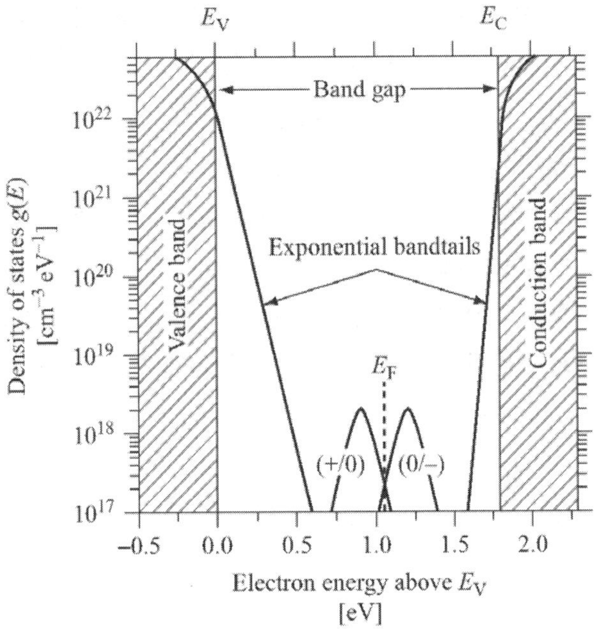

그림 4.25 a-Si:H 의 전자상태 밀도. 밴드끝과 갭의 중간영역을 보면 결합(Defects)의 영향을 볼 수 있다.

아쉽게도, 태양빛에 조사된 상태에서 그 결점 밀도는 더욱 증가하여 $10^{17}cm^{-3}$ 정도이며, 새롭고, 더 높은 결점 밀도가 안정화되기까지, 태양전지의 성능을 저하시킨다. 이 과정은 Staebler-Wronski 영향이라 하며, a-Si:H 안에서의 수소의 재배열에 관련이 있는 것으로 알려졌다.

a-Si:H의 도핑은 결정질 형태에서와 같이 인(P)과 붕소(B)에 의해 얻을 수 있다. N-type a-Si:H 에서는 자유 전자 밀도가 인(P)의 도핑 정도보다 현저히 낮다. 이러한 점은 상당 부분의 도핑된 P 원자가 가장 가까운 3개의 Si 과만 결합을 하고, 다른 두 개의 가전도대 전자는 쌍으로 P 원자에 붙들려 있는 상태로 남아 있기 때문이다. 그러므로 추가적인 편재된 낮은(Shallow) 전자상태를 가져오지 않으며, 즉 n-type 도핑이 되지 않는 결과를 가져온다. 경우에 따라, P 원자는 4개의 실리콘과 결합을 하고 n-type 도핑을 이루기도 한다.

n-type a-Si:H에는 상대적으로 높은 밀도의 전자쌍이 있으며, 비활성 P원자에 묶여 있기 때문에, 이 물질은 실제적으로 정공 이동에 유용하지 않다. 정공이 이러한 전자쌍에 포획되기 때문이다. 이러한 점을 고려하여, 효과적인 a-Si:H 태양전지를 설계하거나 구조화하여야 한다.

가장 좋은 비정질 실리콘 태양전지는 p-i-n 구조를 가지는데, p-n 다이오드에 두꺼운 고유의(Intrinsic, 역자주*: 도핑되지 않은) 층이 p-와 n-사이에 포개져 있는 형상이다. 일반적으로 20 nm 두께의 p층과 n층을 가지며, intrinsic 두께는 약 500 nm 정도이다. Intrinsic 층을 사용하는 이유는 도핑된 a-Si:H 물질 내에서 적정한 정공과 전자의 이동도를 얻기 위함이다. 가상적으로 모든 포톤이 intrinsic 층에 흡수되도록 하는 목적을 가지고 있는데, 결정질 실리콘 태양전지는 대부분의 포톤이 p-type영역에 흡수되도록 한 것에 비하면 대조가 되는 부분이다. 이동도는 대략 $1cm^2V^{-1}s^{-1}$ 정도인데, 결정질에서의 $1000cm^2V^{-1}s^{-1}$ 비교하면 매우 작은 값이다. 그러나 전형적인 a-Si 태양전지의 두께가 0.5 μm 인데, 일반적인 c-Si의 200 μm 두께보다 훨씬 얇기 때문에 작은 이동도임에도 적정한 성능을 발휘 할 수 있게 된다.

박막에서 Intrinsic 층은 태양전지에서도 공핍층의 길이를 설정하는데 효과적이다. 생성된(Built-in) 전계는 이러한 intrinsic 층 전체를 거쳐 위치하게 되며, 광학적으로 생성된 캐리어가 재결합으로 소멸되기 전에 n와 p 영역으로 이동하게 하는 중요한 역할을 하게 된다. 생성된 전계의 크기는 다음에 따라 정해질 수 있다: 500 nm 두께의 층과 0.5 V의 포텐셜의 결과는 $10^4\,V\,cm^{-1}$의 전계세기를 제공한다. $\nu=\mu\varepsilon$와 $\mu=1\,cm^2V^{-1}s^{-1}$ and $\varepsilon=10^4\ Vcm^{-1}$를 이용하면 $\nu=10^4\ Vcm\,s^{-1}$를 얻을 수 있다. 만약 intrinsic 층의 두께가 $L=5\times10^{-5}cm$ 라면, intrinsic 층을 통과하는 캐리어 이동 시간은 $L/\nu=5$나노 초(Nanosecond)이 될 것이다. 이는 a-Si 에서 캐리어 생존시간이 c-Si 에서의 마이크로 초(Microsecond)에 비해 아주 짧은 것을 알 수 있다.

비정질 실리콘 태양전지의 개방전압은 1V 정도이며, 결정질 태양전지보다 0.5 V 정도 높은데, 그림 4.23에 보인 것과 같이 흡수 에지(Edge)가 0.5 eV 높은 것에 기인한다. 비정질 실리콘 태양전지에서는 상층부 뿐만 아니라, 기판하단부에서도 빛이 입사하도록 디자인되었다.

투명기판 설계에 있어서, 유리기판은 투명전도성 산화물(Transparent conductive oxide, TCO)이 먼저 코팅되는데, Tin-doped In_2O_3 (ITO) 혹은 aluminum-doped ZnO 이 사용되면, P-type 층에 대한 윈도우(Window)로 작용을 하게 된다. 진성층(Intrinsic layer)와 n-type 층이 더해지고, 후면접합층으로 연결된다. 후면 전극은 일반적으로 반사를 일으키는데, 이는 후면전극에서의 흡수를 줄이고, 재반사 시켜서 다시 광흡수층에서의 흡수될 수 있도록 하기 위함이다. 이러한 디자인은 그 자체로 저비용의 딱딱한 태양전지 패널을 형성한다. 직접 빛을 이용하는 설계에서는 기판을 불투명하게 할 수도 있다. 실제 사용되는 재료는 얇은 스테인레스 sheet 을 사용하는데, 후면 전극으로 역할하면서도 유연성을 제공한다. 증착순서는 전면 투명전극, n-층, 진성층, 그리고 p-층의 단계를 거치게 된다. 이런 설계의 특징은 구부릴 수 있고 가볍다는 것이다.(그림 4.26 참고.)

그림 4.26의 구조는 여전히 빛의 흡수를 증가시킬 수 있는 가능성이 남아있다. 평면 구조가 아닌 빛의 스캐터링을 후면 반사체를 이용하는 것이다. 빛은 능동층(*주, 태양전지 능동층) 을 한번 통과하고 다시 한번 후면 반사체에서 반사되어 재차 능동층으로 입사할 수 있으며, 박막과 직각을 이루는 큰 각도를 형성하게 되며, 이는 진성층에서의 광학이동 경로(Optical path length)가 증가하는 결과를 가지고 온다. 게다가, 빛은 왕복을 하게 되어, 전면전극에 도달하게 되는데, 빛은 이러한 임의각(Critical angle)을 초과하여 다시 전반사되고 태양전지 내부에 머무르게 된다. 반사체의 텍스처링과 TCO 층이 상용화 태양전지의 효율을 향상시키는데 주로 사용된다.

상업적으로 가능한 단일전합 비정질 태양전지는 대략 제작 직후 7% 정도이고, Staebler-Wronski 효과에 의해 태양빛에 1000 시간이 노출된 후에는 5% 정도의 효율을 가진다. 이것은 결정질 실리콘 태양전지보다 3~4 배 저감된 효율이다. 그러므로 단일 비정질 실리콘 태양전지는 저전력 저가격이 필요한 분야에만 적용이 가능한 제한을 가지고 있다.

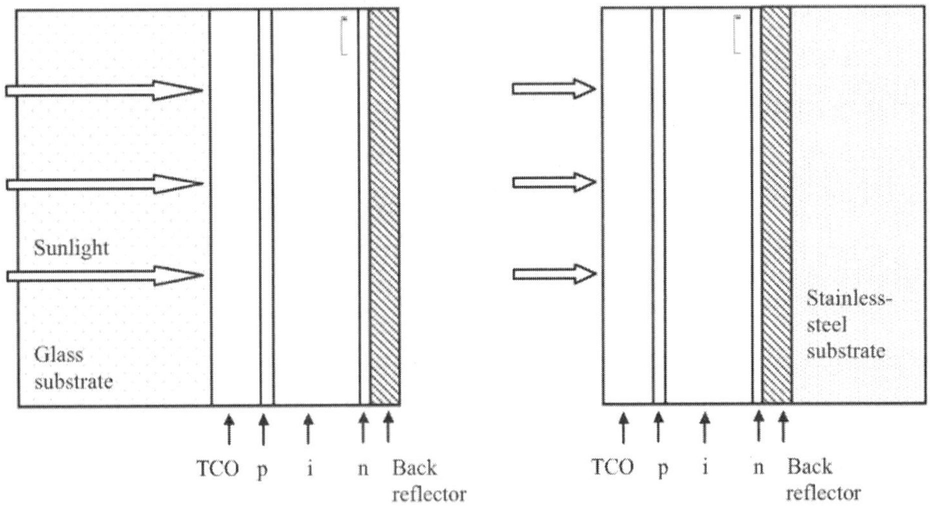

그림 4.26 a-Si:H 태양전지의 구조 (a) 유리기판을 통한 빛의 입사되는 구조 (b) 투명전도 산화물인 TCO(Transparent conductive oxide)를 통해 빛이 유입되는 스테인레스 기판 구조

비정질 실리콘 태양전지의 효율을 획기적으로 향상시킬 수 있는 방법은 다층 접합 방식의 소자(Multiple junction device)이다. 두 개 이상의 박막필름 p-i-n 접합을 쌓는 방식으로 직렬로 연결할 수 있다. 첫 번째 접합에서 흡수 되지 않은 빛이 두 번째 접합으로 이동하는 형식이다. 전체 전압은 각각 p-i-n 접합의 합과 같다.

효과적인 성능을 위해서, 첫 번째 접합은 높은 밴드갭을 가지고 있어야 한다. 높은 에너지 광자를 흡수하고, 저준위 에너지 포톤은 에너지 밴드갭이 낮은 두 번째 접합으로 넘기게 된다. 이러한 방법에서 첫 번째 p-i-n 접합의 개방전압이 가장 높고, 높은 에너지 포톤을 이용하는데 효과적이다. 반면에 적은 에너지밴드갭을 가지는 접합은 고준위 에너지 포톤으로부터 전자-정공쌍을 생성하게 되지만, 여분의 에너지를 열상태로 손실로 저감시킨 뒤에야 포집될 수 있다. 이러한 개념을 스펙트럼 분할(Spectrum splitting) 이라 한다.

탠덤 태양전지는 두 개의 p-i-n 접합을 가지며, 트리플 접합은 세 개의 p-i-n 접합을 가진다. 이용 가능한 최대의 에너지는 태양전지의 개수와 비례하게 된다. 이는 열화(Thermailization)를 통한 캐리어 에너지 손실이 접합의 개수가 늘어날수록 줄어들기 때문이다.

이상적인 에너지갭은 태양의 스펙트럼에 의해 결정된다. 탠덤 태양전지의 경우 첫 번째 접합이 ~1.8eV 이고 두 번째 접합이 ~1.2 eV에서 이상적이다.

다중접합 태양전지의 사용은 다른 잇점을 제공하기도 한다. 주어진 출력파워에서 출력 전압이 높다면, 전체 전류는 감소시킬 수 있다. 이러한 점은 저항 손실을 감소시키며, 충진률(Fill factor)을 전체적으로 향상 시킬 수 있다.

필요한 밴드갭 조절을 위해서, 비정질층 형성과정에서 실리콘은 반드시 다른 성분과 결합되어야 한다. 가장 잘 이해되고 있는 합금은 a-$Si_{1-x}Ge_x$:H이다. x 값을 변화함에 따라, 밴드갭은 1.1 eV (x=1)에서 1.7eV (x=0)으로 조절 될 수 있다. 이러한 것은 탠덤 소자에서 거의 이상적인 것으로 보이지만, 해결해야 할 점이다. 게르마늄은 실리콘 보다 비싸고, 더욱 중요한 것은 x 값이 증가하면, p-n 접합에서 유효한 결점밀도(Defect density)가 증가하게 되어, p-n 접합의 충진률을 낮추게 된다. 진성층에서 결점 포획 캐리어(특별히 정공)는 포집되지 못한다. 그러므로 실제적인 가장 낮은 밴드갭은 1.4 eV 정도이다.

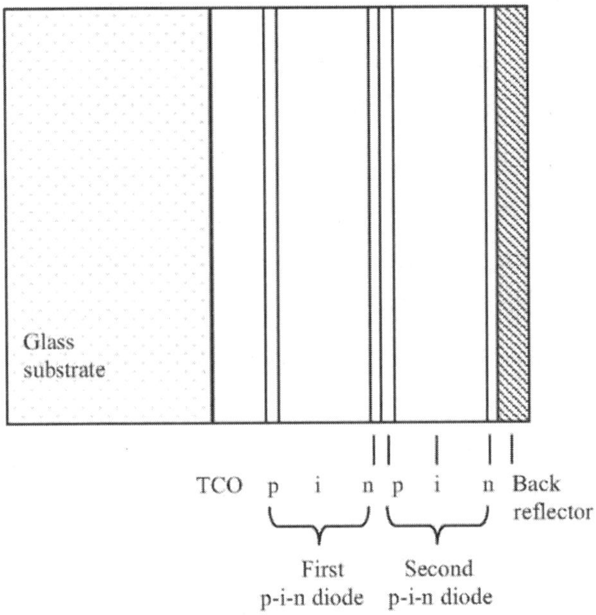

그림 4.27 유리기판에서의 탠덤 태양전지. 첫 번째 pin 구조와 두 번째 pin 구조의 접합으로 n-p 접합이 형성이 된다. 이는 터널링 접합으로, 캐리어가 다음 다이오드로 이동할 수 있도록 한다. 첫 번째 pin 다이오드는 두 번째 pin 다이오드 보다 높은 밴드갭을 가진다. 유사한 탠덤 및 트리플(Triple) 접합 구조를 스테인레스 기판에 형성할 수 있다.

이러한 문제를 줄일 수 있는 방법은 진성층 내에서 게르마늄 농도를 깊이에 따라 조절하는 것이다. 게르마늄 함량이 p-side 쪽으로 증가하며, 진성층에서 발생한 정공은 p-side 로 이동하는 데 짧은 거리를 가지게 되며 트랩되는 확률을 낮출 수 있다.

가장 효과적인 실제 트리플 접합 비정질 태양전지는 a-Si(1.8 eV)/a-SiGe(≅1.6 eV)/a-SiGe(≅1.4 eV) 이며, 안정화를 거친 뒤에도 일반적으로 10% 이상의 효율을 달성한다. 이러한 효율값을 얻기 위해서, 모든 3개의 접합이 동작점 (그림 4.9)에서 서로 잘 작동해야 한다. 특별히, 각 셀에서의 I_{MP} 은 태양빛의 수직입사 경우에서, 같은 값을 가져야 한다. 이것은 각 셀의 p-i-n 두께의 조절 및 최적화를 통해서 얻어 질수 있다. 후면 반사체 또한 고려의 대상으로 각 층의 적정한 두께에 영향을 준다.

우수한 성능의 다층 접합 태양전지를 위한 중요한 요소는 각 층 사이에서 적정한 전도대를 가지는 것이다. 그림 4.27에서, 탠덤셀의 구조를 보이고 있다. N-p 접합은 두 개의 p-i-n 접합사이에서 서로 반대로 바이어스 되고 있다. 그러나 이러한 것은 n-p 접합이 터널 다이오드 (그림 2.21)로 작동하여 전류를 흐르게 할 수 있다. 과도핑 된 p- n- 층에 의해 전류가 흐를 수 있다. 다행스럽게도 p-i-n 소자에서는 빛의 흡수가 진성층에서 가장 중요하기 때문에 이러한 문제는 상쇄될 수 있다.

다결정(polycrystalline) 혹은 마이크로크리스탈 구조(Microscrystaline) 도 박막 다층 접합 태양전지에서 개발중에 있는데, 실리콘의 후면층을 결정화 하는 것이다. 유리 기판 위에서 이러한 태양전지를 성장한 뒤 급속열처리(Rapid thermal annealing) 을 이용해서 결정화 하는 것이다. 다결정 실리콘 층은 흡수Edge가 낮기 때문에 장파장을 이용(역자주*: 장파장은 포톤에너지가 작다.)

하는데 효과적이다. 그러나 다음과 같은 해결할 문제들이 있다.

(a) 결정질 실리콘의 작은 흡수계수에 의해 빛의 재사용(Recycling)이 중요한문제이며, 높은 반사 전극과 광포획(Light trapping) 기법이 필수적이다.

(b) 다결정 실리콘은 많은 그레인 경계(Grain boundaries) 를 가지고 있는데, 재결합 센터로 역할을 하게 된다. 이러한 그레인 경계 밀도는 실리콘 그레인의 크기를 증가시켜서 줄일 수 있다. 유리기판의 연화온도(Softening temperature) 보다 낮은 온도에서 그레인 크기를 증가시키기 위한 특별한 공법이 요구된다. 레이저 결정화(Laser crystallization)를 이용한 급속열처리 방식이 가능한데, 급속 열처리 과정에서 실리콘이 아닌 유리 기판이 녹지 않도록 하여야 한다. 또한 적절한 그레이 경계 표면 처리(Surface treatment) 반드시 행해야, 표면 재결속도를 최소화 할 수 있다.

실리콘 탠덤 태양전지는 두 개의 비정질 실리콘 층과 한 개의 다결정 실리콘을 이용하여 대량 생산방식에서 현재 10% 이상의 효율을 내고 있다. 또한 태양전지의 발전에 있어서도 저렴한 제조비용과 독극 물질을 사용하지 않는 고유의 장점을 가지고 있다.

4.12 Telluride/Selenide/Sulphide Thin-Film Solar Cells

실리콘 기반이 아닌 박막태양전지에서 가장 잘 알려진 II-VI 반도체 CdTe가 이용되고 있는데, 박막 태양전지로서 11% 이상의 효율을 대면적에서 보이고 있다. 최근에는 selenide 반도체 재료인 $Cu(InGa)Se_2$ (CIGS)이 13% 이상의 효율을 보이고 있다.

CdTe는 직접 밴드갭 반도체로서 1.5 eV의 밴드갭을 가지고, 직접 밴드갭이므로 1.5 eV 이상의 포톤에서 5×10^5 cm^{-1} 높은 광학 흡수계수를 가진다. CIGS 역시 직접갭 물질이다.(그림 1.16f 참조)

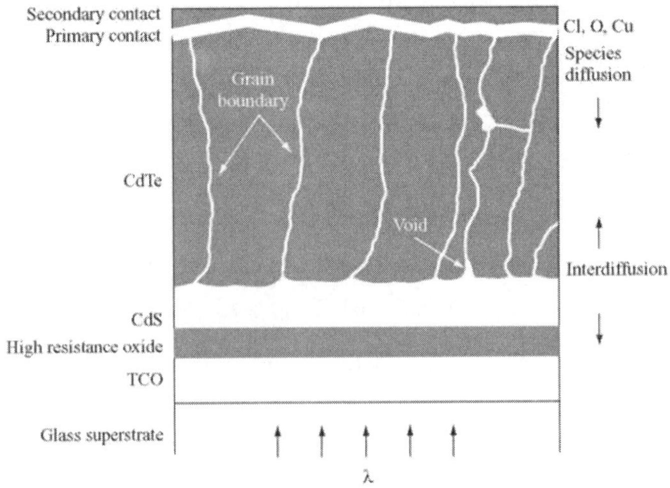

그림 4.28 CdTe 태양전지의 구조. 그레인과 Cds 층을 포함하고 있다. Tco는 Transparent conductive oxide의 약자이며, 광학적으로 투명하고, 전기적으로 전도성을 가지는 투명산화물이다. 수퍼스트레이트(Superstrate)라는 것은 유리기판이 빛이 입사하는 태양광을 마주보고 있는 구조를 의미한다.

이러한 반도체 형태는 박막소자로서 다결정 구조를 가진다. CdTe 경우, 얇은 p-type CdTe을 약 2 μm 두께로 유리와 같은 기판위에 성장한다. 그 필름은 많은 수의 주상(Columnar) 단결정 그레인으로 구성된다. 그레인 크기는 일반적으로 0.2-1.0 um이며, 그레인의 높이는 두께와 비슷하다. p-type CdTe 층 외에도, n-type CdS 층과 TCO 층을 포함하고 있다. CdS는 광역 밴드갭으로 CdTe의 밴드갭 보다 크므로, n-side와 p-n junction에 대해서 자연스레 윈도우 물질로 역할을 하게 되며, 최소한 빛흡수를 하게 된다. 그림 4.28의 CdTe/CdS 구조는 이종접합 태양전지의 예이다.

CdTe 동종접합(Homojunction) 태양전지도 구성이 가능하며, CdTe가 n-type 혹은 p-type올 성장한다. n-type CdTe 를 얻을 수 있는 한 가지 방법은 Cd을 과하게 형성하고 p-type CdTe는 Te를 과하게 형성하는 것이다. 도판트로는 In, Au이 n-type 용 p-type 용으로 각각 쓰일 수 있다. 그러나 동종 접합은 높은 효율을 보이지 못하고 있다.

많은 수의 이종접합 태양전지가 연구되고 있다. CdTe가 n-type 층으로 사용된다. P-n 접합은 p-tyep 단결정 CdTe 과 n-type In2O_3:Sn, ZnO, SnO_2 또는 CdS 등의 사용에 대한 연구가 급격하게 진행되고 있다. 대부분 효과적인 박막 소자는 실험적으로 p-CdTe/n-CdS 구조인 것으로 밝혀졌다.

CdTe와 CIGS 태양전지는 탠덤 구조의 이용 없이도 쉽게 10% 이상의 효율을 보이고 있으며 가격면에서도 실리콘 보다 좋다. 그러나 장기간의 생존에 대해서는 논쟁이 있다. Cd는 독성 물질인데, CdTe 태양전지와 CIGS 소자의 CdS 층으로 사용된다. Cd의 사용에 대한 규제를 가진 나라가 늘어가고 있다. 게다가, Te, In과 Ga에 대한 세계적 공급량이 현재 충분하지 못하여 이러한 박막 태양전지에 대한 지속적인 성장에 대한 걸림돌이 되고 있다.

이러한 제한에도 불구하고, 2008-2009 년에 CdTe 태양전지는 오랜 시간 동안 지속된 가격 장벽을 허물었으며, 현재 미국에서는 Watt 당 $1 이하에 생산되고 있다. CdTe 는 낮은 태양전지의 사용이 적정한 대면적 Solar farm 등에 아주 매력적이다. 잠재적인 이슈인 유해성은 잘 관리되어야 하며, 저가격은 필수적이다.

요약

4.1. 태양전지는 p-n 접합으로 구성되며, 빛에 의해 발생한 전자-정공쌍이 외부회로에 분리 포집되어 전기적인 파워를 공급한다. 캐리어의 이동은 태양전지내의 공핍층에서 드리프트에 의해 발생하며, I-V 그래프에서 4사분면(Fourth quadrant)에 위치하게 된다. 태양전지가 최대 출력 전압을 발생하기 위해서는 포텐셜 장벽(Potential barrier)은 가능한 작게 유지되면서도 큰 역방향 전류를 유지할 수 있어야 한다.

4.2. 태양전지에서 빛의 흡수는 밴드갭의 종류에 따라 민감하게 결정된다. 포톤 에너지에서 간접밴드갭 반도체는 직접 밴드갭 반도체 보다 약한 흡수를 갖는다. 간접 밴드갭에서 흡수는 포논의 영향을 받으며, 더 두꺼운 두께를 필요로 하게 된다.

4.3. 태양광은 5250°C 의 태양 표면에 해당하는 흑체 방사 스펙트럼에 기인한다. 이러한 스펙트럼은 산소, 물분자, 그리고 이산화탄소에 의해 대기중에서의 흡수에 영향을 받는다.

4.4. 결정질 실리콘 태양전지는 얇은 n-type 층과 두꺼운 p-type 층을 가지고 있다. 전면 전극은 금속 그리드, 후면 접합 전극과 반사 방지층으로 구성되어 있다. 태양빛은 공급층과 확산 거리에 있는 구간에서 외부 회로에 최상의 파워를 생성한다. 단락전류, 개방전압, 충실률은 태양전지성능을 판별하는 중요 인자이다. 경계면 조건을 이용하여 식 4.2 를 통해 식 4.3(a) 가 얻어지는 것

을 확인하라.

4.5. 박막 태양전지에서 확산거리는 태양전지의 두께보다 길다. 표면 재결합 속도는 매우 중요한 파라미터이며, 외부 회로가 아닌 표면에서의 캐리어 재결합 손실을 정량화 할 수 있도록 한다.

4.6. 태양전지에서 두께의 함수로써의 유용한 전류 는 빛이 흡수되는 특정 깊이에 의해 결정되며 정공과 전자가 이 깊이로부터 포집되는 것을 결정한다.

4.7. 태양전지의 효율 제한은 태양전지의 밴드갭에 의해 결정된다. 효율의 제한은 에너지 측면에서 너무 작은 포톤 또는 포집되기 전에 너무 큰 포톤이 열화를 일으키는 것과 관련이 있다. 더욱이, 동작 전압은 밴드갭 에너지 보다 작으며, 이로 인해 부가적인 에너지 손실이 발생한다. 실리콘으로 얻을 수 있는 변환 효율은 대략 25% 정도이다.

4.8. 실리콘 태양전지를 위한 실리콘은 Siemens 공정을 통해 정제된 금속급 재료로부터 시작된다. 다결정질 잉곳은 캐스팅으로 제작될 수 있고, 쵸크랄스키 방식을 이용하여, 도가니에서 성장시킬 수도 있다. 와이어 톱질 (Wire sawing)은 잉곳을 절단하여 웨이퍼를 만들 때 사용된다. 단결정 실리콘은 다결정 실리콘 보다 몇 % 정도의 효율이 높다.

4.9. 태양전지 웨이퍼 공정은 텍스처링, 전/후면 표면 도핑 그리고 접합 및 반사방지막 코팅으로 구성된다. 스크린 프린팅은 저가의 공정을 제공한다.

4.10. 실리콘 리본 기술은 웨이퍼 다이싱(Dicing) 하는 기술을 대체할 수 있다. 액상으로 용융된 실리콘이 당겨져서 두 개의 와이어 사이에 표면 장력으로 지탱되며 웨이퍼를 제작할 수 있다.

4.11. 박막 비정질 실리콘 태양전지는 긴 영역에서는 랜덤 실리콘 구조로 이루어져 있으나, 대부분 4면체 결합을 가지고 있다. 미결합된 부분을 수소로 마감하여 결점을 보완한다. 비정질 실리콘의 밴드갭은 1.75 eV이며, 직접 에너지 밴드갭과 유사하게 동작을 보인다. p-i-n 형태로 태양전지를 만드는데, 이는 도핑된 영역에서 짧은 캐리어 생존시간의 문제를 보완하기 위해, 인위적으로 intrinsic 층을 형성한다. 탠덤 형태와 트리플 접합 설계는 태양전지의 변환효율을 대략 10% 정도 향상시킬 수 있다.

4.12. CdTe와 CIGS 박막 태양전지는 다중접합 설계를 통하지 않아도 10% 이상의 변환 효율을 나타낸다. CdTe와 CIGS 모두 직접 밴드갭 물질이며, CdTe 태양전지는 $1/watt의 경계를 허물어낸 최초의 태양전지이다.

4.13. 다중접합 태양전지는 30% 이상의 변환효율을 달성하였다. 최고의 소자는 게르마늄 기판에 Ⅲ-Ⅴ족 반도체을 에피 성장한 형태이다. 태양광 스펙트럼이 이러한 태양전지에 더 유효적으로 사용될 수 있으며, 홑층(Single junction)에서의 이론적 효율이 60%이상이다.

4.14. 집광형 태양전지 시스템은 태양빛이 작은 영역에 집중하게 하여 향상된 태양전지 효율을 제공할 수 있다. 이러한 특징이 다중접합 태양전지에 대한 가격적인 면을 완화 시킬 수 있지만, 최적의 트랙킹 시스템을 유지하여야 하며, 구름이 덥혀있는 상태에서의 태양빛은 효과적으로 포집될 수 없다.

참고문헌

Green MA. *Solar Cells, Operating Principles, Technology and System Applications*. University of New South Wales, 1992.

Luque A and Hegedus S (eds). *Handbook of Photovoltaic Science and Engineering*. Wiley, 2003. Streetman BG and Banerjee SK. *Solid State Electronic Devices*, 6th edn. Prentice Hall, 2006.

연습문제

4.1 본 장에서 배운 것을 바탕으로, p-n 접합 태양전지로부터 발생하는 전력과 관련하여 2-3페이지 분량으로 정리하시오. 다이어그램이 필요하면 사용하고, 다음의 용어를 포함하도록 하시오.

- 광학흡수
- 전자-정공쌍 발생
- 캐리어 드리프트/확산
- 재결합
- 확산길이
- 개방전압
- 단락전류

4.2 태양 방사는 기본적으로 흑체 방사에 의해 결정된다. 흑체 방사는 프랑크 법칙에 의해 방사 스펙트럼을 발생하게 된다. 프랑크 법칙은 전자기방사의 주파수(v)와 관련된 방사(Radiance)에 대한 함수로써, 온도 T에서의 열역학 평형상태에서의 비반사 표면체(Non-reflective surface)를 통해서 방출되는 방사값을 가진다. 초당 회전하는 주파수에 대한 함수로써, 프랑크 법칙은 다음과 같다.
컴퓨터를 이용하여 I(v, T)에 대해 v 의 함수로서 그리시오. 온도가 T = 1500 K, T = 2500 K, T = 3500 K, T =4500 K and T = 5500 K 의 경우이며, 각각의 온도에 대한 도식은 관측된 것으로 I(v)가 최대값일 경우이다.

제 5 장

발광 다이오드

1. P–N 접합에 근간을 두고, 기본적인 LED 디바이스 동작 및 LED 소자 구조를 이해한다.
2. 직접 갭 재결합에 따른 LED 발광 스펙트럼과 발광 선폭을 이해한다.
3. 비방사(Non–radiative) 근원에 대해 검토하며, 효과적인 LED 디자인을 위해 최소화 하는 방안을 검토한다.
4. 빛이 LED 소자에서 발현되는 효율에 관련된, 아웃 커플링(Outcoupling)의 개념에 대해 소개하고 모델을 구현한다.
5. GaAsP LED 기술 및 성능 수준에 대해 설명한다.
6. AlGaAs LED 기술을 설명하고 이중 헤테로(Double heterostructure) 구조 설계 및 성능 수준을 소개한다.
7. AlGaInP LED 기술 및 성능 수준에 대해 설명한다.
8. GaInN LED 기술 및 성능 수준에 대해 설명한다.
9. LED 구조로부터 아웃커플링의 향상 기법에 대해 소개하며, 고전력 적용을 위한 LED 구조에 대해 살펴본다.
10. LED의 하향 변환의 원리(Down–conversion)에 원리와 백색 발광을 구현하는 기법에 대해 소개한다.

5.1 서론

무기(Organic) 발광 다이오드(Light emitting diode)는 최초의 실용적인 적색 발광 장치가 시장에 도입 된 1960년대 이후 눈부신 발전을 보이고 있다. 20세기 동안 조명은 형광등, 백열등 및 가스 방전 램프에 의해 지배되고, LED는 긴 수명 및 낮은 전압 동작의 장점을 가지고 저전력 및 상대적으로 낮은 효율 광원으로 간주되었다. 이러한 이유로 LED는 1960년대 초기의 계산기와 시계의 디스플레이와 같은 휴대용 전자기기에 사용되었다. 그러나 이러한 적용은 저전력 액정 결정 디스플레이(Liquid crystal display) 기술에 의해 대체되었다.

LED는 기반 표시등(Indicator light)과 소형 LED 숫자 배열과 숫자-문자(Alphanumeric) 디스플레이로 점차적으로 중요성을 보였으며, 액정 결정 디스플레이와 비교하여, 개선된 가시성(Viewability)을 제공하여, 라디오 시계의 사용자로부터 산업용 오븐에 까지 널리 사용하게 되었다.

LED의 장점인 밝음과 수려한 외양, 그리고 장시간 수명 안정성으로 인해 LED 는 점차 시장에 파고 들 수 있었으며, 지속적인 비용절감을 가져 올 수 있었다.

1960 년대 이후로 LED 반도체 재료와 소자 구조의 개발은 더 넓은 범위의 색을 구현할 수 있을 뿐만 아니라 효율의 증가도 이끌어 왔다.

초기의 LED로부터 발생시킬 수 있는 영역은 적색과 적외선이었고, 반도체 물질의 밴드갭을 증가시키는 LED 제조기술에 대해 지속적인 개발이 이루어졌으며, 이러한 반도에 물질에 대해 효과적인 제작방식에 대한 개발이 진행되었다. n 형 및 p 형의 LED 재료의 가용은 필수적이지만, 밴드갭이 큰 물질을 쓰기 위해서는 더욱 어려운 도핑 공정이 개발되어야 한다.

1960년대 바로 이후에는 밴드갭이 점차로 증가하여, 황색(Yellow)과 황녹(Yellow-green) LED가 개발되었지만, 1990년대에 들어서야 밝은 청색(Bright-blue)와 완전한 녹색을 구현할 수 있었다. 이즈음에 빨간색과 황색에 대한 기술은 충분히 성숙되었으며, 디자인 기법과 소자의 구조 향상에 의해서, 야외에서 사용할 수 있는 높은 효율과 충분한 밝기를 가진 LED를 구현하게 되었다.

이러한 빨간색과 노란색의 LED소자 구조 개발은 빠르게 적색, 녹색, 청색 LED의 풀 컬러 범위를 산출하는 새로운 녹색 및 청색 LED 재료에 적용되었다. 야외에서 사용할 수 있는 LED 시장은 새롭지만, 매우 큰 시장을 가지고 있으며, 비디오 간판, 신호 외부 자동차 조명 등에 상용화 되고 있다.

새로운 발전이 1990년대에 달성되어, 청색 LED를 황색 발광 물질과 연동하여, 조명을 목적으로 한 밝은 백색(White light) 발광을 개발하게 되었다.

이러한 백색 LED 조명은, 높은 비용에도 불구하고 긴 수명과 낮은 전력 소비를 하기 때문에, 백열등이나 형광등 조명에 비해 큰 각광을 받고 있다. 운송 및 소매점 등 공공장소에서는 신뢰할 수 있는 조명이 중요하다. 백색 LED의 비용이 하락됨으로써, 또한 낮은 전력 소비와 긴 수명 그리고 작은 크기를 가진 백색 LED는 기존의 대체 조명으로서, 가정에서 인기를 얻고 있다.

최근에 또 다른 큰 시장인 디스플레이 산업이 등장했다. 액정 디스플레이(LCD)의 크기와 중요성이 증가함에 따라, LED는 LCD 백라이트(Backlight, 후면광원) 시장에서 중요성을 차지하고 있다.

풀 컬러 LCD는 밝은 삼원색(빨강-녹색-파랑) 백라이트를 필요로 한다. LED는 일반적으로 저전압 구동의 장점으로 LCD 디스플레이로 채택되었으며, 핸드폰과 같은 휴대용 상품에 사용되었다. 그러나 노트북 컴퓨터와 같이 분야에서는 큰 LCD 조명이 필요하여 주로 형광 램프를 백라이트로 사용하였다. 현재 빠른 변화가 보이고 있는데, 형광 램프와 비교하여 높은 효율을 가진, LED 백라이트는 노트북 및 데스크톱 컴퓨터 뿐 아니라, LCD TV에도 최상의 백라이트로 사용되고 있다. LED는 수은등을 포함하고 있지 않기 때문에, 제품의 폐기 및 재활용의 측면에서도 중요한 이점이 있다.

오늘날, 효율적인 LED 발광은 가시 파장 범위에서뿐 아니라 UV 및 IR 범위에서 가능하다. UV와 IR 발광 장치가 여전히 일반적으로 불리는 LED가 있다는 것을 상기해 보자. 이러한 적용은 IR을 매개로 한 리모트 컨트롤이나, UV 광원을 이용한 화학 반응을 이용한 하는 산업 공정에서 찾아 볼 수 있다.

무기질(Inorganic) LED 역시 태양전지와 마찬가지로 p-n 접합을 가지고 있다. 그러나 크기로 생각하면 크게 다르다. LED 소자는 산업용 칩(Chip)으로 작게 이용되며, 일반적으로 0.1 mm^2 정도의 크기로 사용된다. 태양전지의 크기가 일반적으로 100cm^2인 것을 생각해보면, 크기의 비율은 10^5 에 달한다. 큰 사이즈의 LED는 1cm^2 정도인데, 고전력 분야에서 찾아 볼 수 있다. 이러한 소자는 효과적인 열방출(Heat sinking)에 효과적인데, 적정한 동작 온도를 유지하기에 유리하다.

이 장에서 기본적인 LED 소자에 대한 물리와 설계적 측면을 다룬다. 반도체 재료와 소자 설계의 향상 및 개발에 대해서 소개하며, 5.6~5.10절에서는 1960년 대 이후로 개발된 물질과 소자에 대해서 살펴본다.

5.2 LED 동작과 구조

지난 반세기 동안 LED에 의해 달성 된 효율성과 색상의 시간대별 도식이 그림 5.1 에 보이고 있다. LED 효율이 이미 기존의 백열램프와 형광램프의 기술을 넘어 선 것을 나타내고 있다.

가장 간단한 LED의 p-n 접합이 그림 5.2에 설명되었다. 다수 캐리어인 전자와 정공이 접합을 지나가고, 주입되어 접합 근처에서 재결합을 할 때 빛이 방출된다.

이러한 것은 접합 근처에서 일어나는 확산을 기본으로 과정에 기인한 것으로, 태양전지의 드리프트 메커니즘과는 다르다. 방사 재결합은 직접 갭 반도체에서 잘 일어나는 방식인데, 이러한 점 때문에 LED 에서는 실제적으로 직접 갭 반도체 재료를 사용한다. 예외적으로 직접 반도체 재료에서의 방사 재결합의 부족을 극복하기 위한 메커니즘이 존재하게 되는데, 5.4절에서 다룬다.

LED 소자 구조는 다양하지만, 작은 크기의 LED에서 가장 범용의 구조가 그림 5.3 에 도시되었다. 빛이 소자의 다이(Die)에서 뿐 아니라, 측면에서도 나오기 때문에 컵 모양의 반사 구형(Reflective cup) 이 사용되며 성형 에폭시 폴리머 렌즈를 통해 빛이 앞쪽 방향으로 전파 될 수 있도록 한다.

더욱 자세한 그림은 그림 5.4에 있다. 결정형 n-type 기판이 활성층(Active layers)을 지지하고 있으며, 자세한 사항은 차후에 다룬다. 두꺼운 p-type 층이 활성층위에 있고, 상부 전극(접합 위에 위치) 으로부터 유입된 전류를 분산하여 흐르게 한다. 다이를 통해서 나오는 빛의 차단을 줄이기 위해 상부 전극은 작게 제작한다.

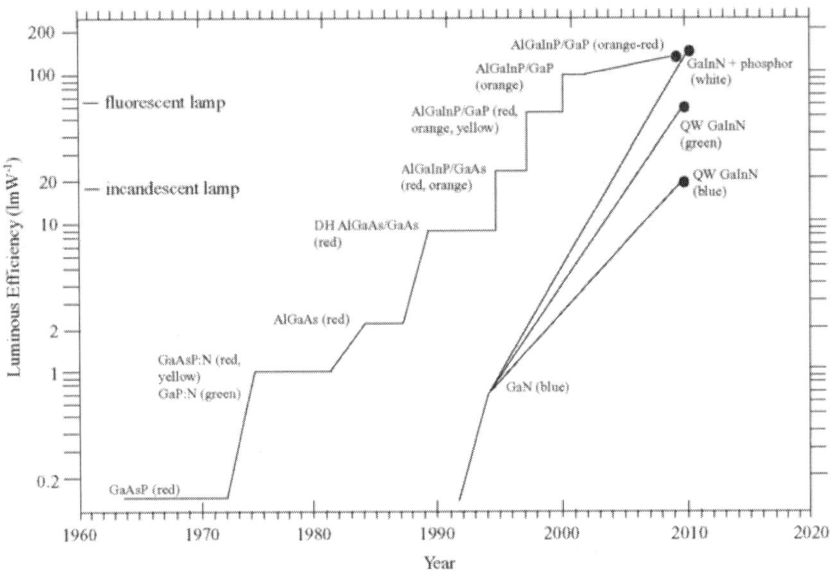

그림 5.1 1960년대 이후로 개발된 LED 효율. 광발광량(*photometric quantity lm* W^{-1}*(lumens per watt)*) 에 대해서는 3장에서 소개되었다.

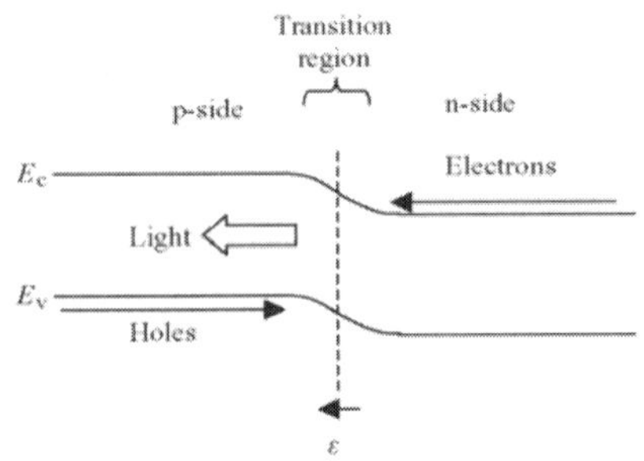

그림 5.2 정방향 바이어스 인가된 p-n 접합 LED 소자 동작. 하나의 전자와 정공이 접합근처에서 재결합하여, 하나의 광자(Photon)이 발현된다. 높은 동작효율은 재결합이 방사의 경우로써, 생성된 광자가 재흡수되거나 소자내에서의 포획(Trap) 되지 않은 경우에 해당한다.

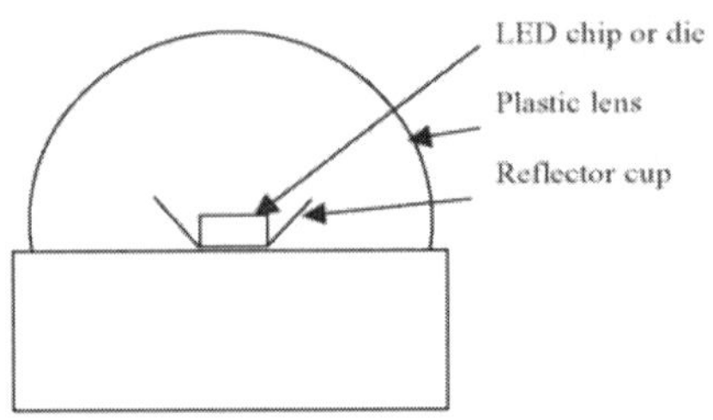

그림 5.3 LED의 패키지는 에폭시 물질의 투명한 렌즈를 가지며, LED 다이(Die)에 반사체 컵(Cup)형태를 가지고 있다. 방사패턴은 다이 방출의 패턴과 반사체 컵 설계 및 폴리머 렌즈의 굴절계수와 형상에 의해 결정된다.

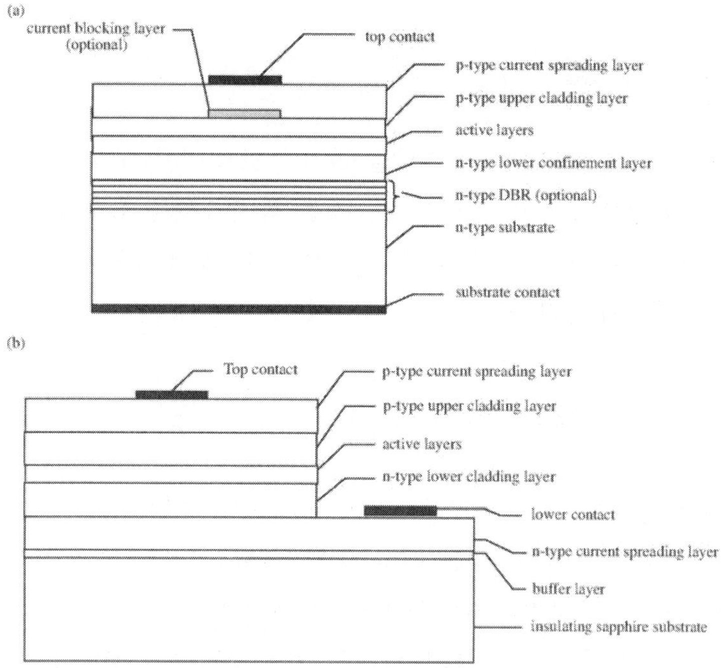

그림 5.4 LED 다이는 단결정의 기판과 그 상부에 에피텍시 성장한 층(Layer)들로 구성되어 능동층을 형성한다. (a) 전도성의 기판은 전류 퍼짐(Current spreading) 기판과 상부 및 하부 접합의 역할을 하여, 그림에서와 같이 n-type current spreading 차단층을 형성한다. (b) 사파이어를 비롯한 절연기판에서 성장된 LED에 대해서는 2차 접합이 필요하며, 이는 Current spreading 층을 통한 연결을 통해 구현된다.

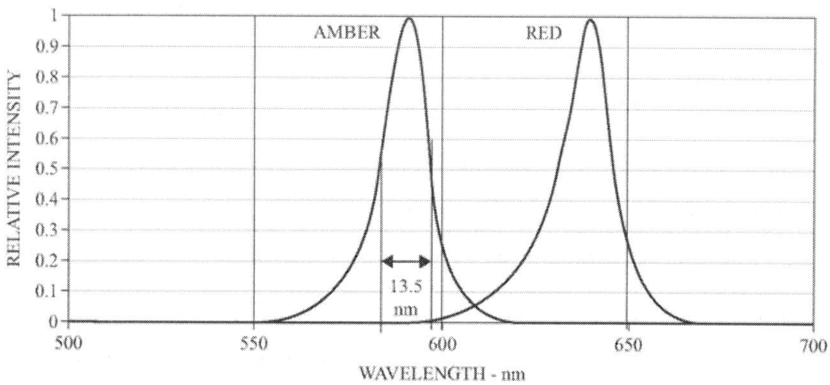

그림 5.5 *AlGaInP LEDs* 에 대한 방출 스펙트럼. Amber LED 의 선폭(line width)는 반치폭(Full width at half maximum, 최대 최소의 폭의 중간값) 을 통해서 13.5 nm 로 표시된다. *Avago Technologies* 에서 사용 허가를 받았음

5.3 방출 스펙트럼

포물선(Parabolic) 전도대와 가전자대를 가지고 있고, 전도대의 가장 낮은 부분과 가전도대의 가장 높은 부분이 근접해 있는 직접 갭 반도체를 고려하자. LED의 포톤 방출률(photon emission rate $R(E)$)에 대해서는 3장을 참조하라. 그 결과식이 식 3.21에 있으며 다음과 같다.

$$R(E) = R(hv) \propto (E - E)^{\frac{1}{2}} \exp\left[-\frac{E}{kT}\right] \tag{5.1}$$

이 식으로부터, LED의 세기 정도(Intensity profile)에 대해서 파장(λ)의 함수로 그려 볼 수 있으며, $E = hc/\lambda$의 관계를 갖는다. 그 결과가 그림 3.10에서 보인 것 과 같이, 에너지 함수로서 도시적으로 표현되었다. 이 데이터는 세기와 파장대에 대해서 다시 그리면 그림 5.5와 같고, 상용화 된 적색 LED 에서의 방출 스펙트럼을 보이게 된다.

LED 방출이 넓은 것은 부분적으로 반도체 물질을 변조했기 때문에 발생하며, LED 재료 물질에서의 불균일성에 기인한다. 이러한 것은 특별하게 합금 반도체에서 유용한데, 작은 두 종류의 반도체의 구성과 결점에 기인하게 된다. 최고 방출 파장과 선폭에 대한 방출 세기는 동일한 반도체 웨이퍼로 부터 제작되어도, 다이마다 다르다.

이러한 이유로 가시광 방출의 LED는 각각의 소자의 균일성이 중요하게 여겨지는 분야에서는 따로 방출의 색깔과 세기가 일정한 소자로 묶어서 사용하고 있다. LED의 광방출(Light emitting)을 특화하기 위해서, 광도세기(Luminous intensity)와 색좌표(colour coordinates)를 사용하고 있으며, 3.9절에서 소개하였다.

궁극적인 LED 효율은 두 가지 인자에 의해 결정된다.

(a) 전자-정공쌍이 이루어지며 재결합이 되지만, 포톤을 발생하지 못하는 비방사 재결합

(b) 발생된 포톤이 소자로부터 모두 추출될 수 없는 제한된 광학 아웃 커플링

이러한 광학정 아웃커플링은 LDE 소자 동작에 중요한 영향을 미치게 된다. 발생한 포톤은 되어, 계면 혹은 표면 반사에 의해 소자내부로 되돌아 LED 내부에서 재흡수 된다. 다양한 구조가 이러한 아웃커플링을 해결하기 위해 개발되어 왔는데, 이 장에서 살펴보도록 하자.

5.4 비방사 재결합

비방사 재결합은 다양한 메커니즘을 통해 일어날 수 있다. 1.19절에 설명된 것 과 같이, 트랩(역자주*: Traps, 캐리어 포획)과 표면 상태가 포함된다. 추가적인 트랩은 원자간 사이(Interstitials)와 빈자리(Vacancies), 그리고 금지대(Forbidden gap) 내에서 에너지 준위를 가지는 안티 -사이트(Anti-site) 에 의해 본래의 결함으로 발생한다. 안티-사이트는 III-V 또는 II-VI 화합물 반도체에서, 양이온이 음이온을 대치(Substitution) 하거나, 음이온이 양이온이 대치하는 경우에 발생하게 된다. 특별히 중간갭 근처의 레벨은 트랩이 되기 쉬우며 비방사 재결함을 쉽게 야기한다.

아울러, LED의 동작온도가 올라가면서, 전도대에 있는 전자를 높은 에너지 상태로 촉진하게 되는데, 이는 직접 갭 반도체이지만 실제적으로는 간접 갭 반도체의 성격으로 동작하게 된다.

이러한 것들이 일어나는 이유는 열적으로 전자가 동요되어 직접 갭 반도체의 두 번째 전도대를 차지하기 때문이다. 그 후에 이러한 전자들은 간접적인 재결합을 하게 된다. 그림 1.16을 참고하면, GaAs를 포함한 다양한 반도체는 1차적인 직접 갭 전도대를 가지고 있지만, 아울러 2차적인 전도대를 포함한다. 1차와 2차 전도대 사이의 에너지 장벽(Barrier)이 작을수록, 그들 사이에서 열적으로 동요된 전자가 쉽게 발생하게 된다.

비방사 재결합에서 또 다른 중요한 메커니즘은 오제이(Auger) 재결합이다. 전자가 전자-정공쌍의 재결합으로 기인하여, 전도대의 바닥에 있는 전자가 높은 에너지로 이동하게 된다. 포톤은 아니지만, 이러한 결과는 격자에서 열을 발생하고 높은 에너지 전자가 열화 되게 된다. 동일한 결과가 정공에도 일어날 수 있다.

오제이 프로세스는 재결합이 매우 높을 때 아주 중요해지는 요소이다. 그 이유는 어떤 두 개의 전자와 두 개의 정공이 이 과정에 대해서 필요하게 되고 오제이 프로세스에서 캐리어 쌍을 가지는 기회는 캐리어의 농도의 자승으로 증가하게 된다.

표면 재결합 역시 중요한 프로세스이며, 1.19절에서 다루었다. GaAs 같은 물질에서, 전자의 높은 이동도(Mobility) 때문에, 재결합 속도 역시 매우 높다. 그러므로 표면으로부터 확산거리 보다 먼 거리에서의 발생하는 캐리어 재결합에서 매우 중요한 요소이다. 이러한 것들이 쉽게 일어나는 이유는 반도체 칩이나 다이에서 p-n junction과의 접합의 크기가 작기 때문에 그러하다. 그림 5.6에서 LED의 발광에서의 쪼개진(Cleaved) 표면 효과를 보이고 있다. 발광의 급속한 저하가 표면으로부터 수 마이크로 미터 깊이 안에서 일어난다. 표면 재결합은 상대적으로 소수반송자에 영향을 미치게 되며, 다수 반송자를 다루는 LED 부분에서는 큰 중대한 이슈는 아니다.

전자와 정공 전류에 대해 균형을 맞추는 것은 높은 효율의 LED를 구현하는데 중요한 일이다. P-n junction다이오드에서의 전체 전류는 전자와 정공의 변화하는 비율에 의해 결정된다. 그러나 일정한 시간동안 같은 수의 전자 정공이 Junction 근처에 도달하는 것은 LED의 재결합 효율을 최대화 하는데 중요한 일이다. 이러한 것들은 LED junction 양단에서 도핑의 정도가 신중하게 제어되어야 함을 의미한다. 전류차단 층(Current blocking layer)은 LED 전류 흐름을 선택적으로 금지 또는 감소시키는 점도 같이 고려되어야 한다. 이러한 것들은 빛이 효율적으로 생성될 수 없기 때문에, 접합층 밑에서의 광방출을 막기 때문이다(그림 5.4를 참조하시오.)

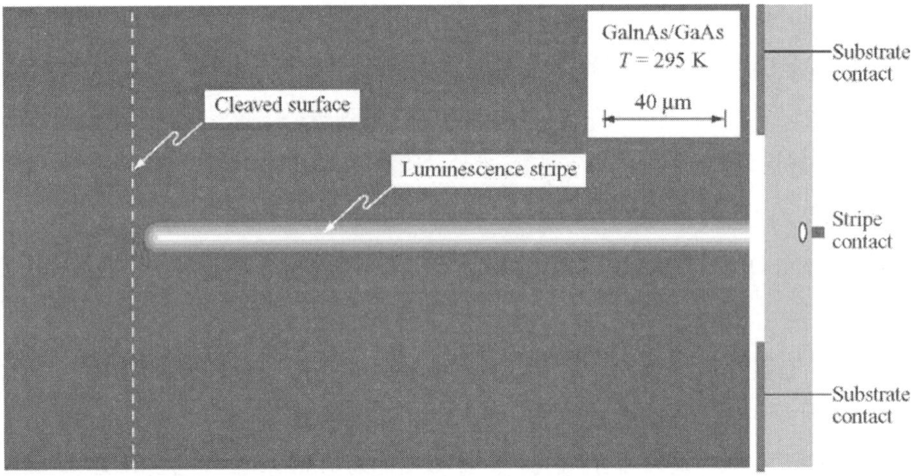

그림 5.6 GaInAs/GaAs LED의 홈형(Cleaved) 접합에서의 광방출을 관측한 것으로써, 캐리어 확산의 길이는 GaInAs에서 수 Micron 인 것을 확인할 수 있다. 자료는 다음의 (*Fred Schubert, Light-Emitting Diodes, 2e ISBN 978-0-521-86538-8*) 서적에서 발췌하였으며 *Cambridge University Press*로부터 재사용 허가를 받았음.

5.5 광학적 아웃커플링

내부 전체 반사 때문에 (역자주*: 손실을 고려한), LED 다이에서 일부분이 빛으로 방출된다. 굴절계수가 n_1 과 n_2인 두 영역에서의 계면을 고려한 Snell 법칙을 고려하면 다음과 같다.

$$\frac{\sin\theta_1}{\sin\theta_2} = \frac{n_2}{n_1}$$

그림 5.7에서와 같이 공기중에 입사하는 각도가 $\pi/2$ 일때 반도체와 공기의 계면에서 발생하는 빛의 임계각(Critical angle)이 발생하게 된다. 반도체에서 θc이 임계각이라고 할 때, $n_s \sin\theta_c = 1$을 만족하며, 여기서 n_s는 반도체의 굴절계수이다.

실제적인 반도체에서 θ_c는 매우 작기 때문에, $\sin\theta_c \cong \theta_c$의 근사값을 사용할 수 있고, 임계각은 다음을 만족한다.

$$\theta_c \cong \frac{1}{n_s} \tag{5.2}$$

그림 5.7에서와 같이, 구좌표계를 이용하면, 계면에 입사하는 빛에 대해 모든 φ를 고려하여, 방출 원뿔을 그려 볼 수 있다. 구의 반지름이 r 이고, 구표면의 면적의 일부는 방출 원뿔형태의 방사 방향을 생각할 수 있으며 다음을 만족한다.

$$A = \int dA = \int_0^{2\pi}\int_0^{\theta_c} r^2 \sin\theta d\theta d\phi = 2\pi r^2 (1 - \cos\theta_c) \tag{5.3}$$

그 결과의 아웃커플링 효율(ηout)은 빛이 구형을 통과하는 부분으로 표현 할 수 있다:

$$\eta_{\text{out}} = \frac{2\pi r^2 (1 - \cos\theta_c)}{4\pi r^2} = \frac{1 - \cos\theta_c}{2} \tag{5.4}$$

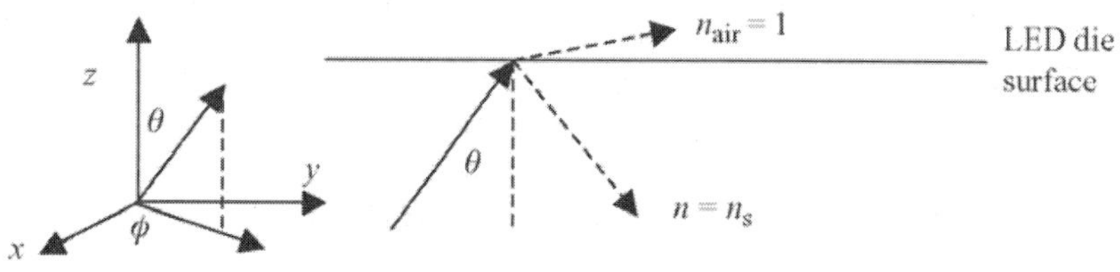

그림 5.7 반도체에서 발생한 빛은 표면에 도달하고 또한 반사되거나 방출된다. 이는 유입되는 각도에 의해 결정된다. 임계각도(Critical angle) 은 θ_c로 표시되었다.

아웃커플된 방출각을 살펴보는 것은 흥미롭다. 만약 $\theta < \theta_c$ 조건이면, 그림 5.8에서 보인 것과 같이 빛은 각도 Θ에 의해 방출되게 된다. 범위 $d\theta$ 사이에 있다면, 빛은 Snell의 법칙을 따라서 결정된다.

$$n_s \sin\theta = n_a \sin\Theta \cong n_s\theta$$

$$\theta = \frac{n_a \sin\Theta}{n_s}$$

이제 Θ와의 차이를 고려하여 다음을 얻는다.

$$\frac{d\theta}{d\Theta} = \frac{n_a}{n_s} cos\Theta \tag{5.5}$$

만일 Θ가 θ와 비례하고, LED방출 형상(Profile)이 점원(Point source)과 유사하여 모든 방향으로 출력되는 빛이 같다고 하자; 그러나 Θ가 90도에 가까워질 때까지 빛이 방출되는 Θ는 증가하여

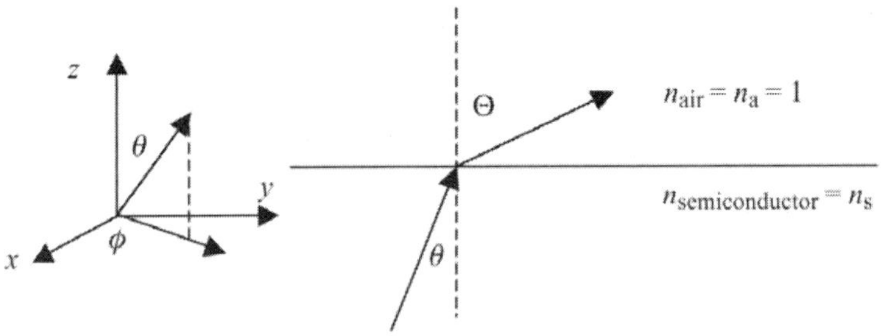

그림 5.8 방출된 빛은 입사각 θ에 의해 회절되며 Θ의 각도로 방출된다.

cos Θ 항은 감소하게 된다. 방출광에 대한 Cos Θ의 의존성은 램버시안 소스(Lambertian source)로 참고될 수 있다(problem 5.19 참조). 램버시안 소스에서, 광세기는 Θ값, 즉 cos Θ값에 의해 감소되며, 다이 표면적의 휘도(luminance)는 Θ와는 독립적이 된다(3.9절 참고)

LED의 출력 특성은 특별한 적용을 위해 렌즈와 반사체(Reflectors)에 의해 조정될 수 있다. 그림 5.3에서 보인 것과 같이 투명한 에폭시 렌즈가 LED 칩 둘레를 싸고 있는 것을 알 수 있는데, 아웃커플링을 증대시키는 장점을 가진다. 폴리머의 굴절률은 대략 1.5 정도인데, 공기의 굴절률이 1인 것을 고려하면, 임계각을 증대시킨다. 많은 LED 소자에서, 외벽(Sidewalls)에서 방출되는 양은 LED 표면에서 방출되는 빛보다 많다. 반사컵(Reflector cup)은 렌즈 방향의 외측을 통한 빛의 반사를 위해서 주로 사용된다. 전형적인 LED(그림 5.3)의 방출 패턴이 그림 5.9에 보이고 있다.

5.6 GaAs LED 소자

LED개발의 역사적인 관점에서 보면, LED 개발은 직접 갭 반도체의 밴드갭의 증대 기술과 밀접하게 연관되어 있다. 각각의 성공적인 LED 소자들은 새로운 물질 시스템을 요구하였고, 새로운 물질이 사용 가능하게 되어 LED 성능에서의 큰 향상을 가져왔다.

첫번째 LED 는 1960년대에 GaAs 반도체 물질로 만들어 졌다. Chapter 1 에서 소개한 것과 같이, GaAs는 직접 갭 반도체이며 에너지 갭은 1.43 eV이며, 적외선 파장대에 해당한다. N형과 P 형의 GaAs를 개발하기 위해서, GaAs에 불순물 도핑을 하는 것이 필요하다. IV 원소인 실리콘은 GaAs의 도핑에 쓰일 수 있으며, Ga원소를 대체하여 n형 GaAs를, As 원소를 대체하여 p형 GaAs을 형성한다.

액상 에피택시(*Liquid phase epitaxy* (LPE))는 GaAs와 관련된 반도체를 성장하는데 널리 사용되는 기법이다. Ga과 As이 포함된 녹아있는 형태를 준비한다. 녹아있는 액체에서Ga 농도는 As 농도 보다 높다. 이러한 액상은 Ga 용매(Solvent)와 As 용질(Solute) 원소로 구성되어 있다. 단결정형 GaAs에 접촉 시켜서, 천천히 액상이 냉각시키면 GaAs층이 생성되고 성장하게 된다. 이때, As는 온도가 떨어질수록 액체에 과도하게 존재하게 된다. 기판의 결정성 구조를 따라서 성장된 층이 단결정이 될 수 있음을 알도록 하자. Si 원자는 녹아있는 Ga과 As와 합쳐질 수 있다. 900℃에서 에피택시형태의 층을 성장하면 n-type GaAs 이 되며, 850℃ 에서는 p-type GaAs를 만든다. 그 결과로 p-n junction을 만들 수 있으며, 그림 5.2에서 동작 특성을 보였다.

GaAs는 아주 작은 에너지갭을 가지고 있기 때문에, 적외선 대역의 파장인 900-980 nm의 포톤을 가진다. 이러한 소자는 리모트 컨트롤과 단거리 광학 섬유 통신(Optical fiber communications)에 유용하게 사용된다.

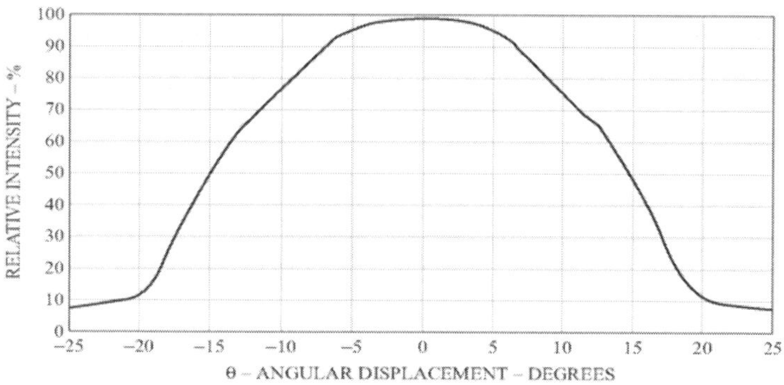

그림 5.9 전형적인 LED의 방사패턴. 이 경우는 AlGaInP 적색 LED이고, 방사패턴은 90°(±15°)빔(Beam) 발산을 가지며 이는 반치폭의 세기로 결정되었다.

5.7 $GaAs_{1-x}P_x$ LEDs

1960년대에, 가시광 발광에 대한 관심으로 인(Phosphorus)를 LED에 접목하였다. 그림 1.33a에서 처럼, x가 증가하면 $GaAs1_{-x}$ P_x의 밴드갭이 커진다. 가시광 방출은 750 nm에서 시작되며, 밴드갭 1.65 eV 에 상응하며, x 값은 0.25에 해당한다. (그림 5.10 참고)

$GaAs_{1-x}$ P_x LED의 가시광 방출은 효과적이지 않으며 (그림 5.1) 이유는 다음과 같다.

(a) 인의 함량이 높아질수록 격자상수(Lattice constant)는 증가한다. (그림 1.33a). 그 결과로, 고품질의 $GaAs_{1-x}$ P_x 에피택시얼 성장이 제한을 받는데, x 값이 클수록 더욱 두드러진다. 인의 함량(x)가 0.25 이상이면, 고농도에서 격자 결점과 변형(Dislocation)이 존재하게 되며 캐리어의 비방사 재결합을 일으킨다.

(b) 인간 눈의 감도(Luminous efficacy) 함수는 가시광 파장의 끝에 있는 단파장과 장파장 영역에서 약하다(chapter 3 참고). 인간에게 효과적인 빨간색 파장은 620 nm이며, 이는 인의 함량이 충분히 큰 것이 요구되는데, 이는 큰 변형 밀도를 야기한다.

(c) $GaAs_{1-x}$ P_x은 x값이 0.5 근방일 때, 직접-간접 변위를 가지게 된다. X가 0.5 이하면, 전자는 열적으로 2차 전도대로 여기될 수 있으며, 간접 밴드갭 전위(Transition) 를 통해서, 비방사적인 재결합을 일으킨다. 이러한 과정은 LED junction 의 온도가 상승할수록 심각해진다.

(d) Junction에서 발생한 빛 중에서 큰 부분이 GaAs 기판에 재흡수 된다. 이러한 이유는 GaAs의 밴드갭이 빛을 방출하는 물질인 $GaAs_{1-x}$ P_x보다 작기 때문이다.

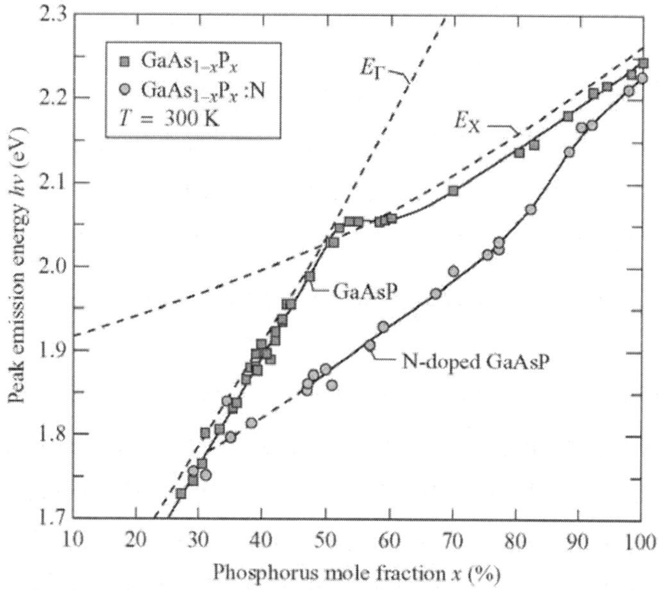

그림 5.10 인(Phosphor)의 몰분율(Mole fraction)에 따른 광자 에너지 도표이며, 인의 몰분율은 x로 표시되었다. 미국물리학회(American Institute of Physics)의 저작권으로 1972년 *Craford, M. G.* 등이 *J. of Applied Physics*에 출간하였다.

$GaAs_{1-x}$ P_xLED의 성능을 향상 시킬 수 있는 흥미로운 방법으로 p-n junction변위 구간(Transition region)에 대한 질소도핑이 있다. 질소는 격자에서 인원소를 대체한다. 주기율표에서 질소와 인은 같은 열에 배열되어 있으므로, 질소의 도핑은 등전위 결점(*isoelectronic* defect)으로 불리고 있으며, n-type과 p-type 도핑 결점으로 역할을 하지 않게 된다. 그러나 이러한 질소 도핑은 $GaAs_{1-x}$ P_x :N 물질에서, 전도대로부터 100-200 meV 낮은 지점에 재결함 센터를 제공하며, 재결합이 일어나기 전에, 아주 큰 전자포획(Trapping electrons)을 일으킨다.

그러므로 이렇게 질소가 도핑된 물질에서의 포톤은 그렇지 않은 (질소도핑이 없는) 물질보다 긴 파장을 가지게 된다. 그러나 x 값이 0.5 이상이 되면 질소 도핑은 재결합 과정과 분리가 되며, GaP:N 에서는 x 값 1까지도 가능하다.

그에 대한 설명은 x=0.5일 때의 간접 밴드갭 변위를 살펴보면 알 수 있는데, $GaAs_{1-x}$ P_x :N LEDs에서 성능은 심각하게 저하 되지 않는다. 이러한 점은 하이젠 베르크의 불확실성 원칙(Heisenberg uncertainty principle)로부터 이해 될 수 있는데, 소립자의 모멘텀이나 위치가 동시에 측정되지 않고, 상대적인 불확실성은 $\Delta p \Delta x \geq \frac{\hbar}{2}$의 관계를 따르게 된다. 질소 불순물에서 전자의 부분화(Localization)는 전도대 전자와 비교하여 보면, 급격하게 Δx 감소하게 된다. 이러한 결과로 높은 정도의 불확실성이 모멘텀과 파동 벡터(Wavevector $\Delta k = \frac{\Delta p}{\hbar}$)에서 나타나게 된다. 그러므로 직접 변위 확률은 증대된다. 게다가, 격자가 틀어진(Lattice-mismatched) 물질에서는, 질소 트랩이 효과적으로 비방사 결정 결점 트랩과 경쟁하게 되며, 방사 변위의 확률을 증대시킨다. 동시에, 주재료(host material)와 비교하여, 에너지의 감소되어 발생한 포톤은 빛이 주재료에 빛이 덜 재흡수(Reabsorption) 되도록 한다. 질소 도핑에 의한 적정성은 소자 전체에 대한 균등한 도핑보다는 부분적인 질소도핑으로 최적화 될 수 있다.

결과적으로 $GaAs_{1-x}P_x$:N LEDs 는 1970년대 이후로 양산되었으며, 저가격 LED 소자인 지시등, 숫자정보 표시, 디스플레이 등의 분야에 꾸준히 이용되어 왔다.

상대적으로 LED낮은 효율(1-2 lm/W)의 문제는 저렴한 생산비용과 양산성으로 상쇄된다. 그린색 발광(Green emitting) GaP:N은 530 nm의 방출을 가지며, 인간의 시야감도가 가장 좋은 555 nm 에 인접해 있기 때문에 아주 대중적으로 사용된다.

큰 크기의 GaP의 기판을 이용할 수 있는 점이 그린색 발광의 GaP:N 소자의 이용에 기여하고 있으며, 우수한 결정질 구조를 제공하며 향후 소자의 성능이 GaAs 기판의 소자와 비교될 수 있을 정도로 최적화 된다.

5.8 이중 이종접합(Heterojunction) $Al_xGa_{1-x}As$ LEDs

GaAs의 밴드갭을 증가시키는 하나의 방법으로 갈륨(Ga)을 알루미늄으로 부분 대체하는 방식이 있다. 그림 1.33에서 보인 것과 같이, $Al_xGa_{1-x}As$의 밴드갭은 x에 의해 결정된다. 특별하게 흥미로운 것은 다양한 x 값에 대한 가상적인 무변위(Invariant lattice) 상수가 될 것인데, 이는 GaAs 기판위의 고품질의 에피택시 성장을 가능하게 한다. GaAs 반도체는 $0 < x < 0.45$에서 직접 밴드갭을 가지고 $0.45 < x < 1.0$에서 간접 밴드갭을 갖는다. 실제적으로, 고성능을 위해서는, 선택된 밴드갭이 임계 밴드갭인 2 eV 정도(직접 갭과 간접 갭의 변위를 가지는 포인트 x=0.5)에서 몇 배의 열에너지(kT)보다 작은 것이 유리하다. 이러한 것은 $Al_xGa_{1-x}As$ 시스템에서 열에너지가 전자에 포함되어, 일정 부분의 전자가 간접 반도체 전도대로 여기되게 한다.

실제적으로 아주 높은 외부광자효율(External quantum efficiency)이 x=0.35이고 방사파장이 650 nm 시스템에서 얻어 질수 있다. 이 파장대는 진한 적색으로 인간의 시야 반응에는 그다지 좋지 않다. (3장 참조). 이러한 점 때문에 lm W_{-1} 단위의 효율 표시는 제한적이며, 양자효율과 혼동되어서는 안된다. 양자효율은 전자정공쌍의 재결합으로 발생한 포톤으로 나타난다. 외부양자효율은 아웃커플링 효율을 포함하고 있고, 그렇게 아웃커플된 포톤에 대해서만 고려한 것이 된다.

1980년대에 들어서, 이중 이종접합 소자가 등장하였고, 성능에서 큰 개선을 가져왔다. 여기서 다른 n 영역이나 p 영역에서보다 알루미늄의 함량이 Junction 에서 낮다. 이러한 형태는 밴드갭이 감소된 활성층(Active layer)을 형성하게 되며 두 가지 중요한 목적을 가지고 있다.

(a) 활성층은 동일한 공간에서 전자 정공 모두를 포획하고, 그러므로 방사 재결합을 증대시킨다. 전자와 정공은 서로 조우하게 되는데, 이는 비방사 재결합에서 결점, 트랩, 표면 상태에 의한 것보다 유리하다.

(b) 활성층에서 발생한 포톤은 양단(Surrounding or cladding)의 반도체 물질 보다 낮은 준위의 에너지를 가지므로, 재흡수 되지 않는다. 즉 이러한 물질은 직접 갭일 필요가 없으므로, x 값은 충분히 0.45 이상이 될 수 있다. 양단의 반도체 물질은 x > 0.6 이상을 사용한다.

소자 구조에 대한 다이그램이 그림 5.11에 보이고 있다.

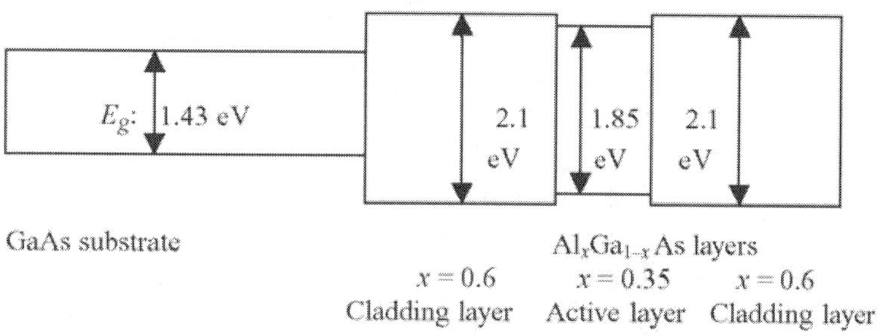

그림 5.11 GaAs 기판 위에 에피성장한 $Al_xGa_{1-x}As$층에 대한 이중 이종접합(Double heterojunction) 밴드갭. 캐리어는 능동층(Active layer)의 폭(W)에서 재결합된다. Cladding layers는 도핑되었으며, 한층은 n-type 이고 다른 한층은 p-type 형태이다. 유사한 구조의 GaInN LED에 대해서는 5.10장을 참조.

이중 이종접합은 1.9절에서 다룬 것과 같이, 유한한(infinite) 벽을 가진 포텐셜 박스로 표시될 수 있다. 그림 5.12에서 처럼, 박스의 크기는 우물모양의 단면적 A와 벽의 길이 W로 표현된다.

이중 이종접합은 무한한 높이의 벽을 가지고 있지 않지만, 무한장벽 모델이 사용될 수 있다. 이는 전자와 정공이 우물 안에서의 깊이 E_c와 E_v의 에너지에 의해 속박되어 있기 때문이다.

먼저 전류원(Current source)와 연결되지 않은 이중 이종접합에서 발생하는 캐리어 누설에 대해 살펴보자. 그림 5.12에서처럼 페르미 에너지는 평형상태(Equilibrium condition)과 동등하게 표시했다. 우물내부는 에너지는, 전도대의 밑층 보다 높다.

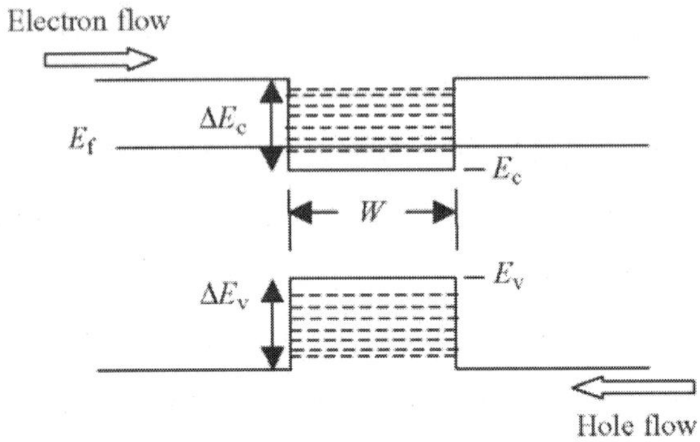

그림 5.12 이중 이종접합의 양자우물 내에서의 전자와 정공의 에너지 준위. ΔE_c는 전도대를 ΔE_v 가전자대를 의미한다.

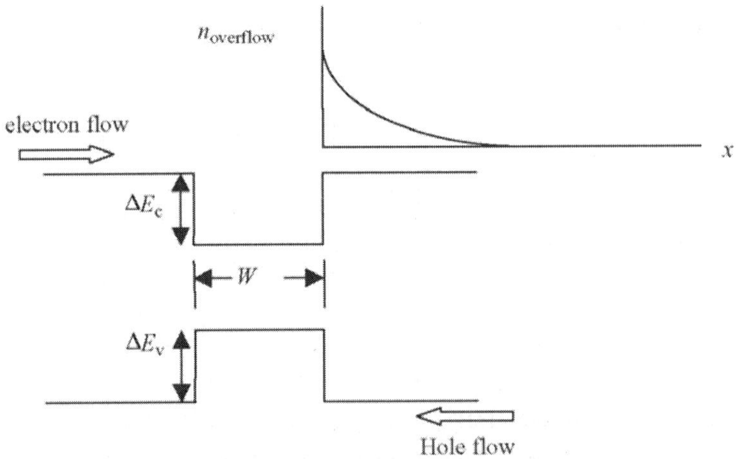

그림 5.13 이중 이종접합의 Cladding layer 내에서의 지수적 감소를 보이는 잉여 캐리어(Excess carriers). 편의를 위해 한쪽의 측면만을 예시하였음.

식 1.32에서 평형상태 전자 농도에 대해서 주어졌다.

만일 클래딩 층의 전도대 보다 높은 에너지에 대한 오버플로우(Overflow) 캐리어 밀도에 대해서만 계산을 한다면, 식 1.32는 수정되어야 하는데, 우리가 고려하는 부분은 $E_c+\Delta E_c$인 에너지 보다 큰 캐리어에 대해서 생각하고 있기 때문이다. 즉 적분의 하한 영역은 $E_g=E_c$에서 $E_c+\Delta E_c$로 바뀌어야 하며, 다음을 얻는다.

$$n_{overflow} = \int_{E_c+\Delta E_c}^{E_{\max}} D(E-E_g)F(E)dE$$

페르미 에너지보다 충분히 큰 에너지 범위에 대해서의 캐리어 농도는 1.9절에서와 같은 방법으로 계산될 수 있다. 볼츠만 근사화를 통해서, Fermi-Dirac 분포에 대해 구할 수 있으며 다음과 같다.

$$n_{overflow} = \int_{E_c+\Delta E_c}^{E_{\max}} D(E-E_g)F(E)dE \tag{5.6}$$

여기서, 식 1.34와 같지만, E_c 가 $E_c+\Delta E_c$로 대체되었다. 오버플로우 캐리어는 어떠한 에너지 장벽도 없는 것처럼 보이며, 직접적으로 클래딩 층으로 확산된다. 이러한 점으로부터 농도의 지수적인 감소를 보이며, 그림 5.13에서와 같이 거리와의 관계를 나타낸다.

1.18절으로부터, 확산방정식을 이용하면 다음과 같다.

$$n(x) = n_{overflow}\exp\left(\frac{-x}{L_n}\right)$$

즉, 우물의 끝단에서 확산전류가 최대이며, 누설전류를 다음과 같이 구할 수 있다.

$$J_n(x)_{diffusion}|_{x=0} = qD_n\frac{dn(x)}{dx}|_{x=0} = -q\frac{D_n}{L_n}n_{overflow} \tag{5.7}$$

n_{overflow} 와 $\frac{D_n}{L_n}$ 은 모두 온도에 따라 지수적으로 변화하기 때문에, 누설전류가 온도의 지수함수를 포함하는 것은 당연하다.

이중 이종접합 LED 를 동작함에 있어서, 전류의 흐름과 전도대와 가전자대에 도달하는 캐리어의 비율(Rate)을 함께 고려해야 한다.

만일 정상상태(Steady state)에서 그림 5.12에서 처럼 전자 전류 밀도 J가 전도대의 우물로 이동한다면, 전류는 우물에 있는 전자의 숫자를 함께 더해서 구해질 것이다. 1초에 우물에 전자의 숫자를 더하여 $\frac{JA}{q}$가 될 것이다. 우물의 부피는 AW 로 구해지며, 매초 매단위부피(Per unit volume) 마다 전자의 숫자가 더해진다. 미분의 형태로 다음과 같이 표시된다.

$$\frac{dn}{dt} = \frac{J}{Wq} - R \tag{5.8}$$

여기서 R은 우물 내에서의 재결합 비율을 나타낸다.

1.15절에서 다룬 것과 같이, 재결합률(R)은 $R \propto np$의 관계를 따르며 low-level injection 조건에 있다. low-level injection 경우에서, 정해진 재결합 시간 τ_n을 사용하여, 소수 전자캐리어는 일정한 정공캐리어 농도를 가지고 있는, 다수 정공 캐리어와 재결합을 한다고 가정한다. 또는 정해진 재결합 시간 τ_p에 대해서는, 소수 캐리어 정공이 일정한 전자캐리어 농도를 가지고 있는, 다수 전자캐리어와 재결합을 한다고 가정하자.

순방향 바이어스(Forward-biased)된 LED에 대해서, 더 이상 low-level injection 조건을 가정할 수는 없다. 정공과 전자 모두 높은 농도를 가지고 있고, 일반적으로 순방향 전류가 100A/cm^2 이상일 때는 정해진 활성영역에서 전자 정공 모두 고정되어 있지 않기 때문이다.

$R \propto np$는 유효하지만, High-level injection상태에서, 재결합률 재결합 시간은 고정된 것이 아니다.

이러한 점을 고려한 모델을 하자면, 재결합 계수(B)를 사용해야 한다.

$$R = Bnp \tag{5.9}$$

B의 값은 직접 갭 Ⅲ－Ⅴ 반도체에서 대략 $10^{-10}\text{cm}^3\text{s}^{-1}$의 값을 가는 반면, GaP, Si, Ge와 같은 간접 갭 반도체에서는 1/1000 에서 1/10000 정도로 작은 값을 가진다. 이는 모멘텀 보존을 만족하기 위해서 포톤의 요소가 필요하기 때문이다.

식 5.9를 식 5.8에 대입하고, 전자와 정공이 공급되는 것은 (n=p) 균형되었다고 하면 다음을 얻는다.

$$n = \sqrt{\frac{J}{qBW}} \tag{5.10}$$

무한한 우물벽에서 가능한 상태의 숫자는 1장에서 유도했으며, 얼마나 많은 전자 상태를 우물이 수용할 수 있는지를 가늠할 수 있다. 만일 윗쪽 우물에서의 밑단을 에너지 제로(Zero in energy)로 간주하고, 채워질 수 있는 상태를 우물의 윗단(top)으로 보면, ΔE_c를 우물안 에너지 E 에서 가장 높은 것으로 생각할 수 있다. 식 1.30에서와 같이, $E = \Delta E_c$에 대해서 유효 무게 m_e^*를 사용한다면, 다음 식을 얻는다.

$$n = n(E) = \frac{\pi}{3}\left(\frac{2m_e^* \Delta E_c}{\hbar^2 \pi^2}\right)^{\frac{3}{2}} \tag{5.11}$$

식 5.10 과 5.11을 연관하여 J값을 구하면, 우물에 overflow가 생기기 전의 최대전류밀도를 표현 할 수 있다.

$$J_{max} = qBW\left(\frac{\pi}{3}\right)^2 \left(\frac{2m_e^* \Delta E_c}{\hbar^2 \pi^2}\right)^3 \tag{5.12a}$$

비슷한 논의를 통해서 아랫단 우물에 대해서 다음을 얻을 수 있다.

$$J_{max} = qBW\left(\frac{\pi}{3}\right)^2 \left(\frac{2m_h^* \Delta E_v}{\hbar^2 \pi^2}\right)^3 \tag{5.12b}$$

우물의 overflow는 전류밀도를 제한하게 된다.

이러한 점이 보이는 것은 최대 전류흐름은 우물 내에서 수용될 수 있는 것이며, 우물의 깊이와 높이와 비례한다. 고전류밀도 LED소자에서는 넓은 우물이 필요하다. 이중 이종접합 LED에서는 일반적으로 수천 Ampere의 전류가 cm^2에 수용될 수 있다.

J_{max} 는 W가 감소하면 줄어들기 때문에, 우물 중에서 아주 얇은 우물폭을 가지며 양자우물로 불리는 100Å 이하인 이중 이종접합은 아주 작은 전류 밀도의 overflow를 하게 된다.

Overflow에 대한 직접적인 증명은 일정 수준의 전류밀도에서 양자우물 LED의 밝기가 포화되는 것으로 알 수 있으며, 넓은 폭을 가지는 LED의 밝기보다 약하다.

양자우물 LED 에서, 우물 안에서 가용할 수 있는 에너지 상태는 작다. 그러나 하나의 LED 에서 하나 이상의 양자우물을 사용할 수도 있다. 양자우물을 사용한 장점에 대해서는 5.10절에서 더 다루게 된다.

GaAs 기판에서의 흡수를 배제할 수 있다면, 더 높은 효율이 가능하다. 에피택시얼 성장층 뒤에 기술이 개발되었으며, 넓은 밴드갭의 외부 기판을 소자의 상단 표면에 연결하고, 원래의 GaAs 기판은 화학적/기계적 방식으로 제거하였다. 이 기술은 wafer bonding(웨이퍼 본딩)으로 알려 졌으며, 성장한 LED구조를 GaP 와 같은 투명한 기판에 접합시킨다. GaP 는 안정하고 투명한 지지기판으로 사용된다. 웨이퍼 본딩기술은 열과 압력을 이용하여 접합시키는 것이지만, 활성층과 격자 배열이 맞는 새로운 기판을 필요로 하지는 않는다. 이중 이종접합에서의 효율은 10 lmW^{-1}에 이르고 있다.

하나의 도전은 높은 알루미늄 함량을 가지는 $Al_xGa_{1-x}As$ 재료에 관한 것으로, 주변 환경에서 산소와 습기와 반응하는 문제가 있다. 이러한 이유로, 적절한 보호를 하지 않으면 이러한 소자들의 생존시간(Lifetime)은 상당히 제한적이다.

5.9 AlGaInP LEDs

널리 사용되는 고휘도의Red, orange와 amber/yellow LEDs의 재료는 4계 시스템인 AlGaInP이다. 1980년대 후반과 1990년 초반에 개발되었으며, 밴드갭과 격자상수 조정에서 3계 합금(Ternary alloys) 보다 더 큰 자유도(Degree of freedom)를 가지고 있다. 동시에 밴드갭과 격자상수를 변조할 수 있으면서도 각각이 독립적으로 구현될 수 있다. 격자상수는 GaAs와의 관계를 고려하여 유지될 수 있지만, 밴드갭은 2.33 eV Rkwl 커질 수가 있다. 이러한 점이 이중 이종구조의 orange LED 소자에서 100 lmW^{-1}효율을 달성하게 하였다. 더 자세한 사항은 그림 5.14를 참조하라.

4계 물질에 대해서 선호되는 성장방식은 *metal-organic vapour phase epitaxy* (MOVPE)이며, 또한 *metal-organic chemical vapour deposition*(MOCVD)로도 불리고 있다.

Liquid Phase Epitaxy(LPE)에서 용융된 액상을 사용하는 것과는 달리, MOVPE 성장은 기체상태의 성장 방식으로 반도체 원소가 포함된 분자를 열이 가해진 기판 위를 가스 스팀으로 통과시키게 된다. 이때 분위기 가스인 알곤(Argon)이 함께 사용된다. 분자는 탄소와 수소로 구성된 유기물 그룹과 원하는 Al, Ga, In, P 원소를 혼합하여 사용하게 된다.

가스 스팀은 잘 구성된 혼합 분자로 구성되어 있다. 가스의 분자량은 잘 조절되어야 하며, 원하는 반도체 물질이 기판위에 성장할 수 있도록 한다. 기판의 온도는 아주 높기 때문에 분자의 크랙(Crack)을 야기할 수 있다. 가스 스팀에서 원하는 반도체 원소가 기판에 증착될 수 있도록 하며, 남은 유기물 성분은 가스스팀에 남아서 처리된다.

MOCVD의 장점은 3계와 4계의 반도체의 반도체 물질을 성장시킬 수 있는 것인데, 넓은 범위에서의 성분을 구성할 수 있으면서도 동시에 높은 수준의 성분 조율 할 수 있다.

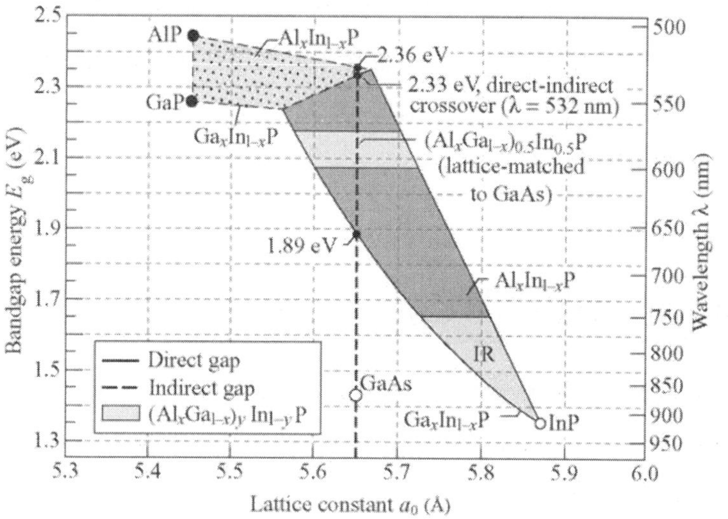

그림 5.14 $Al_xGa_{1-x})_yIn_{1-y}P$ 밴드갭과 격자상수 그래프로써, quaternary system(4상분계)을 나타낸다. 변위인 x, y 파라미터를 조정하여, 조성(composition) 가능한 영역을 음영으로 표시하였다. 에너지 밴드갭은 1.89eV 에서 2.33 eV 이며, 직접 밴드갭 물질로서, GaAs의 격자상수와 일치한다. 이 정보는 Elsevier 출판사의 인가를 받아 재인쇄하였다.

비록 532 nm 에 해당하는 AlGaInP 시스템에서의 가장 높은 밴드갭이 2.33 eV이지만, 효율적인 green 방출은 아직 구현되지 않았다. 이 점은 직접-간접 변위점에서 몇 배의 열에너지만큼 작게 밴드갭을 줄여야 하는 필요성 때문에 그렇다. 게다가, 4계 시스템의 밴드갭은 원자의 배열에 대해 매우 민감하다. 그림 5.14는 배열되지 않은(Unordered) 물질에 대해서 보인 것으로, Al, Ga, In 원자는 격자 내에서 랜덤하게 위치하고 있다. 배열되지 않은 재료는 항상 얻을 수 있는 것이 아닌데, 열역학적인 작용으로 원자가 에너지를 최소화 하는 성장으로 배열되기 때문이다. 원자의 배열은 결정의 밴드 에너지를 낮출 수 있으며, 배열의 정도는 조성에 의해 결정된다. 실험적으로 유효한 밴드갭이 190 meV 떨어지면, 배열이 일어나게 되는 것을 알게 되었다. 이렇나 이유로, 이러한 4계 시스템에서 가장 짧은 방출 파장은 노란색 파장이다.

Orange 파장에서 가장 높은 효율이 나타나는데, 이는 인간의 시각 반응(Luminous efficacy)와 가장 잘 맞기 때문이다. 시각 반응은 파장이 555 nm 이상이 되면 떨어지게 되며 직접-간접 전위와 가까워질수록 재결합 효율이 감소된다.

4계 AlGaInP 시스템의 성능은 짧은 파장에서 성능을 발휘하게 되는데, $Al_xGa_{1-x}As$ 시스템 비교할 때, 시각 반응에서의 상승효과가 있기 때문에 그렇다.

AlGaAs LED에서 처럼, 방사적인 전자-정공 재결합 확률을 증대시키기 위해, 이중 이종접합 구조를 사용하고 있지만, 더 큰 밴드갭 범위에 기인하여 큰 값의 ΔE_c와 ΔE_v

를 얻을 수 있고 이를 통해서, 고온 동작에서의 캐리어 제한능력을 개선할 수 있다.

최상의 효율을 위해서는 일정부분의 방출광을 흡수하는 GaAs 성장기판의 제거는 필수적이다. 웨이퍼 본딩과 기울어진 면(Facets)을 이용하여 더 개선된 아웃커플링이 채택되어 사용되고 있다.

5.10 $Ga_{1-x}In_xN$ LEDs

1990년 초반이후로 3계 질화물(Nitride) 시스템인 $Ga_{1-x}In_xN$ 재료는 높은 LED 효율을 달성했으며, green과 blue, 가시광 스펙트럼 모두를 구현 할 수 있는 넓은 범위의 상용화 반도체가 되었다.

질화물이 사용되기 전에는, II–VI 반도체가 green 과 blue LED 를 구현할 수 있는 이상적인 재료로 생각되었다. 이러한 재료는, 직접 갭 반도체 ZnO, CdS 그리고 CdSe 등을 포함하고 있으나, 충분히 안정적인 구동을 하지는 못했는데, p–type 도핑을 하는데 어려움이 있기 때문이다. 그룹 II 금속(Zn 또는 Cd)을 p–type 도판트로 대체하기 위해서 그룹 I 금속인 황(S) 또는 이온화 전이 금속인 구리(Cu)등을 사용하였다. 그러나 아쉽게도, 이온화 원자는 약하게 II–VI 결정질에만 결합하기 때문에, 움직임이 있으며 불안정한 상태를 이룬다.

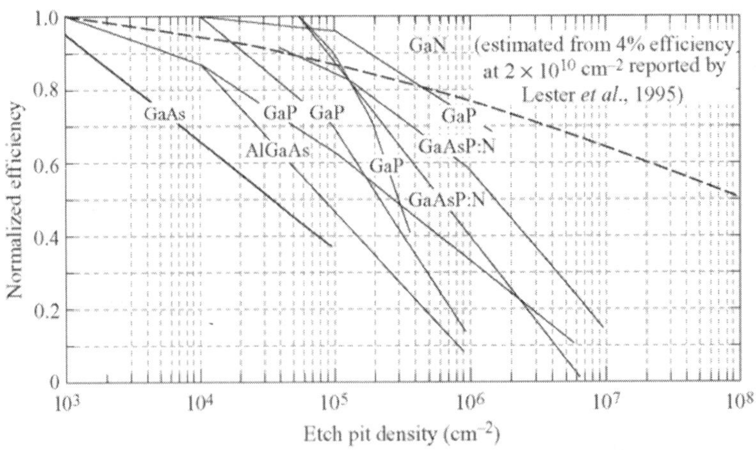

그림 5.15 III–V 반도체에 대해서 변위(Dislocation) 함수로써 나타낸 방사성능. 변위결함(Dislocation) 밀도는 결정 표면의 에칭과 단위 표면적당 etch pit 의 숫자(Counting)로 결정된다. Etch pits은 변위에서 생성된다. *E. Fred Schubert*의 허가를 받고 *Light–Emitting Diodes*(*ISBN 978–0–521–86538–8*)에서 발췌함.

GaN-기반의 LED 개발은 1990년대 이전에는 많은 이유로 제한되어 왔으며, 작은 연구그룹 에서 연구를 하는 정도였다. 해결해야 하는 문제는 재료의 성장과 성공적인 도핑을 하는 것이며 다음과 같다.

(a) GaN(그림 1.30b)는 단결정 기판과 결정격자가 잘 맞지 않는다.
(b) MOCVD 를 이용한 단결정 GaN의 성장 조건은 900℃ 이상의 고온이 필요하지만, III-V LEDs의 성장온도는 400-600℃ 사이이다. 이러한 점으로 적정한 기판을 찾기가 어렵다.
(c) P-type 재료를 얻기 위한 도핑이 필요하지만, 아직 성공적으로 증명되지 않았다.

GaN 는 직접 갭 반도체이며 III-V 반도체 그룹과 밀접한 연관이 있지만, wurtzite 결정구조를 가지고 있다. GaIn N 은 크고, 직접 밴드갭의 재료로 LEDs에 적용할 수 있을 것으로 검증되었다.

$Ga_{1-x}In_xN$합금 반도체를 이용해서 도전적 과제를 해결했으며, LED 기술에서 가장 중요한 기술로 자리매김하였다.

MOCVD 성장 방식을 이용하여, 고품질의 필름형태의 GaN를 얻을 수 있게 되었다. 이는 GaN와 결정격자가 맞지 않은 기판위에서 원하는 GaN를 성장할 수 있는 장점이 있다. 가장 중요한 기판 재료인 사피이어와 SiC는 GaN와 결정 불일치(Lattice mismatch)가 각각 12%와 3%이다.

기판과의 결정일치성이 낮음에도 불구하고, 고성능 GaN를 얻을 수 있는 것에 대해 많은 연구가 진행되었다. 기판표면에서 GaN 재료의 변위(Dislocation)에 의해서 가능하며, GaN 필름의 두께가 두꺼워 질수록 변위의 밀도는 줄어들게 되는 이유에서 그렇다. 변위 밀도는 10^7 -10^9 cm^{-2} 정도인데, 비질화계(Non-nitride) III-V 재료의 10^6 cm^{-2} 이하인 것을 고려하면 상당히 높은 편이다. 그러나 다행스럽게도 큰 변위 밀도는 LED 성능에 큰 저하를 일으키지는 않는다.

다양한 반도체에 대한 변위 밀도에 대한 효율 감소에 대한 도표가 그림 5.15에 비교가 되어있다. 질화물은 변위밀도에 상당한 내구성을 가지고 있는 것으로 보인다. 그림 5.16에서 보이는 것은 사파이어 기판위에 변위밀도인데, 성장이 되면서 어떻게 변위밀도가 낮아지는 지를 설명하고 있다. 저온에서 결점이 많지만 성장이 진행되면 변위 밀도가 차츰 낮아지게 된다.

도핑에 대한 이슈는 차츰 해결되고 있다. IV족 물질인 Si, Ge을 Ga의 대체 물질로

적용하면,

GaN는 쉽게 n-type 으로 도핑된다. P-type 도핑은 Mg을 이용한다. III-V 족 반도체 물질인 GaAs에서는 Zn와 Mg이 p-type 도핑 물질로 사용된다.

Mg_{2+}이온은 아주 안정하며, Ga을 쉽게 대체한다. 비록 Mg_{2+}는 일반적으로 여섯 개의 근접 원자에 대해서 결합하게 되며, GaN 에서는 네 개의 근접 원자와 결합한다. 효과적인 P-type 도핑인 GaN 물질과 Mg을 이용하는 것은 초기에는 가능하지 않았다. 결국 도핑 공정을 900℃에서 진행하고, 고온의 후열처리 공정을 이용하여, 도판트 물질이 활성화 될 수 있으며, 안정적인 저준위 억셉터(Shallow acceptor) 역할을 하게 된다. p-type의 GaN 를 도핑하게 될 수 있었던 것은 GaInN 시스템에서의 성공으로 이어졌다.

GaN는 가시광 발광에 대해서 필요한 것보다 더 높은 밴드갭을 가지고 있다. Indium 이 합금 반도체 $Ga_{1-x}In_xN$에 사용된다. MOCVD 성장방식에서 In과의 혼합을 통해, 밴드갭이 감소하고, blue혹은 green 발광에 맞도록 조율되었다. 더욱이, In은 결정완벽성(Crystal perfection)에 대한 필요부담을 완화시키는 역할도 한다. In이 혼용된 GaN은 효과적으로 전자를 포획하며, 변위에 의한 트랩과 경쟁을 하면서, 소자의 재결합 프로세스를 도와주게 된다.

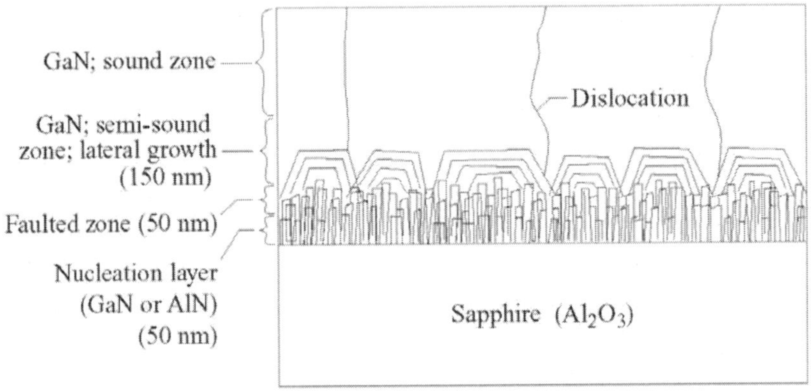

그림 5.16 사파이어 기판위에 에피 성장한GaN의 변위결함. 사파이어 기판과 GaN층에는 12% 격자상수 불일치가 있으며, 이 경우는 GaN의 c-axis 방향의 회전을 격자 일치 성능을 향상하였다. 예를 들어 SiC와 사파이어의 기판 모두 안정된 기판으로 GaN 의 성장 공정에서 1000 oC 이상의 열을 가할 수 있으며, GaInN LED에서의 높은 생산량을 가능하게 한다.

이중 이종접합 구조는 red와 yellow LEDs에 사용되었고, GaInN LEDs에도 직접 적용될 수 있다. 그림 5.17은 blue와 green 이종접합 LED에 대한 방출 스펙트럼을 보이고 있다. Red LED는 AlGaInP로 구성되었다. Red-발광 GaInN LED는 In 함량을 높여서 제작할 수 있지만, AlGaInP LEDs 보다 효율이 낮다.

풀칼라(Full-color) LED 디스플레이를 위해서는 Red, green, blue 색이 필수적이다. GaInN 시스템의 성공과 초기의 AlGaInP 소자의 결합하여 효과적인 LED 응용 분야에 적용할 수 있으며, 분야는 풀칼라 비디오 디스플레이와 3색 LCD 백라이트가 있다.

반도체 재료에 영향을 주는 온도와 LED 출력 강도에 대한 상관관계가 그림 5.18에 보이고 있다. AlGaInP소자는 심각한 온도의존성을 보이고 있는데, 열적으로 여기된 전자가 두 번째 전도대로 이동하여 간접 갭 재결합 프로세스를 갖기 때문이다. 반면에 InGaN 합금에서는 간접 갭에 대한 영향이 없다. 이중 이종접합의 GaInN 소자는 활성층과 클래딩층 사이에 큰 에너지 장벽이 존재하기 때문에, 높은 온도에서의 캐리어의 제한이 AlGaInP 보다 좋다.

그림 5.19에서와 같이, AlGaInP 소자가 비하면, Blue와 특별히 green 발광에 대해서 GaInN LED 소자 성능은 낮다. 질화물 소자에 대해서 전류에 대한 휘도의 변화가 가파르지 않은 것을 보면, 높은 직렬저항이 있음을 보이고 있다. P-type GaN의 높은 저항이 큰 역할을 하기 때문이다. Mg 도판트가 모두 이온화 되지는 않는데, 가전도대로 부터 약 200 meV 떨어진 곳에서 엑셉터 준위가 생성되기 때문이다. 이는 정공의 밀도를 제한하게 된다. Green LED에 대해서도, In 성분은 추가적으로 열을 전달하여 캐리어가 재결합이 일어나기 전에 안정화되게 만든다. 이러한 점은 순방향 전압이 예상된 green 방출에서의 가장 낮은 전압이 되지 못하게 한다.

밴드갭 에너지의 결정상수 의존성에 대해 $Al_xGa_{1-x}N$, $Ga_{1-x}In_xN$ 과 $Al_xIn_{1-x}N$ 시스템에 대해서 그림 5.20에 보이고 있다. 주목할 점은 2계 화합물이 그림 1.33b 에서는 직선으로 그려졌지만, 여기서는 휘어진 활(Bowed) 형태를 보이고 있다.

GaN는 Hexagonal 결정 구조를 가지고 있으며, 보통 c-축(c-axis) 방향으로 성장하여 최밀충면(Closed-packed planes)으로 성장방향과 수직으로 Ga과 N가 교번으로 위치하고 있다. 이러한 원자면 들은 전하 밀도를 포함하고 있기 때문에, 양성화 된 Ga 면과 음성화 된 N 면이 있으며, 결정의 c-축을 따라서, 자연적으로 형성된 분극이 존재한다. 만일 반대의 전하 밀도가 크기는 같고 방향이 반대라면, 전체 평균 분극

값은 존재하지 않는다. 그러나 실제적으로 꽤 큰 값의 평균 분극이 존재하며, 이는 결정내에서 압축 변형(Compressive strain)에 의해 큰 영향을 받게 된다. 그림 5.21a보인, 이중 이종구조에서의 활성층을 고려해 보자. 활성층에 In을 혼합하면, 횡방향으로의 압축 변형이 발생하고, c-축을 따라서 전체 분극 전계가 형성될 것이다. 즉, 에너지 밴드 다이어그램에서의 수정이 필요하며, 그림 5.21b에 표시되었다. 전자와 정공이 활성층으로 주입되면, 자연적으로 반대 방향의 층으로 당겨지게 되며 방사효율을 줄이게 된다. 이러한 어려움은 20 Å(옹스트롱) 정도로 얇은 활성층을 이용해서 해결될 수 있다.

이러한 소자는 양자우물 LED이며, 작은 우물 폭으로 인해 최대 전류 밀도가 낮아지는 문제가 있다. (식 5.12 참조). 이러한 문제는 다중(Multiple) 양자우물 LED를 형성하여 양자우물의 개수를 증대하여 해결할 수 있다. 6개 혹은 8개의 양자우물 소자가 일반적으로 사용되며, 대량생산 되고 있다. 정확하고 재생산이 가능한 다중양자우물 구조를 MOCVD 성장 방식을 통해서 얻을 수 있다.

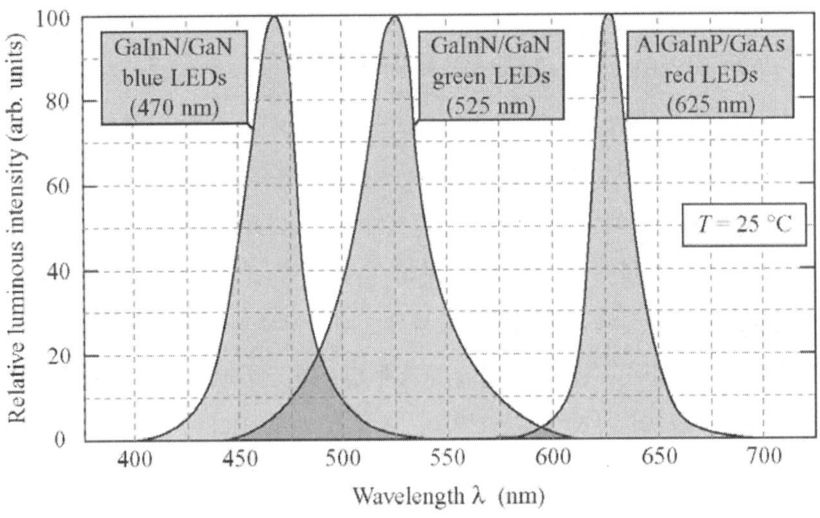

그림 5.17 가장 높은 성능의 Blue, green, red LED의 방출 스펙트라 그래프.

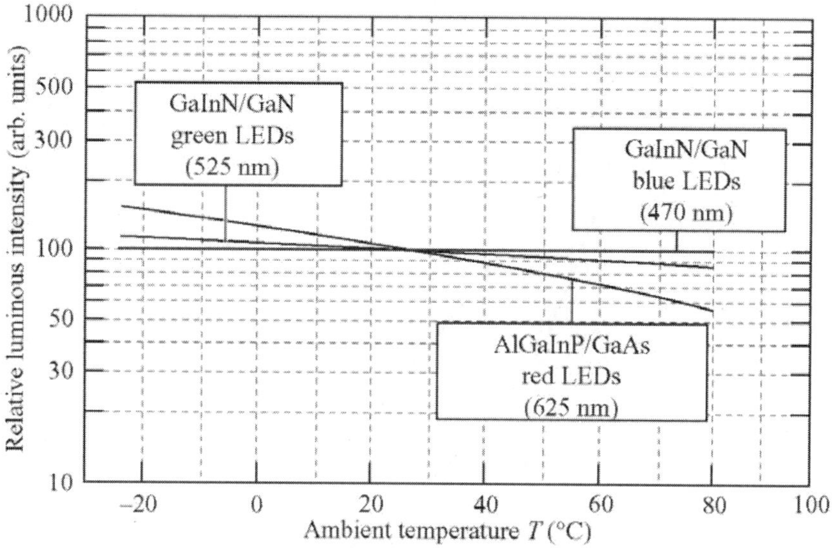

그림 5.18 GaInN와 AlGaInP LED에 대한 출력 밀도와 주위 온도의 영향 정보. GaInN에서 열적인 감소가 뚜렷함.

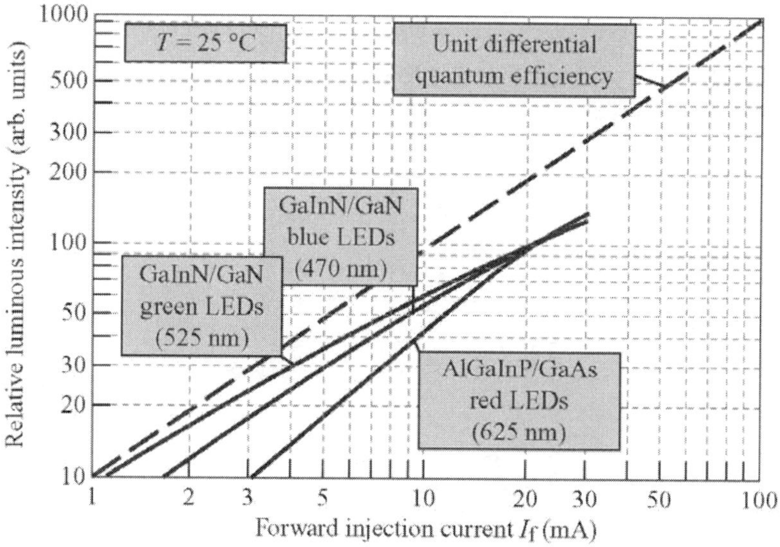

그림 5.19 GaInN와 AlGaInP LED에서의 정방향 밀도에 대한 전류 특성.

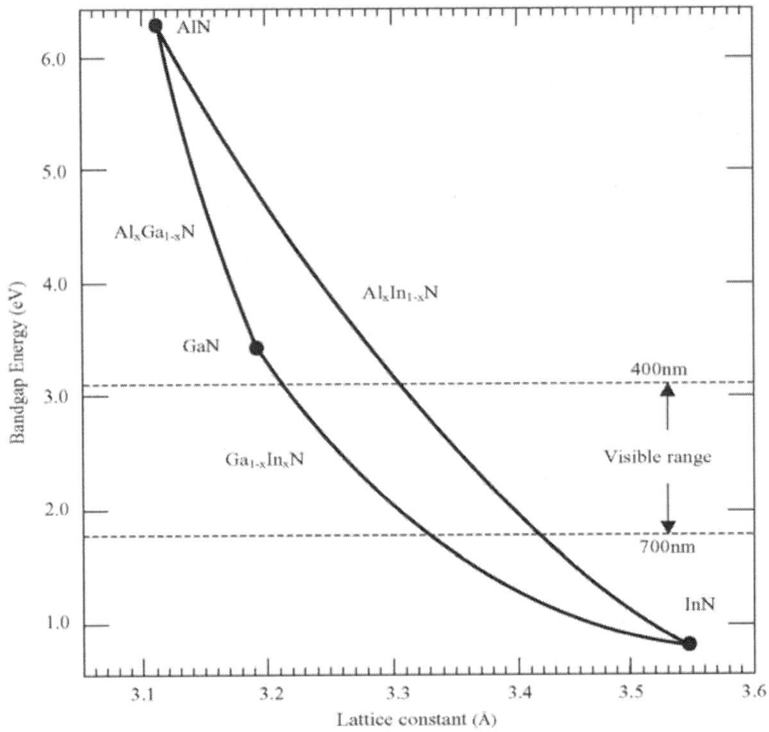

그림 5.20 격자상수 함수로써의 질화물 계열 반도체인 $Al_xGa_{1-x}N$, $Ga_{1-x}In_xN$ and $Al_xIn_{1-x}N$ 에 대한 에너지 밴드갭 도표.

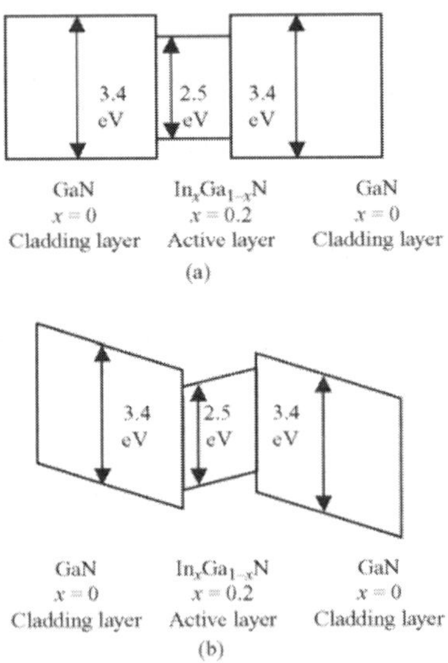

그림 5.21 (a) 에피성장한 이중 이종접합 $In_xGa_{1-x}N$ 능동층에서의 밴드 다이어그램. 캐리어는 Active layer 에서 재결합된다. Cladding layers는 한쪽은 n-type 다른 한쪽은 p-type으로 도핑 되었다. (b) 분극효과(Polarization effect)를 포함한 밴드다이어 그램.

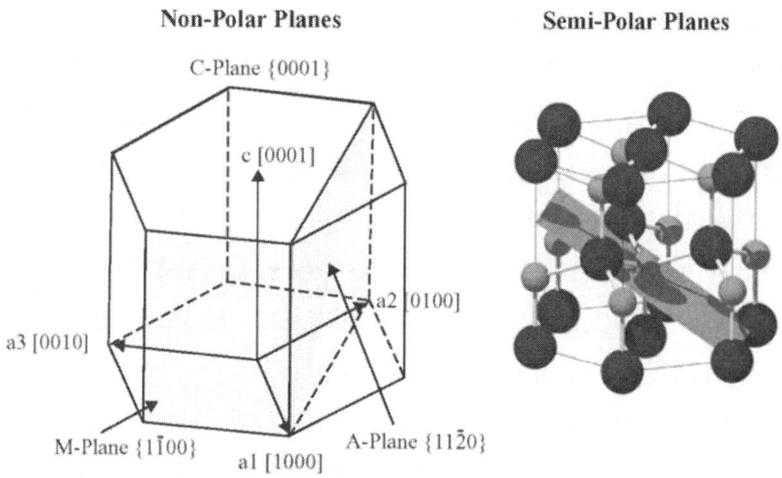

그림 5.22 GaN 평면은 c-axis 성장의 결과로 일반적으로 (0001) 평면을 갖는다. 반면에, 다른 방향이나 면을 형성할 수도 있다. 이는 성장방향으로의 분극을 제거하게 된다. M-평면 (*11?00*) 또는 *A-planes*(*11?20*) 은 비분극(Non-polar) 평면을 가지거나 반분극(Semi- polar) 평면도 가능하다. 현재의 LED 성능을 향상하기 위해서는 고품질의 GaN 성장이 필요하며, 이는 비분극 혹은 반분극 평면으로 구현이 가능하다.

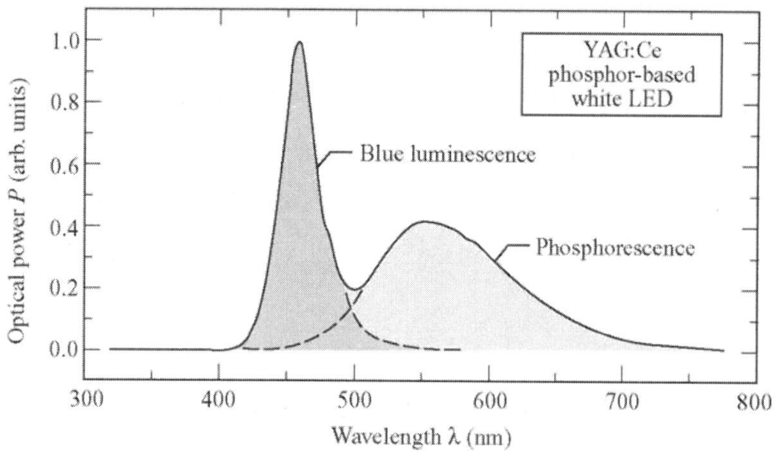

그림 5.23 백색 방출 LED 의 방출 스펙트럼. LED 다이 에서의 Blue light 은 down conversion(단파장의 빛을 변조하여 장파장의 빛으로 변환) 되어, Yag:Ce 에 이용되어 넓은 영역에서의 yellow 방출을 한다. Blue LED 의 빛을 합쳐서 백색을 구현한다.

분극과 원치않는 전자-정공쌍의 분리를 해결할 수 있는 다른 한 방법은 GaN 층을 다른 결정방향으로 성장시키는 것이다. 사용될 수 있는 다른 성장면이 그림 5.22에 표시되었다. 이러한 대체면(Alternative planes)은 분극성이 없거나(non-polar), 준분극(Semi-polar) 성을 가지기 때문에, 이 방향으로 자란 LED는 캐리어 재결합 효율에서 장점이 있으며, 고전류 밀도에서 향상된 성능을 구현한다. 기판과 c-축이 아닌 새로운 성장 방식에 대해서 개발 중에 있다.

LED 백색광 발현에 대한 열망으로 인해, Blue light을 백색 Light으로 변환시키고자 하는 시도가 있었다. Blue 발광 $In_xGa_{1-x}N$ LEDs는 상당히 효율이 좋기 때문에 다운-컨버젼(Down-conversion)을 이용하여 높은 효율의 백색광을 얻을 수 있다. 인(Phosphor) 재료를 Blue-발광 GaInN 다이 근처에 위치시키고, Blue LED방출에서 재흡수하여, 긴 파장대에서 인광(phosphorescence)으로 재방출하는 것이다. 가장 많이 쓰이는 재료는 YAG:Ce이며, cerium-doped $Y_3Al_5O_{12}$ phosphor를 뜻하며, 가넷 결정형(Garnet crystal structure)을 가지고 있다.

인은 460 nm 근방에서 얇은 폭(narrow band)의 강한 흡수를 가지고 있으며, 550 nm 을 중심으로 한 넓은 폭의 yellow 방출특성을 보인다. 잘 정련된 인 파우더를 에폭시로 포장한 LED 패키지(Package)에 혼합하여, blue 방출의 일부를 yellow 방출로 변환하고 남은 blue 방출은 부분은 yellow 방출과 합쳐져서 백생광을 구현하게 된다. 그림 5.23에서 이런 형태의 LED 에 대한 스펙트럼을 보이고 있다.

그림 3.13에 있는 CIE 다이어그램을 이용하면, blue와 yellow 빛을 조합한 백색광 생성에 대해 이해하기에 도움이 될 것이다.

백색광LED 최적화에 대한 노력이 진행 중에 있다.

많은 조명 응용을 위한 이상적인 백상광원은 태양 스펙트럼이며, 그림 4.6에 보였다. 그림 5.23에서 보인 것과 같이 500 nm 근방의 파장대에서의 부족한 것은 확실하다. 많은 수의 인 재료가 있으며, 특별한 방출 스펙트라를 가지고 있다. 또한 두 개 이상의 LED 다이로부터의 방출을 이용하여 두 개 이상의 다른 파장으로 백색광을 만들 수 있다.

성공적인 백색광의 구현을 위해서 필요한 점은 다음과 같다.

(a) 이상적인 백색광 이것은 연색(*colour rendering index, CRI*)을 측정함으로써 표현 될 수 있는데, 넓은 색영역을 가지고 백색광원에 대한 샘플 조명 만족 정도를 나타낸다.
(b) 방출각에 대한 색깔의 균일성
(c) 방출 빛의 안정성 만일 두개 이상의 LED가 사용되고 있을 때, 두 개 이상의 다이의 상대 강도가 변함에 따라 발생하는 차등적인 노화가 일어 날 수 있다.
(d) 재료와 제조의 가격

(e) 백색광의 효율

5.11 개선된 아웃커플링을 위한 LED 구조와 출력 파워

5.5절에서 논의하였던, LED 구조에서의 낮은 아웃커플링을 향상 시킬 수 있다. 그림 5.24는 다이의 각 면을 합친 6개의 가능한 출사 원뿔(Escape cone)을 보이고 있다. 다이의 윗면과 아랫면에 접합면이 있는데, 부분적으로 혹은 전체적으로 빛이 방출되는 것을 막게 되며, 전체적인 아웃커플링을 저감시킨다.

만일 그림 5.25에서 보인 것처럼, 다이의 측면이 기울어져 있으면, 아웃커플리이 향상 될 수 있다. 위면에서 온 빛은 내부적으로 반사되며 경사면으로 도달할 수 있다. 이때 임계각 보다 작은 각도로 유지되어야 아웃커플링이 발생한다. AlGaINP LED 에서 최상의 각도는 θ = 35°로 알려졌으며, 610 nm에서 최고 파장인 orange 발광에서 최종의 양자 효율은 100 lmW_{-1} 이상으로 얻어 질 수 있다. 아웃커플링에서 기존의 평면 LED 보다 1.4 만큼 향상된 것도 있다. 아웃커플링을 더욱 향상시키기 위해서 구형 혹은 원통형 LED 다이가 제작되었다. 이 구조에서, 활성층 으로부터 빛은 다이의 직각 방향으로 도달하게 된다. 그러나 이러한 구조는 제작비용이 비싸고 깊은 에칭 과정을 필요로 한다.

표면 텍스처링(Texturing) 또한 광학적 아웃커플링을 향상시키는 방법이다. 4장에서 다룬 바와 같이, 태양전지에서 일반적으로 쓰이는 텍스처링은 반사손실을 줄이는 것이다. LED에서도 사용 될 수 있으며 그림 5.26에 설명되었다.

Bragg reflector 배열(*distributed Bragg reflector*, DBR)의 기술은 LED 기판에서 멀리 발생한 빛을 반사하는 것으로, 그림 5.4에서 보인 것처럼, 기판과 후면 전극에서의 잠재적인 흡수를 줄여주는 역할을 한다. 다른 굴절률 값을 가지는 두 개의 반도체를 교번으로 스택킹(Stack)하는 구조로 각 계면에서 발생하는 빛을 합하여 LED 방출 파장에서 강한 반사를 할 수 있게 설계된다.

반도체의 굴절계수가 성분에 따라 다르므로 3계와 4계 III-V 반도체는 결정품질의 저하없이 스스로 효과적인 DBR 구조를 가질 수 있다(문제 5.17 참조). DBR은 추가 비용을 발생하여, 저가격 LED 에는 널리 쓰이지는 않는다.

길이와 폭에서 200-400 um 정도, 그리고 junction 면적이 10^{-4} cm^2정도인 작은 LED 다이는 최대 안정화 전류는 30-50 mA정도이거나 전류 밀도가 $100Acm_{-2}$ 이하이다. 이러한 LED는 방열(Heatsink)을 필요로 하지 않으므로, 넓은 범위의 이용이 가능하다. 야외 비디오 표시기, LCD 백라이트, 그리고 중저(Low-to-medium) 정도의 응용으로 널리 사용된다.

고휘도 고출력 분야는 LED는 기술의 새로운 개발 분야이다. 이러한 LEDs는 작은 LED 면적의 10, 100 혹은 1000배 넓은 junction 면적을 가지고 있으며, 1000A/cm^{2}까지 동작하게 된다.

일반적으로 이러한 대형 LED 는 방열과 특별한 패키징과 빛의 아웃커플링 기술이 필요하다.

그림 5.27에서 보이는 것은 고출력 LED의 패키징에 관한 것으로 300 lm의 조도를 발생시킬 수 있다. 동작 전류는 대략 1A 정도이며, 안정적인 방열이 필수적으로 요구되며 junction온도를 100℃ 이하로 유지시켜야 한다. 이러한 LED는 일반적인 조명분야 적합하며, 백열등이나 형광등과 비교하여, 장수명과 유지비용의 절감이 필요한 분야에서 급속히 확대되고 있다.

그림 5.28은 고출력 LED의 사진이다. 루멘 유지(Lumen maintenance)는 일반적으로 순방향 전류 1A에서 동작하여 50000시간 동작한 휘도가 초기휘도의 70%가 되는 것을 말한다. GaInN재료에서, 백색은 인 물질을 이용한 다운컨버전으로 구현할 수 있다.

가시광 LED는 광도에 의해 특화되며, x, y 색깔은 최종값을 표현하는 좌표계 역할을 한다.

LED 다이를 그룹으로 분리하여 특정한 세기나 색 구현을 위해 배열하기도 한다. 그러기 위해서는 각각의 LED를 성능 평가하여 파장 및 세기별로 재 선택되어야 한다.

광원으로서 CRI 와 백색광 LED의 색조합은 정교하게 제어되어야 한다. 백색 LED는 blue-white로부터 yellow-white 까지 변화하고, 색좌표는 단색광 다이어그램의 중앙에 위치되어야 한다.

단색 LED는 파장대별로 최고 방출파장을 가지고 있으며, CIE 경계 표시에 사용되는데, x,y 색좌표에 의해 가장 가까운 경계를 가지게 된다. LED는 가장 얇은 방출 스펙트럼을 경계면 가장 가까운 곳에서 가지고 있다.

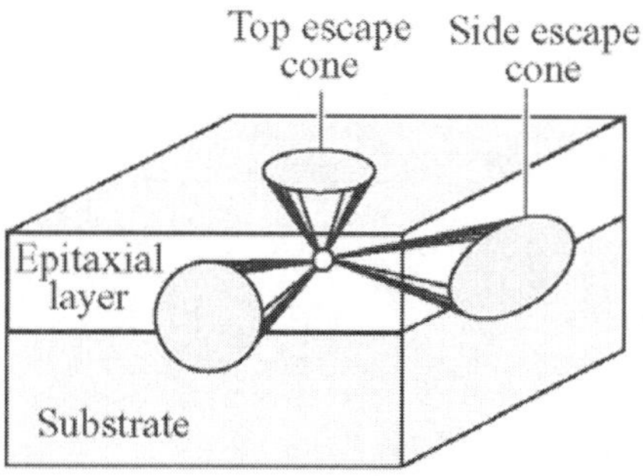

그림 5.24 수직면을 가지고 있는 LED 다이에서의 3가지 방출 콘(Cone) (그림에서는, 가능한 6개의 방출 콘(cone) 중에서 3가지만 표시함).

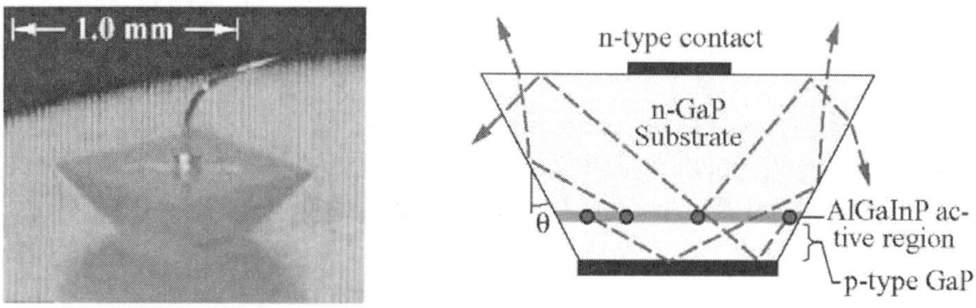

그림 5.25 외벽(Side walls)이 기울어진 경우에, 빛은 효과적으로 외부 방출(Outcouple) 될 수 있다. 기울어진 경사벽은 다양한 기판에 사용될 수 있다.

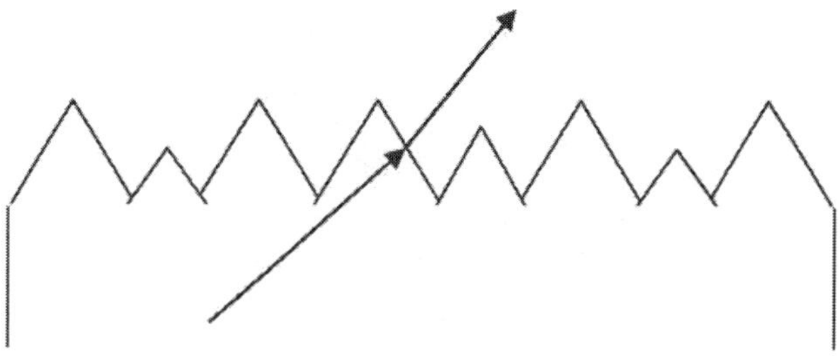

그림 5.26 텍스처 구조를 통한 빛의 전파. 빛의 경로는 표면 임계각을 초과하여야 하지만, beam 은 투과할 수 있어야 한다. 텍스처 구조를 통해서 최대 50% 이상의 향상된 외부방출이 가능하다.

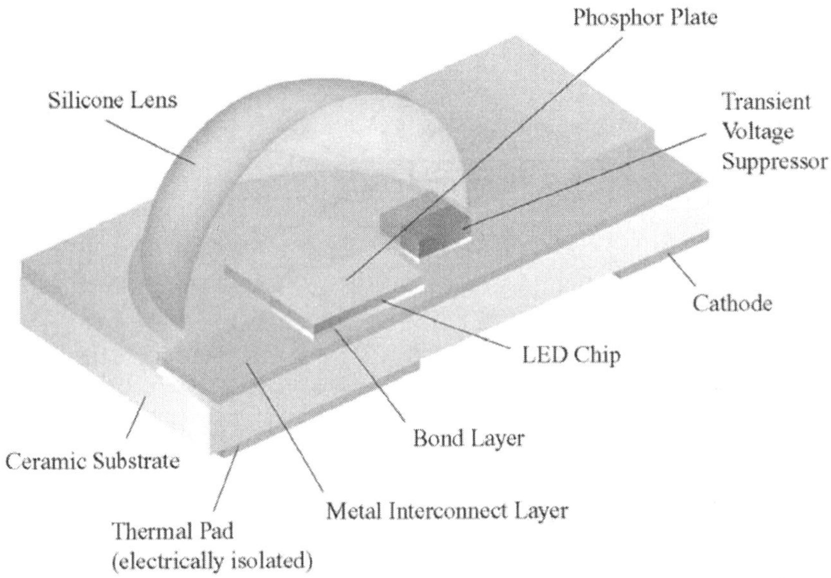

그림 5.27 고출력 LED 의 구조로써, 다이에 부착되었으며, 열방출 단자(Heatsink)를 포함하고 있다. 렌즈는 실리콘 폴리머로 구성되었으며, 높은 광학 선속(Flux)을 가지는 것이 특징으로, 일반적인 에폭시 렌즈의 노란색과는 향상된 방법이다.

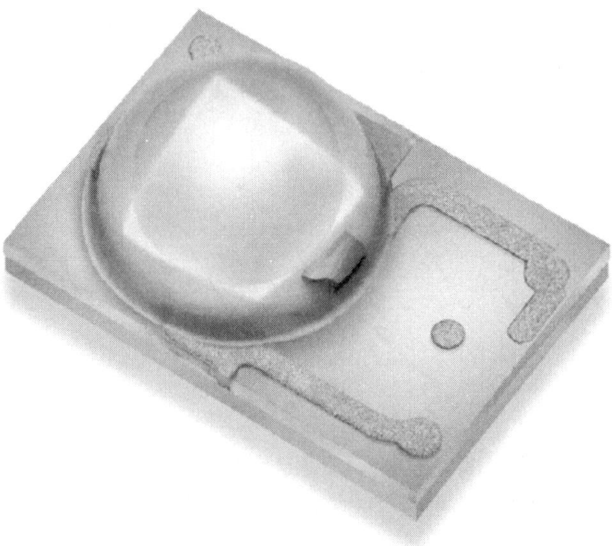

그림 5.28 300 lumen 급의 고출력 LED 의 사진. 사각형 모양의 세락믹 기판은 LED의 부착과 열방출이 용이하게 설계되었다. 이러한 LED는 거리의 가로등, 상점의 조명과 자동차 헤드라이트 조명으로 이용된다.

요약

5.1. LED에서 모든 색깔의 유효적 방출이 가능하다. 조명시장에서 LED 생산은 급성장 중이다. 고효율, 작은 크기, 긴 수명의 특징 또한 형광등과 달리 수은을 사용하는 장점이 조합되어 이러한 변화를 가능하게 했다.

5.2. LED의 동작은 전자-정공의 재결합에 기인하다. 생성된 포톤은 반드시 소자 바깥으로 추출되어야 하며, 손실은 작아야 한다. 비방사적 재결합은 손실을 더욱 높이게 된다.

5.3. 직접 밴드갭의 전자-정공 재결함에 대한 LED 측정 방사 스텍트럼 모델은 3장에서 제공되었다.

5.4. 비방사 재결합은 표면, 격자간 원자층, 원자공(vacancy), 부사이트(Anti-site)에서 발생한다. 오제이(Auger) 재결합은 비방사 형태로 또 다른 재결합 메커니즘을 나타낸다.

5.5. LED의 광학적 추출은 Snell 의 법칙을 통해 반도체 표면을 통과하는 경우를 모델링할 수 있다. 전체 내부의 반사는 LED 다이(Die)의 평면형태의 표면을 통해서 출현하는 콘형태로 표시되며 램버시안(Lambertian) 방출의 패턴이 일반적으로 나타난다.

5.6. 역사적으로 GaAs LED는 1960 년대에 소개되었다. GaAs의 직접 밴드갭과 용액 상태에서의 에피택시 성장의 장점으로 자외선 방사를 제공한다.

5.7. 가시광 방출에 대한 관심과 인(phosphorus)을 이용한 형태로 인해 1960년대에 GaAs1−xPx LED 기술이 도출되었다. $GaAs_{1-x}P_x$ 에서 x 값의 증가는 밴드갭을 증가시킨다. 750 nm에서 광학적 방출은 밴드갭 1.65 eV에 해당한다. 질소 도핑을 이용한 기술은 방사 재결합을 증진시키고 간접밴드갭인 GaP 가 효과적으로 그린 LED에서 효과적인 발광을 할 수 있게 하였다.

5.8. 1980년대에 Al 의 함량과 상관없이 격자가 일정한 $Al_xGa_{1-x}As$ 시스템이 개발되었다. 밴드갭 엔지니어링은 이중 지중접합(Double heterostructure)에 대한 새로운 가능성을 제시하고, 캐리어의 구속 및 향상된 비방사 정도를 제공한다. 더욱이 광학적 추출은 지대하게 개선되었다. 전류밀도는 재결합 계수와 상태 함수를 근거로한 양자 우물에서의 정도로 결정된다.

5.9. AlGaInP LED는 1980년 후반과 1990년대를 통해서 개발 되었고, 넓은 영역에

서 효율을 증대시켰다. 4분계 시스템은 격자상수와 밴드갭과 무관하게 제어할 수 있으며 단파장 방출이 가능하게 된다. 파장이 감소함에 따라 눈의 인지도가 향상되어 방출 효율이 향상된다. 투명한 기판을 사용하면 더욱 효율을 향상할 수 있다. MOCVD 성장 방식에 의해 다양한 기술이 가능하게 되었고, 광역 3분계와 4분계 LED 재료를 성장할 수 있게 되었다.

5.10. 1990년대에 $Ga_{1-x}In_xN$ 이 개발되어 고효율 및 고휘도의 LED를 가능하게 하였고, 가시광 및 근접 UV 파장에 대한 수요를 만족시켰다. Nitride 기반 LED는 고온의 성장 조건을 필요로 하며, 격자불일치 기판이 사용될 수 있도록 하였으며, 마그네슘의 p-doping 을 필요로 한다. 비록 이중 이종 구조가 $Ga_{1-x}In_xN$ LED에서 효과적이지만, 캐리어를 효과적으로 제어할 수 있는 양자우물을 이용하는 분극이 더 선호되고 있다. 대체적 결정 방향 제어는 분극의 필요성을 없애거나 완화 할 수 있다. 백색 방출은 YAG phosphor를 이용한 파란색을 다운 컨버팅(Down converting)하여 구현 할 수 있다.

5.11. LED의 광학 추출은 기울어진 다이의 제작으로 개선될 수 있으며, 이는 내부 반사를 줄이는 데 효과적이다. 또한 표면 구조방식으로 추출을 향상시킬 수 있다. 조명에 사용되는 파워 LED의 광속(Optical flux)와 냉각을 위해서 특별히 조절된 재료와 패키징 방식이 요구된다. 빛 방출과 색구현은 LED의 품질을 결정짓는 요소이다.

연습문제

5.1 LED 방출 스펙트럼을 고려하여 다음에 대답하시오.

(a) 그림 5.5에서의 방출 스펙트럼을 참조하여, 실온(Room temperature)에서의 Full width at half maximum(FWHM, 반치전폭)을 구하시오.

(b) 그림 5.5의 Red LED 를 참조하여 반도체의 에너지 밴드갭을 구하시오. 힌트: E_g를 파라미터로 생각하고, 식 (5.1)을 이용하여 $R(E)$ vs E에 대한 plot을 한 뒤, E_g를 구한다. 그를 이용해서 스펙트럼과 가장 잘 합치되는 $R(E)$의 영역을 찾을 수 있다.

(c) (b)에서 구한 E_g를 이용하여, 식 (5.1)에 대해 −50℃, +20℃ 과 +100℃에서의 FWHM을 도식하시오.

(d) FWHM=1.8kT 이용하여 (c)에서 구한 각 온도에 해당하는 FWHM 값을 구한 뒤, (c)의 경우와 비교하시오.

(e) 포톤 방출 비율 $R(E)$이 완전히 E의 함수로써 발광 밀도에 비례하는가? 근원적으로 두 가지의 불일치가 있을 수 있다. 하나는 발광 개념에 대한 것이며 다른 하나는 광자 특성에 관련이 되어 있다. 두 가지 모두 설명하라. 또한 이러한 불일치 경우를 (a)와 (d)에서의 문제에서 무시할 수 있었는지 설명하라.

5.2 문제 5.1 에서 기술된 것과 같이 방출 스펙트럼의 퍼짐(Broadening)에 대해 생각해 보았으며, 단지 LED 내부에서의 퍼짐 현상에 의한 것이 아님을 알게 되었다. 스펙트럼 퍼짐 현상에 대한 다른 이유들에 대해서 기술해 보시오.

5.3 그림 5.17에서 $Ga_{1-x}In_xN$ LED 방출 스펙트럼을 보였다.

(a) 상온에서의 Green LED에 대한 반치전폭을 구하시오.

(b) 그림 5.17에서와 같이 green LED에 대해서 반도체의 에너지 밴드갭을 구하시오.

힌트: E_g를 파라미터로 생각하고, 식 (5.1)을 이용하여 $R(E)$ vs E에 대한 plot을 한 뒤, E_g를 구한다. 그를 이용해서 스펙트럼과 가장 잘 합치되는 $R(E)$의 영역을 찾을 수 있다.

(c) FWHM=1.8kT 이용하여 (a)에서 구한 값과 비교하시오.

(d) $Ga_{1-x}In_xN$ LED 에서 퍼짐현상을 일으키는 메커니즘에 대해 설명하시오.

제 6 장

유기 반도체 및 유기 발광다이오드, 유기 태양전지

1. 포화 결합을 가진 고분자와 구별되는 공액 고분자(conjugated polymer)에 대해 이해한다.
2. 공액 고분자의 전기 전도 기구를 이해한다.
3. 분자 엑시톤(exciton)을 통한 광 흡수 및 방출 과정을 설명한다.
4. 고분자 OLED 및 소자 구조에 대해 소개한다.
5. HOMO 및 LUMO 준위를 사용하여 고분자 OLED의 동작을 설명한다.
6. 고분자 OLED 소자에 사용되는 재료와 대역 모델(band model)에 대해 다룬다.
7. 저분자 OLED 및 소자 구조를 소개한다.
8. 저분자 OLED를 위한 양극과 음극 재료에 대해 설명한다.
9. 저분자 OLED에서 전자 주입 및 전자 수송층 뿐만 아니라 정공 주입 및 수송층에 대해 논의한다.
10. 호스트 재료 및 형광, 인광 도펀트를 포함한 저분자 OLED의 발광에 대해 설명한다.
11. 기본적인 유기 태양전지 구조를 소개하고, 이종접합(heterojunction) 태양전지에 대한 대역 모델뿐만 아니라 계면에서의 캐리어 분리에 대해 소개한다.
12. 벌크 이종접합과 자기 조직(self-organization)의 예들을 포함한 보다 진보된 유기 태양전지 구조의 장점들을 설명한다.

6.1 개요

유기 소재는 태양전지와 LED 등과 같은 전자 소자가 제조되는 방식을 상당히 변화시킬 가능성이 있다. 20세기의 플라스틱 혁명으로 인해 식품 포장에서 주거 보온에 사용될 수 있는 플라스틱 필름과 같은 경량 제품을 저렴한 비용으로 제조할 수 있게 되었다. 대면적의 시트로 성형하고 균열 없이 구부릴 수 있는 플라스틱의 기본 특성들로 인해 이러한 것이 가능하게 되었다. 플라스틱 필름은 기판 코팅에 적용되거나 직접 롤에 막으로 제조 할 수 있다. 특히, 플라스틱 필름은 내습성, 기계적 강도, 보온 및 넓은 온도 범위에서의 내열성 등과 같이 재료에 요구되는 특성들을 제공하기 위해 코팅되기도 한다.

유기 전자공학(organic electronics)은 가장 최근에 연구되고 있는 분야이다. 우수한 전기적 특성을 갖는 도체 및 반도체 소자, 태양 전지와 발광다이오드(LED)와 같은 광전 소자들이 유기 재료를 이용하여 개발되고 있다. 특히, LED 소재로 기존의 부서지기 쉬운 무기물 III-V족 반도체를 유기 재료로 대체함으로써 대면적, 저가격의 플렉시블 디스플레이 구현이 가능하게 되었다. 또한 파손되기 쉬운 무기물계 실리콘계 태양전지 대신 유기 소재를 이용하여 대면적, 저가격의 유연한 태양전지 시트를 제조할 수 있다.

유기 전자재료에 대한 연구 개발이 지난 수십 년간 이루어져 왔고, 점점 더 많은 제품들이 유기 소재를 이용하여 상업적으로 생산 중에 있다. 아직까지는 무기 반도체(inorganic semiconductor)들이 전자 산업의 주류를 이루고 있으나, 유기 소재만이 갖고 있는 고유 특성들로 인해 이 분야는 계속해서 발전할 것이다. 이 장에서는 유기 전자재료에 대해 살펴보고, 발광 소자 및 태양전지로의 응용 예에 대해 소개하고자 한다. 특히, 유기 재료와 관련된 전자 소자 분야에서의 성공 및 앞으로 해결해야 할 문제들에 대해 다룰 것이다.

6.2 공액계

유기 재료는 일반적으로 저분자 및 고분자 유기 소재로 분류될 수 있다. 종종 저중합체 또는 올리고머(oligomer)라고도 불리는 저분자 재료는 분자당 소수의 반복 단위

(mer)를 포함하는 반면, 중합체(polymer)로 언급되는 고분자 재료는 분자당 많은 반복 단위들을 가지고 있다. 일반적으로 고분자는 분자당 수백 또는 수백의 반복 단위들을 포함하고 있다.

전자 재료로서 전기 전도성 유기 분자는 1970년대에 들어서야 그 특성들이 이해되었고, 지금은 전자소자를 제조하는데 필수적으로 요구되는 특성들을 갖는 새로운 유기 반도체들이 개발되어 있다. 그러나 전도성 저분자/고분자 유기소재는 실리콘과 같은 전형적인 무기 반도체와는 다른 전기적 물성을 나타내며, 훨씬 낮은 온도에서 제조될 수 있다. 이들 소재들은 태양전지와 발광 소자뿐만 아니라 트랜지스터 및 다른 전자소자를 만드는데 사용될 수 있다. 이 절에서는 고분자 물질에 초점을 맞추고, 6.4절에서 6.14절까지 저분자 재료, 유기 태양전지에 대해서는 6.15절과 6.16절에서 논의 할 것이다.

유기 소재의 특성들을 이해하기 위하여 이들의 분자 구조를 검토하여 전자 및 정공에 대한 에너지 준위 뿐만 아니라 전자와 정공 수송을 위한 전도기구를 이해할 필요가 있다. 공액 고분자(conjugated polymer)를 반도체 소자에 사용하기 위해 고려해야 할 특별한 성질을 강조하기 위하여 무기 재료와 유기 재료의 특성들을 비교하고자 한다.

일반적인 고분자는 포화되어 있는데, 이는 탄소 사슬 내 탄소 원자의 가전자들이 모두 결합에 이용되고 네 개의 원자가 각 탄소 원자에 결합됨을 의미한다. 그림 6.1에 나타낸 것과 같이 포화 고분자의 가장 간단한 예는 폴리에틸렌(polyethylene)이다. 폴리에틸렌 내 하나의 탄소 원자는 6개의 전자를 가지고 있는데, 보통 $1s^2 2s^2 2p^2$의 전자배치를 갖는다.

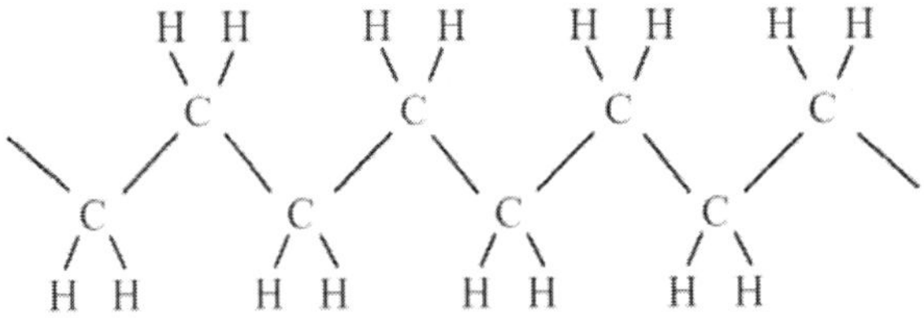

그림 6.1 폴리에틸렌의 분자 구조. 각각의 탄소 원자는 네 개의 가장 근접한 원자들이 있고 이들과 네 개의 결합을 형성한다. 폴리에틸렌은 전기적으로 절연체이며, 자외선 에너지 범위에 해당하는 큰 에너지 갭을 갖는다. 각각의 탄소 원자는 비록 가장 가까운 탄소 및 수소와 결합을 하지만 거의 완벽에 가까운 사면체 결합 대칭성을 갖는다.

폴리에틸렌 내에 포함된 탄소의 경우, $2s^2 2p^2$ 껍질의 4개의 전자가 혼성화된 (hybridized) sp^3 구조로 가장 안정한 에너지 상태에 있게 되는데, 혼성화된 sp^3 구조는 s-궤도와 p-궤도의 공간적 특성이 결합된 것으로 잘 알려진 탄소의 사면체 대칭 결합을 이루게 된다. 이러한 혼성구조는 무기물인 다이아몬드 결정에서뿐만 아니라 폴리에틸렌에서도 볼 수 있다. 폴리에틸렌 내 탄소 원자의 결합 대칭성은 사면체에 매우 가까우며, 탄소 결합은 입체 특이성을 나타내는데, 이는 탄소 결합각도가 매우 정확하게 109°의 사면체 결합각에 근접함을 의미한다. 대표적인 무기 반도체인 실리콘도 유사한 구조를 나타내는데, 탄소와 비슷하게 실리콘 원자들도 결정 내에서 혼성화되며, 사면체 대칭결합 특성을 나타낸다.

가장 간단한 전도성 고분자는 폴리아세틸렌(polyacetylene)으로, 그 분자 구조를 그림 6.2에 나타내었다. 이 고분자에는 탄소 원자 주위에 세 개의 가장 근접한 원자들이 있는데, 이들은 sp^2p_z로 표시되는 서로 다른 형태의 혼성화를 이루게 된다. 이러한 혼성화에는 π-전자라 불리는 고립 전자와 세 개의 다른 전자들이 있다. 이들 세 개의 전자는 가장 가까운 세 원자들과의 결합에 참여하지만 π-전자는 그렇지 않으며, 각 탄소 원자에 매달린 채로 남아 있다. 이러한 구성을 갖는 고분자는 공액(conjugated) 되었다고 말한다.

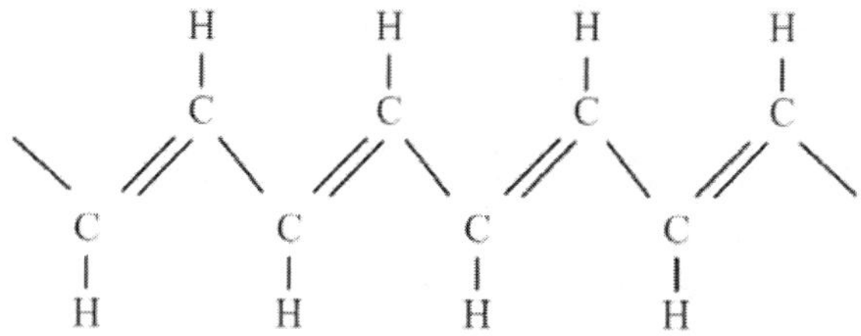

그림 6.2 폴리아세틸렌은 가장 간단한 공액 분자이다. 비록 실제 모든 결합들이 동일하고 순수하게 단일 또는 이중결합 형태는 아니지만 종종 이중결합이 번갈아 나타나는 단일 결합 사슬로 간주된다. 폴리아세틸렌은 그림에서와 같이 탄소 원자당 하나의 수소 원자를 갖는 탄소 사슬로 구성된다. 탄소 원자의 4개의 가전자 중 단지 3개만 결합에 사용되기 때문에 전기 전도에 기여하는 탄소 원자당 한 개의 π-전자를 얻을 수 있으며, 탄소 사슬을 따라 비국재화(delocalized)된다.

탄소 원자 간격이 가까운 사슬이 만들어지기 때문에 사슬 내 탄소 원자 수만큼의 π-전자가 존재하고, 이들 각각의 π-전자는 공간적으로 중첩된다. 각 원자의 π-전자는 사슬 내 다른 모든 π-전자와 상호 작용하여 많은 에너지 대역(energy band)을 만들게 된다. 이들 에너지 대역은 공통적으로 π-부 대역(π-subband)이라 한다. 전기 전도도 또한 이러한 π-전자 부 대역의 결과로부터 비롯되는데, 탄소 사슬 내 π-전자가 비국재화되기 때문이다. 무기 반도체에서처럼 파울리 배타 원리에 따라 π-전자는 다양한 에너지 준위를 점유하게 되어 에너지 대역을 형성하게 된다.

더욱이 이러한 공액 분자를 π-전자가 존재하는 주기적 포텐셜(전위)로 취급할 수 있는데, 이는 크로니히-페니 모델(Kronig-Penney model)을 통해 에너지 대역과 밴드 갭을 예측할 수 있음을 의미한다. 주기적 전위 배열 내 한 주기의 길이는 고분자 사슬의 기본 단위(mer)에 해당한다. 그림 6.3은 몇 개의 분자를 포함하는 고체 분자의 에너지 밴드 다이어그램을 나타낸 것이다. 그림에서 낮은 전위장벽은 원자 또는 분자 내 기본 단위 사이의 간격을 나타내며, 높은 장벽은 분자들 사이의 간격을 나타낸다. 분자 내 결합은 보통 공유결합 또는 공액 결합이고, 분자간 결합은 훨씬 약한 반 데르 발스(van der Waals) 결합이다.

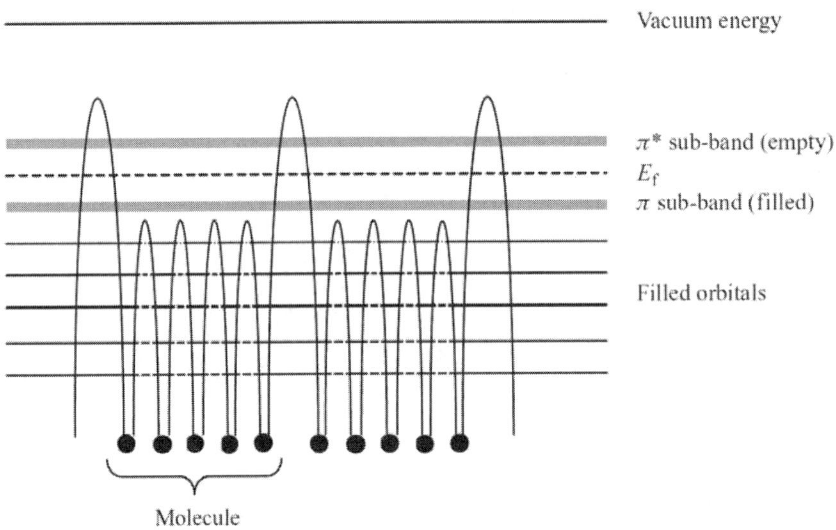

그림 6.3 매우 근접한 유기 분자들의 에너지 준위 및 대역. 낮은 에너지 장벽은 분자 내 결합에 기인한 것이고, 큰 에너지 장벽은 분자간 결합으로부터 비롯된 것이다.

1장에서 언급한 기본 에너지 대역 이론은 무기재료 뿐만 아니라 유기 분자에도 적용 가능하다. 유기 분자의 반복 단위의 주기성은 식 (1.1)에서 표현된 주기적인 전위 $V(x)$에 의해 모델링될 수 있을 뿐만 아니라 공액계(conjugated system) 또는 공액 길이의 전체 치수(차원)는 예제 1.1의 길이 L인 양자 상자로 모델링될 수 있다. 공액 길이는 전자들이 비국재화되는 분자의 유효 길이를 말한다. 이 공액 길이는 전자가 속박되는 1차원 상자의 길이 L에 해당하므로 따라서 분자에 대한 가장 단순한 모델은 예제 1.1과 유사하다. 공액 길이가 길수록 에너지 준위 사이의 간격은 좁게 된다. 이러한 이론을 기반으로 한 완벽한 모델링을 통해서 분자 에너지 준위를 예측할 수 있지만 이 책에서는 다루지 않을 것이다.

π 부 에너지 대역에서 허용된 에너지 상태 수에 대한 전자 수는 고분자의 전기적 성질을 결정한다. 만일 π 부 에너지 대역이 전자들로 채워지거나 비어 있게 된다면 물질은 반도체 특성을 나타낼 것이며, 만일 전자가 점유한 가장 높은 에너지 대역이 부분적으로 채워진다면 금속 특성을 나타낼 것이다. 가장 높은 점유 π 부 에너지 대역과 가장 낮은 비점유 π 부 에너지 대역 사이의 간격이 반도체 특성을 나타내는 고분자 재료의 에너지 갭을 결정하게 된다. 비점유 π 부 에너지 대역은 일반적으로 π^* 에너지 대역이라 한다.

많은 고분자들이 반도체 특성을 나타내는데, 이들 고분자 종류 및 분자 구조를 그림 6.4에 나타나있다. 폴리아세틸렌을 제외하고, 나머지 분자들은 고리당 다섯 또는 여섯 원자를 포함하는 고리 성분을 가진다. 가장 단순한 고리 성분은 벤젠 고리로 6개의 탄소 원자와 각 탄소 원자로부터의 6개의 비국재화된 π-전자를 갖는다. 육면체 고리는 또한 전도성 물질인 흑연의 구성요소이다. 따라서 고리를 포함하는 분자들이 대표적인 전도성 고분자인 것은 그리 놀라운 일이 아니다.

고분자 재료의 거시적 전기 전도도는 분자 사이의 전하 이동 특성(분자간 전기 전도)뿐만 아니라 분자 내 전도에 의존한다. 분자간 전기 전도는 분자들의 근접 정도 및 서로에 대한 방위에 크게 영향을 받는다. 결정성 고분자는 일반적으로 더 조밀하게 충진(적층)된다. 그러나 비정질상 및 결정상 모두 후보 소재이며, 결정성 고분자는 종종 비정질 매트릭스 내에 결정 영역(도메인)을 포함한다.

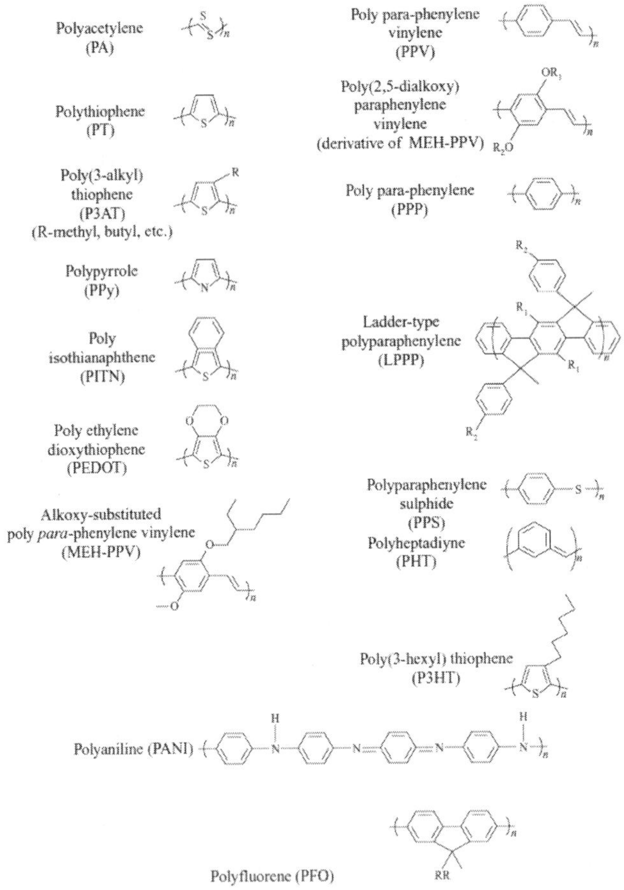

그림 6.4 잘 알려진 공액 고분자의 분자 구조. 많은 분자들이 선형 또는 고리형 구조의 조합을 포함하는데, 가장 단순한 예가 폴리파라페닐렌 비닐렌(poly paraphenylene vinylene, PPV)이다.

유기 반도체의 전하 이동도 값은 보통 $10^{-7} \sim 1\ cm^2/V\text{-}s$ 범위로 $10^3\ cm^2/V\text{-}s$ 정도의 이동도를 갖는 실리콘과 같은 무기 반도체에 비해 훨씬 작은 값이다. 그러나 유기 반도체에 의해 제공되는 많은 장점들이 있다:

(a) 화학적 물성들은 분자의 측면기(side group)를 바꿈으로써 변화시킬 수 있다. 예를 들어, 그림 6.4에서 PPV은 유기 용매에 녹지 않는다. PPV는 벤젠 고리를 포함하고 있기 때문에 고리에 측면기를 첨가함으로써 특성을 바꿀 수 있다. 즉, 측면기 첨가에 의해 용매에 녹게 만들 수 있는데, 이를 PPV 유도체라 한다. 용해성 PPV 유도체의 한 예를 그림 6.5에 나타내었다. 용해성 PPV 유도체는 PPV의 전기적 특성을 가지면서 용액 형태로 만들 수 있는데, 소자 제작을 위해 액체 형태로 증착하고 건조 과정을 통해 용매를 제거한다. 이러한 방법은 재료를 거의 버리지 않은 매우 경제적인 제조 방법이다.

(b) 분자에 측면기를 달리함으로써 전자 및 광학적 특성을 바꿀 수 있다. 예를 들어 PPV의 벤젠 고리에 측면기를 첨가함으로써 그림 6.4에 보인 것처럼 MEH-PPV 유도체로 변형시킬 수 있다. 그림 6.6에는 고분자 OLED에서 자주 사용되는 PPV 및 유도체를 나타내었다. PPV의 에너지 밴드 갭을 변화시킴으로써 그림에서와 같이 원하는 파장 값에서 광 흡수 및 발광이 일어날 수 있도록 만들 수 있는데, 이는 광전소자 응용에 특히 적합하다.

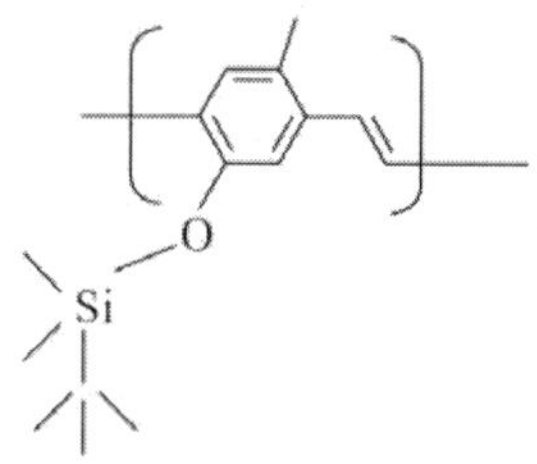

그림 6.5 폴리파라페닐렌 비닐렌(PPV) 유도체로 실리콘 치환 용해성 고분자를 형성함.

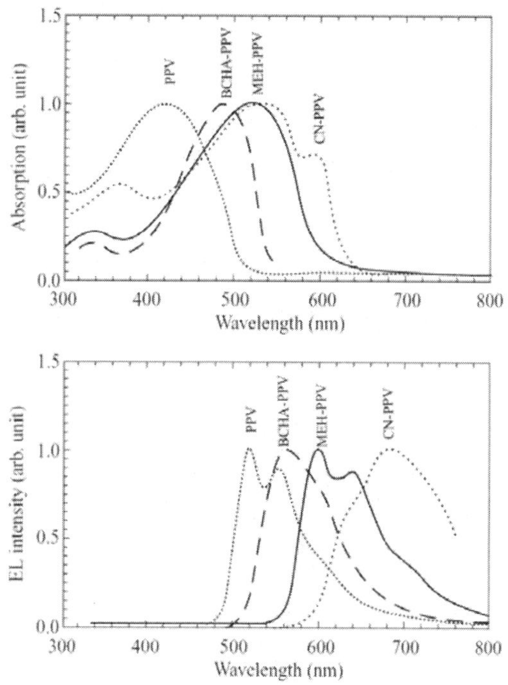

그림 6.6 폴리 파라페닐렌 비닐렌(PPV)과 PPV 유도체의 흡수 및 발광 스펙트럼. 에너지 갭은 발광 스펙트럼의 짧은 파장 영역뿐만 아니라 흡수 스펙트럼의 긴 파장 영역을 결정한다. 여기에서 에너지 밴드 갭은 1.9 eV(~=640 nm)에서 2.5 eV(~=500 nm)의 범위에 있으며, 이러한 에너지 밴드 갭 변화에 따라 그림과 같은 다양한 파장에서의 흡수 및 발광 스펙트럼을 나타내게 된다.

광 흡수 과정은 광자를 이용하여 최고 점유 π 부 에너지 대역으로부터 최저 비 점유 π^* 부 대역으로 전자를 여기시킨다. 발광 과정은 전자가 원래의 에너지 대역으로 되돌아올 때 광자를 생성시킨다. 3장에서 자세히 언급했듯이 발광되는 동안 엑시톤(exciton, 여기자)이 생성 및 소멸된다. 이러한 흡수 및 발광 과정의 광발광(photoluminescence) 효율은 10%에서 50% 이상까지의 범위로, 따라서 고효율 광전소자 응용에 이들 물질이 적합하다.

전계발광(Electroluminescence, EL) 효율은 엑시톤 내의 정공과 전자와 관련된 스핀으로 인해 광 발광 효율보다 낮다. 인광이 발생하면 효율이 높을 수 있지만 전계 발광의 최대 효율은 일반적으로 광 발광 효율의 25%이다. 이에 대한 광학적 과정은 3.7절에서 논의되었다. 공액 고분자는 유기 태양전지 및 유기 발광다이오드 모두에 적합한 소재이다.

6.3 고분자 OLED

기본적인 고분자 유기 발광 다이오드(OLED)의 구조를 그림 6.7에 나타내었다. 유기 기판에는 인듐 주석 산화물(Indium Tin Oxide; ITO) 등의 투명 전극이 코팅된다. 이후 증착되는 공액 고분자 층이 일반적으로 100 nm 이하의 두께이기 때문에 ITO 층의 표면은 최대한 매끄러워야 한다. EL 고분자 층은 투명한 양극 위에 증착되고, 다음으로 낮은 일함수(work function)의 음극 층이 증착되어 소자가 완성된다. 음극 층은 쉽게 이온화되는 주기율표상의 I족이나 II족 금속 또는 이들의 화합물로 구성된다.

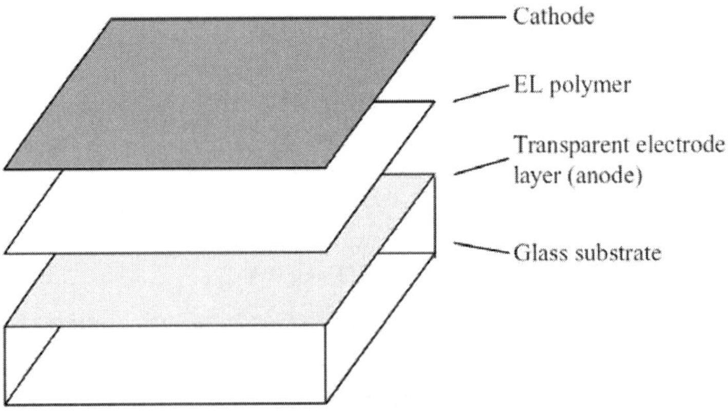

그림 6.7 유리 기판, 투명 ITO 양극 층, EL 고분자 및 낮은 일 함수의 음극으로 구성된 기본적인 OLED 구조.

용액 공정 기반의 증착 기술들은 대부분의 전자소자에 응용되는 고분자 물질 코팅에 적용이 가능하다. 원하는 고분자를 포함하는 액체 형태의 용액을 기판 상에 도포한다. 다음으로 용매를 증발시켜 원하는 고분자 층만 남긴다. 이 방법은 저가 증착 기술로, 6.4절에서 논의되는 저분자 소자 제작에 필요한 고가의 증착 방법에 비해 고분자 유기 재료의 중요한 이점 중의 하나이다.

EL 고분자 층은 고분자 OLED에서 세 가지 주된 역할을 한다:

(a) 음극 근처 EL 고분자는 전자 수송층(electron transport layer)으로서 작용한다.

(b) 양극 근처 EL 고분자는 정공 수송층(hole transport layer)으로서 작용한다.

(c) EL 고분자는 분자 엑시톤 소멸을 통한 정공과 전자의 재결합 및 그 결과로 빛을 방출한다.

음극과 양극 사이의 일함수의 차이를 이해함으로써 위의 모든 역할들을 수행하는 EL 층의 기능을 이해할 수 있다. 서로 전기적으로 절연되어 있고, 어떠한 전압원에도 연결되지 않은 진공 중의 양극 및 음극 재료를 가정 해 보자, 양극은 일반적으로 5 eV 정도의 높은 일함수를 가지며, 음극은 1~2 eV 정도의 일함수를 갖는다. 이는 전자가 양극 표면을 벗어나 진공 중으로 방출되기 위해서 약 5 eV의 에너지가 필요하지만, 음극 표면으로부터 진공 중으로 전자가 방출되기 위해서는 단지 1~2 eV의 에너지만이 필요함을 의미한다. 이것은 그림 6.8에 나타낸 것과 같이 양극 및 음극에 대한 진공 에너지 준위 E_{vac}를 정의함으로써 설명될 수 있다.

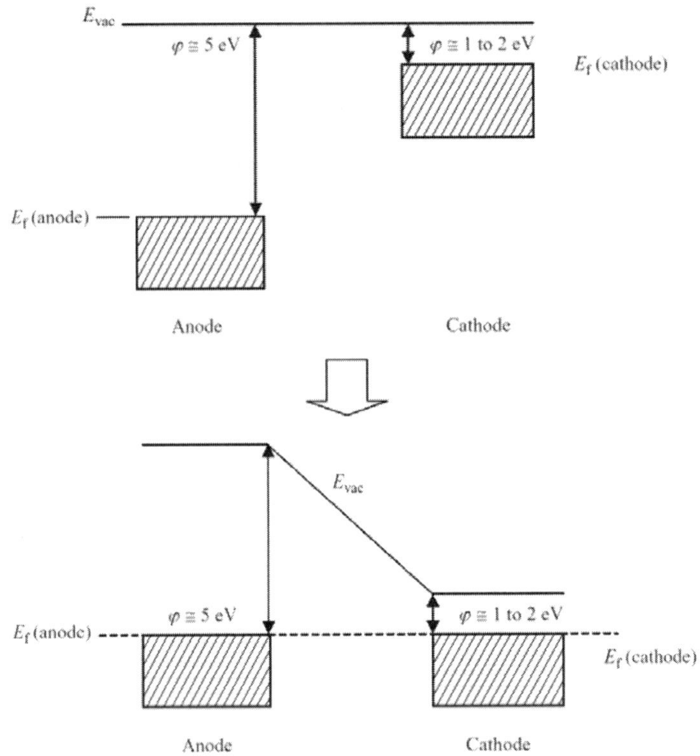

그림 6.8 높은 일함수의 양극과 낮은 일함수의 음극을 나타낸 에너지 밴드 다이어그램. 일정한 진공 에너지 준위의 경우, 양극과 음극의 페르미 준위(Fermi level, E_f)가 정렬되지 않으며(위쪽 다이어그램), 비평형 상태의 다이어그램에 해당하여 페르미 준위의 개념에 맞지 않는다. 이러한 문제를 해결하기 위해 양극과 음극 사이에 전계를 형성하여 페르미 에너지가 정렬된 평형상태 에너지 밴드 다이어그램을 얻을 수 있다(아래 그림). 그 결과 전하가 두 전극 사이에서 전계에 의해 전송된다.

양극과 음극에서 진공 중으로 방출되는 전자들은 에너지 밴드 다이어그램에서 각각의 페르미 준위(가장 높은 점유 에너지 준위)로부터 진공 준위(E_{vac})로 이동하는 것이기 때문에 페르미 준위를 정렬시키고 동시에 일정한 진공 에너지 준위를 유지하면서 다이어그램을 그리는 것은 불가능하다. 진공 중에 전계가 생성되어 두 전극 사이의 일함수 차이가 반영되도록 양극과 음극 사이에 전위의 기울기가 나타나면 이러한 문제는 해결된다. 진공 중에 전계가 생성되기 위해서 내부 전하(built-in charge)가 양극과 음극 표면에 존재해야 한다. 즉, 양극 표면은 음전하를, 음극 표면에는 크기는 같으나 부호가 반대인 양전하를 갖는다. 이러한 전하들이 축적되기 위해서는 양극과 음극 사이에 전하 전송이 이루어져야 한다. 그러나 일정한 양의 전하가 전극 표면에 존재하면 더 이상의 전하 전송이 이루어지지 않고 평형상태가 유지된다. 전하 이동이 이루어지지 않는다면 평형상태에는 결코 도달할 수 없다.

이제 양극과 음극 사이에 EL 고분자 층이 삽입된 경우로 되돌아 가보자. EL 고분자 층의 낮은 캐리어 농도($\leq 10^{14}$ cm^{-2})와 이동도로 인해 이 층은 양극과 음극 사이에 삽입된 가상 절연체로 간주 할 수 있다. 그림 6.9 (a)에서의 이상적인 경우처럼 두 전극의 일함수 차이로 인해 고분자 층 내에는 내부 전계(built-in electric field)가 존재할 것이다. 상부 π^* 에너지 대역(energy band)과 하부 π 에너지 대역 사이의 기울기는 이러한 고분자 층 내에 존재하는 내부 전계로 인한 것이다. EL 고분자의 낮은 전기 전도도는 평형상태에 도달하기 위해 필요한 전하를 전송하기에 충분하다.

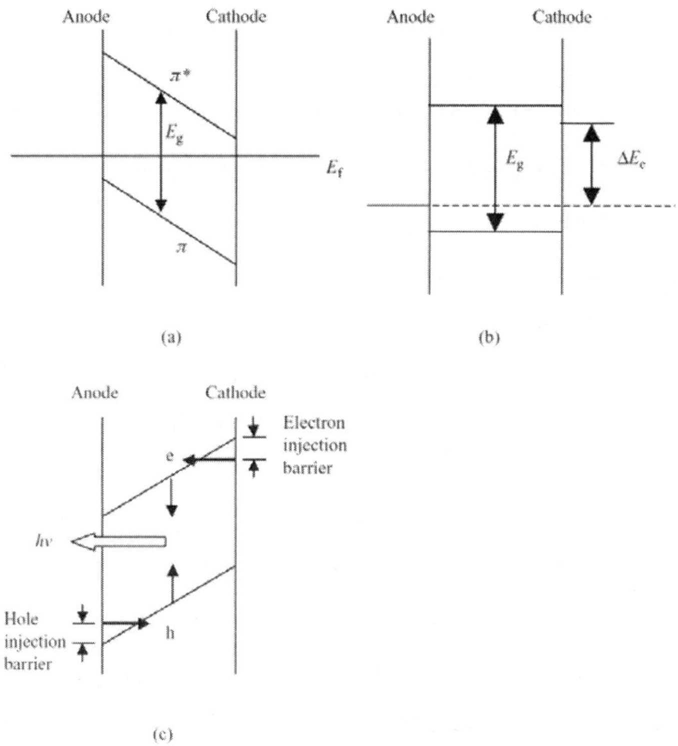

그림 6.9 고분자 EL 층에서 위쪽 π^* 에너지 대역과 아래 쪽 π 에너지 대역. (a) 평형 상태. (b) 양의 전압이 양극에 인가되었을 때의 평탄 대역(flat-band) 상태. (c) 순방향 바이어스된(평탄 대역 상태보다 더 높은 양의 전압을 양극에 인가) 소자의 에너지 대역 다이어그램으로 정공과 전자가 주입되어 분자 엑시톤이 형성되며, 이들이 소멸되는 과정에서 빛이 방출된다. 그 결과 정공 주입 장벽 및 전자 주입 장벽이 그림에서와 같이 생성된다.

만일 두 전극의 일함수 차이에 해당하는 전압이 양극과 음극 사이에 인가되는 경우, 평탄 대역(flat-band) 상태에 도달한다. 양극은 음극에 대하여 상대적으로 양으로 바이어스 된다. 평탄 대역 전압(flat-band voltage)으로 부르는 이 전압에서 EL 고분자의 에너지 대역은 수평이므로 전계가 존재하지 않는다. 인가전압은 양극과 음극에 추가적인 전하를 공급하여 내부 전하를 상쇄시킨다. 평탄 대역 상태를 그림 6.9(b)에 나타내었는데, 두 전극의 전도 대역 끝 사이의 차이는 ΔE_c이다.(실제로는 두 전극의 페르미 준위 차이이다.)

음극과 양극 재료의 진공 일함수는 실제로 전극-EL 고분자 계면 상태에 따라 변하는데, 이는 또한 평탄 대역 전압에 영향을 준다. 이러한 일함수의 변화는 계면에 포획된 전하와 다른 불순물 및 계면에서 발생하는 확산 효과로부터 비롯된다. 비록 고분자 EL 재료가 특히 상온에서도 높은 확산 계수를 제공하여 바람직하지 않은 입자들이 더 많이 이동하려는 경향이 있지만, 이와 유사한 문제들은 이미 금속-무기 반도체 접촉에 대해 설명한 2.9절에서 언급하였다.

양극에 더 높은 양의 전압이 인가되면 그림 6.9(c)의 상황이 된다. 음극으로부터 전자는 에너지 밴드 다이어그램에서 π^* 대역의 음극 끝 부분에 존재하는 전위 '스파이크'를 가로질러 관통하여 EL 고분자 층으로 주입된다. 전계는 그림 6.9(a)에 표시된 것과 반대 방향이며, π^* 대역으로 들어간 전자들은 전계에 의해 양극 쪽으로 표동(drift)하기 시작한다. 음극에서의 전자들은 대역 내로 주입되기 때문에 이동에 방해가 되는 에너지 장벽을 최소화하는 것이 중요하다. 전자는 π^* 에너지 대역 내 가장 낮은 에너지 상태를 점유하는데, 이 에너지 준위를 최저 비점유 분자 궤도(lowest unoccupied molecular orbital, LUMO)라 한다. 이 에너지 준위는 무기물 반도체에서 전도대역의 가장 아래쪽 준위인 E_c와 유사하다. 일반적으로 음극 페르미 에너지 준위와 LUMO 에너지 준위 사이의 차이는 0.2 eV의 이하인 것이 적당하다.

또한 이 전위 장벽을 가로 질러 흐르는 전자 전류의 적절한 모델링을 위해서는 열전자 방출(thermionic emission)에 관한 물리적 이론을 적용하는 것이 필요한데, 이에 대해서는 2.9절에서 자세히 논의하였다. 실제로는 열전자 방출과 터널링(tunnelling) 모두 전류 흐름에 관여하고 있다.

이와 동시에, 정공은 양극으로부터 π 에너지 대역에 주입 될 수 있다. 이것은 π 대역으로부터 양극으로의 전자 전달에 의한 양극-EL 고분자 층 계면에서의 정공 형성으로 설명하는 것이 보다 정확하다. 이들 정공은 음극 쪽으로 전계에 의해 휩쓸려 가(표동하여) π 대역의 가장 높은 에너지 준위인 최고 점유 분자 궤도(highest occupied molecular orbital, HOMO)를 점유하게 되며, π^* 에너지 대역의 전자와 결합하여 엑시톤을 형성하게 된다. 이 엑시톤의 소멸에 따라 빛이 방출된다.

음극 재료로는 낮은 이온화 에너지를 갖는 물질을 사용하는 것이 필요한데, 음극 재료의 예로는 바륨 계, 칼슘 계 또는 리튬 계가 있다. 이들은 활성(또는 EL) 고분자 층과 접촉되는데, 외부 환경으로부터 보호하고 전기 전도도를 향상시키기 위해 최종적으로 알루미늄 보호막(capping layer)이 코팅되기도 한다. 주기율표에서 1족과 2족 금속들은 매우 쉽게 산화되며, 수분과 활발하게 반응하기 때문에 외부 대기로부터 이들을 보호해야 한다. 실험실에서 OLED 소자는 글로브 박스와 같이 매우 건조한 불활성 가스 분위기에서 취급되고 테스트되어야 한다.

양극 재료는 고분자 활성층으로부터 발광된 빛이 외부로 나오기 위해 일반적으로 투명해야 하는데, 인듐 주석 산화물(ITO)이 양극 물질로 많이 사용되고 있다. 그러나 ITO는 다음과 같은 세 가지의 문제점이 있다.

(a) ITO는 다결정 형태의 박막으로, 보통 아주 얇은 EL 고분자 층의 두께(20 ~ 100 nm)에 비해 표면이 매우 거칠다. 이는 단락에 의한 OLED 고장의 원인이 될 수 있다.

(b) 인듐은 EL 고분자 내에서 쉽게 움직일 수 있기 때문에 양극으로부터 활성영역으로 이동할 수 있다.

(c) ITO 표면의 일함수는 매우 불안정하고 불균일하다. ITO 표면에는 많은 불포화 결합(dangling bonds)들이 존재하기 때문에 표면을 수산화 처리해야 할 필요가 있다. ITO 표면은 인듐 원자를 치환한 주석 원자들을 포함하고 있어 화학적 복잡성이 더해진다.

이러한 문제들을 해결하기 위해 보통 추가로 도전성 고분자 양극 층이 ITO 및 EL 층 사이에 삽입된다. 이 층은 정공 주입을 촉진하기 위해 EL 층의 HOMO 준위에 가까운 HOMO 준위를 가지고 있다. 또한 이 층은 EL 고분자 층을 위해 매끄러운 표면을 생성하기 위한 평탄화 층으로도 작용한다. 폴리아닐린(PANI) 양극 층(그림 6.4)을 추가함으로써 PPV계 고분자 OLED의 수명을 수 100 시간에서 10,000 시간 이상으로 증가시켰다.

고분자 OLED의 전형적인 동작 특성을 그림 6.10에 나타내었다. 그림에서 전류와 휘도(luminance) 모두 인가 전압의 함수로 표시하였다. 약 1.8 V의 문턱 전압 이하에서는 전류가 흐르지 않으며, 광 출력도 없다. 인가전압이 높아져 캐리어들이 LUMO와 HOMO 준위 내로 주입됨에 따라 전류 및 휘도 모두 급격히 증가한다. 휘도는 기본적으로 수백 배 이상 전류에 비례한다.

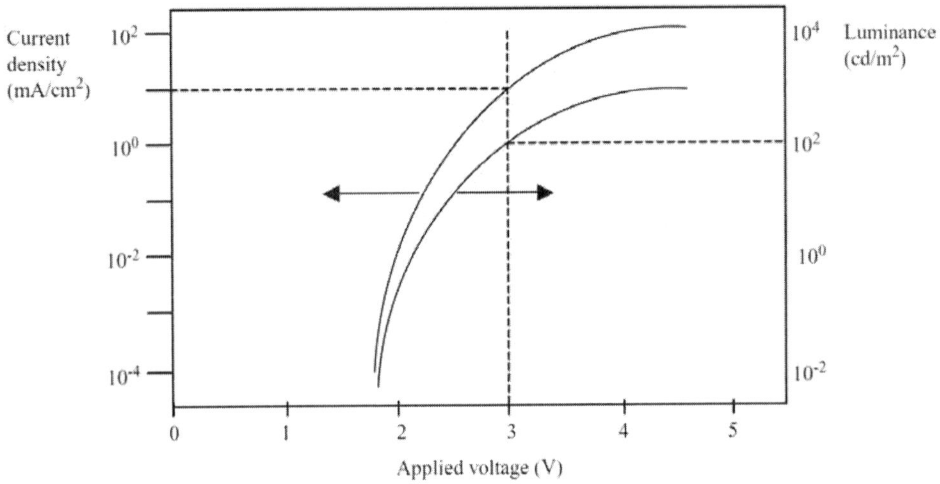

그림 6.10 고분자 OLED의 전형적인 휘도-전압(L-V) 및 전류-전압(I-V) 특성. 전극으로부터 전극-EL 고분자 계면에서의 전위 장벽을 가로질러 캐리어 주입으로 인한 전류 증가가 급격하게 이루어지기 때문에 그림에서 잘 정의된 임계 전압이 관측할 수 있다. 전류와 휘도 곡선의 형태가 유사함에 주목하라.

OLED의 성능은 종종 cd/A 항으로 표현된다. 그림 6.10에서 3V의 전압을 인가하였을 때, 전류 밀도는 10 ㎃/cm^2 = 100 A/m^{2}이고, 휘도는 100 cd/m^{2}이다. 이는 3V에서 동작 효율이(100 cd/m^2)/(100 A/m^2) = 1.0 cd/A을 의미한다. 현재 10 cd/A 이상의 동작 효율을 갖는 고분자 OLED가 개발되었다. 또한 순간적으로 100 A/cm^2 정도의 큰 전류가 인가된다면 10^6 cd/m^2 이상까지의 매우 높은 피크 휘도를 얻을 수도 있다.

OLED 성능 중 가장 해결하기 어려운 부분은 동작 수명인데, 일반적으로 일정 전류 조건에서 빛 방출이 초기 빛 세기의 절반으로 줄어드는 동작시간을 수명으로 정의한다. 실제 OLED 재료에 요구되는 두 가지 특성은 순도 및 계면 안정성이다. OLED의 수명은 동작 중 소자를 통과하는 총 전하밀도($\rho_{accumulated}$)와 밀접한 관련이 있다. 이는 시간에 따라 휘도가 변하는 OLED 수명이 초기 휘도의 절반에 도달할 때까지의 시간에 대해 전류밀도를 적분한 값에 의해 결정됨을 의미한다. 즉,

$$\rho_{accumulated} = \int_0^T J(t)dt$$

잘 밀봉되고 건조한 분위기의 상온에서 10^5 C/cm^2 이상의 $\rho_{accumulated}$ 값을 얻을 수 있다.

6.4 저분자 OLED

고분자 EL 재료 외에 저분자(small molecule) 유기 소재 또한 우수한 특성의 LED 및 태양전지 제조에 사용될 수 있다. LED 및 태양전지와 같은 광전자 소자에 적합한 특성을 갖는 저분자 소재 예를 그림 6.11에 나타내었다. 저분자 물질은 일반적으로 용매에 녹지 않기 때문에 기상 증착법에 의해 코팅된다. 유기 박막은 진공 챔버(vacuum chamber) 내에서 알갱이 또는 분말 형태의 원료 물질을 가열하여 증발시킴으로써 기판에 코팅한다. 적절한 챔버 설계를 통해 우수한 두께 균일성 및 높은 순도를 갖는 박막을 얻을 수 있다. 그러나 이 방법은 증발 공정으로 인한 재료 낭비가 심하다. 그림 6.11에 나타낸 저분자 재료는 모두 고리 구조를 포함하고 있으며, 분자 내에서의 우수한 전기 전도를 위해 비국재화된(delocalized) 전자를 갖는다. 분자 사이의 전기 전도 또한 벌크 전도도를 갖기 위해 중요하다.

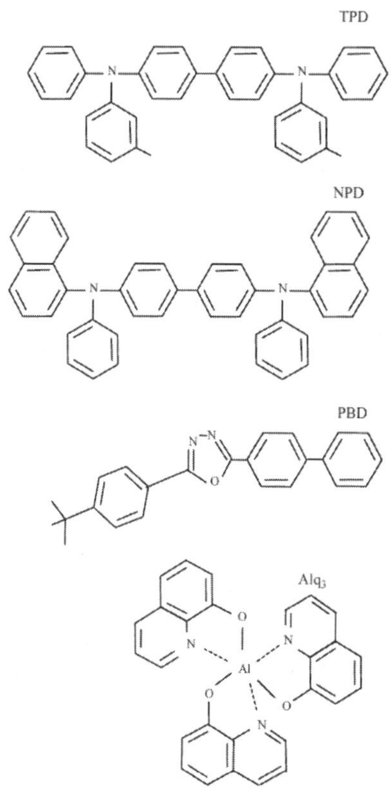

그림 6.11 저분자 OLED 소자에 사용되는 저분자 유기물. 정공 수송층 재료는 TPD와 NPD이다. 전자 수송층으로 사용되는 물질은 PBD 및 Alq_3이다.

다음과 같이 저분자 재료에 요구되는 몇 가지 사항들이 있다:

(a) 이들 물질은 기상 증착 공정에서 열 증발 동안 분해 되서는 안 된다. 알갱이 형태의 원료는 충분히 높은 증기압을 형성하기 위해 진공 챔버 내에서 150℃에서 400℃ 이상의 온도로 가열되며, 원료로부터 일정 거리 떨어진 차가운 기판 상에서 응축된다.

(b) 증착되는 박막은 고품질 및 고순도 이어야 한다. 전형적인 두께는 5 ~ 200 nm 범위이다.

(c) 유리 전이 온도(T_g)는 정상 동작 조건 하에서 원치 않는 결정화를 방지하기에 충분히 높아야한다. 일반적으로 T_g는 85℃ 이상이어야 한다.

고분자 OLED와 달리 저분자 OLED는 보통 서로 다른 각각의 전자 및 정공 수송층 소재를 사용하기 때문에 무기 반도체 p-n 접합 LED와 좀 더 유사하다. 저분자 OLED의 기본 구조를 그림 6.12에 나타내었다. 정공 수송층(hole transport layer: HTL) 및 별도의 전자 수송층(electron transport layer: ETL)이 양극과 음극 사이에 끼워져 접합을 형성한다.

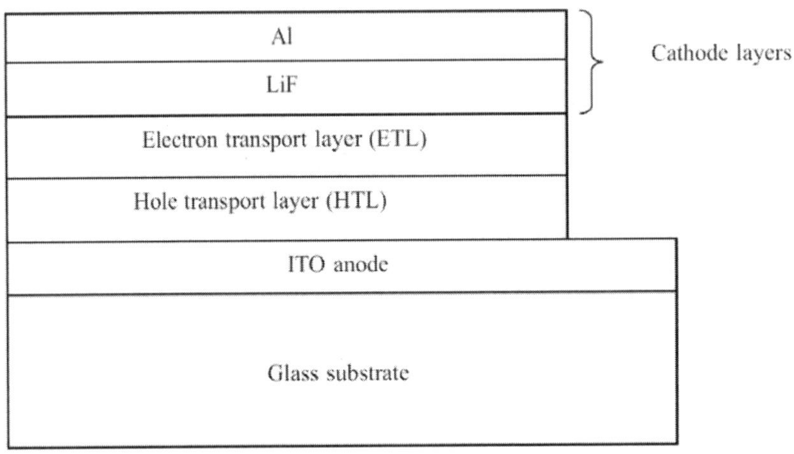

그림 6.12 저분자 OLED 구조. OLED는 투명 기판, 투명 ITO 양극, 정공 수송층(HTL), 전자 수송층(ETL) 및 음극으로 구성된다. TPD 또는 NPD와 같은 HTL 재료 및 Alq_3 또는 PBD와 같은 ETL 물질이 OLED 소재로 적합하다. 또한 그림에서와 같이 Al/LiF 이중 구조가 음극으로 널리 사용된다.

HTL과 ETL 사이에 발광 재료(light emitting material: LEM)를 삽입하는 것이 가능한데, 이를 통해 광자를 방출하는 복사 재결합(radiative recombination) 효율 및

정공과 전자의 엑시톤 형성을 최적화하게 된다. 이들 물질들에서는 종종 많은 추가적인 에너지 전달 과정이 관련되는데, 이에 대해서는 6.11~6.14절에 좀 더 자세히 기술되어 있다.

마지막 과정은 광자 방출을 필요로 한다. 무기 LED에서와 유사하게 내부 반사로 인해 광자 방출 영역은 원뿔 모양으로 제한된다. 그러나 유기 반도체 활성층의 굴절률이 무기 반도체보다 작기 때문에 광자 방출은 무기 반도체에서보다 잘 이루어진다. 유기 반도체는 보통 $n \cong 1.5$ 정도의 굴절율을 갖는데, 유리 기판을 통해 20~30% 정도 광자 방출이 이루어진다.

서로 다른 HTL 및 ETL 층을 갖는 저분자 OLED의 경우, 각 층이 전하 캐리어 중 한 종류의 전하를 잘 이동시키도록 최적화할 수 있기 때문에 단일 층을 갖는 구조보다 보다 더 효율적이다. 또한 이 두 층 계면 부근에서 재결합이 이루어지게 함으로써, 양극 및 음극 근처에서 엑시톤의 비복사적(non-radiative) 재결합에 의해 발광 효율이 감소하는 문제를 방지할 수 있다. 심지어 양극 쪽에 정공 주입층(hole injection layer: HIL) 및 발광층을 추가함으로써 보다 우수한 성능을 얻을 수 있다. 그림 6.12에서와 같이 Al/LiF로 구성된 음극 쪽에 전자 주입층(electron injection layer: EIL)을 포함하기도 하는데, 이들 층들을 포함한 OLED 구조를 그림 6.13에 나타내었다.

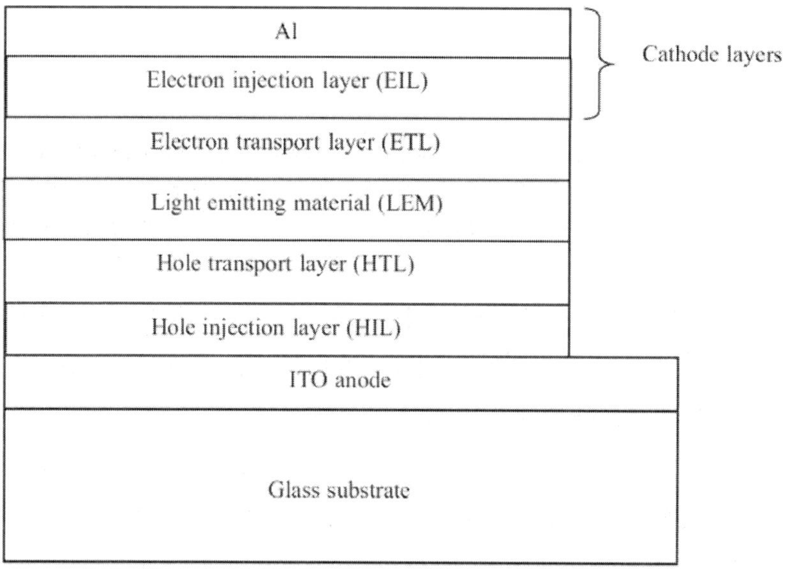

그림 6.13 전자 주입층(electron injection layer: EIL)과 정공 주입층(hole injection layer: HIL), 발광층을 포함하는 보다 최적화된 저분자 OLED 구조.

저분자 OLED의 동작은 그림 6.14에 나타낸 에너지 밴드 다이어그램을 통해 보다 잘 이해할 수 있다. 전계 인가에 따라 전자들은 전자 주입층 및 전자 수송층을 통해 주입되는 반면, 정공은 HIL 및 HTL 층을 통해 주입된다. 이들 정공과 전자들은 발광층(LEM)에서 만나 엑시톤을 형성한다. 단위 시간당 같은 수의 활성 정공 및 전자가 발광층으로 주입될 때 최적 성능이 얻어진다. 그렇지 않은 경우, 두 종류의 캐리어 중 어느 한쪽의 과잉 캐리어들이 재결합 과정에 참여할 수 없어 발광효율에서의 손실이 발생한다. 이것은 5.4절의 무기 LED 부분에서 설명한 것과 유사한 정공과 전자 사이의 전류 평형 조건(current balance condition)에 해당한다.

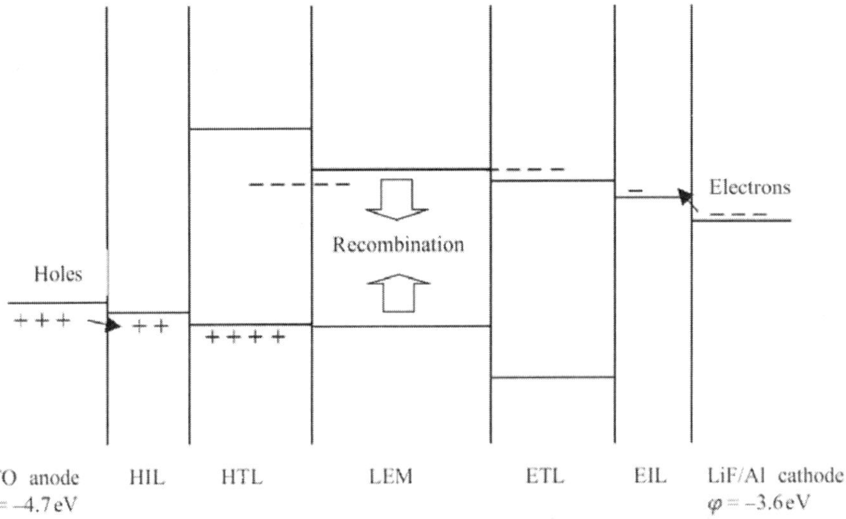

그림 6.14 저분자 OLED의 각 층에 대한 LUMO 및 HOMO 준위를 나타낸 에너지 밴드 다이어그램. 에너지 밴드 다이어그램은 전압을 인가하지 않은 상태에 대해 그려진 것이다. 일함수가 각각 4.7 eV 및 3.6 eV인 양극(ITO)과 음극(LiF/Al) 또한 그림에 표시되어 있다.

동작 중 정공은 양극을 통해 정공 수송층으로 주입되고, 전자는 음극으로부터 전자 수송층으로 주입된다. 적절한 전압을 인가함으로써 정공 및 전자가 HTL 및 ETL을 가로질러 표동하도록 충분한 전계가 이 층들 내부에 존재한다. 이들 영역 내에서 전하 캐리의 이동도가 중요한데, 무기 p-형 및 n-type 반도체에 비해 유기 반도체의 이동도는 매우 작다. 보통 저분자 HTL에서의 정공 이동도는 10^{-3} $cm^2/V\text{-}sec$ 정도이며, ETL 물질의 전자 이동도는 10^{-5}에서 10^{-4} $cm^2/V\text{-}sec$이다. 이러한 이동도 값은 각 층들이 매우 얇다면 충분하다. 정공 수송층 및 전자 수송층의 두께는 보통 10-200 ㎚ 범위이다.

다음으로 정공과 전자가 서로 만남에 따라 정전기적 인력에 의해 엑시톤이 형성된다. 이것은 보통 수송층 내에서 발생하는데, HTL이 일반적으로 높은 이동도를 나타내기 때문에 ETL 층 내에서 엑시톤이 형성될 것으로 예상된다. 이들 엑시톤으로부터의 광자 방출은 보통 매우 빠르게 소멸되는 단일항(singlet) 엑시톤에 의해 제한된다. 여기 상태는 복사 엑시톤의 강한 쌍극자 힘 때문에 보통 10 ns 정도로 수명이 매우 짧다. 이것은 광자 방출이 엑시톤이 생성된 곳과 매우 가까운 위치에서 비롯됨을 의미한다.

저분자 OLED를 위해 조사된 많은 유기 소재들이 있으며, 고유 특성을 갖는 새로운 분자들에 대한 연구가 계속되고 있다. 6.5절부터 6.14절까지는 저분자 물질의 중요한 물성뿐만 아니라 저분자 OLED의 여러 층에 대해 설계된 분자 소재의 선정 예를 나타내었다.

6.5 양극 소재

ITO 양극 물질은 패터닝 특성 및 안정성이 우수하다. 고분자 OLED의 경우와 마찬가지로, 기판과 ITO 층 모두 표면 평활성이 중요한데, 보통 2 nm 이하의 표면 거칠기가 요구된다. ITO는 높은 일함수((φ > 4.1 eV)를 갖기 때문에 정공을 잘 주입한다. ITO는 가시광 영역에서 투명한데, 이는 4 eV 이상의 넓은 에너지 밴드 갭 때문이다.

저분자 OLED의 양극 물질로 ITO를 사용함으로써 발생되는 문제들이 있는데, 이들 중 일부에 대해서는 6.3절의 고분자 OLED에서도 언급하였다. ITO는 2×10^{-4} Ω-cm 정도의 전기 비저항(resistivity)을 가지는데, 이로 인해 ITO 층을 통해 흐르는 전류가 제한되며, 양극 도체를 따라 불필요한 전압 강하가 발생하는데, 특히 미세한 양극 선폭이 OLED 디스플레이에 필요한 경우 문제가 된다.(연습문제 6.3을 참조하시오.) 또한 ITO 박막은 일반적으로 다결정 형태로 성장되어 거친 표면을 갖는다. 더욱이 ITO는 이후 형성되는 고분자 층으로 인듐의 이동 원인이 될 수 있는 화학적 활성 표면을 갖는다. ITO의 일함수는 후속 공정 준비를 위해 필요한 세정 공정에 민감하다. ITO는 일반적으로 높은 증착 온도(200~400℃)를 필요로 하며, 고분자 기판상에서 기계적, 열적 변형으로 인해 균열이 발생할 수 있기 때문에 플렉시블 고분자 기판에는 적합하지 않은 무기물 박막이다. 이러한 문제점에도 불구하고 ITO는 OLED의 양극 재료로 가장 널리 사용되고 있는 물질이다.

6.6 음극 소재

양극 소재와 달리, 음극 소재는 일반적으로 투명하지는 않으며, 넓은 재료 선택 범위를 제공한다. 음극 재료는 높은 전도도 및 낮은 일함수, 고분자 층과의 우수한 밀착력 특성이 요구된다. 안정성 또한 중요한데, 이는 패키징에 매우 의존적이다.

음극과 관련된 문제들 중 하나는 이들 물질들이 쉽게 산화된다는 것이다. 이는 쉽게 이온화되는 1족과 2족 금속 원소들이 낮은 일함수 때문이다. 또한 이들 음극 층은 인접한 유기물 층의 화학적 환원을 일으키는 경향이 있다. 고분자 OLED의 경우와 마찬가지로 LiF/Al의 이중층 음극 구조가 널리 사용되고 있는데, 알루미늄이 반응성의 LiF 층을 보호하고 또한 전기 전도도를 향상시킨다. LiF는 낮은 일함수를 유지하면서 유기 소재인 전자 주입층과의 반응에 의한 산화를 감소시키는 역할을 한다. LiF/Al 음극은 3.6~3.8 eV 정도의 일함수를 갖는다.

음극은 OLED에서 보통 산소 또는 물에 의해 가장 많은 영향을 받는 층이다. 따라서 OLED 소자는 밀봉(encapsulation)하여 외부 환경으로부터 보호해야 한다. 실제로 전면과 후면에 각각 금속 및 금속 또는 유리판을 덮어 OLED 소자를 밀봉한다. 또한 에폭시를 사용하여 전면 및 후면 시트 사이 가장자리를 밀봉한다. 그러나 수분은 이 고분자 층을 통해 서서히 확산 될 수 있다. 수분이나 산소를 제거하기 위해 OLED 패키지 내부에 게터(getter) 물질을 사용할 수 있다. OLED 패키지를 그림 6.15에 나타내었다.

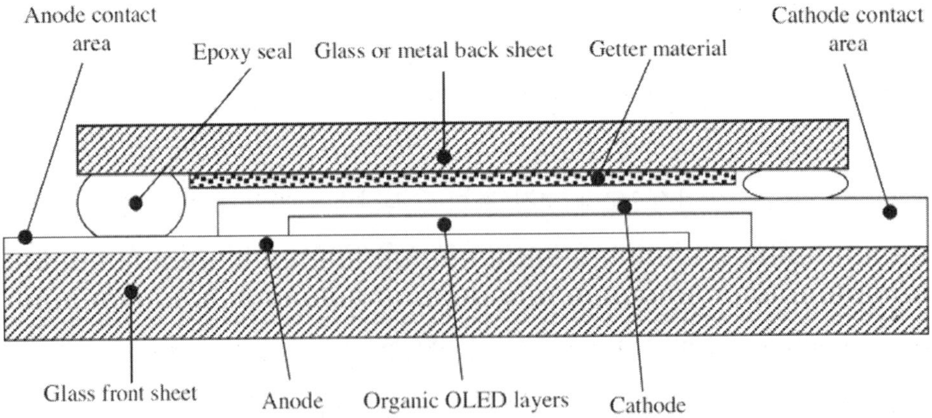

그림 6.15 OLED 패키지에는 전면 및 후면 시트, 모든 가장자리에 에폭시 밀봉재, 희생 건조제 또는 게터 물질, 외부 연결과의 접촉면을 갖는 음극과 투명 양극이 포함된다. 투습률은 지정된 제품 수명을 보장하기 위해 계산해야 한다.

6.7 정공 주입층

정공 주입층(HIL)은 ITO 박막 고유의 거칠기로 인한 양극 표면의 평활성을 향상시키는 역할을 한다. 또한 효율적인 정공 주입 및 정공 주입의 장시간 안정성을 가능하게 한다. 고분자–금속 계면은 그곳에 포획된 전하들로 인해 매우 복잡한데, 이들 포획 전하는 불포화 결합(dangling bonds) 및 유기물 층과 반응한 금속 원자들이 원인이다. HIL에 사용되는 물질로 구리 프탈로시아닌(copper phthalocynanine, CuPc)가 있는데, 포르피린 금속 착제(porphyrinic metal complex)로 널리 사용된다. 이에 대한 분자 구조를 그림 6.16에 나타내었다.

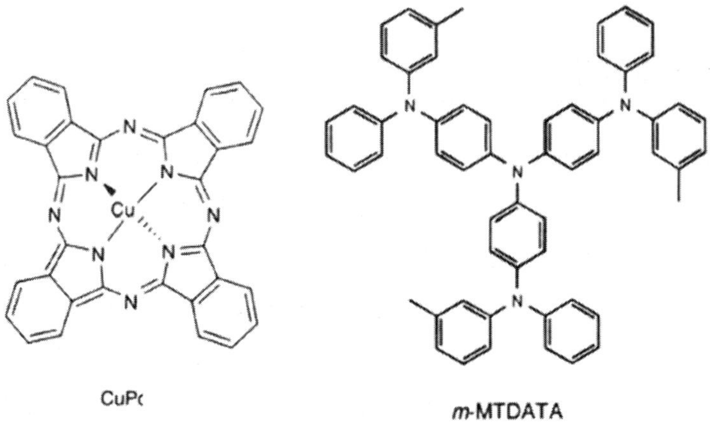

그림 6.16 저분자 OLED에서 HIL로 널리 사용되는 금속 착화제인 구리 프탈로시아닌(CuPc)의 분자구조. 또 다른 HIL 분자인 m–MTDATA도 나타내었다.

이러한 물질은 OLED의 효율과 수명을 향상시키지만, 효율 및 수명 향상 메커니즘은 명확히 규명되지 않았다. CuPc는 그림 6.9(c)에 나타낸 것과 같은 정공 주입 장벽을 낮출 수 있다. 또한 CuPc는 특히, ITO에 대해 양호한 젖음 특성을 가지는데, 이로 인해 보다 우수한 계면 특성에 나타내게 된다. CuPc는 우수한 열적 안정성을 가지며, ITO 층의 세정공정에 대한 정공 주입 장벽의 의존성를 감소시킬 수 있다. CuPc는 양극과 HTL 사이에 전류를 흐르게 할 정도의 충분한 전기 전도도를 갖는 반도체이다.

OLED 성능의 또 다른 중요한 측면은 전자와 정공 전류 사이의 전류 밸런스에 관한 것이다. 일부 경우에 CuPc는 이러한 전류 밸런스를 개선하여 결과적으로 OLED 소자의 발광효율을 향상시킬 수 있다. 이는 정공 주입층 이후에 형성되는 후속 층, 특히 전자 주입 및 수송층 물질에 매우 의존적이다. 유기 재료에서의 높은 정공 이동도 때문에 정공 전류는 일반적으로 전자 전류를 초과하는 경향이 있다. 이는 일부 경우, CuPc가 적절하게 정공 전류를 감소시킬 수 있음을 의미한다. 일반적으로 CuPc 및 프탈로시아닌은 양극성(ambipolar)으로, 비록 전자의 이동도가 정공보다 10에서 100배 정도 작지만, 이들이 정공 및 전자 전도체의 역할을 할 수 있다는 것을 의미한다. 때로는 이러한 층들을 전자 차단층(electron-blocking layers)이라고 한다.

CuPc 사용에 있어서의 문제점은 소재가 시간이 지남에 따라 결정화되는 경향성이다. 결정화 공정은 열에 의해 이루어지는데, 이러한 결정화는 소자 수명을 제한한다. ITO와 양호한 계면을 형성하기 위한 또 다른 물질들이 연구되고 있는데, 대표적인 물질이 불화탄소 및 유기실록산이다.

6.8 전자 주입층

칼슘이나 바륨과 같이 순수하고 쉽게 이온화되는 금속을 낮은 일함수의 음극 전자 주입층으로 사용할 수 있다. 그러나 이들 금속은 전자 수송층에 사용되는 유기 물질이나 산소 가스 및 물 분자 등에 대해 매우 불안정하다. 반응성과 불안정성을 줄이면서 낮은 일함수를 유지하는 이들 금속을 포함하는 화합물로 LiF, CsF, Li_2O 및 Na_2O가 있다. 비록 이들 화합물은 절연체이지만, 단지 하나 또는 두 원자층 정도의 얇은 두께로 증착될 수 있고, 따라서 실제로 요구되는 계면 화학 및 포획 계면 전하 밀도를 갖도록 만들 수 있다. 이로 인해 그림 6.9에 나타낸 전자 주입 장벽이 만들어진다.

유기물에 혼합되는 알칼리 금속 또는 알칼리 토금속을 포함하는 다른 착화물 또한 전자 주입 층을 위한 후보 물질들이다. 이들 중에는 그림 6.17에 보인 것과 같이 리튬-퀴노레이트(lithium-quinolate) 착화물이 있다. 유기 분자에 기초한 소재 개발이 다른 유기물 층과의 호환성 때문에 많은 관심을 끌고 있다.

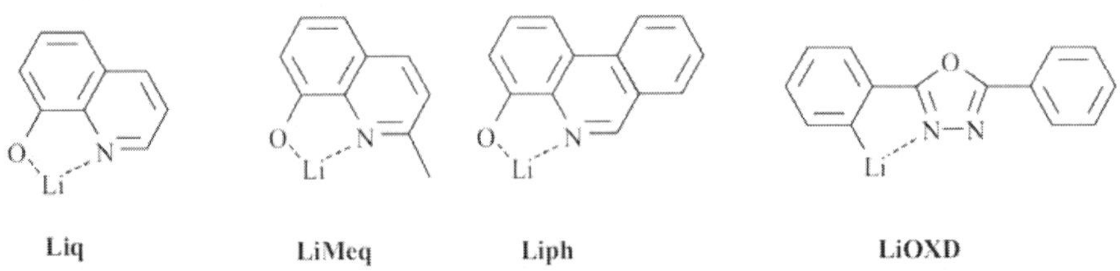

그림 6.17 유기 금속 착화물 또한 전자 주입 층에 사용될 수 있다. 예로서 일부 리튬-퀴노레이트(lithium-quinolate) 착화물인 Liq 및 LiMeq, Liph, LiOXD가 있다.

6.9 정공 수송층

정공 수송층(HTL) 소재에 기본적으로 요구되는 물성은 우수한 정공 전도도이다. 공액 고분자에서 정공 전도도는 공액 결합을 통해 일어나고, 저분자 정공 수송 재료에서도 HTL 분자 사이의 전하 전송과 결합된 동일한 메커니즘이 적용된다. 그림 6.11에 나타낸 것과 같이, TPD와 NPD는 가장 널리 사용되는 정공 전도체로서, 분자 내 정공 전도가 가능한 공액 결합을 갖는 여섯 개의 탄소 고리를 포함하고 있다. TPD와 NPD는 트리아릴아민으로 알려진 화합물 그룹에 속한다.

1970년대에 제로그라피[1] 용으로 개발된 트리아릴아민(triarylamenes)은 우수한 광전 소재이다. 여기서 전기 전도도는 트리아릴아민에 빛을 조사할 때 생성되는 이동 전하 캐리어의 밀도에 의해 조절된다.

TPD와 NPD 모두 비교적 높은 10^{-3}~10^{-4} cm^2/V-sec 정도의 정공 이동도를 갖기 때문에 OLED에 널리 사용되고 있다. 그러나 통상 30~40℃의 소자 동작 온도에서도 서서히 진행되는 저온 결정화가 큰 문제이다. 이로 인해 소재는 기계적으로 불안정하게 되며, 소자 안정성이 저하된다.

정공 전도체로 사용되는 또 다른 트리아릴아민 그룹으로 그림 6.18에 나타낸 것과 같이 트리페닐아민(TPA) 및 TPTE가 있다. OLED에 사용되는 이 물질들은 쉽게 결정화하지 않기 때문에 140℃의 온도에서도 문제없이 연속적으로 동작할 수 있다. 다른 많은 트리아릴아민에 대해서도 연구들이 이루어지고 있다. 이들 물질을 사용한 우수한 성능의 OLED 소자를 위한 추가적인 핵심 요구사항 중 하나는 HTL과 HIL 계면에서의 에너지 장벽의 크기로, 우수한 성능의 OLED를 위해서는 충분히 작아야 한다. 이를 위해서는 HTL의 HOMO 준위가 양극의 에너지 대역으로부터 1 eV 이내에 있어야 한다. 그림 6.14에서 볼 수 있듯이 ITO의 전도대는 진공 준위 아래 4.7 eV에 위치하며, TPD 및 NPD의 HOMO 준위는 진공 준위 아래 5 eV 근처에 위치해 있어 이러한 요구사항에 부합한다.

1) 광전(光電) 효과와 정전기 효과를 조합해서 이용한 전자 사진법의 일종. 미국의 C.F. Carlson이 발명했다. 감광(感光) 재료로 광도전성 피막을 이용하여 코로나 방전 등으로 하전(荷電)하여 이것에 필요한 노광(露光)을 주면 감광부의 하전을 잃게 된다. 그러면 현상제(現像劑)로 하전 부분의 상을 만들고 다시 전사하여 정착 처리를 실시해서 화상을 얻는다. 사무용 복사기 등에 널리 응용되고 있다.

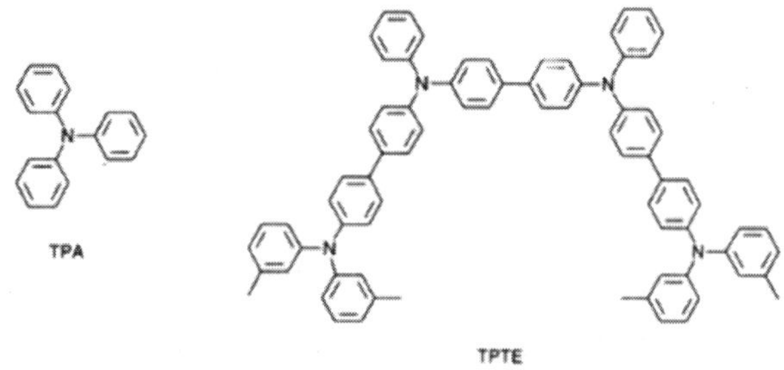

그림 6.18 정공 전도체로 사용되는 트리아릴아민의 두 가지 예로 TPA(트리페닐아민)과 TPTE(TPA의 4분자체(tetramer))가 있다. TPTE는 결정화 없이 고온 OLED 동작을 가능하게 한다.

트리아릴아민 외에 정공 수송 재료의 또 다른 그룹으로 페닐아조메틴(phenylazomethines)이 있다. 그림 6.19에 페닐아조메틴의 네 가지 예를 나타내었다. Sn 이온과 같은 금속 이온과 이러한 페닐아조메틴을 혼합하여 얻어진 금속 착화체를 이용하여 열 안정성 및 정공의 고효율 전하 주입이 가능한 양호한 HTL 물질을 제조할 수 있다. 이들 착화물은 −5.4 eV에서 −5.2 eV(진공 준위 아래 5.2 eV에서 5.4 eV까지) 범위 내에 있는 HOMO 준위를 나타낸다.

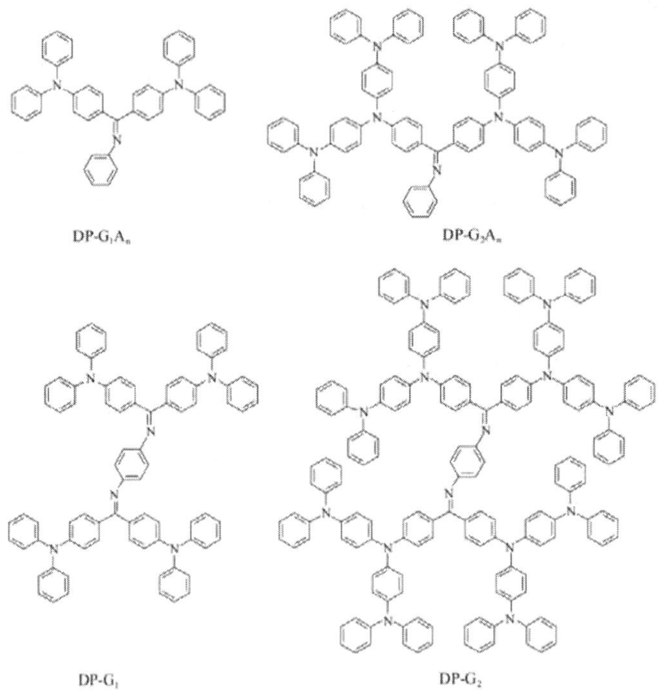

그림 6.19 페닐아조메틴은 끝단에 질소를 갖는 여섯 탄소 고리의 다양한 배열에 의해 형성된다. 이러한 페닐아조메틴 분자는 열적으로 안정하며, HTL 물질을 형성하기 위해 $SnCl_2$ 분자 형태로 넣은 Sn 이온과 같은 금속 이온과 착화된다.

6.10 전자 수송층

전자 수송층(ETL)용 소재들에 대한 많은 연구들을 통해 여러 후보 물질 그룹들이 알려져 있다. 분자간 캐리어 전달은 전자 호핑(hopping)에 의해 이루어지며, 그림 6.14에서 볼 수 있듯이 음극의 일함수 에너지 및 전자 주입층에서의 전자 전도 준위 에너지와 유사한 LUMO 준위가 요구된다.

전자 수송층은 적어도 10^{-6} cm^2/V-sec 정도의 이동도를 가져야 하는데, 이는 정공 수송층 물질의 이동도보다 10배에서 100배 작은 크기이다. 이러한 낮은 이동도를 개선하는 것이 이들 물질에 대한 주요 연구 목표 중 하나이다. ETL 내에서 낮은 전자 이동도로 인해 많은 경우, 발광 층으로 들어간 정공이 전자들과 만나지 않게 되며, 재결합 전 ETL에 도달할 때까지 계속 이동할 것이다. ETL이 재결합에 의한 높은 재결합 효율을 갖도록 최적화되지 않기 때문에 소자 발광특성 저하를 초래할 수 있다. ETL은 정공 전도에 의해 종종 산화되는데, 전자 손실 및 뒤이은 ETL 소재의 열화가 ETL 내로 들어가는 정공 때문에 일어난다. 이것이 저분자 OLED의 주요 열화 기구이다.

ETL의 결정화 온도는 소자 동작 온도에서 비정질 결정 구조를 유지하도록 충분히 높아야한다. 일반적으로 유리 전이 온도는 120℃ 이상이어야 한다.

ETL은 인가 전계에 대해 장시간 견디는 것이 필수적이다. HTL보다 작은 이동도로 인한 ETL의 낮은 전기 전도도 때문에 더 큰 전압 강하가 발생하고 그 결과 큰 전계가 ETL에 인가된다. ETL 내의 분자들은 이러한 큰 전계에 의한 이온화를 통해 다수의 전자들을 잃어버리지 않아야 한다. 그러나 한 번에 하나의 전자 이동을 허용하여 전자들이 분자 내로 들어오고 나감에 따라 단일 전자 전하에 의해 전하 상태가 가역적으로 변화를 할 필요가 있다.

마지막으로, ETL 물질은 양호한 계면 안정성과 막 균일성 및 품질을 갖도록 처리되고 코팅될 수 있어야 한다.

그림 6.11에서 보인 것과 같이 지금까지 가장 일반적이고 성공적인 ETL소재는 Alq_3이다. 이것은 금속 킬레이트(chelate) 물질의 한 예로, 분자의 중심에 Al^{3+} 이온이 퀴놀린(quinolines)라 부르는 세 개의 측면기에 의해 둘러싸여있다. Alq_3는 172℃ 이상의 유리 전이 온도 및 1.4×10^{-6} cm^2/V-sec의 전자 이동도를 갖는다. LUMO 준위는 진공 준위 아래 -3.0 eV만큼 떨어진 곳에 위치하며, LiF/Al의 이중구조 음극인 경우, 3.6~3.8 eV의 음극 일함수와 잘 정합된다.

Alq_3은 발광 물질로서도 역할을 잘 수행하기 때문에 낮은 이동도에 대한 우려는 줄어든다. 이것은 과잉 공급된 정공이 상대적으로 두꺼운 전자 수송층을 통과하여 LEM/ETL 내에서 복사 재결합(발광)될 수 있음을 의미한다. 이 물질의 발광 파장에 대해 광범위하게 연구되어 왔으며, 전자 수송 특성은 유지하면서 발광 특성을 바꾸도록 다양한 치환이 이루어질 수 있다. 이러한 치환의 예는 다음 절의 발광 물질 부분에서 설명할 것이다.

또 다른 중요한 ETL 물질로 옥사디아졸(oxadiazoles) 그룹이 있다. 그림 6.11에 나타낸 PBD 분자는 -2.16 eV의 LUMO 준위를 갖는 옥사디아졸의 한 예로 높은 소자 효율을 보인다. 비록 선형 또는 별 형태의 새로운 분자를 형성하도록 둘 또는 네 개의 PBD 분자를 서로 연결하여 보다 큰 분자로 만듦으로써 결정화 온도를 증가시킬 수 있지만 불행히도 이 물질들은 약 60℃ 정도의 낮은 유리 전이 온도를 갖는다. 그러나 옥사디아졸 사용에 따른 가장 심각한 문제점은 불안정한 분자의 여기 상태 경향성으로 소자 수명이 짧아지게 된다는 것이다.

다른 가능성 있는 ETL 물질로 이민(imines)으로 알려진 이중 결합 C = N 그룹을 포함하는 다양한 분자들이 있다. 여기에는 그림 6.20에 나타낸 것과 같이 TPBI 및 ATZL, TPQ 등이 포함된다. TPBI는 10^{-6}~10^{-5} $cm^2/V\text{-}sec$ 범위의 전자 이동도를 나타내는데, Alq_3보다 약간 더 높다. 이 분자는 −2.7 eV의 LUMO 준위를 가지고 있다. TPQ는 10^{-4} $cm^2/V\text{-}sec$의 높은 이동도 및 우수한 열 안정성을 가지고 있다.

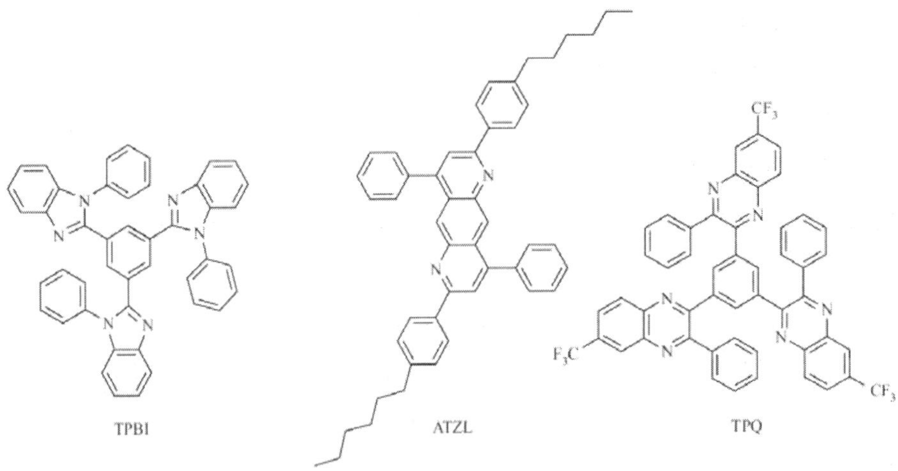

그림 6.20 TPBI 및 ATZL, TPQ는 발광 소재뿐만 아니라 전자 수송층용 물질인 이민계 분자 그룹에 속한다. 다른 전자 수송층 물질 후보로 C_{60}가 있다. 6.16절 참조.

6.11 발광소재의 발광 과정

높은 효율의 OLED를 위한 핵심 물질인 발광소재(Light Emitting Material: LEM)는 진공 증착과 같이 우수한 품질의 증착 기술에 적합해야 한다. 또한 캐리어들이 재결합할 수 있도록 전자와 정공 모두 수송할 수 있어야 한다. 더욱이 효율적인 엑시톤의 생성 및 소멸을 통해 광자 생성(빛 방출)이 가능해야 하며, 정공 및 전자의 수송과 분자 이동을 위해 요구되는 전계에 대해 안정해야 한다.

OLED 동작 시에 음극으로부터 주입된 전자와 양극으로부터 주입된 정공은 3장에서 언급했듯이 분자 엑시톤을 형성하도록 결합된다. 전자 및 정공 스핀은 일반적으로 불규칙적인데, 이는 엑시톤이 약 25%의 단일항(singlet) 엑시톤과 75%의 삼중항(triplet) 엑시톤의 비율로 발생함을 의미한다. 단일항 엑시톤은 쌍극자 방출 공정에 의해 재결합할 수 있으며, 형광(fluorescence)이 일어난다. 삼중 항 엑시톤은 쌍극자 복사(광자 또는 빛)를 방출하지 못한다. 따라서 최대 양자 수율은 25%로 예상된다.

다양하게 요구되는 기능을 제공하기 위해 보통 두 개 이상의 분자 혼합물이 발광재료로 사용된다. 이러한 혼합물에서 안정성이 중요하며, 일반적으로 구성 분자 재료들은 고용체를 형성하는 것이 바람직하다. 즉, 물질 전체에 걸쳐 화학적 조성이 고르게 되어야 한다. 이것을 보통 다른 분자 물질에 의한 한 분자 물질로의 분자 도핑이라 한다.

OLED의 발광 색은 궁극적으로 LEM에 의해 결정되며, 예를 들어 원하는 특정 발광색을 구현하기 위해 대부분의 경우 측면기를 바꿈으로써 분자구조를 변형시킨다. 특히, 풀 컬러 디스플레이를 위해서는 효율적인 적색 및 녹색, 그리고 청색 발광이 요구되기 때문에 이들 각 색상에 대해 적합한 색 좌표를 갖는 빛이 방출될 수 있는 LEM을 얻는 것이 가장 중요하다. 이를 위해서 적절한 안정성 및 효율, 그리고 색 좌표 값을 갖는 세 LEM 조합이 요구된다.

물질로부터 빛이 방출되는 일반적인 과정은 호스트-게스트 사이의 에너지 전달 과정이다. 여기서, 호스트 분자는 여기되어 직접 광자를 방출하거나 게스트 분자에 에너지를 전달할 수 있다. 이러한 에너지 전달 과정에는 다음과 같은 장점들이 있다:

(a) 에너지 전달 과정을 통해 호스트 재료를 변경하지 않고도 다양한 발광 색상을 위해 필요한 여러 파장의 빛을 방출할 수 있다.

(B) 최대 이론적인 양자 수율인 25%를 극복할 수 있다.

앞의 3.7절에서 에너지 전달 과정에 대해 설명하였다. 덱스터(Dexter) 프로세스는 호스트와 게스트 분자 사이의 전자 전달과 관련되는데, 단지 짧은 거리(10~20Å)의 전달과정에 적용되며, 지수 함수적으로 감소한다. 푈스터(Förster) 프로세스는 쌍극자-쌍극자 상호작용 프로세스로서 50~100Å의 장거리에 대해 에너지를 전달하는데, 두 분자 사이 거리의 6 거듭제곱에 비례하여 감소한다. 마지막으로 에너지 전달은 호스트 분자로부터의 광자 방출 및 게스트 분자에 의한 광자 흡수를 통해 이루어질 수 있다.

호스트 분자와 게스트 분자 사이의 에너지 전달을 그림 6.21에 나타내었다. 그림에서 S_0^H 및 S_0^G은 각각 호스트와 게스트의 단일항 기저상태를 의미한다. 또한 S_1^H과 S_1^G은 각각 호스트와 게스트의 단일항 여기 상태, T_1^H 및 T_1^G은 각각 호스트와 게스트의 삼중항 여기 상태를 나타낸 것이다. 호스트 분자의 전자가 S_H^1 에너지 준위로 여기될 때 쌍극자 허용 프로세스에 의해 광자를 방출하고 형광을 발하게 된다. 그렇지 않으면 분자는 충돌에 의해 에너지를 잃고, 전자는 기저 상태로 되돌아온다. 이 과정에서 에너지는 열로서 전달되는데 이를 비복사(non-radiative) 프로세스라 한다. 또한 푈스터(Förster), 덱스터(Dexter) 또는 복사 에너지 전달에 의해 분자는 에너지를 다른 분자로 전달할 수 있다. 일단 에너지 전달이 이루어지면, 쌍극자 허용 형광 과정에 의해 게스트 분자로부터 에너지가 복사될 수 있다. 인광 게스트 재료에 대해서는 6.14절에 설명할 것이다. 있다. 특히, 이들 도펀트들은 1:3의 단일항과 삼중항 상태 엑시톤의 비율에 의해 제한되는 25%의 이론적 최대 양자수율을 넘을 수 있기 때문에 많은 관심을 받고 있다.

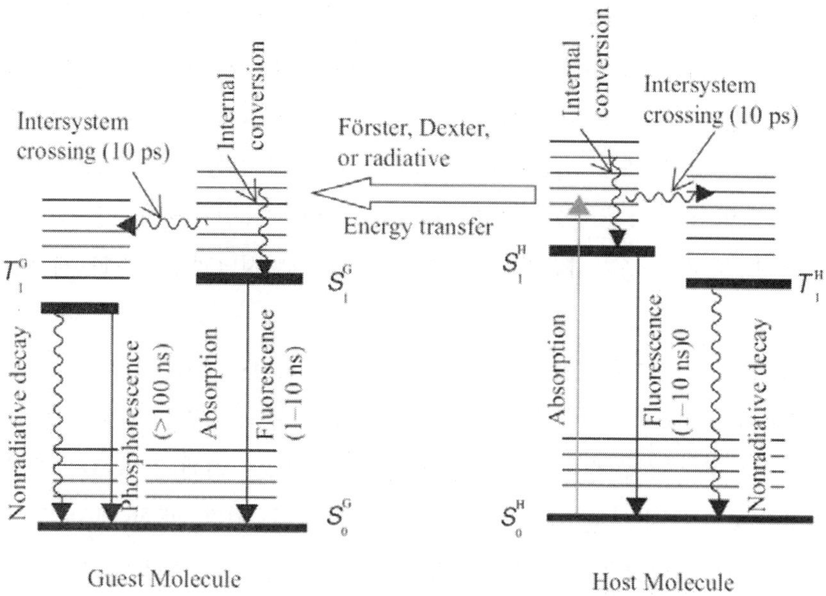

그림 6.21 호스트 분자와 게스트 분자 사이의 에너지 전달. 에너지는 세 가지 가능한 프로세스인 펠스터(Förster), 덱스터(Dexter) 또는 복사 에너지 전달을 통해 전달될 수 있다. 단일항 여기상태로부터 삼중항 여기상태로 시스템간 이동을 통한 호스트 또는 게스트 분자 내에서의 에너지 전달은 스핀-궤도 상호 작용에 의해 발생할 수 있다.

호스트로부터 게스트 분자로의 에너지 전달은 거의 모두 일어나거나 단지 일부 여기된 호스트 분자들만 관여될 수 있다. 그 결과 측정된 발광 스펙트럼은 종종 호스트와 게스트 분자의 발광특성 모두를 포함하는데, 적색 및 녹색 또는 황색 발광에 해당하는 포화 색 좌표가 요구될 경우는 바람직하지 않다. 그러나 여러 파장이 혼합된 게스트-호스트 발광 프로세스는 백색 스펙트럼과 유사한 보다 넓은 발광 스펙트럼을 나타내는데, 백색 발광 OLED는 조명 또는 단색 디스플레이에 적합하다. 모든 에너지 전달과정에서 중요한 요구사항으로 호스트 분자의 에너지가 게스트 분자를 여기상태로 만들기 위해 충분히 높아야 한다는 것이다. 이는 호스트 분자의 여기 상태가 게스트 분자보다 높은 에너지에 있어야 한다는 것을 의미한다.

지금부터 호스트 및 게스트 재료의 예뿐만 아니라 요구사항에 대해서도 알아보자.

6.12 호스트 소재

OLED에 적합한 호스트 소재는 전하 캐리어의 재결합 및 엑시톤 형성이 잘 이루어지기 위해 우수한 전자/정공 전기 전도 특성을 가져야 한다. 이들의 LUMO와 HOMO

준위는 게스트 분자에 적합해야 한다. 즉, 게스트 분자에 비해 호스트 분자의 LUMO 준위는 진공 준위에 보다 가깝도록 덜 깊은 에너지 준위에 위치해야 하며, 효과적인 에너지 전달을 위해 호스트 분자의 HOMO 준위는 게스트 HOMO 준위에 비해 진공 준위로부터 더 멀어지도록 깊은 에너지 준위에 위치해야 한다. 호스트와 게스트 분자는 침전되지 않고 안정한 용액 상태가 유지될 수 있도록 잘 섞여야 하는데, 이를 통해 에너지 전달 효율을 증가시킨다. 마지막으로 에너지 전달과정은 빠르게 이루어져야 한다.

가장 간단한 LEM 호스트 중 하나인 단분자 Alq_3은 ETL 재료로서도 기능한다. Alq_3은 560 nm 파장 부근에 중심 밴드를 가지며, 황록색의 빛을 방출한다. 발광 스펙트럼이 풀 컬러 디스플레이에 적합한 적색, 녹색 또는 청색이 아니기 때문에 백색 OLED 램프를 위해서 다른 발광 스펙트럼과 혼합될 수 있다. 또한 적색 또는 녹색 발광을 얻기 위해 광학적으로 필터링 하기도 하지만 발광 스펙트럼 중 차단되지 않아야 할 파장 영역의 빛도 필터에 의해 흡수되기 때문에 발광 효율이 감소한다. Alq_3의 LUMO 및 HOMO 준위는 각각 -3 eV 및 -5.7 eV이며, 삼중항 에너지는 2 eV이다. Alq_3의 한 변형인 BAlq의 LUMO 준위와 HOMO 준위는 -3 eV 및 -5.9 eV이다. BAlq는 삼중항 에너지가 약 2.2 eV로 Alq_3에 비해 약간 높아 일부 적색 발광의 인광 게스트 분자에 대한 이상적인 호스트 재료인데, 이에 대해서는 다음 절에서 설명할 것이다. 전자 수송에 적합한 다른 두 호스트 재료뿐만 아니라 Alq_3 및 BAlq의 에너지 준위를 그림 6.22에 나타내었다.

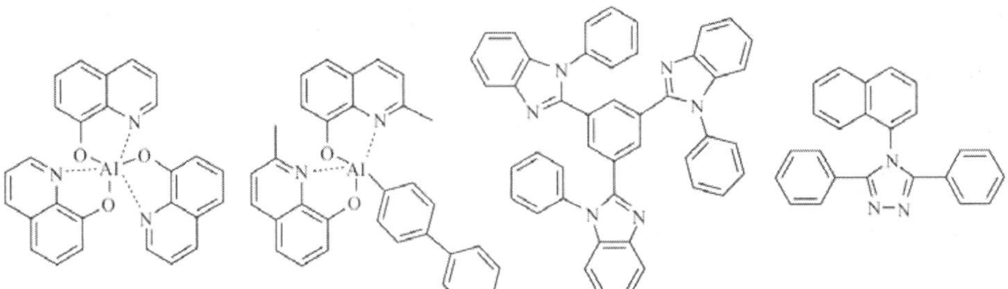

Alq_3 **63**	BAlq **80**	TPBI **89**	TAZ1 **109**
LUMO: –3.0 eV	LUMO: –3.0 eV	LUMO: –2.7 eV	LUMO: –2.6 eV
HOMO: –5.7 eV	HOMO: –5.9 eV	HOMO: –6.2 eV	HOMO: –6.6 eV
*T1: 2.0 eV	*T1: 2.2 eV (cal)	*T1: XXX	*T1: XXX

그림 6.22 전자 전송 호스트 물질인 Alq_3, BAlq, TPBI 및 TAZ1.

LEM 내에서 정공 수송을 위해, 정공 수송 호스트는 종종 이들의 전자 수송 호스트와 결합된다. 우수한 특성을 갖는 다양한 정공 수송 호스트가 알려져 있는데, 이들 중 CPB는 −3 eV의 HOMO 준위 및 −6 eV의 LUMO 준위를 가지며, 삼중항 에너지 준위는 2.67 eV이다. CPB는 적색 및 황색, 녹색 삼중항 발광체로는 적합하지만 삼중항 에너지 준위가 청색 발광을 위해서는 높지 않다. 청색 발광을 위해서는 CDBP가 적합한데, HOMO 및 LUMO 준위는 −3 eV와 −6.3 eV이고, 삼중항 에너지는 3.0 eV이다. 그림 6.23은 이러한 CPB 및 CDBP의 분자 구조를 나타낸 것이다.

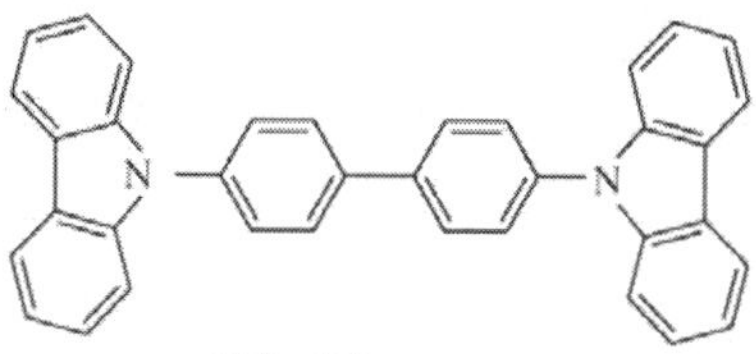

CBP **110**
LUMO: −3.0 eV
HOMO: −6.3 eV
*T1: 2.67 eV

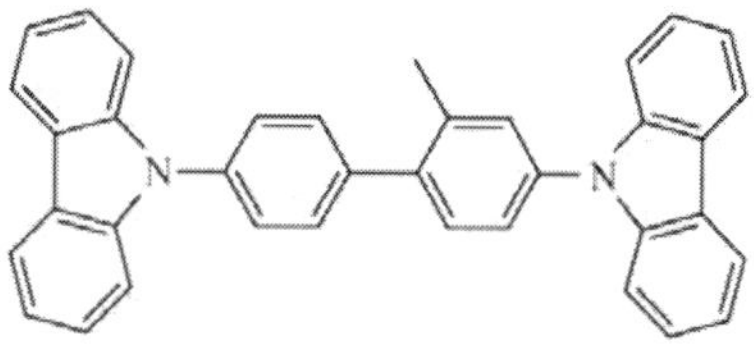

CDBP **111**
LUMO: −3.0 eV
HOMO: −6.3 eV
*T1: 3.0 eV

그림 6.23 정공 수송층 호스트인 CBP 및 CDBP.

6.13 형광 도펀트

풀 컬러 OLED 디스플레이에 대한 요구 사항으로 적색 및 녹색, 청색 색상은 다음과 같은 색 좌표 값을 가져야 한다. 녹색의 경우 x = 0.3과 y = 0.6, 적색은 x = 0.62, y = 0.37, 청색은 x = 0.14, y = 0.10로, 대략 이들 색 좌표를 갖는 형광 도펀트가 필요하다.

녹색 도펀트의 예로 그림 6.24에 나타낸 바와 같은 C-545TB 같은 쿠마린 염료 분자에 기반한 소재가 있다. 이 도펀트는 색 좌표 x = 0.3, y = 0.6의 포화 녹색 발광 물질로, 20 mA/cm^{2}의 전류 및 2585 cd/m^{2}의 휘도에서 12.9 cd/A의 발광 효율과 3.5 lm/W의 전력 효율을 나타낸다. 다른 종류의 녹색 발광 도펀트로 퀴나크리돈 분자의 한 예인 DMQA가 있다. DMQA의 발광 효율 및 휘도는 각각 21.1 cd/A와 88000 cd/m^{2}이다. 쿠마린계 C-545TB 및 퀴나크리돈계 DMQA를 그림 6.23에 나타내었다.

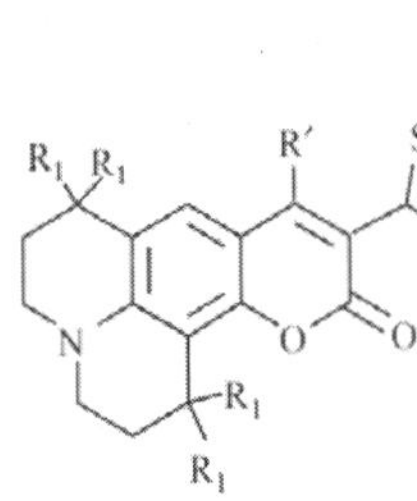

C-545TB (R_1= CH_3, R = t-butyl; R′ = H)

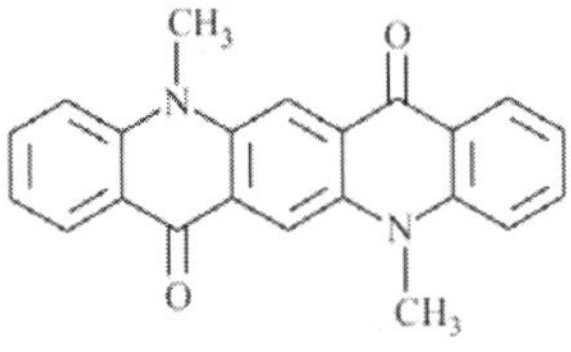

DMQA

그림 6.24 쿠마린 계 녹색 형광 도펀트인 C-545TB와 퀴나크리돈계 도펀트 DMQA.

우수한 안정성 및 발광 효율을 가지면서 동시에 적합한 색 좌표를 나타내는 아릴리덴(arylidene)족 분자에 속한 적색 형광 도펀트들이 개발되었다. 적색 형광 분자의 예로 그림 6.25에 나타낸 것과 같이 DCJPP가 있다. 이 물질 외에도 같은 그룹 내에 다른 많은 적색 형광 물질이 있으나 원치 않는 화학 반응이 일어나기 때문에 덜 적합하다. 일부는 색 좌표상에서 너무 큰 y 값을 가지면서 붉은 주황색 형광 빛을 방출한다. 다른 도펀트들은 다홍색 발광을 하지만 낮은 양자효율을 나타낸다.

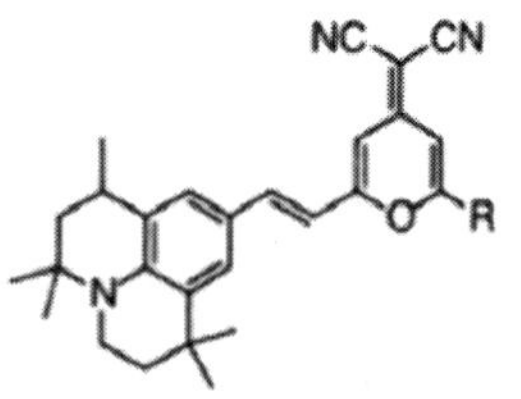

DCJPP (R =CH_3)

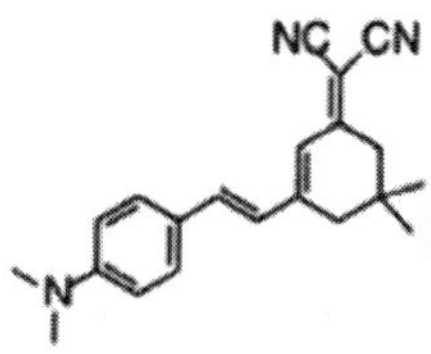

DCDDC1

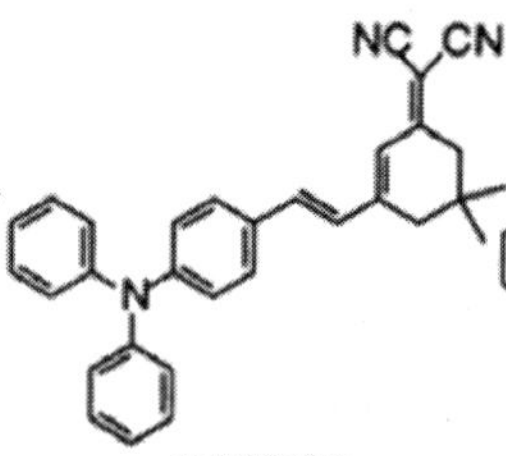

DCDDC2

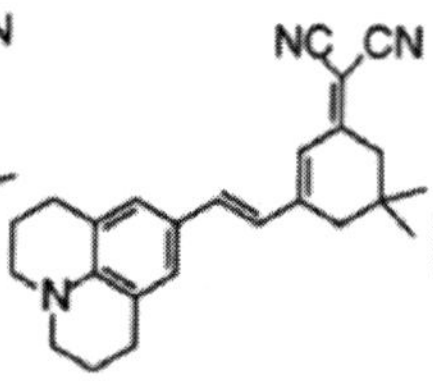

DCDDC3

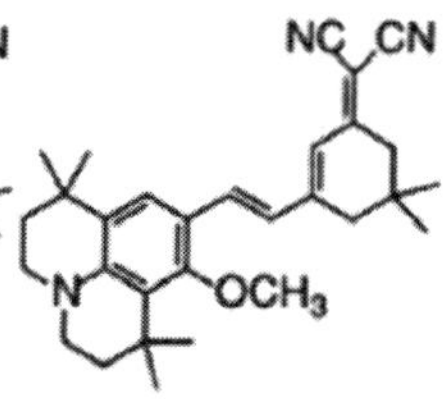

DCDDC4

그림 6.25 아릴리덴(arylidene)족 분자로부터 유도된 DCJPP 적색 형광 분자 및 이소포론(isophorone)족 분자로부터 유도된 DCDDC 적색 형광 분자.

다른 분자 그룹에 속한 적색 형광 분자들도 있다. 예를 들어, 이소포론(isophorone)계 DCDDC(그림 6.25 참조)는 호스트 물질인 Alq_3에 용해되어 OLED의 적색 발광체로 사용되고 있다. 미량의 도펀트 농도에서 Alq_3와 DCDDC 모두로부터의 빛 방출이 관찰된다. 그러나 DCDDC 도핑 농도가 2% 이상 증가하면 강한 호스트와 게스트 에너지 전달에 의해 단지 적색 발광만이 관측된다. DCDDC로부터의 발광 피크는 630 nm이다. 1%의 DCDDC 농도에서는 약간의 적색 빛을 방출하는데, 15 V의 인가전압에서 최대 휘도 5600 cd/m^2 및 최대 효율 1.6 lm/W를 나타낸다.

청색 형광 분자 및 적절한 호스트 물질을 개발하기 위해 많은 노력이 있었다. 문제는 0.1 근처의 y-값을 갖는 청색 색 좌표가 요구되는 450 nm 영역의 단파장 발광의 경우, 게스트 LUMO와 HOMO 준위 사이에 높은 에너지 밴드 갭이 필요하며, 심지어 적절한 호스트 물질의 LUMO와 HOMO 준위 사이에서도 3 eV 이상의 큰 밴드 갭이 요구되기도 한다는 것이다. 이러한 특성을 가진 분자가 존재하기는 하지만 OLED에서 적색 및 녹색 발광체보다 덜 안정하다는 것이 밝혀졌다.

청색 발광체의 한 예로 디스티릴아랄린(distyrylaraline) 유도체인 DPVBI가 있는데, HOMO 및 LUMO 준위가 각각 −5.9 eV와 −2.8 eV이며, 밴드 갭이 3.1 eV이다. 적합한 형광 게스트 물질로 역시 디스티릴아랄린(distyrylaraline) 유도체인 BCzVBI가 있으며, HOMO 및 LUMO 준위가 각각 −5.4 eV와 −2.42 eV이다. 468 nm 중심 파장에서 10000 cd/m^{2}의 휘도와 0.7−0.8 lm/W의 발광효율을 얻었다.(그림 6.26 참조)

또한, 그림 6.26에 안트라센(anthracene)족의 청색 도펀트를 나타내었다. 호스트는 HOMO 및 LUMO 준위가 각각 −5.8 eV와 −2.8 eV인 JBEM이며, 게스트는 페릴렌으로 잘 알려진 분자로 HOMO와 LUMO 준위가 −5.3 eV와 −2.5 eV이다. 20 mA/cm^{2}의 전류밀도에서 400 cd/m^{2}의 휘도와 1.45 lm/W의 최대 효율, x=0.24 및 y=0.21의 색 좌표를 갖는 OLED 성능이 달성되었다. 100 cd/m^{2}의 휘도에서 1000 시간 이상의 수명(초기 휘도의 절반까지를 수명이라 함.)을 얻을 수 있다. 다른 안트라센 유도체를 사용함으로써 색 좌표에서 y 값을 낮춰 순수한 청색 발광을 실현할 수 있다.

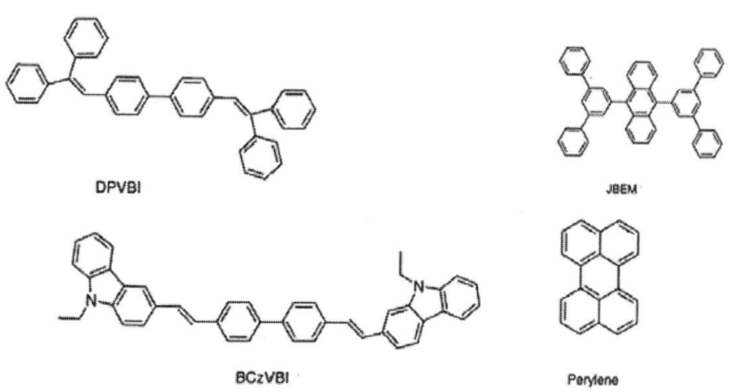

그림 6.26 디스티릴아랄린(distyrylaraline)족의 호스트 DPVBI 및 도펀트 BCzVBI. 또한 안트라센(anthracene)족의 호스트 JBEM 및 도펀트 페릴렌도 나타내었다.

6.14 인광 도펀트

가장 높은 효율의 도펀트로 이리듐(iridium) 유기금속 착화물이 있다. 이 물질들은 1-100 μs의 짧은 삼중항 수명을 갖는다. 이는 복사 재결합에 가능함을 의미한다. 일반적으로 삼중항 엑시톤은 복사 재결합이 금지되지만 분자 내 스핀-궤도 상호작용으로 인해 어느 정도 허용되는데, 이는 스핀이 전자 천이 동안 변하지 않아야 한다는 요구조건을 완화시켜 삼중항 엑시톤도 복사 천이가 허용된다. 그 결과 고효율 인광이 나타난다. 이리듐은 채워지지 않은 내부 껍질과 각운동량을 갖는 천이금속으로 필요한 스핀-궤도 상호 작용을 제공한다.

적색 및 녹색, 청색 이리듐계 발광체의 예를 그림 6.27에 나타내었다. 많은 인광 발광체가 연구되고 있으며, 일부는 높은 효율을 필요로 배터리 구동 소자용 OLED에 상용화되고 있다.

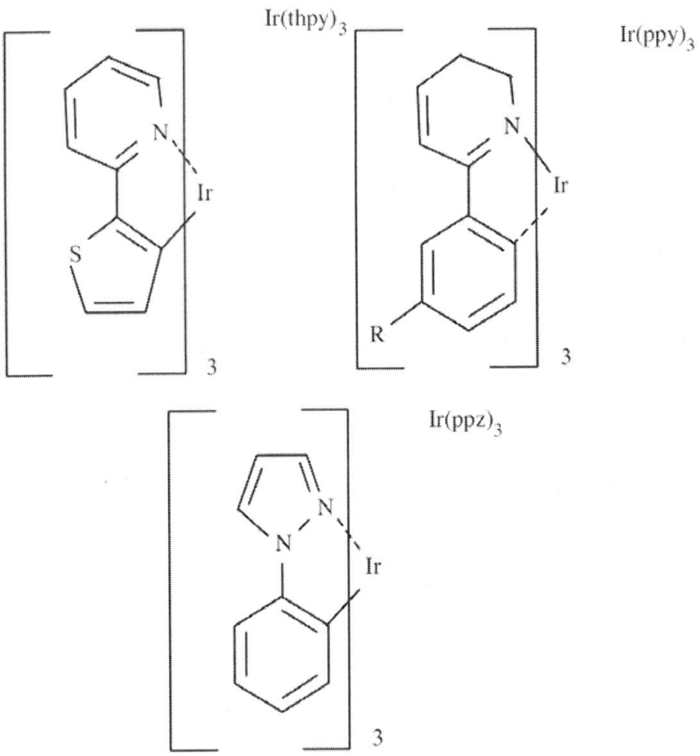

그림 6.27 인광 이리듐계 발광체: 적색-Ir(thpy)$_3$, 녹색-Ir(PPY)$_3$, 청색-Ir(PPZ)$_3$.

6.15 유기 태양전지

유기 반도체 분자 내에서의 광흡수로 인해 분자 엑시톤이 형성되고, 쌍극자 프로세스 및 3.6절 및 3.7절의 설명에 따라 기저 상태 단일항이 여기 단일항 분자 엑시톤으로 여기된다. 이러한 엑시톤은 일반적으로 나노미터 길이 크기의 단분자로 국한된다. 만일 엑시톤이 분리되어 정공 및 전자가 수집될 수 없다면 전류는 흐르지 않는다. 이에 반해, 무기 반도체에서의 광흡수는 분리된 정공과 전자를 생성하는데, 이들은 서로 영향을 주지 않고 독립적으로 이동하여 전류 흐름에 직접적으로 기여한다.

유기 태양전지의 개발의 핵심은 광학적으로 생성된 정공과 전자의 엑시톤 형태에서의 국제화(localization) 및 페어링을 극복하는 것이다. 일단 분리가 되면, 전하는 분자 사이를 호핑(hopping) 공정에 의해 이동할 할 수 있다. 엑시톤 분리를 용이하게 위해 설계된 재료 및 소자 구조가 성공적인 유기 태양전지의 핵심이다.

가장 간단한 유기 태양전지 구조는 그림 6.28에 나타낸 것과 같이 단일층으로 구성되어 있는 소자이다. 광자는 유기 반도체 층에서 분자 엑시톤을 생성한다. 소자는 이들 전하를 수집 할 정도의 높은 전계를 생성하기 위해 서로 다른 일함수를 갖는 양극과 음극이 필요하다. 일반적으로 캐리어의 확산길이는 10 nm 정도이고, 반도체 층의 두께는 많은 광자 흡수를 위해 10 nm보다 훨씬 두껍다. 따라서 생성된 엑시톤의 대부분이 분리되지 못하고 단지 소수만이 전극에 의해 수집된다. 사실 전계는 단지 전극-반도체 계면에서만 높게 형성되는데, 여기서 대부분의 엑시톤이 분리된다. 그러나 효율적인 캐리어 수집을 위해서는 두 종류 캐리어 모두의 참여가 요구되는데, 이 방법은 그다지 선호되지 않는다. 이 구조에 대한 에너지 준위 다이어그램을 그림 6.29에 나타내었다.

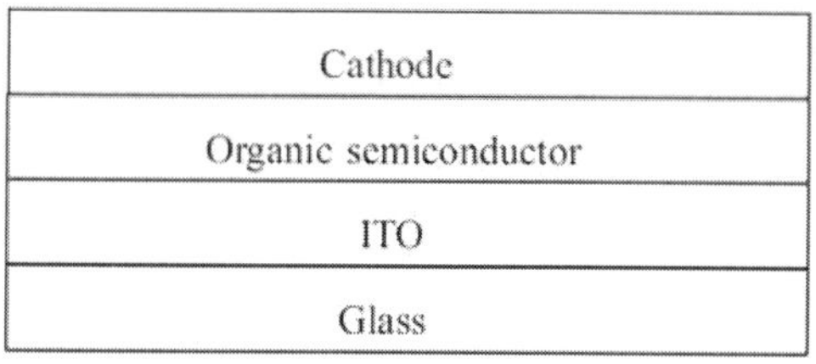

그림 6.28 단일 유기 반도체 층 및 작은 일함수를 갖는 음극, 투명한 양극 층으로 구성된 단일층 유기 태양전지. 전지 효율은 1% 이하이다.

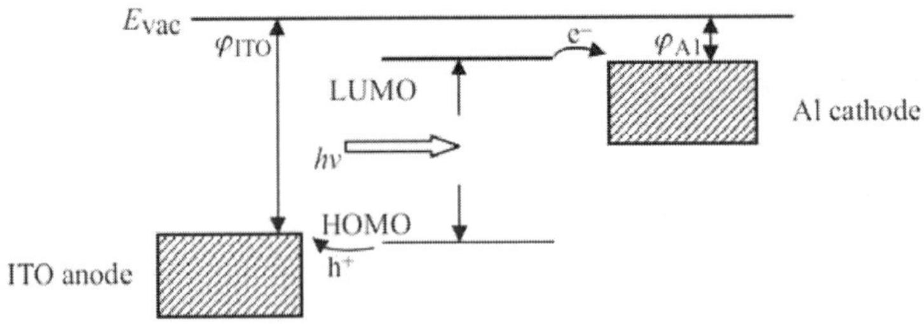

그림 6.29 단일층의 구성된 유기 태양전지에 대한 에너지 밴드 다이어그램. 빛 흡수는 HOMO 준위로부터 LUMO 준위로 분자 전자를 여기시킴으로써 엑시톤을 생성시킨다. 그림에서와 같이 전극의 일함수는 전자와 정공이 잘 수집될 수 있도록 HOMO 및 LUMO 준위에 일치하도록 맞춰진다.

전하수집에서의 실질적인 증가는 평면 이종접합(planar heterojunction)형 태양전지에 의해 이루어질 수 있는데, 전지 구조를 그림 6.30에 나타내었다. 그림 6.31은 이러한 태양전지 구조에 대한 에너지 준위 다이어그램을 나타낸 것이다. 전자 수송 억셉터 층(Electron Transport acceptor Layer: ETL)과 정공 수송 도너 층(Hole Transport acceptor Layer: HTL)을 도입함으로써 이종접합 계면에서 강한 전기장이 생성되고 이곳에서 엑시톤 분리가 크게 향상된다. 원리적으로 도너 및 억셉터 층 모두 빛을 흡수하여 엑시톤이 생성되는데, 이들 엑시톤은 이종접합 계면으로 확산하여 분리된다.

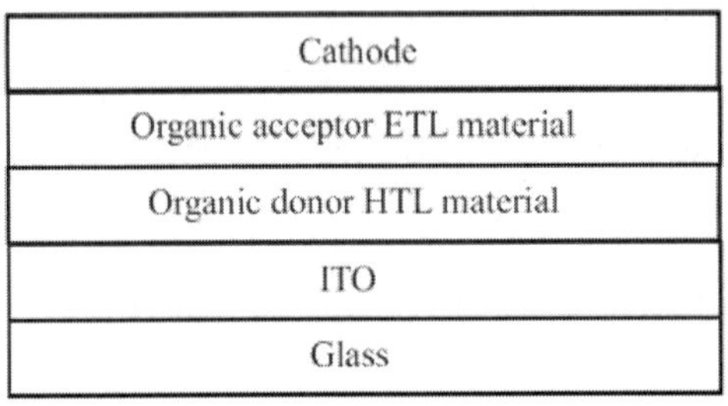

그림 6.30 도너와 억셉터 유기층을 갖는 유기 평면 이종접합 태양전지 구조.

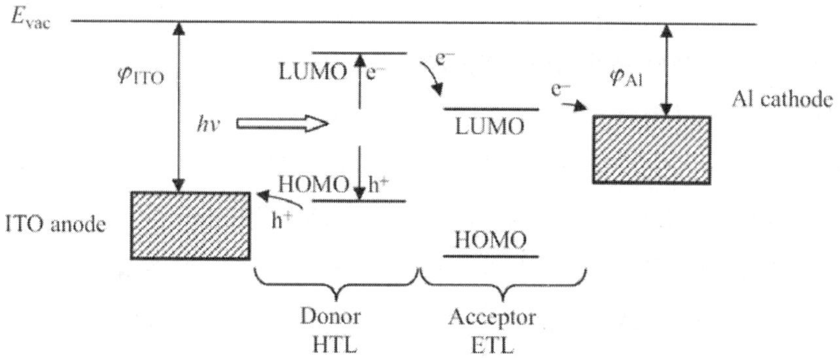

그림 6.31 도너와 억셉터 LUMO 및 HOMO 준위를 보여주는 이종접합 태양전지 에너지 준위 다이어그램. 엑시톤은 도너층에서 생성되며, 도너-억셉터 계면으로 확산될 때 분리된다. 최종적으로 분리된 정공과 전자는 각각의 해당 전극으로 표동한다.

이종접합 유기 태양전지 계면에서의 급격하면서 좁은 고전계 영역은 무기물 반도체의 p-n 접합과 대조된다. 무기물 반도체 접합의 공핍영역의 폭은 평형 상태에 도달하기 위해 캐리어들이 재결합하는 공간 영역에 의해 결정된다. 유기 접합의 경우, 계면에서 HOMO 및 LUMO 준위 내 전하 캐리어들이 분자 사이를 호핑에 의해 이동하고 단지 최소한의 전하 전달만이 일어나 매우 얇은 두께의 공핍영역이 생성된다. HOMO와 LUMO 준위 사이의 전위차는 나노미터 스케일의 매우 작은 공간 영역에 걸쳐 나타나기 때문에 결과적으로 접합에서 매우 높은 전계가 형성된다.

그러나 실제로 도너 층은 광자를 흡수하여 엑시톤이 많이 생성되도록 특수하게 설계된다. 6.10절에서 설명했듯이 정공의 이동도가 전자보다 상대적으로 높기 때문에 도너 정공 수송층(HTL)은 정공이 이종접합 계면 쪽으로 확산되도록 한다. 계면에 도달 할 때까지 엑시톤 분리가 쉽게 발생하지 않기 때문에 전자는 정공에 구속되어 있게 된다. 계면에서 전자와 정공 모두 수집되어 각 층을 가로질러 표동한다. 즉, 정공은 정공 전도층을 지나 ITO 전극에 도달하고, 전자는 전자 전도층을 지나 음극에 도달한다.

이종접합을 형성하는 두 개의 층을 설명하는데 사용되는 '도너' 및 '억셉터'라는 용어는 도너층 내에서 엑시톤으로부터 분리된 전자가 전달되거나 또는 도너 분자로부터 접합을 가로질러 생성되어 억셉터 층 내의 분자에 의해 수용되기 때문이다. 엑시톤으로부터 분리된 정공은 도너 층 내에 남게 되고 양극으로 표동한다. 이러한 유기 반도체에서 사용되는 도너 및 억셉터라는 용어는 무기 반도체에서 도펀트를 설명하기 위해 사용되는 용어와 유사하지만, 유기 분자는 에너지 대역이 아닌 이웃 분자들로 또는 분자들로부터 전자를 제공하거나 받아들인다. 억셉터 층에는 많은 전자들이 있기 때문에 이 층은 전자 전도체를 필요로 하며, 전하는 LUMO 준위 내에서 이동한다. 반대로 정공이 많은 도너 층은 정공 전도체를 필요로 하며, 이들 정공은 HOMO 준위 내에서 이동한다.

p형 도너 층의 두께는 분리가 일어나는 계면까지 도달해야 하는 엑시톤의 확산거리에 의해 제어된다. 도너 층이 너무 두꺼우면 생성된 엑시톤의 상당수가 계면에 도달하기 전 재결합될 수 있어 효율이 저하된다. 또한 도너 층이 너무 얇으면 빛을 충분하게 흡수하지 못한다. 평면 이종접합 구조에서 얻을 수 있는 태양전지 효율은 단지 수 %에 불과하다.

유기 물질 내에서의 확산길이는 10 nm 정도이기 때문에 도너 층에서 유용한 흡수 깊이는 단지 10 nm에 불과하다. 이 두께로는 태양광을 충분히 흡수하지 못해 이종접합 태양전지의 효율이 제한된다. 유기물에서 실질적으로 태양광 모두를 흡수할 수 있는 두께는 100 nm 정도이다. 그러나 이 정도의 두께를 갖는 도너 층은 낮은 효율을 나타내며, 대부분의 생성된 엑시톤은 계면에 도달하지 못하고 재결합하게 된다.

태양전지 효율을 향상시키는 방법으로 입사 태양광의 진행 경로 내에 다수의 계면을 배열하고, 각 도너 층을 충분히 얇게 하여 유효 엑시톤이 가장 인접한 이종접합 계면까지 확산하도록 만드는 것이다. 태양광의 일부가 각각의 얇은 도너 층에서 흡수되고 나머지 빛은 다음 층으로 입사되게 된다. 이러한 방법은 다수의 도너 및 억셉터 영역으로 구성된 벌크 이종접합 층에서만 가능하다. 소자 구조는 그림 6.32에 나타나 있다.

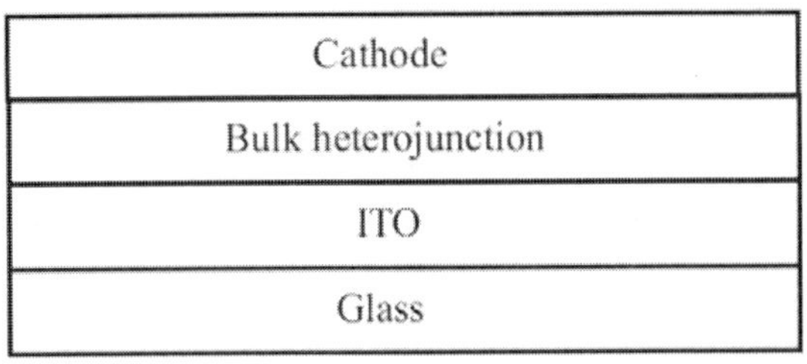

그림 6.32 벌크 이종접합 유기 태양전지 구조. 벌크 이종접합 내부는 무수히 많은 작은(~ 10 ㎚) 도너 영역들로 구성되며, 빛 흡수 및 인접한 접합으로의 엑시톤 확산이 이루어질 수 있도록 최적화된다.

벌크 이종접합 층은 다양한 나노구조를 이용하여 형성할 수 있으며, 이러한 나노구조를 형성하기 위한 기술 및 소재 개발이 유기 태양전지 효율을 더욱 향상시키기 위해 중요하다. 벌크 이종접합 태양전지가 단일 흡수층을 사용한 유기 태양전지에서 얻을 수 있는 가장 높은 효율 수준을 달성했다.

요구되는 구조물의 길이가 나노미터 범위이며, 이들 나노 구조를 유기 소재의 자기 조직(self-organization) 방법을 이용하여 저가로 만드는 것이 매우 바람직하다. 예를 들어, 도너 및 억셉터 유기물을 혼합하고 태양전지 기판 위에 증착할 수 있다. 만일 혼합 소재가 요구되는 벌크 이종접합을 형성하기 위해 적절한 조건하에서 자발적으로 분리된다면 자기 조직이 이루어진다. 이것은 서브 마이크론 리소그래피 및 패터닝 공정을 피할 수 있기 때문에 제조 가격을 크게 낮출 수 있다. 비록 이 기술이 무기물 반도체 소자 공정에서 잘 알려져 있고 많이 개발되어 있지만, 대면적 태양전지에는 가격 경쟁력이 있지 않다.

벌크 이종접합의 중요한 요구사항은 도너 및 억셉터 영역으로부터 효과적인 전류 전도와 전극에 의해 전류를 수집하는 것이다. 두 가지 구체적인 이종접합 구조 예를 그림 6.33에 나타내었다. 그림 6.33(a)는 도너와 억셉터 층이 전극까지 잘 연결되어 있지 않아 전류 수집의 효율성을 제한하는 형태를 보여 주고 있는데, 도너와 억셉터 층이 전극까지 잘 연결되어 있지 않기 때문이다. 그림 6.33(b)는 보다 바람직한 구조를 보여주고 있는데, 도너 및 억셉터 소재가 전극까지 잘 연결되도록 배열되어 있다. 유기 층을 저가격으로 자기 조직화에 의해 최적 구조로 만드는 것이 앞으로의 중요한 연구영역이다.

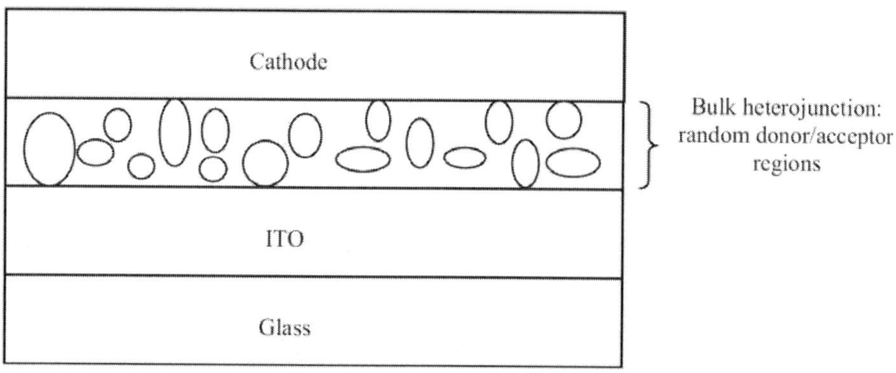

(a)

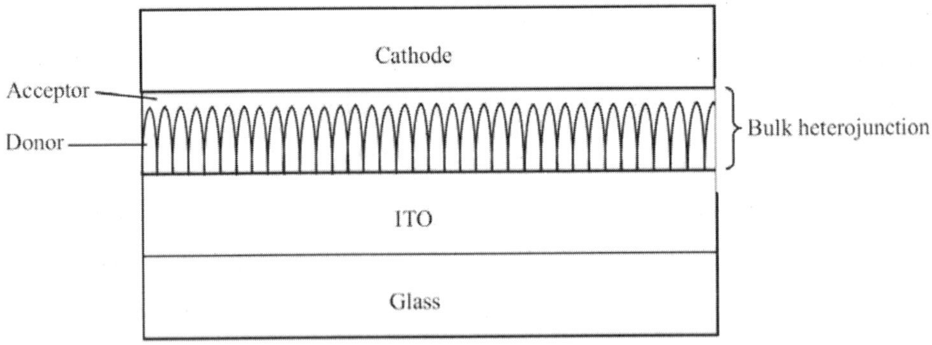

(b)

그림 6.33 (a) 전형적인 무질서한 도너 및 억셉터 소재 구조를 보여주는 벌크 이종접합 구조. 이종접합 내 한 영역의 두께는 약 10 ㎚이다. 문제는 이들 영역을 적합한 접촉 물질로 연결하는 것이다. (b) 도너 및 억셉터 소재가 스트립 형태로 수직 배향된 벌크 이종접합 구조. 도너는 ITO 전극과 접촉되며, 억셉터 층은 알루미늄 전극과 접촉하게 된다. 억셉터 층은 수직으로 배향된 탄소나노튜브를 이용하여 제조할 수 있다.

현재 또 다른 중요 개발 영역은 다층 유기 태양전지이다. 4.11 및 4.13절에서 설명한 무기 반도체 다중접합 태양전지와 유사하게 다층 유기 태양전지는 태양광 스펙트럼의 서로 다른 영역을 흡수하는 여러 층으로 구성된다. 이러한 다층 구조는 광 흡수 대역이 작은 유기 태양전지의 경우, 특히 중요하다. 무기 반도체의 전도대역 및 가전자 대역보다 π와 π^* 대역이 훨씬 좁기 때문에 유기 소재의 경우, 광흡수 대역이 제한된다.

지금까지 설명한 이종접합 구조는 만일 엑시톤이 도너 및 억셉터 내에서 생성되어 수집될 수 있다면 두 개의 광 흡수 대역을 제공하는 것이 가능하게 된다. 이들 두 층의 에너지 밴드 갭은 서로 다를 수 있으며, 따라서 두 개의 흡수 밴드를 얻을 수 있다. 이것과 관련하여 해결해야 할 문제는 도너 및 억셉터 층에서의 충분히 높은 확산거리 및 효과적으로 캐리어를 수집하는 것이다. 우수한 전자 이동도 및 높은 광 흡수, 도너 물질로부터 효과적인 전자 포획과 같은 특성을 갖는 이상적인 억셉터에 대한 단일 유기 소재는 아직까지 발견되지 않았다. 그럼에도 불구하고 유기 태양전지 구조에서 다중 흡수 대역을 얻기 위해 수많은 유기 소재 블렌드 또는 혼합물들에 대해 연구되고 있다.

유기 태양전지의 경우, 지금까지 실험실 규모에서 7~8%의 높은 효율을 달성하였다. 비록 높은 효율을 낼 수 있는 소재가 제한되어 있지만, 저가격 및 경량, 유연성이 유기 태양전지 개발에 대한 주요 동기이다. 다음 절에서 많이 사용되고 있는 일부 유기 소재에 대해 언급할 것이다.

6.16 유기 태양전지 재료

일반적인 티오펜계 도너 물질로 폴리(3-헥실티오펜) 또는 P3HT가 있다. 이 물질은 일부 유기 용매에 녹기 때문에 저비용의 용액공정에 적합하다. 또 다른 도너 물질로 폴리(3,3-디도데실 쿼터티오펜) 또는 PQT-12가 있으며, 그림 6.34에 그 분자 구조를 나타내었다. 이들 화합물의 광흡수 스펙트럼(그림 6.35)으로부터 흡수 대역이 태양광 스펙트럼의 녹색 및 적색 영역으로 제한된다는 것을 알 수 있다.

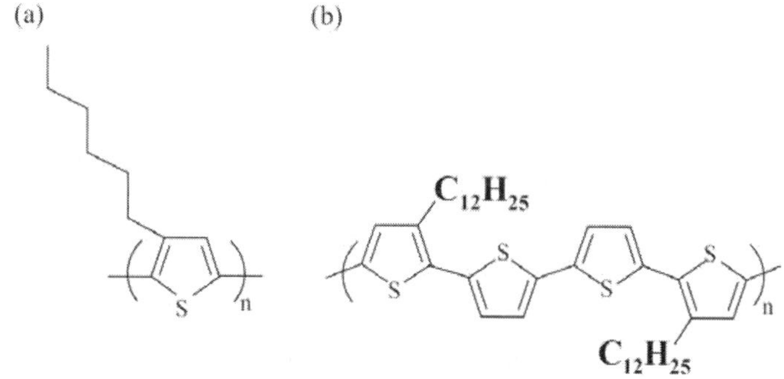

그림 6.34 (a) 폴리(3-헥실티오펜) 또는 P3HT 및 (b) PQT-12의 분자 구조.

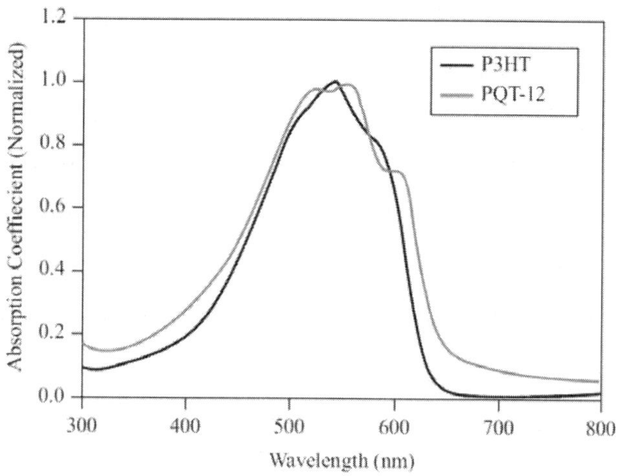

그림 6.35 P3HT 및 PQT-12의 흡수 스펙트럼

억셉터 재료는 우수한 전자 전도성을 가져야 하지만, 광 흡수는 바람직하지 않다. 인기 있는 재료로 C_{60} 유도체가 있다. C_{60}는 풀러렌(fullerene)이라고도 불리며, 완전

히 탄소로만 구성된 분자이다. C_{60}는 흑연과 유사한 표면을 가지고 있어 분자궤도 내의 비국재화된 전자들을 통해 효과적인 전자 수송이 가능하다. C_{60} 뿐만 아니라 이의 유도체 [6,6]-페닐-C_{61}-부티르산 메틸 에스테르(PCBM)의 분자구조를 그림 6.36에 나타내었다. C_{60}은 진공 증착해야하는 반면, 풀러렌 유도체인 PCBM은 용액공정이 가능하여 제조 가격을 낮출 수 있다.

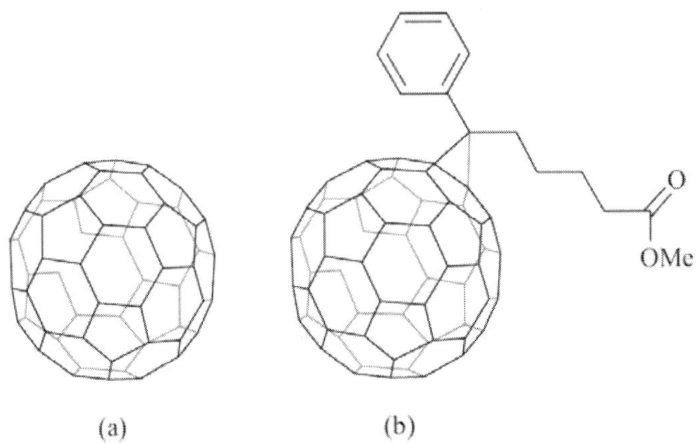

그림 6.36 풀러렌 C_{60}의 및 유도체 [6,6]-페닐-C_{61}-부티르산 메틸 에스테르 (PCBM)의 분자 구조

풀러렌은 훌륭한 억셉터 물질인데, 태양전지에서 요구하는 것처럼 진공 준위 훨씬 아래에 LUMO 준위를 가지고 있으며, 다양한 도너 분자의 LUMO 준위보다 다소 아래에 위치하기 때문이다. 이것은 그림 6.31에 나타낸 것과 같이 억셉터 분자의 요구 사항이다. 실제로 C_{60}은 LUMO 준위에 다수의 전자를 수용할 수 있는 공공(vacancy)들로 인해 여러 개의 전자를 받아들일 수 있다. 단일 C_{60} 분자 내에서의 전자 이동은 매우 빠르고 효율적이다. 분자 내에서 전자는 준안정 상태에 있으므로 태양전지 전극으로 쉽게 전달된다. 이들 풀러렌은 자외선 영역에 피크 값이 있는 흡수 스펙트럼을 가지는데, 이는 태양광 스펙트럼에서 단지 일부 영역만 흡수되고 가시광 및 적외선 영역은 흡수하지 않음을 의미한다.

또 다른 억셉터 물질로 상당한 관심을 받고 있는 것으로 그림 6.37에 나타낸 탄소나노튜브(carbon nanotube)가 있다. 막대 모양의 억셉터로 탄소나노튜브를 사용함으로써 그림 6.33(b)에 나타낸 것과 유사한 구조를 만들 수 있다. 탄소나노튜브는 흑연 시트가 말려져 있는 형태인데, 풀러렌과 유사한 전기적인 특성을 갖기 때문에 억셉터 소재로 적합하다.

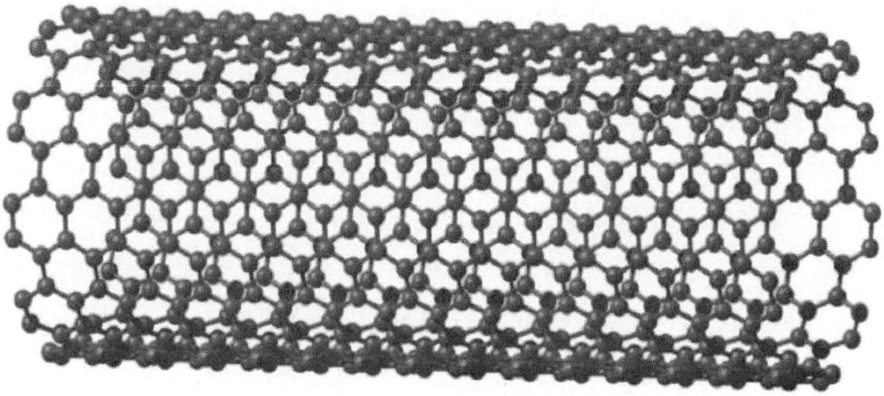

그림 6.37 탄소나노튜브.

태양전지에 적용하기 위한 많은 새로운 물질들이 연구되고 있다. 유기 태양 전지의 분야는 아직 초기 단계에 있으며, 광 흡수, 캐리어 수집 효율, 작동 안정성 및 대면적 제조를 최적화하기 위한 재료 및 나노구조에 대한 연구가 진행 중이다. 유기 태양전지의 효율은 매우 빠르게 증가하고 있다.(그림 4.6) 그림 4.6에서는 나타내지 않았지만 아주 최근에 새롭게 개발된 재료를 사용하여 8% 이상의 효율을 갖는 태양전지가 개발되었다.

요약

6.1 유연성 및 경량, 낮은 제조비용과 같이 고분자 재료 고유의 장점들로 인해 유기 전자공학 분야는 급속하게 발전하고 있다. 유기 전자공학은 1970년대에 밝혀진 전자 물성을 갖는 특정 고분자를 기반으로 한다.

6.2 고분자 물질의 전기 전도는 π 부 에너지 대역에 비국제화된 전자들의 공액 결합에 의해 가능하게 된다. 분자 내에서 전자 이동은 분자 내의 수송에 의해 발생하고, 분자 사이의 수송은 분자간 호핑에 의해 발생한다. 공액 고분자는 측면기를 통해 저가격의 용액 공정이 가능하게 할 수 있으며, 에너지 밴드 갭을 바꿀 수 있도록 다양한 변형이 가능하다.

6.3 가장 간단한 형태의 고분자 OLED는 하나의 전계발광 고분자 층을 사용하는데, 이 층은 음극 부근에서 전자 수송층 및 양극 부근에서 정공 수송층 역할을 한다. 또한 전계발광 고분자 층 내부에서는 분자 엑시톤이 형성되어 전자와 정공의 재결합이 발생하게 된다. 에너지 밴드 다이어그램에서 양극과 음극사이에

전계가 형성되어 전하 전송이 이루어지게 된다. 음극으로부터의 전자는 최저 준위 비점유 분자궤도(LUMO)를 통해 표동하는 반면, 정공은 최고 준위 점유 분자궤도(HOMO)를 통해 표동한다.

6.4 저분자 OLED는 서로 다른 전자 및 정공 수송 물질을 사용한다. 각각의 정공 수송층(HTL) 및 전자 수송층(ETL)은 양극과 음극 전극 사이에 위치하여 접합을 형성한다. 음극은 전자들이 쉽게 ETL로 이동하도록 낮은 일함수의 물질이 사용된다. HTL과 ETL 사이에 위치하는 발광 물질(LEM)은 분자 엑시톤의 형성을 위해 최적화되고, 이들의 복사성 재결합 효율성 또한 최적화된다. 다른 층들이 소자 동작을 최적화하기 위해 추가될 수 있다.

6.5 양극 물질은 빛이 방출될 수 있도록 보통 투명한데, 인듐 주석 산화물(ITO)이 가장 일반적으로 사용된다. 기판 및 ITO 층의 표면 평활성은 소자 특성을 위해 중요하다. 비록 ITO 박막이 다결정 구조로 인해 불가피하게 거친 표면을 갖지만, 일반적으로 2 nm 이하의 표면 거칠기가 요구된다. ITO는 효율적으로 정공을 주입할 수 있도록 높은 일함수(φ > 4.1 eV)를 갖는다. ITO는 이후의 고분자 층으로 인듐의 이동을 일으키는 원인이 될 수 있는 화학적 활성 표면을 갖는다.

6.6 음극 물질은 높은 전기 전도성 및 낮은 일함수, 장기 안정성을 위한 내부 고분자 층과의 우수한 부착 특성을 가져야 한다. 이들 음극층은 산화가 잘 되며, 인접 고분자 층의 화학적 환원 반응을 일으키는 문제를 가지고 있다. 따라서 단층보다는 복층 음극 구조가 일반적인데, 알루미늄이 반응성 LiF 층을 보호하며, 또한 면저항을 감소시키기 때문에 LiF/Al 구조가 널리 사용된다. OLED 소자는 외부 환경으로부터 보호하기 위해 밀봉되어야 한다. 명시된 제품 수명을 보장하기 위해서는 수분 침투 속도를 계산해야 한다.

6.7 정공 주입층(HIL)은 ITO 박막 고유의 거칠기로 인한 양극의 표면 평활도를 향상시키는 역할을 하며, 효율적인 정공 주입 및 장기 정공 주입 안정성을 가능하게 한다. 고분자-금속 계면은 불포화 결합 및 유기 층과 반응한 금속 원자들로부터 비롯된 계면에 포획 전화들로 인해 매우 복잡하다. OLED 성능의 또 다른 중요한 측면은 전자와 정공 전류 사이의 전류 균형에 관한 것이다.

6.8 칼슘이나 바륨과 같이 순수하고 쉽게 이온화되는 물질들이 낮은 일함수의 음극 전자 주입층으로 사용될 수 있지만, 이들 금속은 전자 수송층 내에 사용되는 유기 물질 뿐만 아니라 산소 및 물 분자와 반응하기 때문에 매우 불안정하다.

낮은 일함수를 가지면서 반응성이나 불안정성을 줄일 수 있는 금속 화합물로 LiF가 있다. LiF는 비록 전기적으로 절연체이지만 여러 방법들에 의해 단지 1, 2 분자층의 정도의 얇은 두께로 증착이 가능하다.

6.9 정공 수송층(HTL)은 효율적인 정공 수송을 제공해야 한다. TPD와 NPD가 널리 사용되는 정공 전도체인데, 분자 내 정공 수송이 가능하게 하는 공액 결합을 갖는 벤젠고리를 포함하는 저분자들로 구성되어 있다. TPD와 NPD는 트리아릴아민(triarylamenes)으로 알려진 화합물계의 일종으로 10^{-3}~10^{-4} $cm^2/V-s$ 범위의 정공 이동도를 갖는다. 그러나 낮은 온도에서 결정화되는 문제점이 있다. TPA 및 TPTE를 적용한 OLED는 140℃ 온도에서 고장 없이 연속적으로 동작할 수 있는데, 이 온도에서는 거의 결정화되지 않기 때문이다. 이 이외에도 다른 많은 소재들이 연구되고 있다.

6.10 전자 수송층(ETL)은 전자 수송이 잘 이루어질 수 있게 한다. 음극의 일함수와 거의 유사한 에너지의 LUMO 준위가 필요하다. ETL은 적어도 10^{-6} $cm^2/V-s$의 이동도를 가져야 하는데, HTL 이동도보다 10에서 100배 작은 값이다. 이러한 낮은 이동도를 향상시키는 것이 주요 연구 목표이다. ETL이 낮은 이동도를 가지기 때문에 보다 높은 전계에 견딜 수 있어야 한다. 가장 일반적이면서 성공적인 ETL 소재로 Alq_3가 있다.

6.11 발광 물질(LEM)로부터 빛이 방출되기 위해서 여러 과정이 일어나게 된다. 전자 및 정공의 재결합을 위해 이들 캐리어는 이동할 수 있어야 한다. 엑시톤의 생성 및 광자(빛) 발생을 위한 엑시톤 소멸이 효과적으로 이루어져야 한다. 또한 정공 및 전자 수송에 필요한 전계에서 안정해야 하며, 소자 안정성을 위해 분자 이동이 최소화 되어야 한다. 여기된 호스트 분자가 직접 빛을 내거나 에너지를 게스트 분자로 전달하게 할 수 있는 호스트-게스트 에너지 전달공정을 포함한 다양한 요구 기능들을 만족시키기 위해 발광 물질은 둘 이상의 분자들로 혼합하는 것이 일반적이다.

6.12 적합한 호스트 재료는 우수한 전자 및 정공 전도를 나타내야 하고 LUMO와 HOMO 준위는 게스트 분자와 일치해야 한다. 호스트 물질은 침전되지 않고 잘 혼합되어 안정한 용액 상태를 유지해야 하는데, 그렇지 않을 경우, 에너지 전달 효율이 저하된다. 마지막으로, 게스트 분자로의 에너지 전달 과정이 빠르게 일어나야 한다. 호스트 소재의 한 예로 Alq_3가 있는데, 이 소재는 또한 ETL 물질로도 역할을 수행한다. Alq_3는 황록색에 해당하는 560 nm의 파장에

서 발광하며, 다른 파장에서 발광하는 게스트 물질과 혼합되어 백색광을 방출하거나 광학적으로 필터링되어 적색 또는 녹색 발광을 얻을 수도 있다.

6.13 게스트 재료는 형광 또는 광발광 특성을 나타낼 수 있다. 풀컬러 디스플레이를 위해서는 적합한 적색 및 녹색, 청색 색 좌표계의 발광을 나타내는 형광 도펀트가 필요하다. 또한 도펀트의 HOMO 및 LUMO 준위는 호스트 물질과 일치해야한다. 게스트 인광 도펀트는 효과적인 에너지 전달이 가능하도록 호스트보다 작은 삼중항 에너지 준위를 가져야 한다. 게스트 불순물은 석출되는 것을 방지하기 위해 호스트 물질 내에서 용액 상태로 존재해야 한다. 녹색 도펀트의 예로 쿠마린 염료 분자가 있다. 만족할만한 색 좌표를 나타내면서 동시에 안정성과 발광효율이 우수한 아릴리덴계 분자계의 적색 형광 도펀트가 개발되었다. 청색 발광의 경우, 페릴렌 게스트 분자와 결합된 안트라센이 호스트 재료로 사용될 수 있다.

6.14 인광 도펀트의 경우, 이리듐 유기금속 착물이 가장 효과적인 분자임이 밝혀졌다. 이들은 1~100 μs의 짧은 삼중항 수명을 가진다. 보통 삼중항은 비복사 재결합을 나타내지만 스핀-궤도 상호작용으로 인해 어느 정도 복사 재결합이 허용된다. 다양한 인광체들이 많이 연구되고 있으며, 일부는 높은 발광효율이 요구되는 휴대폰과 같이 배터리 구동 OLED에 상용화되었다.

6.15 유기 태양전지에서 빛 흡수로 인해 단일 분자에 국한된 분자 엑시톤이 생성되는데, 흡수 거리는 대략 나노미터 길이이다. 만일 엑시톤이 분리되어 정공과 전자가 만들어지지 않으면 전류는 흐르지 않는다. 가장 중요한 문제점은 광학적으로 생성되는 정공과 전자의 엑시톤 형태에서의 국제화와 페어링을 극복하는 것이다. 엑시톤 분리가 잘 일어나도록 소재와 디바이스 구조를 설계하는 것이 유기 태양전지 효율을 높이는 핵심기술이다. 단일층으로 구성되는 유기 태양전지의 경우, 전하들을 잘 수집하기 위해 충분히 높은 전계가 요구되는데, 이는 음극과 양극 사이의 일함수 차이에 의존한다. 도너와 억셉터 물질 사이의 이종접합에서 엑시톤이 분리되는 이종접합 및 벌크 이종접합 소자가 보다 높은 효율을 나타낸다.

6.16 티오펜 P3HT와 풀러렌 C_{60}은 각각 도너 및 억셉터 물질의 한 예이다. 엑셉터 소재는 우수한 전자전도 특성을 가져야 하지만 광 흡수는 바람직하지 않다. 단일 C_{60} 분자 내에서의 전자 수송은 매우 빠르고 효율적이다. 분자 내에서 전자들은 준안정하므로 태양전지의 전극으로 쉽게 전달되게 된다. 이들 풀러

렌은 자외선 영역에 피크 값이 있는 흡수 스펙트럼을 가지는데, 이는 태양광 스펙트럼에서 단지 일부 영역만 흡수되고 가시광 및 적외선 영역은 흡수하지 않음을 의미한다. 한편, 탄소나노튜브는 상당한 관심을 받고 있는 또 다른 억셉터 소재이다.

참고문헌

So F. *Organic Electronics – Materials, Processing, Devices, and Applications*. CRC Press, 2010.

Li Z and Meng H. *Organic Light Emitting Materials and Devices*. CRC Press, 2007.

Sun SS and Dalton LR. *Introduction to Organic Electronic and Optoelectronic Materials and Devices*. CRC Press, 2008.

연습문제

6.1 잘 알려진 반딧불은 생물발광(bioluminescence)이라는 과정에 의해 빛을 생성한다. 반딧불 내의 특정 유기 분자 및 이들이 여기하는 방법에 대해 조사하시오.

6.2 벤젠계는 다음과 같다:

Benzene, absorption about 255 nm

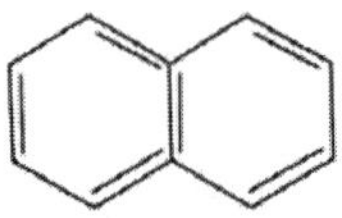

Naphthalene, absorption about 315 nm

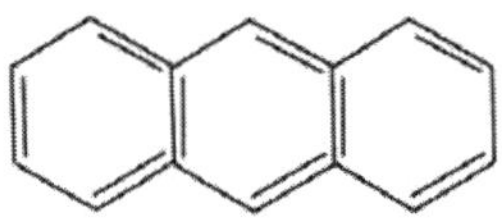

Anthracene, absorption about 380 nm

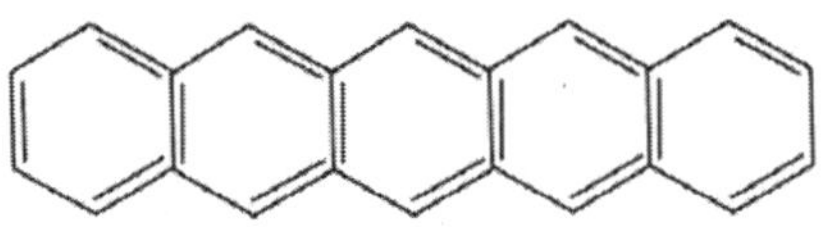

Pentacene, absorption about 580 nm

(a) 위 4개의 벤젠계에 대한 흡수 스펙트럼에 조사하여 그리시오.

(b) 펜타센(Pentacene)은 많이 연구되고 있는 유기 반도체이다. 이 물질의 녹는 점은 몇 도인지 조사하시오.

(C) 펜타센 내에서 측정된 전자 이동도는 얼마인가? 이동도는 물질을 통해 전자가 얼마나 잘 이동할 수 있는가를 나타내는 척도로 호핑에 의해 분자 내에서의 전자 흐름뿐만 아니라 π-밴드 전자의 비국제화에 의해 가능한 분자간 전자 흐름이 요구된다. 펜타센의 높은 결정화 정도는 높은 이동도 값을 얻기 위해 매우 중요하다.

(D) 펜타센은 공기 중에서 안정하지 못하다. 어떤 반응이 발생하는가? 상용 플렉시블 전자소자로의 실현 가능성에 어떠한 영향을 미치는가?

6.3 가장 간단한 OLED 디스플레이는 각각의 픽셀이 어드레싱(addressing) 될 수 있도록 행 및 열 매트릭스로 구성된다. 이러한 36 픽셀의 배열은 다음과 같다. 각 픽셀은 음극 전극 스트립과 양극 전극 스트립이 교차시킴으로써 형성된다.

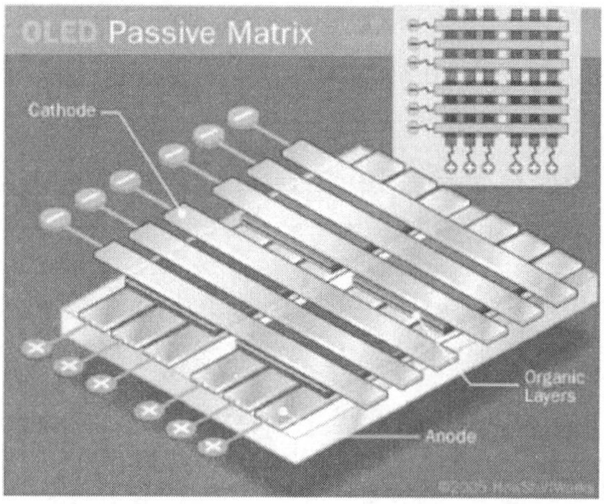

(a) 행 및 열 전극에 적절한 전압을 인가함으로써 각각의 화소가 제어 될 수 있는 방법을 설명하시오.

(b) 행 및 열 매트릭스에 36개의 무기 반도체 LED를 연결함으로써 각 화소들의 등가 배열을 만들 수 있다. OLED 픽셀을 만들기 위해 요구되는 제조공정 순서를 기술하고, 이것을 무기 LED 픽셀을 제조하기 위한 공정 순서와 비교하시오.

(C) 유기 및 무기 LED 픽셀 어레이 모두 상업적으로 응용되고 있다. 무기 LED 어레이는 도로 위 또는 건물 옥외에 설치되어 수십 미터 떨어진 곳에서도 보일 수 있는 대면적 디스플레이에 응용된다. 반면, OLED 픽셀 어레이는 휴대폰 디스플레이로 사용된다. 언급한 두 응용분야들의 요구사항 및 문제 (b)에 대한 답에 근거하여 두 종류 소자들이 서로 다른 응용 분야에 왜 사용될 수 있는지를 보이시오.

(D) 디스플레이의 가장 큰 단일 시장은 텔레비전이다. 무기 LED 기술과 유기 LED 기술이 텔레비전에 사용되었을 때 시장에서 큰 경쟁력을 갖기 위해 각 기술들이 직면하고 있는 문제들은 무엇인가? 또한 저가격, 고휘도, 장수명, 풀컬러, 저소비전력과 같은 텔레비전의 기본적인 요구사항의 측면에서 각 기술들의 강점 및 약점을 기술하시오.

6.4 풀 컬러 OLED 디스플레이는 적색, 녹색, 청색 빛을 내는 픽셀을 가지고 있다. 백색광을 만들기 위한 세 화소 색의 상대 휘도 값은 다음과 같다: 적색: 30%, 녹색: 70%, 청색: 10%.

OLED 디스플레이의 밝기 사양은 흰색 화면의 최대 평균 휘도에 의해 측정된다. 디스플레이 영역의 25%가 적색 화소, 25%가 녹색 화소, 청색 화소 25%로 되어 있다고 가정하자. 표시 영역의 나머지 25%는 발광하지 않는 화소 사이의 공간이다.

(a) 500 cd/m^{2}의 평균 백색 휘도를 얻기 위해 적색 및 녹색, 청색 화소의 휘도를 구하시오.

(b) 수명 측면에서 OLED 디스플레이에 대한 요구 사양은 응용분야에 따라 다르다. 텔레비전의 경우, 초기 휘도의 절반이 되는 시간(수명)이 일반적으로 60000 시간 이상이어야 한다. 휴대폰에 사용되는 디스플레이의 경우, 대략 얼마 정도의 수명이 요구되는가? 또한 이러한 두 응용분야에 대해 현재 OLED 기술의 적용 가능성에 대해 기술하시오.

(c) 적색, 녹색 및 청색 화소의 발광 피크 파장은 각각 약 615 nm, 540 nm, 470 nm이다. 계산의 편의를 위해 세 가지 색상의 발광은 단일 파장이라고 가정하자. (a)의 결과에 대한 각 화소의 단위 면적당의 복사 전력을 구하시오. 힌트: 복사 전력을 구하기 위해서는 측광 단위(예를 들어 광속)를 복사 단위로 변환하는 것이 필요한데, 3장의 발광효율 그래프로부터 구할 수 있다. 광원은 램버시안(lambertian) 소스[2]로 가정 할 수 있다.

(d) (c)의 결과에 대해 세 색상의 단위 면적당 단위 초당 상대적인 광자 방출률을 구하시오. 광원은 램버시안 소스로 가정 할 수 있다.

6.5 그림 6.12와 6.13에서 나타낸 OLED 구조는 알루미늄 후면 전극에서의 높은 반사율 때문에 우수한 대비비를 얻을 수 없다. 즉, 디스플레이 응용될 때 주위의 빛은 후면 전극에서 반사되어 다시 방출될 수 있다. 반사된 빛이 OLED에 의해 방출되는 빛보다 강하면 대비비가 저하된다. 이 문제를 해결하기 위해 원 편광판이 OLED의 전면에 배치 될 수 있다. 원 편광판은 알루미늄 후면 전극과 같은 반사판으로부터 빛이 반사되는 것을 방지한다. 따라서 전기가 공급되지 않으면 OLED는 검게 보이게 된다.

2) 보는 각도에 상관없이 일정한 밝기(휘도)를 나타내는 광원

(a) 편광판에 사용되는 대표적인 물질에는 어떠한 것들이 있는지 조사하고, 전자기파의 선편광 및 원편광에 대해 간략하게 설명하시오. 원 편광판은 편광판 뒤에 위치한 반사판으로부터의 주위 빛의 재방출을 어떻게 방지하는가? 힌트: 주위 빛은 반사판으로부터 반사되기 전 먼저 원 편광판을 한쪽 방향으로 통과하고 반대 방향의 원 편광판을 통해 나가게 된다.

(b) 원 편광판은 OLED로부터의 발광을 감소시킨다. 만일 OLED로부터 나오는 빛이 편광되지 않는다면 원 편광판을 통해 나올 수 있는 OLED의 최대 발광 비율을 계산하시오.

(c) 그림 6.12와 6.13의 OLED 디스플레이는 광학적 측면에서 다음 그림과 같이 단순화 시킬 수 있는데, 그림에서 알루미늄 후면 전극을 갖는 OLED로부터 빛이 방출됨을 볼 수 있다:

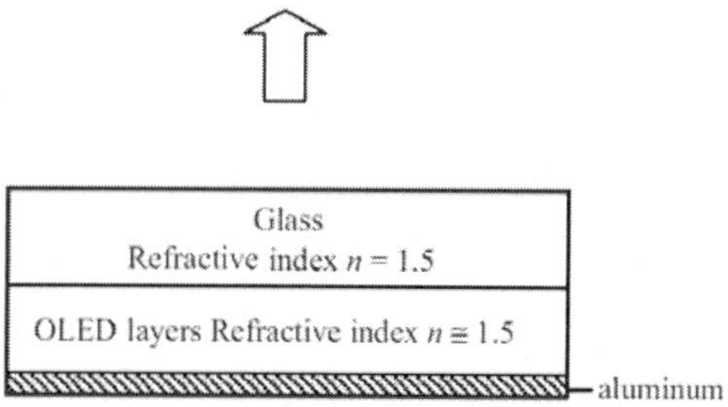

(d) 시야각은 OLED 층 내에서 생성되어 방출되는 빛의 임계각을 고려함으로써 결정할 수 있는데, 이 빛은 유리를 통과하여 유리 전면으로 입사한다. 임계각보다 입사각이 크면 빛은 유리 전면에서 다시 반사되어 OLED 쪽으로 들어온다. 유리의 법선방향에 대한 임계각을 구하시오. 몇 퍼센트의 빛이 OLED로부터 방출되는가? 힌트: 5.5절을 참조하시오.

(e) OLED로부터의 방출되는 빛의 비율을 어떻게 향상시킬 수 있는가? 힌트: 이 문제를 논의하기 위해 5장의 광학 아웃커플링(발광)의 개념을 사용하시오.

6.6 비록 유기 태양전지가 2001년 이후 급속히 개발되고 있지만 기술 성숙도면에서 아직까지 무기 태양전지에 비해 뒤쳐진다. 유기 태양전지의 주된 문제점은 안정성이다. 태양광 발전소나 주택 지붕에 설치되는 경우, 20년에서 30년간의 출력 저하가 20% 이내여야 한다. 이러한 사양은 유기 태양전지의 경우, 만족시키기 어렵다. 다행히 훨씬 짧은 수명을 갖는 유기 태양전지를 필요로 하는

응용분야가 있다.

(a) 유기 태양전지가 갖고 있는 유연성과 경량을 감안할 때, 이러한 장점과 낮은 효율 및 수명과 같은 단점들은 덜 요구되는 응용분야를 기술하시오.

(b) 유기 태양전지의 잠재적인 새로운 응용분야에는 어떤 것이 있을 수 있는지 창의적으로 생각해 보시오. 새로운 응용분야는 무엇보다도 틈새시장을 점유할 수 있기 때문에 종종 새 기술들이 보다 빨리 성숙되고 주류가 될 수 있게 한다.

6.7 플렉서블 디스플레이로의 가능성은 OLED 개발에 대한 주요 이유였다. OLED 활성층 뿐만 아니라 음극 재료는 수분 및 산소에 매우 민감하기 때문에 OLED를 밀봉하는 것이 필요하다. 물 또는 산소 분자는 약한 반데르 발스 분자간 결합력으로 인해 고분자 분자 사이로 확산될 수 있어 플렉시블 고분자 시트는 수분 및 산소를 투과시키게 된다. 따라서 이들 기판은 외부 환경으로부터 OLED 층들을 보호하지 못하므로 디스플레이 성능이 급격히 저하된다. 이러한 문제를 해결하기 위해 고분자 기판상에 일련의 여러 무기 박막을 코팅하여 유기물 층을 기판으로부터 격리시킨다. 즉, 수분이나 산소를 투과시키지 않는 무기물 층을 이용하여 플렉시블 고분자 기판을 이들에 대해 불투과성으로 만드는 개념이다. 무기 박막 내에는 불가피하게 크랙들이 존재하므로 아래 그림에서와 같이 다층 무기물 층을 사용하여 투과되어서는 안되는 수분이나 산소와 같은 분자들을 통과하게 못하게 한다.

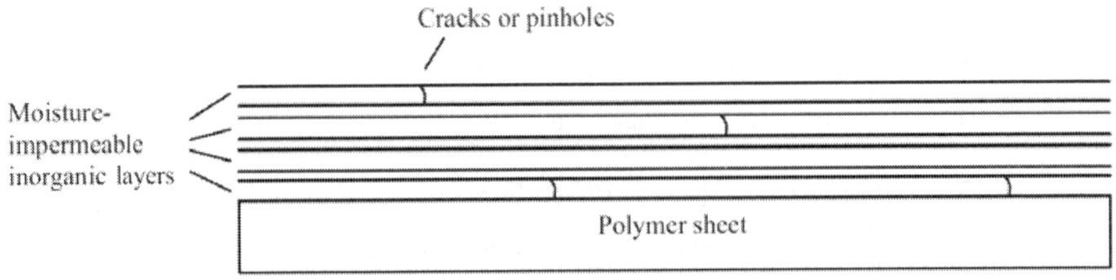

(a) 플렉시블 OLED 디스플레이에 대한 다층 수분 차단기술에 대해 조사하시오. 힌트: 다음의 키워드를 사용하여 검색하시오: 다층 OLED 방습 기술

(b) 문헌에서 인용되고 있는 OLED에 허용 가능한 한 개 또는 두 개의 최대 습기 투과율(단위: g/m^2-day)을 조사하시오.

(c) 플렉시블 OLED는 아직 상업적으로 성공적이지 못하다. 이에 대한 이유는 무엇인가?

6.8 무기 억셉터 물질과 유기 도너 물질이 결합된 벌크 이종접합 구조를 갖는 유기-무기 태양전지에 대한 연구가 진행 중에 있다. 예를 들어, HTL로 용액공정에 의해 제조된 MEH-PPV가 사용될 수 있으며, ZnO를 ETL로 적용할 수 있다. 이러한 연구가 시작된 동기는 무기 전자 도체의 가용성과 안정성 때문이다. 다음 그림에 유기-무기 태양전지 구조의 한 예를 나타내었다:

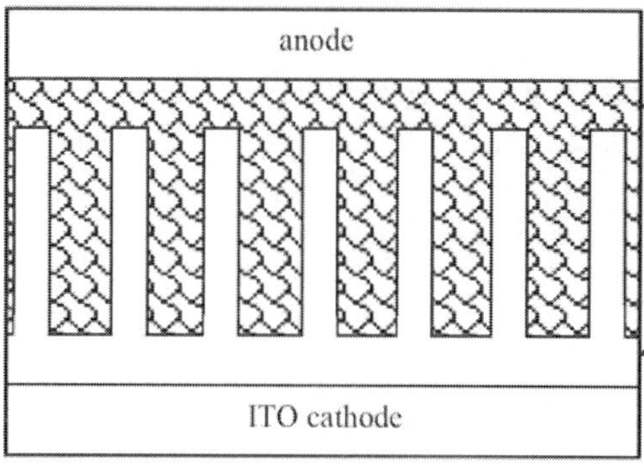

(a) 이러한 접근 방법에는 어떠한 문제가 있는가? 힌트: 우수한 무기-유기 접합을 위해 무엇이 필요한지, 또한 잘못된 유기-무기 접합이 어떻게 발생할 수 있는지에 대해 주의 깊게 생각하시오.

(b) 다음과 같은 키워드를 사용하여 이 분야의 최근 연구개발 동향에 대해 조사하시오: 유기 태양전지, 유기/무기 이종접합.

(C) 유기 전자 전도 억셉터 물질은 정공-전도 도너 물질보다 수분과 산소에 더욱 민감한 경향이 있는데, 왜 그러한지 설명하시오.

(d) OLED는 전자-정공 주입 및 재결합 공정을 위해 유기 및 무기 물질을 조합하여 제조할 수 있는데, 한 예를 들고 설명하시오. 이러한 접근 방법에 내재된 문제점은 무엇인가? 힌트: 다음의 키워드를 사용하여 조사하시오: 양자점 발광소자.

6.9 전형적인 OLED 디스플레이는 램버시안 소스로 발광한다. 이는 OLED 디스플레이의 휘도가 관찰자와 OLED 디스플레이 평면의 법선 축 사이의 각도와 무관함을 의미한다.(5.5절을 참조하시오.) 만약 100 cm^2의 발광면을 갖는 램버시안 OLED 디스플레이가 100 cd/m^2의 휘도를 내기 위해 1 W의 입력 전력이 필요하다면,

(a) 디스플레이에 의해 방출되는 총 광속이 3.14 루멘(lm)임을 보이시오. 힌트: 구형 극 좌표계를 사용하여 다음과 같이 입체각 범위에서 방출되는 빛의 양을 적분한다: 1) 휘도에 각 시야각에서 관찰자가 인지하는 OLED 표면적(m^2)을 곱하여 각도별 칸데라(Cd) 단위의 광도(luminous intensity)를 구한다. 2) 전체 시야각 범위에 대해 광도를 적분하여 루멘 단위의 총 광속을 구한다. 광도는 lm/Sr 단위로도 표현 가능하다. 광속의 정의는 3.9절에 나타나 있다.

(b) OLED 디스플레이의 발광 효율(lm/m)은 얼마인가? 이를 그림 5.1의 무기 LED의 발광 효율 값과 비교하시오.

찾아보기

저자 소개(저자 소개는 가나다 순입니다.)

◉ 인천대학교 김준동

- 2013~현재 인천대학교 전기공학과/교수
- 2011~2012 군산대학교 전기공학과/교수
- 2006~2011 한국기계연구원 나노융합연구본부/선임연구원

◉ 성균관대학교 이재형

- 2003~2011 군산대학교 전자공학과/부교수
- 2011~현재 성균관대학교 전자전기공학부 교수

◉ 한밭대학교 정연호

- 2003.12 Georgia Institute of Technology 박사
- 2004.01~2005.05 Georgia Institute of Technology Post Doc.
- 2005.06~2010.02 CardioMEMS, Inc senior project engineer
- 2010.03~현재 한밭대학교 전자제어공학과 부교수

◉ 한밭대학교 최원석

- 2006 공학박사 성균관대학교 전기전자 및 컴퓨터공학부
- 2006~2007 박사후연구원 플라즈마응용 표면기술 연구센터
- 2007~현재 한밭대학교 전기공학과 부교수

도서출판 그린

태양전지 및 발광 다이오드 개론

1판 1쇄 발행일 ▶	2017년 1월 20일
저 자 ▶	ADRIAN KITAI
편 저 자 ▶	김준동, 이재형, 정연호, 최원석
발 행 처 ▶	도서출판 **그린**
발 행 인 ▶	윤 덕 우
출판등록 ▶	제8-161호(1995. 5. 3.)
주 소 ▶	서울시 서대문구 연희5길 50 (우) 03716
전 화 ▶	02)333-2574, 2575
Fax ▶	02)333-2561
E-mail ▶	greenpress@greenpress.co.kr
Homepage ▶	http://www.greenpress.co.kr

정가 : 18,000원

ISBN : 978-89-5727-215-2